# ペロブスカイト物質の科学

● 万能材料の構造と機能

Richard J. D. Tilley 著
陰山 洋 訳

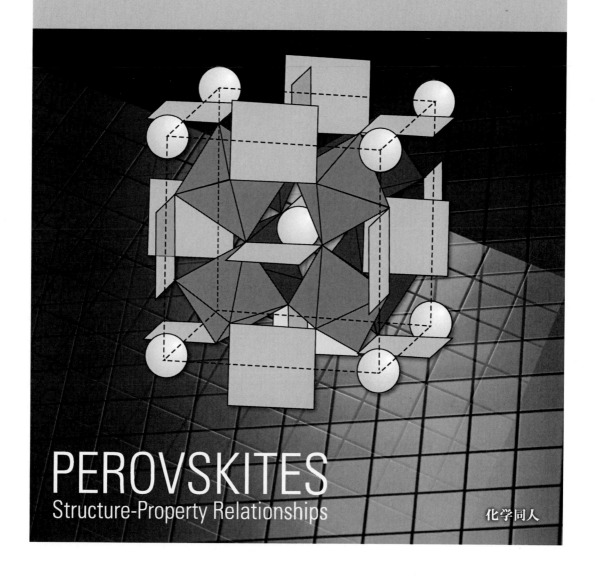

PEROVSKITES
Structure-Property Relationships

化学同人

# PEROVSKITES

Structure–Property Relationships

By Richard J. D. Tilley

*Professor Emeritus, Cardiff University, UK*

Copyright © 2016 John Wiley & Sons, Ltd

All Rights Reserved. Authorised translation from the English language edition published by John Wiley & Sons Limited. Responsibility for the accuracy of the translation rests solely with Kagaku-Dojin Publishing Co., Inc. and is not the responsibility of John Wiley & Sons Limited. No part of this book may be reproduced in any form without the written permission of the original copyright holder, John Wiley & Sons Limited.

Japanese translation rights arranged with John Wiley & Sons Limited
*through Japan UNI Agency, Inc., Tokyo.*

# まえがき

　ペロブスカイトとは，鉱物名がペロブスカイトの $CaTiO_3$（日本では灰チタン石とよばれる）と類似の構造をもつ一連の化合物であり，一般の組成 $ABX_3$ で表される母相から派生しているとみなすことができる．二十世紀の半ば以降，同物質がもつ固有の特性により，誘電性，圧電性，強誘電性を皮切りに精力的に調べられている．現在その興味の対象は，磁気秩序，マルチフェロイック特性，電子伝導性，超伝導，熱的・光学的特性といった分野にまで拡大している．ペロブスカイトは，これらの物理的な特性のみならず，幅広い化学的性質も示す．たとえば，固体酸化物形燃料電池の電極材料として用いられているが，これらの材料には高い酸素イオン伝導性，電子伝導性，および混合（イオン・電子）伝導性が求められる．また，多くのペロブスカイトには有益な触媒的あるいは酸化還元的な挙動が確認されているが，それらは相の化学的欠陥に起因することが多い．

　このような複雑さは，ペロブスカイトの二つの重要な特徴に基づいている．まず，"ペロブスカイト" と称される結晶構造が，単純立方晶で表される "典型的な" $SrTiO_3$ から，カチオンあるいはアニオン欠損体，あるいは銅酸化物超伝導体や $BaNiO_3$ などの六方晶ペロブスカイトを含むモジュール構造まで，広範囲の物質にまで及ぶ点である．もう一つは，A，B，X のすべてのサイト，あるいはどれかのサイトにおいて比較的容易に化学置換が可能である特徴のために，化学的，物理的特性を幅広く制御できる点である．

　この広範にわたって置換ができる柔軟性は，A サイトのカチオンが有機分子によって占められることをみればよくわかる．たとえば，メチルアンモニウム鉛ヨウ化物は現在 "ペロブスカイト" 太陽電池のまさに中核材料として大きな注目を集めている．このほかにも，薄膜や超格子，ナノ粒子にすることで，バルク相の振舞いからはまったく予期できない新しい特性がみられることもある．

　本書の狙いは，これらのペロブスカイトに関する膨大な知見を，コンパクトにまとめたかたちで読者に提供することである．これらの相の構造を概説することは，数々の物理的特性を理解するうえで不可欠な条件でありきわめて重要である．これは，早目の章で取り扱われている．全体の見通しをよくするために，結晶構造のほとんどは理想的な構造を示している．

　こうすることによって取り扱う相の間の構造の関係を明確化できるという利点があるが，逆に，構造の細部が重要である場合には，曖昧にしてしまうこともある．しかし，本書で紹介する全物質の結晶構造様式の詳細は，CrystalWorks データベース（http://cds.rsc.org）に載せてあるので，あわせて参照していただきたい．

　このデータベースには，これらの結晶データを最初に報告した参考文献も掲載してある．結晶構造に続く章では，物理的・化学的な特性を概説する．ここでは可能な限り，ペロブスカイトに特有な性質，あるいは少なくともこれらの物質においてはっきりと示されている性質について紹介する．本書では化学特性，誘電性，磁性，電気的特性，熱的・光学的特性にわけて述べるが，実際のところこれらを明確に区分することは難しい．

本書を手ごろなサイズに収めるためには，内容を取捨選択しなければならず，そのため，二つの領域は省略されている．一つは合成技術に関するものである．大半のペロブスカイトは，固体化学，固体物理，セラミックス分野における一般的な手法によって得られるものであり，ペロブスカイトに特有ではないからである．二つ目に，触媒も省略した．触媒反応における膨大な研究も，合成と同様にペロブスカイトに特有のものではなく，ペロブスカイトに限定した立場から述べられるよりも，むしろもっと幅広い触媒の見地から記述・議論されるべきであると思うからである．

　ペロブスカイトの物理あるいは化学に関していろいろな角度から詳述した数多の論文が，毎月のように出版されているが，もし，参考文献に膨大な量の論文が載っていると，単に該当分野の全体像を把握したい読者が大いに困惑してしまうと考えた．このため章末にある〝さらなる理解のために〟には，本書の内容をさらに拡張した総説あるいは最近の精選論文を掲載している．これらはさらに詳細な情報が必要な読者にとって，文献調査の出発点として十分なものとなっているはずである．加えて，結晶学についての基本的概念や構造と物性の相関を説明した資料もいくつか記載した．また，巻末に載せた二つの〝付録〟にはより専門的な用語の説明がなされている．

　本書の執筆は，妻 Anne の普段からの絶え間ないサポートと寛大さをなくしてはなしえなかった．家族のたゆまぬ激励にも感謝する．最後に，文献の調査などに携わってくれた Cardiff 大学の Trevithick 図書館スタッフにも謝意を示したい．

Richard Tilley

January 2016

# 訳者まえがき

　本書『ペロブスカイト物質の科学』は，Richard J. D. Tilley による "PEROVSKITES：Structure-Property Relationships" の日本語訳である．鉱物 CaTiO₃ に由来するペロブスカイトは，鉱物マニアでも知っている人は少ないはずである．また，学部向けの無機化学の教科書でも載っていないか，最後のほうにわずかに紹介されている程度であり，理系の学生，研究者でも馴染みが薄いかもしれない．しかし，ペロブスカイト化合物は，誘電性，磁性，光機能，超伝導，触媒，イオン伝導と無機化合物で期待できるあらゆる機能を示すことが知られている．最近では，有機分子を含む有機無機ペロブスカイトが，優れた太陽電池材料になりうることから，産業界も巻き込んで一世を風靡している．本書の副題にも付けたが，まさに "万能物質" といえよう．一方で，ペロブスカイトは関連物質を含めるとさまざまな構造のバリエーションがあり，（構成元素とともに）構造の多様性が上に述べた機能の万能性を生みだしている．しかし，無機物の構造の専門家でない多くの人にとっては，一つしかないはずのペロブスカイトの構造の多様性は，つまずきの原因になりかねない．

　本書は，ペロブスカイト化合物と関連物質の構造と（触媒を除く）さまざまな物性の関係を，順序立ててバランスよく網羅し，初歩から最先端の研究にわたってコンパクトにまとめられている．実は，訳者が院生向けに開講している講義では，ペロブスカイトを起点としてあらゆる無機物の構造を体系化し，構造と多彩な機能の相関を明らかにすることを目指している．なぜペロブスカイトかというと，ペロブスカイトによって物質科学の研究に必要な幅広い知識や考え方の体系的な習得が可能だからである．本書は，小生が "あったら良い" とまさに願っていた内容が見事にまとめられている優れた教科書といえる．ちなみに，これまでペロブスカイトに関する書籍はいろいろとあるが，特定のトピックスに限定されたものしかない．

　したがって，想定される読者としては，ペロブスカイト化合物に何らかのかたちでかかわっている研究者はもちろんのことであるが，（ペロブスカイトと関係なく）物性科学に関して広く学びたいと考えている学部の 3，4 年生，大学院生にとっても非常に優れた入門書となっている．ペロブスカイトを制することで物質科学を制することができるといっても過言ではない．

　原著のわかりにくい部分を補うとともに，専門外の読者がフォローできるように脚注を加えた．最後に翻訳にあたり，訳者の理解不足を補うため，文献調査などの補助をしてくれた京都大学大学院工学研究科物質エネルギー化学専攻・陰山研究室の学生諸君に感謝する．

　2018 年 9 月

陰山　洋

# 目 次

## 1章　ABX₃型ペロブスカイトの構造　　1

1.1　ペロブスカイト　……………………………… *1*

1.2　立方晶ペロブスカイト構造：SrTiO₃ …… *4*

1.3　ゴールドシュミットの許容因子 ……………… *6*

1.4　ABX₃ ペロブスカイトの構造の変型 …… *9*

1.5　カチオンの変位：BaTiO₃ を例に ……… *10*

1.6　八面体のヤーン・テラーひずみ：KCuF₃

　　　を例に ………………………………………… *13*

1.7　八面体回転 ………………………………………… *15*

　1.7.1　八面体回転の表現 ………………… *15*

　1.7.2　三方晶系：LaAlO₃ を例に …… *18*

1.7.3　直方晶系：GdFeO₃ と CaTiO₃ を例に ……*20*

1.8　対称性の関係 ……………………………… *23*

1.9　有機無機ハイブリッド型ペロブスカイト *25*

1.10　アンチペロブスカイト ………………… *27*

　1.10.1　立方晶および関連構造 ………… *27*

　1.10.2　そのほかの構造 …………………… *28*

1.11　構造と物理変数の相関図 ………………… *29*

1.12　理論計算 …………………………………… *31*

参 考 文 献 …………………………………………… *31*

さらなる理解のために ………………………… *32*

## 2章　ABX₃関連構造　　33

2.1　ダブルペロブスカイトおよび関連の

　　　秩序型構造 ……………………………………… *33*

　2.1.1　岩塩（秩序）型ダブルペロブスカイト ……*33*

　2.1.2　そのほかの秩序型ペロブスカイト …… *36*

　2.1.3　AA′₃B₄O₁₂ 関連構造 …………… *38*

2.2　アニオン置換型ペロブスカイト ……… *41*

　2.2.1　窒化物と酸窒化物 ………………… *41*

　2.2.2　酸フッ化物 …………………………… *43*

2.3　A サイト欠損型ペロブスカイト構造 … *43*

　2.3.1　ReO₃，WO₃，および関連構造 … *43*

　2.3.2　ペロブスカイトタングステンブロンズ

　　　　　………………………………………………… *44*

　2.3.3　A サイト欠損型チタン，ニオブ，

　　　　　タンタル酸化物 …………………… *45*

2.4　四面体を含むアニオン欠損相 ……… *46*

　2.4.1　ブラウンミレライト ……………… *46*

2.4.2　ブラウンミレライトの微細構造 ……… *50*

2.4.3　温度変化と無秩序化 ……………… *51*

2.4.4　ブラウンミレライト相への

　　　　　B サイト置換 …………………… *51*

2.4.5　B サイト置換と酸素圧 …………… *52*

2.4.6　ブラウンミレライト相への

　　　　　A サイト置換 …………………… *53*

2.4.7　ブラウンミレライト関連相 ……… *53*

2.5　ピラミッド配位を含む

　　　アニオン欠損秩序相 …………………… *55*

　2.5.1　マンガン酸化物 …………………… *56*

　2.5.2　SrFeO₂.₅ と関連相 ……………… *57*

　2.5.3　コバルト酸化物と関連相 ……… *58*

2.6　点欠陥，マイクロドメイン，

　　　および変調構造 ………………………… *59*

さらなる理解のために ………………………… *63*

| 3章 | 六方晶ペロブスカイト関連構造 | 65 |
|---|---|---|

3.1　BaNiO$_3$ 構造 ·················· 65

3.2　三角プリズムを含む BaNiO$_3$ 関連相 ··········· 67

　3.2.1　整 合 構 造 ·················· 67

　3.2.2　変 調 構 造 ·················· 73

3.3　六方・立方充塡の混合ペロブスカイト：
　　　命名法 ·················· 76

3.4　六方・立方混合ペロブスカイト：
　　　積層様式 ·················· 78

3.5　ch$_q$, c$_p$h 積層をもつ
　　　六方晶ペロブスカイト ·················· 80

　3.5.1　(ch$_q$) 構造 ·················· 80

　3.5.2　(c$_p$h) 構造 ·················· 81

　3.5.3　c$_p$h$_q$ インターグロース構造 ········ 85

3.6　c$_p$hh 積層の六方晶ペロブスカイト ····· 86

　3.6.1　(cc···chh) A$_n$B$_n$O$_{3n}$ 構造 ········ 87

　3.6.2　(cc···chh) A$_n$B$_{n-1}$O$_{3n}$ 構造 ········ 88

　3.6.3　(hhcc···chhcc···c)
　　　　インターグロース構造 ·················· 89

　3.6.4　(cc···ch) A$_n$B$_{n-1}$O$_{3n}$
　　　　シフト相・双晶相 ·················· 92

3.7　BaO$_2$ (c′) 層を含むアニオン欠損相 ····· 92

　3.7.1　(c···c′···ch) 構造 ·················· 93

　3.7.2　(c···cc′···chh) 構造 ·················· 93

　3.7.3　(c···c′···chhh) 構造 ·················· 94

3.8　BaOX 層をもつアニオン欠損相 ········ 95

　3.8.1　(h′) 層 ·················· 95

　3.8.2　(c′c′) 層 ·················· 97

3.9　Sr$_4$Mn$_3$O$_{10}$ と Ba$_6$Mn$_5$O$_{16}$ ·········· 97

3.10　温度および圧力変化 ·················· 98

参 考 文 献 ·················· 99

さらなる理解のために ·················· 99

| 4章 | モジュール構造 | 101 |
|---|---|---|

4.1　K$_2$NiF$_4$ (A$_2$BX$_4$) および
　　　Ruddlesden-Popper 相 ·················· 101

　4.1.1　K$_2$NiF$_4$ (T または T/O) 構造 ······ 101

　4.1.2　Ruddlesden-Popper 相 ·········· 104

4.2　Nd$_2$CuO$_4$ (T′) 構造と T$^*$ 構造 ······ 106

4.3　Dion-Jacobson 相と関連相 ·········· 107

4.4　Aurivillius 相 ·················· 109

4.5　Ca$_2$Nb$_2$O$_7$ 関連相 ·················· 111

4.6　銅酸化物超伝導体と関連相 ··········· 112

　4.6.1　La$_2$CuO$_4$, Nd$_2$CuO$_4$, および
　　　　YBa$_2$Cu$_3$O$_7$ ·················· 113

　4.6.2　層状ペロブスカイト構造 ········ 115

　4.6.3　層状銅酸化物の関連構造 ········ 116

4.7　組成の多様性 ·················· 118

4.8　インターカレーションと剥離 ········ 122

さらなる理解のために ·················· 125

| 5章 | 拡散とイオン伝導度 | 127 |
|---|---|---|

5.1 拡 散 ················· 127
5.2 イオン伝導 ··········· 129
5.3 プロトン伝導 ········· 132
5.4 酸素分圧依存性と電子伝導度 ··· 134
5.5 酸素イオン混合伝導体 ··· 135
5.6 プロトン混合伝導体 ··········· 138
5.7 固体酸化物形燃料電池 ········· 140
参 考 文 献 ···················· 142
さらなる理解のために ·········· 142

| 6章 | 誘 電 性 | 143 |
|---|---|---|

6.1 絶縁体ペロブスカイト ······· 143
6.2 ペロブスカイト誘電体 ······· 143
  6.2.1 一般的な特徴 ··········· 143
  6.2.2 巨大誘電率物質 ········· 146
6.3 強誘電性／圧電性ペロブスカイト ··· 147
  6.3.1 自発分極とドメイン ····· 147
  6.3.2 強誘電分域（ドメイン）の
        スイッチング ········· 149
  6.3.3 強誘電履歴曲線 ········· 151
  6.3.4 強誘電体の温度依存性 ··· 152
  6.3.5 焦電性，圧電性と結晶の対称性 ··· 153
  6.3.6 ひずみ−電場曲線 ······· 154
6.4 強誘電体／圧電体セラミックスの開発 ······ 155
  6.4.1 圧電体セラミックス ········· 155
  6.4.2 電 歪 ·················· 157
6.5 反強誘電体 ················· 157
6.6 フェリ誘電体 ··············· 159
6.7 リラクサー強誘電体 ········· 160
  6.7.1 リラクサー強誘電体のマクロな性質 ·· 160
  6.7.2 リラクサー強誘電体の微細構造 ·· 163
6.8 間接型強誘電体 ············· 165
6.9 ドーピングと特性制御 ······· 166
6.10 ナノ粒子と薄膜 ············· 170
参 考 文 献 ···················· 172
さらなる理解のために ·········· 172

| 7章 | 磁 性 | 173 |
|---|---|---|

7.1 ペロブスカイト化合物の磁性 ··· 173
7.2 常磁性ペロブスカイト ······· 175
7.3 反強磁性ペロブスカイト ····· 177
  7.3.1 立方晶ペロブスカイト関連構造 ··· 177
  7.3.2 六方晶ペロブスカイト ··· 183
7.4 強磁性ペロブスカイト ······· 186
7.5 ペロブスカイトフェリ磁性体 ··· 188
7.6 スピングラス的振舞い ········· 190
7.7 傾角反強磁性とほかの磁気秩序 ········· 191
7.8 薄 膜 ···················· 192
7.9 ナ ノ 粒 子 ················· 194
7.10 ペロブスカイトとマルチフェロイクス ···· 195
参 考 文 献 ···················· 197
さらなる理解のために ·········· 197

## 8章　電子伝導　199

8.1　ペロブスカイトのバンド構造：
　　　ペロブスカイト金属相 ･･･････････ 199
8.2　金属−絶縁体遷移 ･･･････････････ 201
　8.2.1　チタン酸化物と関連相 ･･････ 201
　8.2.2　$LnNiO_3$ ･････････････････ 203
　8.2.3　ランタノイド含有マンガン酸化物 ････ 203
　8.2.4　ランタノイド含有コバルト酸化物 ･･･ 204
　8.2.5　$(Sr,Ca)_2RuO_4$ と $Ca_2Ru_{1-x}Cr_xO_4$ ･･ 205
　8.2.6　$NaOsO_3$ ･･･････････････ 206
8.3　ペロブスカイト超伝導体 ･･･････ 206
8.4　銅酸化物高温超伝導体 ･･･････････ 207
　8.4.1　はじめに ･････････････････ 207
　8.4.2　ランタン銅酸化物, $La_2CuO_4$ ･････ 208
　8.4.3　ネオジム銅酸化物, $Nd_2CuO_4$ ･･･ 209

　8.4.4　イットリウムバリウム銅酸化物,
　　　　　$YBa_2Cu_3O_7$ ････････････ 210
　8.4.5　ペロブスカイト関連構造と系列 ･････ 211
　8.4.6　一般的な超伝導体の相図 ･････ 212
　8.4.7　欠陥と伝導性 ･･･････････････ 213
8.5　スピン分極（偏極）とハーフメタル ･･･････ 214
8.6　電荷秩序と軌道秩序 ･･････････ 216
8.7　磁気抵抗 ･･･････････････････ 217
　8.7.1　マンガン酸化物の超巨大磁気抵抗 ･･････ 217
　8.7.2　低磁場の磁気抵抗 ･･････････ 219
8.8　ペロブスカイトの半導体的特性 ･･･････ 219
8.9　薄膜および表面伝導 ･･･････････ 221
参 考 文 献 ･･････････････････････ 222
さらなる理解のために ･･･････････････ 222

## 9章　熱・光学特性　223

9.1　熱 膨 張 ･･････････････････ 223
　9.1.1　通常の熱膨張 ･･････････････ 223
　9.1.2　熱 収 縮 ･････････････････ 225
　9.1.3　ゼロ熱膨張材料 ･･･････････ 227
9.2　熱電特性 ･･･････････････････ 228
9.3　磁気熱量効果 ･･･････････････ 230
9.4　焦電効果および電気熱量効果 ･････ 232
9.5　透 過 度 ･････････････････ 232
9.6　エレクトロクロミック膜 ･･･････ 233

9.7　電気光学特性 ･･････････････ 235
　9.7.1　屈折率の変化 ･･･････････ 235
　9.7.2　電気光学変調器 ･･･････････ 236
　9.7.3　電気光学強度変調器 ･･････ 238
　9.7.4　セラミック変調器 ･･････････ 239
9.8　ペロブスカイト太陽電池 ･･･････ 240
参 考 文 献 ･･････････････････････ 242
さらなる理解のために ･･･････････････ 242

# 付　録

付録Ａ：ペロブスカイトにおける結合価数（ボンドバレンス）模型　**243**

付録Ｂ：Kröger–Vink（クレーガー・ビンク）欠陥表記のまとめ　**246**

# 索　引　**249**

# ABX₃型 ペロブスカイトの構造

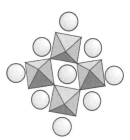

## 1.1 ペロブスカイト

ペロブスカイト (perovskite) とは組成式 CaTiO₃ の鉱物のことである．1839年にロシアの鉱物学者 Gustav Rose によってウラル山脈の鉱床で発見され，ロシアの鉱物学者 Count Lev Aleksevich von Petrovski に因んで命名された．ペロブスカイトの天然結晶は 5.5～6 の硬度と 4000～4300 kg m$^{-3}$ の密度をもっている．これらの結晶には通常不純物が含まれるため，暗褐色から黒色を呈しているが，純物質の場合は透明であり，屈折率は約 2.38 である．最初に立方晶であると考えられていたこの化合物の結晶構造は，後に直方晶系であることが示された (表 1.1)．

ほかの多くの鉱物と同様に，組成式が ABX₃ に近い，またはそれに由来する化合物全体を総称してペロブスカイトとよばれている．現在，ペロブスカイト構造をとる化合物は多数知られている．実際，ペロブスカイト構造をとる鉱物のブリッジマナイト[*1] (Fe, Mg)SiO₃ は，地球内部で最も豊富に存在する固相であり，全体の 38% を占めている．この相は地表面から約 660～2900 km の深さにわたって存在するが，高温高圧条件でのみ安定であるため，地球の表面では検出されない．

ペロブスカイト ABX₃ が単純なイオン性化合物であると仮定 (つまり，A は通常大きなカチオン，B は通常中程度のカチオン，X はアニオンである) することによって，ペロブスカイトに属する物質群の多様性をある程度合理的に説明することができる．当然のことながら，イオン模型で構造を記述したときには，全体として電荷的に中性でなければならない．したがって，イオンの電荷を $q_A$, $q_B$, および $q_X$ と記述すると，

$$q_A + q_B = -3q_X$$

と表される．
頻繁に見かける (ただし，唯一ではない) 組合せは，

$q_X = -1$, $(q_A, q_B) = (1, 2)$；たとえば，KNiF₃
$q_X = -2$, $(q_A, q_B) = (1, 5)$；たとえば，NaNbO₃

---

[*1] 自然鉱物の精密な構造解析なしには鉱物名を与えることができないため，おおむねペロブスカイト構造であることはわかっていたが名称はついていなかった．2015年に Tschauner らは，はじめて精密に構造を決定することに成功し，ノーベル物理学賞を受賞した高圧物理の父とよばれる Percy W. Bridgman に敬意を表して与えられた．

$$(q_A, q_B) = (2, 4) ; \text{たとえば, CaTiO}_3$$
$$(q_A, q_B) = (3, 3) ; \text{たとえば, LaAlO}_3$$
$$q_X = -3, \quad (q_A, q_B) = (4, 5) ; \text{たとえば, ThTaN}_3$$

である.

　ペロブスカイトの重要性は，1940年代のチタン酸バリウム $BaTiO_3$ の誘電的および強誘電特性に関する価値の高い発見によって人びとに認識されることとなった. この材料は発見後，エレクトロニクス分野でコンデンサおよび変換器としてただちに採用された. それに続く数十年間にわたって，$BaTiO_3$ の材料特性を改良する試みから，一般組成が $ABO_3$ で，形式的にイオン的描像で表されるペロブスカイト関連酸化物の構造と物性の相関を明らかにしようと徹底的な研究が行われ，結果として膨大な数の新物質が合成された.

　発見からすぐにわかったことは，これらの物質は単なる一物質ではなく一つの大きな物質群として優れた化学的，物理的性質をもっていることであり，その範囲は $BaTiO_3$ によって示されたものよりもずっと広い. そして研究対象は，ペロブスカイトと構造的に関連づけることが可能な幅広い物質にまで広げられた. これには，形式的にイオン的描像で表される窒化物や酸窒化物も含まれる. それに加えて，組成式 $A_3BX$ として記載されるべき多くの合金材料が知られている. ここで A および B は金属元素であるのに対し，X はアニオンまたは半金属であり，典型的には C, N, O, および B である. これらの物質は，いわゆる**アンチペロブスカイト**（antiperovskite）または**逆ペロブスカイト**（inverse perovskite）構造とよくいわれている. というのは，金属 A 原子が通常のイオン性のペロブスカイトのアニオン位置を占め，B 原子および X 原子が通常カチオンによって占有されるサイトを占めているからである. ペロブスカイト骨格には柔軟性があるため，$NH_4^+$ のようなカチオンを占めることもできる. このようなカチオンは常温では多くの場合，球状とみなすことができる. また，$(CH_3NH_3)PbX_3$ などのより複雑な有機無機ハイブリッド化合物も合成されている. ここで，X は一般的には Cl, Br, I, またはこれらのアニオンの組合せ（固溶系）である.

　組成が $ABX_3$ の相と同じように，モジュラー構造[*2]も数多く合成されている. これらの構造はすべて，少なくとも部分的にペロブスカイト構造の断片〔通常は二次元的なブロック層（スラブ）〕から構築されている. それらの物質の組成式を $ABX_3$ 組成と結びつけて説明することは，構造の構築原理が解明され，さまざまなブロック層に挟まれた界面の部分の性質が明らかにならなければ簡単ではない. たとえば，超伝導体の $Bi_2Ca_2Sr_2Cu_3O_{10+\delta}$ はペロブスカイト型のブロック層で構築されており，$Bi_2O_2$ の組成のブロック層によって分離されている.

　予想されていたように，これらの複合化合物の化学的，物理的性質との間には密接な関係がある. ペロブスカイトを，一つ物質群として重要にしている原因はまさにこの柔軟性にある. なぜなら，このさまざまな構造において元素置換を容易に行うことで，重要な物理的特性を制御しながら変えることができるからである. この

*2 一般に複雑な構造を表したり，理解するのにその物質を構成する部分構造（組成）を一つの単位（モジュール）として全体の構造を複数のモジュールの組合せとして記述すること.

## 1.1 ペロブスカイト ● 3

**表 1.1** 代表的な $ABX_3$ ペロブスカイト相 [a]

| 相 | 空間群 [b] | 単位格子 | | |
|---|---|---|---|---|
| | | $a$ (nm) | $b$ (nm) | $c$ (nm) |
| **1, 2** | | | | |
| $AgMgF_3$ | C, $Pm\bar{3}m$ (221) | 0.41162 | | |
| $CsPbI_3$ | C, $Pm\bar{3}m$ (221) | 0.62894 | | |
| $KCuF_3$ | T, $I4/mcm$ (140) | 0.56086 | | 0.76281 |
| $KMgF_3$ | C, $Pm\bar{3}m$ (221) | 0.39897 | | |
| $KZnF_3$ | C, $Pm\bar{3}m$ | 0.40560 | | |
| $NaMgF_3$ | O, $Pbnm$ (62) | 0.48904 | 0.52022 | 0.71403 |
| $NaFeF_3$ | O, $Pnma$ (62) | 0.56612 | 0.78801 | 0.54836 |
| $NH_4ZnF_3$ | C, $Pm\bar{3}m$ (221) | 0.41162 | | |
| **1, 5** | | | | |
| $KTaO_3$ | C, $Pm\bar{3}m$ (221) | 0.40316 | | |
| $KNbO_3$ | O, $Amm2$ (38) | 0.3971 | 0.5697 | 0.5723 |
| **2, 4** | | | | |
| $SrTiO_3$ | C, $Pm\bar{3}m$ (221) | 0.3905 | | |
| $BaTiO_3$ | T, $P4mm$ (99) | 0.39906 | | 0.40278 |
| $CaTiO_3$ | O, $Pbmn$ (62) | 0.54035 | 0.54878 | 0.76626 |
| $BaSnO_3$ | C, $Pm\bar{3}m$ (221) | 0.4117 | | |
| $CdSnO_3$ | O, $Pnma$ (62) | 0.52856 | 0.74501 | 0.51927 |
| $CaIrO_3$ | O, $Pbnm$ (62) | 0.52505 | 0.55929 | 0.76769 |
| $PbTiO_3$ | T, $P4mm$ (99) | 0.3902 | | 0.4143 |
| $PbZrO_3$ | O, $Pbam$ (55) | 0.58822 | 1.17813 | 0.82293 |
| $SrCoO_3$ | C, $Pm\bar{3}m$ (221) | 0.3855 | | |
| $SrMoO_3$ | C, $Pm\bar{3}m$ (221) | 0.39761 | | |
| $SrRuO_3$ | O, $Pnma$ (62) | 0.55328 | 0.78471 | 0.55693 |
| $(Fe,Mg)SiO_3$ | O, $Pnma$ (62) | 0.5020 | 0.6900 | 0.4810 |
| **3, 3** | | | | |
| $BiFeO_3$ | Tr, $R3c$ (161) | 0.55798 | | 1.3867 |
| $BiInO_3$ | O, $Pnma$ (62) | 0.59546 | 0.83864 | 0.50619 |
| $ErCoO_3$ | O, $Pbnm$ (62) | 0.51212 | 0.54191 | 0.73519 |
| $GdFeO_3$ | O, $Pbnm$ (62) | 0.53490 | 0.56089 | 0.76687 |
| $HoCrO_3$ | O, $Pnma$ (62) | 0.5518 | 0.7539 | 0.5245 |
| $LaAlO_3$ | Tr, $R3c$ (161) | 0.53644 | | 1.31195 |
| $LaCoO_3$ | Tr, $R\bar{3}c$ (167) | 0.54437 | | 1.30957 |
| $LaMnO_3$ | O, $Pbnm$ (62) | 0.55367 | 0.57473 | 0.76929 |
| $LaTiO_3$ | O, $Pbnm$ (62) | 0.5576 | 0.5542 | 0.7587 |
| $NdAlO_3$ | Tr, $R\bar{3}c$ (167) | 0.53796 | | 1.31386 |
| $PrRuO_3$ | O, $Pnma$ (62) | 0.58344 | 0.77477 | 0.53794 |
| $YbMnO_3$ | O, $Pbnm$ (62) | 0.52208 | 0.58033 | 0.73053 |
| **4, 5** | | | | |
| $ThTaN_3$ | C, $Pm\bar{3}m$ | 0.4020 | | |

a) これらの相の多くは多形であり，格子定数は温度および圧力によって変化する．
b) 結晶系は以下のように略記する（本書のほかの表でも同様に記載する）．
　C：立方晶，H：六方晶，M：単斜晶，O：直方晶[*3]，T：正方晶，Tr：三方晶（しばしば六方晶の単位格子で表記される），Tri：三斜晶．

**\*3** 長年の間，斜方晶とされていたが，三軸が直交して単位格子が直方体であるため不適切と指摘されていた．2014 年に，日本結晶学会は，直方晶とする（ただし，斜方晶も当面は並用）ことが決議された．なお，英語表記は"orthorhombic"であり，直方晶は最も自然な訳である．

柔軟性こそが，構造に生じうる負荷に対する解決策となっている．ABX₃ ペロブスカイト構造は，厳密な組成，温度および圧力に依存して多種多様な構造の変化をみせてくれる．これらの変数はすべて物理的特性にいろいろな意義を与える．さらに，透過型電子顕微鏡を用いて複数のカチオンや複数のアニオンからなる多くの物質を調べると複雑なマイクロドメイン構造がみられる．これらのマイクロドメインは，規則正しく並ぶ格子に生じる複雑に異なる構造をもった小さな体積からなる集合体である．しばしば，このマイクロドメインは単位格子の数倍の長さにわたって原子が秩序化しており，その秩序様式は隣接するマイクロドメイン間で異なっている．これらのマイクロドメインが多かれ少なかれランダムに結晶全体に分布している場合，相の対称性にもよるが，この微視的な秩序は通常のX線や中性子回折による構造解析法では隠されてしまうことがあり，マクロスケールで精密化された構造にはその特徴が表れないかもしれない．このレベルの秩序は一般には高分解能透過型電子顕微鏡によりはじめて明らかにされる．この相違があるため，組成が複雑な多くのペロブスカイト相は，全体としての大雑把な構造についてはわかっているものの，正確な構造の詳細については議論の余地が残っている．

　幸いにも，この相違の多くは理想的な立方晶ペロブスカイト構造を用いて理解することができるか，合理的に説明することができる．本章では，理想的な ABX₃ ペロブスカイト構造について述べるが，化学的および物理的に重要な特性を示したり，正確な構造の決定が困難ないくつかの派生構造についても記述する．

## 1.2　立方晶ペロブスカイト構造：SrTiO₃

　理想化された，あるいはアリストタイプ（aristotype）のペロブスカイト構造は立方晶であり，室温における SrTiO₃ はこの構造をとる（ただし，すべての温度領域ではない）[*4]．立方晶の単位格子内に原子を配置するのには二つの一般的な方法があ

*4 アリストタイプは，高い対称性をもつ構造のことを意味し，より低い対称の構造を理想化したものとみなせる．H. Megaw がペロブスカイトについて記述する際に用いた．

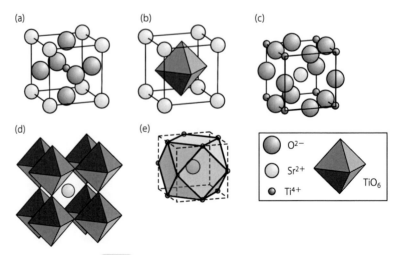

**図1.1**　理想ペロブスカイト構造の SrTiO₃
（a）Sr²⁺ を原点にとった結晶構造，（b）TiO₆ 八面体，（c）Ti⁴⁺ を原点にとった結晶構造，（d）TiO₆ 八面体の骨格と中心の Sr²⁺，（e）Sr まわりの立方八面体のケージサイト（理想構造では 12 配位である）．

る．結晶学で標準的に用いられるのは原点に Sr 原子を配置することである．

SrTiO$_3$：立方晶；$a = 0.3905$ nm, $Z = 1$；空間群, $Pm\bar{3}m$ (No.221)．

原子位置：Sr：1a 0, 0, 0
Ti：1b ½, ½, ½
O：3c ½, ½, 0；½, 0, ½；0, ½, ½

Sr$^{2+}$ イオンは単位格子の角（原点）にある．Ti$^{4+}$ イオンは単位格子の中心（1/2, 1/2, 1/2）にあり O$^{2-}$ イオンによってつくられる正八面体によって囲まれている〔図 1.1(a), (b)〕．しかし，示したい事柄によっては Ti$^{4+}$ イオンを単位格子の原点に移すほうが便利なことがある*5．

*5 八面体どうしのつながりが物性に影響を及ぼすとき，たとえば電子伝導や磁気的性質を扱うときには B サイトを原点にすることが多い．

原子位置：Ti：1a 0, 0, 0
Sr：1b ½, ½, ½
O：3d ½, 0, 0；0, ½, 0；0, 0, ½

この場合，12 個の O$^{2-}$ イオンに配位されている大きな Sr$^{2+}$ イオンは単位格子の中心に位置している〔図 1.1(c)〕．この（そして関連の）ペロブスカイトの化学的および物理的特性を議論するためには，その構造が点共有した TiO$_6$ 八面体のネットワークから構築されていると考えると便利である〔図 1.1(d)〕．単位格子の中心に位置する大きな Sr$^{2+}$ イオンは，O$^{2-}$ イオンによりつくられる立方八面体のケージの真ん中にある〔図 1.1(e)〕．TiO$_6$ 八面体からなる骨格は規則配列しており，八面体は互いに平行である．すべての Ti$^{4+}$－O$^{2-}$ の結合長は等しく，三つの O$^{2-}$－Ti$^{4+}$－O$^{2-}$ 結合は直線である．

SrTiO$_3$ 構造における Sr$^{2+}$ および O$^{2-}$ の原子位置は，Cu$_3$Au 合金の Au および Cu の原子位置とまったく等価であり，もし，Sr$^{2+}$ および O$^{2-}$ イオン（または Cu および Au 原子）の差異を無視すると，その構造は Cu 単体の立方晶相と同一である〔図 1.2 (a), (b)〕．後者の構造は単純な A1 構造であり，よく面心立方（fcc）構造として記述される．この構造は，格子の立方対角線［111］に垂直な（111）面によって構成され，これらが…ABCABC…の通常の面心格子を形成して積層している．その結果，SrTiO$_3$ の構造は，Sr$^{2+}$ イオンと O$^{2-}$ イオンが 1：3 で規則配列した（111）面が最密充填して形成されたと考えることもできる．その積層方向は立方晶単位格子の対角線に垂直［111］*6 である．この骨格構造において電気的中性を維持するのに必要な電

*6 立方晶では［111］に等価な対角線は四本ある．

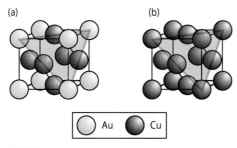

**図 1.2** (a) AuCu$_3$ 構造，(b) Cu (A1, fcc) 構造

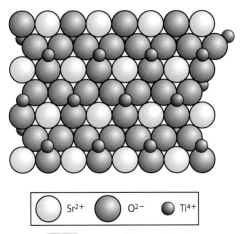

**図 1.3** SrTiO₃中のSrO₃(111)面
2枚のSrO₃層に挟まれたTi⁴⁺イオンは，六つのO²⁻イオンによって囲まれ，八面体の間隙位置を占める．

*7 SrO₃あたりの電荷は，−4〔＝＋2＋3(−2)〕である．トータルの電荷をゼロにするためには，Ti⁴⁺が1個必要である．

荷補償*7 は，八面体間隙位置（Sr²⁺とO²⁻を区別しない）の1/4に小さいTi⁴⁺イオンが規則配列することによってもたらされる．言い換えると，Ti⁴⁺イオンはO²⁻イオンのみから構成される八面体位置にすべて入る（図1.3）．

より複雑なペロブスカイト関連相の構造（2章および3章）を記述するには，その構造を理想的なTiO₆八面体の連結体として表示するのが便利である．図1.4(a)に示すのが理想的なペロブスカイト構造の通常の見せ方であるが，しばしば図1.4(b)，(c)のように(111)層がほとんどもしくは完全に垂直になるように傾けて表示される．アルカリ土類金属原子が省略され，八面体骨格のみが示されることが多い〔図1.4(d)，(e)〕．ほかの投影，たとえば[111]からの投影では八面体が六角形の輪郭としてみえる〔図1.4(f)〕．また，[110]からの投影では八面体が菱形（ダイヤモンド）の輪郭としてみえる〔図1.4(g)〕．

### 1.3 ゴールドシュミットの許容因子

結晶学的な観点では，理想的なペロブスカイト構造は融通が効かない．というのは，すべての原子位置は調整可能な変数をもたないためである．したがって，この構造を保つ限りにおいてはあらゆる組成変化が格子定数の変化に反映されなければならない．格子定数はアニオン-カチオン結合長の単純な和として表される．立方晶の単位格子の稜 $a$ は，B−X結合の2倍の長さ，

$$2(B-X) = a$$

である．

立方八面体（ケージサイト）の幅 $\sqrt{2}a$ は，A−X結合の長さの2倍，

$$2(A-X) = \sqrt{2}a$$

である．

これは結合長の比が次の式で与えられるとき，理想的な構造が形成されることを

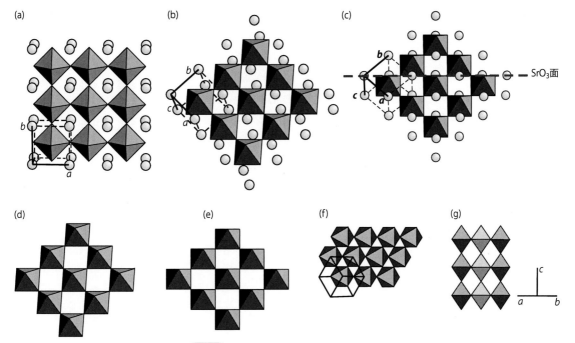

**図1.4** 立方晶 SrTiO₃ ペロブスカイト構造
(a) 3×3×1 単位格子が表示された通常の表記，(b) 同じ図であるが約 45°回転してある，(c) 1枚の SrO₃ 平面が紙面に対して垂直になるように，さらに回転させてある，(d)，(e) 図(b)，図(c)について TiO₆ 八面体の骨格のみを示した，(f) [111] 方向から投射した八面体骨格，(g) [110] 方向から投射した八面体骨格．

意味する．

$$\frac{(A-X)}{(B-X)} = \sqrt{2}$$

または

$$\frac{(A-X)}{\sqrt{2}(B-X)} = 1$$

この式は，1926年にはじめてゴールドシュミット (Goldschmidt) によって使用された．ゴールドシュミットは，どのイオンの組合せがペロブスカイト相を形成しやすいかを判別するためにこの式が使用できると提案した．これが最初に提案されたときには，ペロブスカイト構造の物質が非常に少なかったので，イオン半径が測定済みの結合長の代わりとして使用された．この目的のため，カチオンが周囲のアニオンにぴったりと触れているときに安定構造が形成されると仮定された (ゴールドシュミットの法則)．すると，

$$\frac{(r_A + r_X)}{(r_B + r_X)} = \sqrt{2}$$

または

$$t = \frac{(r_A + r_X)}{\sqrt{2}(r_B + r_X)} = 1 \text{ (理想的ペロブスカイト構造の場合)}$$

と表される．ここで $t$ は**許容因子**（**トレランス因子**，tolerance factor）とよばれ，$r_A$

はケージ（A）サイトのカチオンの半径，$r_B$ は八面体配位したカチオンの半径，$r_X$ は
アニオンの半径である．ゴールドシュミットは，許容因子 $t$ の値が 1.0 に近い場合
はペロブスカイト相が形成されると考えた．

　注意すべきことは，イオン半径は適当な配位構造に対する値を使用すべき点であ
る．したがって，$r_A$ は 12 配位，$r_B$ は八面体配位，および $r_X$ は線形配位の適当な値
を採用すべきである．さらに，A サイトとしては X アニオンに見合ったイオン半
径のカチオンを使用することが最良である．酸化物に適当なカチオン半径を採用し
た場合，フッ化物ではほどほどの近似にはなるけれども，これを塩化物および硫化
物に対して用いるのはかなり不適当である．

　いまでは多くのペロブスカイト構造が得られているため，イオン半径ではなく測
定で決められた結合長を使用し，以下で与えられる観測された許容因子（observed
tolerance factor）$t_{obs}$ を用いるのがふつうである．

$$t_{obs} = \frac{(A-X)}{\sqrt{2}\,(B-X)}$$

ここで，（A－X）は A カチオンと周囲の 12 個のアニオンの結合長の測定値の平均
をとったものであり，（B－X）は B カチオンと周囲の 6 個のアニオンの結合長の測
定値の平均をとったものである．特定のペロブスカイト物質群（たとえば，$ATiO_3$
チタン酸化物，$AAlO_3$ アルミ酸化物）に関しては，$t_{obs}$ と $t$ との間に線形関係があり，
物質群ごとにこの関係にわずかな違いがある．

　許容因子はその単純さにかかわらず，とくにイオン半径が最も正確に知られてい
る酸化物については合理的に構造を予測することができる．理想的には，$t$ は 1.0
に等しくあるべきだが，$t$ がおよそ 0.9〜1.0 の範囲にある場合には立方晶ペロブ
スカイト構造が理にかなった可能性であることが経験則により明らかになった．も
し $t > 1$ ならば，すなわち A が大きく B が小さい場合は，$AX_3$ 層は六方最密充填
（…ABAB…）することを好み，六方晶 $BaNiO_3$ 型構造が形成される（3 章）．$t$ が 0.71
〜0.9 の場合には，その構造，とくに八面体骨格は立方八面体からなる空間を閉じ
るようにひずむようになり，立方晶よりも低対称の結晶構造をとる．$t$ の値がそれ
よりさらに低いとき，A カチオンおよび B カチオンの大きさは同程度であり，イル
メナイト（$FeTiO_3$）構造，C 型希土類 $Ln_2O_3$ 構造などをとる[*8]．

＊8 ほかには，$LiNbO_3$ 型構
造，bixbyite（ビクスビ鉱）型
構造，コランダム型構造をと
る．

　また，塩化物および硫化物の場合，許容因子は酸化物およびフッ化物のものに比
べて減少する傾向がみられる．すなわち，$t$ が 0.8〜0.9 のときは立方晶およびひ
ずんだ立方晶相が形成され，$t$ が 0.9 を超えると六方晶ペロブスカイト相が形成さ
れる．

　許容因子の概念は，イオン半径または結合長の平均値を使うことでより複雑な組
成をもつペロブスカイトに対して拡張することができる．たとえば，A サイトが置
換された相 $A_{1-x}A'_xBX_3$ では，次のように書くことができる．

$$t = \frac{[(1-x)\,r_A + x r_{A'} + r_X]}{\sqrt{2}\,(r_B + r_X)}$$

B サイトが置換された相 $AB_{1-x}B'_xX_3$ では，

と表される.

$$t = \frac{(r_A + r_X)}{\sqrt{2}\left[(1-x)\,r_B + x r_{B'} + r_X\right]}$$

同じく，結合長に関しても，

$$t_{obs} = \frac{\langle A-X \rangle}{\sqrt{2}\langle B-X \rangle}$$

と表せる．ここで，$\langle A-X \rangle$ は A－X, A′－X 結合の平均結合長を表し，$\langle B-X \rangle$ は，B－X, B′－X 結合の平均結合長を表す．両方の方程式ともさらに複雑な構造 $(A, A′, A″\cdots)(B, B′, B″\cdots)(X, X′, X″\cdots)_3$ に拡張することができる.

## 1.4 ABX₃ ペロブスカイトの構造の変型

$BX_6$ 八面体は，ペロブスカイトにおける，外場（磁場，電場など）に対する磁気および強誘電応答など重要な物理的性質の多くの根源である．なぜならば，これらの物理的性質は B カチオンの電子配置によって決まるものであり，B カチオン自身は 6 個のアニオンからなる周囲の環境によって修正されるからである．A カチオンのことは決して無視することはできないが，原子価が不変の閉殻イオンである傾向があるため，化学的および物理的な性質を変化させようとする立場からすると化学的操作（A サイト元素置換）[*9] に対して応答しにくい．しかしながら，A サイト置換により $BX_6$ 八面体自体の形状や八面体どうしの相対的な向きに基づくペロブスカイトのひずみをペロブスカイト骨格につくりだすことは有用である.

考えられる最も単純な変化は，$BX_6$ 正八面体の形状を（ほぼ完璧に）保ちながら，単にカチオンが八面体の中心から変位することである．このカチオンの変位は八面体位置の "小さすぎる" カチオンと通常関連しており，許容因子を 1 よりも大きくする（実際には B カチオンのサイズはこのひずみをもたらす重要な要素の一つに過ぎない）．B カチオンの変位の方向と大きさに依存して構造は正方晶，三方晶または直方晶になる．それに加えて，この変位は単位格子内に永久電気双極子を生みだすため，焦電性，強誘電性および反強誘電性がもたらされる（6 章）.

$BX_6$ 八面体の形状を完全な（またはほぼ完璧な）八面体に保ちながら引き起こされる構造に関する二番目の応答は，八面体の傾斜または回転である．この応答は，おもに A カチオンの大きさが立方八面体〔図 1.1（e）〕に入るには小さすぎるときに現れるもので，$BX_6$ 立方八面体からなるケージサイトの空隙のサイズを事実上減少させる[*10]．この回転により $t$ の値が 1 より小さくてもペロブスカイト構造をとることが可能になる．カチオンの変位の場合と同様に，八面体の回転も結晶構造の対称性を低下させ（1.7 節），物理物性に大きな影響を与える.

最後に，$BX_6$ 八面体自体がひずんで細長い八面体か扁平な八面体をつくることもでき，極端な場合には平面四配位またはピラミッド配位（四角錐配位）になる．これらのひずみはカチオンの電子軌道と周囲のアニオンとの相互作用の結果生じる．代表的な例がヤーン・テラー効果[*11] である（1.6 節）．また，八面体のひずみは電荷不均化のようなカチオンの価数変化によっても引き起こされる.

*9 おもに，B サイトの d 電子がない（$d^0$）ときに変位が起こる.

*10 回転が大きくなると，配位数も 12 から減少する.

*11 ここでは B サイトの正八面体がひずむことで電子的な縮退を解く効果のこと．$e_g$ 軌道に電子が占有される場合，（たとえば $d^4$, $d^9$）で顕著に表れる．因みに上述した強誘電体などにもみられる d イオンの八面体のひずみは二次ヤーン・テラー効果による.

$$2B^{n+} \longrightarrow B^{n+1} + B^{n-1}$$

二つの B カチオンはサイズが異なるため，サイズが適合するように一方または両方の $BX_6$ 八面体に配位する酸素が変位する．これによって異なるサイズの二つの八面体が生じる．

これらの三つの構造の変化，すなわち，B カチオンの変位，$BX_6$ 八面体の傾斜/回転，および $BX_6$ 八面体のひずみは，互いに排他的ではなく，互いに独立して，またしばしば互いに組み合わさって発生する．さらに，ここで示した変化はすべての八面体に対し同じように起こるような協力的な現象であるのか，微視的にはひずみがあるものの巨視的なレベルではひずみが完全に打ち消し合うような非協力的な現象であるかに分かれる．後者の打ち消し合う場合でも，物性に影響がみられる．

ひずみの量は一般に小さく，周囲の環境によって容易に影響される．したがって，温度，圧力，結晶のサイズや形の変化は，ひずみの大きさやひずみの種類を変える可能性がある．ペロブスカイト相の大多数は，温度や圧力の関数で一連の対称性の変化をみせるが，通常より高い温度，高い圧力で立方晶相が現れる．たとえば，ペロブスカイト構造の $SrSnO_3$ は，室温では直方晶で空間群は $Pmna$ であるが，温度を上昇し 905 K になると空間群 $Imma$ の直方晶になり，1062 K には空間群 $I4/mcm$ の正方晶に変化し，最後に 1295 K で空間群 $Pm\bar{3}m$ の立方晶になる．

これら低い対称性をもつ構造の多くは，理想的な格子からの変化が小さいか，目的によっては無視してもよい．そのような場合，格子の長さが $a_p$ の理想化された擬立方晶構造（理想的な $SrTiO_3$ の場合，$a = 0.39$ nm）を用いて構造を表すのがしばしば便利である．これは，相の性質を記述する際の第一の（多くの場合十分な）近似として用いることができる．

## 1.5 カチオンの変位：$BaTiO_3$ を例に

$BaTiO_3$ におけるカチオン変位は，$d^0$ の $Ti^{4+}$ イオンに対して作用する二次（または擬）ヤーン・テラー効果に基づく．この機構は，非縮退電子の基底状態をもち励起状態へのエネルギーが非常に低い非線形分子に対して適用されるものである．これらの条件下では，対称性の低下（ひずみ）が生じることで基底状態と励起状態の混成が促進され，基底状態のエネルギーが下がる．ペロブスカイトでは，カチオンの変位によって適当な対称性の変化が起こる．〔$d^n$ カチオンに影響を与える一次ヤーン・テラー効果（Jahn-Teller effect）については，1.6 節で説明する〕．

対称性を最大限保つためには，カチオン変位は八面体の対称軸の一つに沿って起きる必要がある．図 1.10 に示すように，理想的ペロブスカイトには，正八面体において対向する頂点酸素を通過する三つの四回軸と，向かい合う三角形の面の重心をとおる四つの三回軸と，向かい合う稜の中点をとおる六つの二回軸がある．変位の方向に平行な対称軸は，変位の後も維持される．四回軸のうちの一つに平行にカチオンが変位すると，理想的には一つの長い結合，一つの短い結合，四つの中間の長さの結合が生まれる〔図 1.5 (a)〕．三回軸に沿ったカチオンの変位により，理想

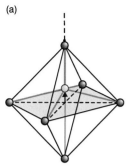 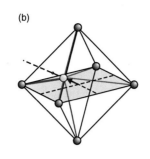 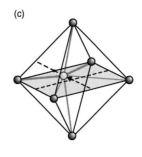

**図 1.5** BX$_6$ 八面体のカチオン変位
(a) 四回軸, (b) 三回軸, (c) 二回軸に沿ったカチオン変位.

的には三つの短い結合と三つのより長い結合が生まれる〔図 1.5(b)〕. また, 二回軸に沿ったカチオンの変位により, 理想的には二回軸を含む平面で二つの長い結合と二つの短い結合が生まれ, その平面に垂直である二つの中間の長さの結合ができる〔図 1.5(c)〕. 最も単純な構造は, カチオン変位が八面体のすべてで同一である場合で, そのような場合の B カチオンの変位は小さい A カチオンの変位と一緒に起きる.

B カチオンの変位がペロブスカイトの構造および誘電特性にもたらす影響は, 重要な誘電体・強誘電体である BaTiO$_3$ において幅広く研究されてきた. この相は, 昇温により三方晶から直方晶(183 K), 直方晶から正方晶(263 K), 正方晶から立方晶(393 K)への構造相転移を起こす. これらの相転移はすべてカチオンの変位に起因する.

393 K 以上で安定な高温相は理想的ペロブスカイト構造をとる. 空間群 $Pm\bar{3}m$ (221), $a = 0.39732$ nm〔図 1.6(a)〕. 中程度の大きさの Ti$^{4+}$ イオンは, 酸化物イオンがつくる八面体の中心に位置し, 約 0.2 nm の結合長をもつ. 一方, 大きな Ba$^{2+}$ カチオンは 12 個の酸化物イオンで囲まれた立方八面体のケージサイトの中心にある.

393 K と 268 K の間では, 正方晶の強誘電体である. 立方晶-正方晶転移温度を通過して冷却させると, 立方晶格子の一つの軸に沿ってわずかに膨張して正方晶の $c$ 軸を形成する. また, ほかの二つの軸に沿ってわずかに圧縮して正方晶の $a$ 軸および $b$ 軸を形成する. 空間群 $P4mm$ (99). $a = b = 0.39910$ nm, $c = 0.40352$ nm〔図 1.6(b)〕. 立方晶から正方晶への転移は, 八面体配位の Ti$^{4+}$ イオンが四回軸の一つである $+c$ 軸方向のオフセンタリング[*12] を伴う〔図 1.6(c)〕. $c$ 軸に平行な酸素との O$^{2-}$–Ti$^{4+}$ 結合長は約 0.22 および約 0.18 nm であるのに対し, 垂直方向(エクアトリアル位)の酸素との結合長は約 0.2 nm のままである. Ba$^{2+}$ の位置の変化はほとんど無視できる. Ti$^{4+}$ の変位は八面体の形状の(正八面体からの)わずかな変化を伴っており, エクアトリアル位置の 2 個の(向かい合う)酸素原子が $+c$ 軸に平行に移動し, ほかの二つは反対の方向($-c$)に移動する. これらの変位によって, 正方晶 BaTiO$_3$ の強誘電性の源である電気双極子 $p$ が一つ一つの八面体〔図 1.6(d)〕に生じる. 元の立方晶の結晶軸のうちのどれが極性軸になるかはまったく任意であ

[*12] 立方晶構造では(A サイトを原点においているとき) Ti は $\left(\frac{1}{2} \frac{1}{2} \frac{1}{2}\right)$ に位置するが, 正方晶転移に伴い $\left(\frac{1}{2} \frac{1}{2}, \frac{1}{2}+\delta\right)$ となる. これをオフセンタリングという. 強誘電体では, $+\delta$ から $-\delta$ に電場により変移できる.

り，六つの等価な方向[*13]のうちの一つをとることができるので，(ゼロ電場下にて)単結晶を冷却すると大量の双晶が発生するのは避けられない．

　室温から冷却すると263 Kで正方晶からの構造相転移が起こり，次の転移の183 KまではTi$^{4+}$カチオンは二回軸に沿って変位する〔図1.6(e)〕．これにより，約0.198 nmのTi－O結合が四つと約0.201 nmのTi－O結合が二つできる．ここでもまた八面体にはわずかなひずみが生じ，八面体に誘起される電子双極子が規則的に並ぶ(強誘電性)．この結果，図1.6(f)に示すように擬立方晶単位格子の面対角線方向に構造が伸ばされるため直方晶系になる．空間群 $Amm2$ (38)，$a = 0.39594$ nm，$b = 0.56266$ nm，$c = 0.56435$ nm．

　183 K以下では，図1.6(g)に示すようにTi$^{4+}$カチオンの変位は三回軸に沿って起こり，約0.21 nmと約0.19 nmのTi－O結合が3本ずつ生じる．今度は菱面体晶格子を生成するために図1.6(h)に示すように(擬)立方晶格子の対角線に沿って伸びる．空間群 $R3m$ (160)，$a = 0.40043$ nm，$α = 89.86°$．この格子の大きさは高温の立方晶のそれにきわめて近いが，印加した電場に対して強誘電的な応答を示す．このよう応答は立方晶系では現れない．

　ここに記載されたすべての相およびカチオン変位や八面体のひずみは，温度や圧力に敏感である．BaTiO$_3$の温度-圧力相図(図1.7)は，この相がみせる対称性の変化を明確に示す．これをみればわかるように，300 K，常圧(1 atm = 0.000101 GPa)ではBaTiO$_3$は正方晶として存在する．約2 GPaまで加圧すると，立方晶と正方晶の両相が共存する．そこから圧力または温度をわずかに上昇させると立方晶相をより安定にするほうへ傾いていき，さらに上昇させると立方晶相のみになる．

　これらの変化は粒径および試料形態によっても影響を受けることに注意されたい．また，ナノ粒子は例示されたものとは異なる構造変化を示すことが多い．

*13 各軸に対して＋と－の変位がある．

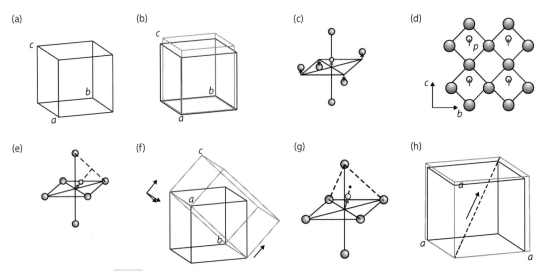

**図1.6** BaTiO$_3$におけるカチオン変位(みやすくするため誇張されている)
(a) 立方晶($T > 398$ K)，(b) 正方晶(398 $> T >$ 278 K)，(c) TiO$_6$八面体のイオン変位，(d) Ti$^{4+}$イオンの変位によって生成する電気双極子，(e) 直方晶相におけるTi$^{4+}$イオンの変位，(f) 立方晶と比較した直方晶の単位格子，(g) 三方晶相におけるTi$^{4+}$イオンの変位，(h) 立方晶と比較した菱面体晶の単位格子．

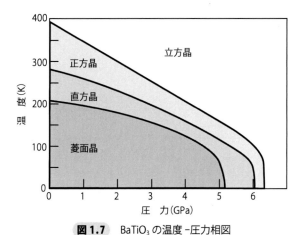

**図1.7** BaTiO$_3$の温度–圧力相図
元のデータは HaywardとSalje (2002)，および Ishidateら (1997) による．

## 1.6　八面体のヤーン・テラーひずみ：KCuF$_3$を例に

　ペロブスカイトにおける八面体のひずみのなかで最もよく知られた例はヤーン・テラーひずみである．これらのひずみは（一次）ヤーン・テラー効果によって生じるもので，最も広義にはすべての非線形分子に適用される．ヤーン・テラー効果の理論によると，対称的な原子配置および縮退した基底状態をもつ分子は不安定であり，縮退を解くために構造がひずむ．ペロブスカイト構造の場合，ヤーン・テラー効果は八面体配位の遷移金属のBサイトカチオンに適用される．この理論によると，特定のd電子配置（いわゆるヤーン・テラーイオン）をBサイトにもつペロブスカイトでは，ひずんだ八面体の環境に置かれたときのほうが，ひずみのないときと比べて安定性が増す．

　ここでひずみは，各八面体に3本ある四回軸の一つに沿って引き伸ばした形をとり，四つの短いB−X結合と二つの長いB−X結合を与える．あるいは，この逆で同軸方向に八面体を圧縮すると四つの長いB−X結合と二つの短いB−X結合が得られる[*14]．

　縮退していた基底状態は以下のようになる．理想的な八面体ではd電子のエネルギー準位は二つのグループに分かれる．t$_{2g}$と名付けられている低エネルギーで三重縮退のd$_{xy}$, d$_{yz}$およびd$_{xz}$軌道と，e$_g$と名付けられている高エネルギーで二重縮退のd$_{x^2-y^2}$とd$_{z^2}$軌道である（図1.8）．遷移金属イオンで高エネルギーのd軌道（e$_g$）が奇数の電子をもつ場合，たとえば高スピン状態のCr$^{2+}$, Mn$^{3+}$（d$^4$, t$_{2g}^3$e$_g^1$）と低スピン状態のCo$^{2+}$, Ni$^{3+}$（d$^7$, t$_{2g}^6$e$_g^1$），およびCu$^{2+}$（d$^9$, t$_{2g}^6$e$_g^3$）は二つの同等の電子配置が可能であるため，二重縮退した基底状態をもつ．たとえばMn$^{3+}$の場合，d$_{x^2-y^2}$またはd$_{z^2}$軌道のいずれかに電子を一つ置いた縮退エネルギー配置の"t$_{2g}^3$, d$_{x^2-y^2}^1$d$_{z^2}^0$"または"t$_{2g}^3$, d$_{z^2}^1$d$_{x^2-y^2}^0$"を得ることができる．列挙したほかのイオンについても同様の縮退がある．八面体を伸長または圧縮することによって，t$_{2g}$軌道およびe$_g$軌道がそれぞれさらなる分裂を起こし縮退が解かれる（図1.8）．t$_{2g}$軌道の分裂幅はかなり小さいため，ペロブスカイトでは最重視すべきことではない．それに比べ反結合性の

[*14] 長いB−X結合は$a$軸と$b$軸方向に交互にならぶ（軌道秩序に由来）ため，正方晶となる．

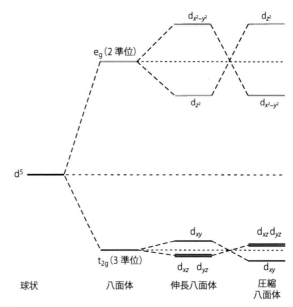

**図 1.8** ヤーン・テラーひずみが八面体配位の B サイトカチオンの d 電子のエネルギー準位に与える影響

軌道である $e_g$ 軌道の分裂は重要であり，八面体のひずみの根源となる．これらの定性的な説明からはエネルギー的に有利なひずみが八面体の伸長か圧縮であるかを決定することは不可能であるが，ペロブスカイトの最も一般的なものは八面体の伸長であり，極端な場合にはピラミッド配位（四角錐配位）または平面四配位になる．

通常，A および B イオンはこのひずみにもかかわらず配位多面体の中心にとどまるが，単位格子の対称性は正方晶または直方晶に低下する．また，このひずみは温度と圧力の両方に敏感であり，ヤーン・テラーひずみをもつペロブスカイトは通常より高温，高圧で立方晶系へと戻る．

詳細に研究された例の一つは，ヤーン・テラーイオンの $Cu^{2+}$ を含む $KCuF_3$ である．ここで，理想的な八面体を仮定したとき電子のエネルギー準位の二重縮退は $d_{x^2-y^2}^2 d_{z^2}^1$ または $d_{x^2-y^2}^1 d_{z^2}^2$ の電子配置に対応する．ヤーン・テラーひずみは細長い形の $CuF_6$ 八面体から明らかである．

$KCuF_3$：正方晶系（295 K，常圧）．$a = b = 0.58550$ nm，$c = 0.78456$ nm，$Z = 4$，空間群は $I4/mcm$（No.140）．

原子位置：K：$4a$ 0, 0, ¼; 0, 0, ¾
Cu：$4d$ 0, ½, 0; ½, 0, 0
F1：$4b$ 0, ½, ¼; ½, 0, ¼
F2：$8h$ $x, x+½, 0; -x, -x+½, 0; -x+½, x, 0; x+½, -x, 0$
$x = 0.2281$

$CuF_6$ 八面体は一つの軸が伸長し，Cu－F 結合の一つは 0.225 nm と長くなり，ほかの二つは 0.196，0.189 nm と短くなる〔図 1.9(a)，(b)〕．八面体層は $z = 0$ および $z = 1/2$ の平面上にある．これらの八面体のすべては短軸の一つが [001] に

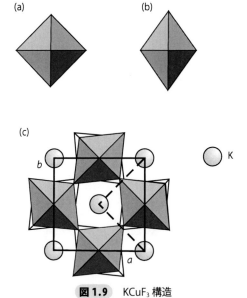

**図 1.9** KCuF₃ 構造

(a) CuO₆ 正八面体，(b) 1 本の四回軸に沿って引き伸ばされた CuO₆ 八面体，(c) [001] 方向から投影した KCuF₃ 構造．下層のひずんだ八面体は輪郭のみ，上層のひずんだ八面体は灰色で表示してある．実際の単位格子が実線で，擬立方晶の単位格子は点線でかかれている．

平行になるように並べられているが，(001) に平行な任意の 1 枚の層内では，長軸が隣接する八面体の長軸と垂直になるように配置される〔図 1.9(c)〕．格子定数は，擬立方晶格子を用いて $a_p = a/\sqrt{2} = c/2 \approx 0.40$ nm と表される．

八面体のひずみは結晶全体にわたって均一であるが，その大きさは温度と圧力とともに変化する．圧力が 8 GPa まで上昇すると，四つの短い結合がほぼ同じ長さになると同時に残りの長い結合が著しく収縮した結果，ほぼ正八面体になる．

## 1.7 八面体回転

### 1.7.1 八面体回転の表現

頂点共有の BX₆ 八面体（理想的には正八面体）は，柔軟な蝶番（ちょうつがい）によって連結されていると想像することができる．この蝶番によって八面体は頂点共有したままある程度回転または傾斜が可能となる．多くの場合，わずかな八面体回転が起こるのは，理想的ペロブスカイト構造をとるには小さすぎる A カチオンと関係があり，安定性を高めるためである．例としては，ペロブスカイト鉱物そのものの CaTiO₃ がある．立方晶系の SrTiO₃ とは対照的に CaTiO₃ は（室温では）直方晶系の対称性をもつ．八面体回転は A サイトまわりの空間をどうにか減少させるようにして起こるものであり，A–X と B–X の結合長の不一致を補償するメカニズムも同様である．八面体回転は，八面体の (a) 四回軸，(b) 二回軸，および (c) 三回軸に対して起こる（図 1.10）．

BX₆ 八面体が頂点を共有していることは，一つの八面体が回転することによってそれに垂直な平面内のすべての八面体の回転が完全に決まってしまうことを意味す

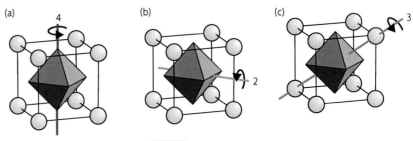

**図 1.10** 八面体の回転軸
(a) 3本の四回軸のうちの一つ, (b) 6本の二回軸のうちの一つ, (c) 4本の三回軸のうちの一つ.

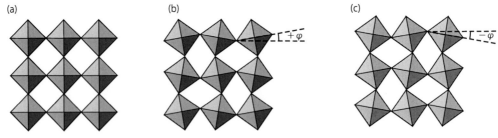

**図 1.11** 頂点共有する八面体に関して紙面に垂直な四回軸まわりの回転
(a) 回転なし, (b) $+\varphi$ の回転, (c) $-\varphi$ の回転.

る（図 1.11）. また，隣接する平面における八面体回転は，もとの平面の回転に倣わないといけないが，それと同位相である（すなわち，回転軸からみたときとまったく同一方向に回る）か，または逆位相である（すなわち反対方向に回る）かの二つの選択肢がある．

　八面体の回転は，母体である理想的ペロブスカイト構造の $x$ 軸, $y$ 軸および $z$ 軸に沿った三成分からなる複合回転という観点からも考察することもできる．最も頻繁に使用される記載法は Glazer (1972) のものである．ここで回転は，$x, y, z$ 軸に平行な傾斜（回転）軸として $a, b, c$ のシンボルを用いて表される．傾き（回転）がない場合，上付き 0 がつけられる．もし，二つの軸の傾きが厳密に同じときはそのアルファベットが繰り返される．このようにして，理想的ペロブスカイト構造には記号 $a^0a^0a^0$ が与えられ，$x, y, z$ 軸すべての方向に回転がないことを示している〔図 1.12(a)〕. $z$ 軸まわりに八面体が回転する場合，隣接する二層が相対的にまったく同じ方向に回転する $a^0a^0c^+$〔図 1.12(b)〕と反対方向に回転（回転方向が交替）する $a^0a^0c^-$〔図 1.12(c)〕が得られる．同様に，三軸の回転すべてが等価なものとしては，図 1.12(d) に示したすべての八面体層が同じ方向に回転する $a^+a^+a^+$ と，図 1.12(e) に示すような隣接する八面体層が交互に反対方向に回転する $a^-a^-a^-$ がある．ここで，三軸の等価な回転は，［111］の三回軸まわりに $\varphi°$ の回転を施すことに相当し，二軸方向の等しい回転は，［110］の二回軸まわりに $\theta°$ の回転を施すことに相当する．回転角はかなり小さく，約 15°くらいである．また，一軸のみの回転は［100］の四回軸まわりに $\varphi°$ の回転を施すことに相当する．

　最も単純なケースで，かつ立方晶軸または擬立方晶軸に沿った二つの八面体の繰

1.7 八面体回転　17

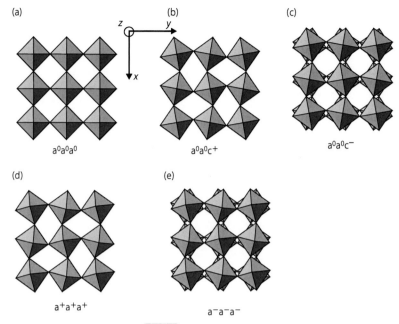

**図 1.12** Glazer 傾斜表記
(a) $a^0a^0a^0$, (b) $a^0a^0c^+$, (c) $a^0a^0c^-$, (d) $a^+a^+a^+$, (e) $a^-a^-a^-$.

返しのみを考慮すると，八面体回転の組合せは合計 10 通り可能である．

三軸回転：$a^+b^+c^+$, $a^+b^+c^-$, $a^+b^-c^-$, $a^-b^-c^-$

二軸回転：$a^0b^+c^+$, $a^0b^+c^-$, $a^0b^-c^-$

一軸回転：$a^0a^0c^+$, $a^0a^0c^-$

ゼロ軸回転：$a^0a^0a^0$

これらを結晶構造と関連づけるためには，八面体の回転角の相対的な大きさを考慮する必要がある．この場合，三つの異なる大きさの回転は三つの非等価な擬立方晶軸を，二つの同じ大きさの回転（と一つの別の大きさの回転）は二つの等価な擬立方晶軸（と一つの非等価な軸）を，同じ大きさの三つの回転は三つの等価な擬立方晶軸を生成する．また，上付きが 0 または + のときはつねに回転軸に垂直に鏡面が存在しなければならない．これらの条件から得られる 10 個の組合せとその他の条件を調べることによって，全部で 23 種類の八面体回転様式が導出される[*15]．これを表 1.2 に擬立方晶単位格子との関係と理想的な空間群とともに示す．しかし，各軸方向での八面体の繰返しの単位が三つ以上（注：上では二つの場合を考えた）の場合には，より複雑な表記法が必要となることに留意すべきである．

結果的に得られる格子定数の多くは B－O 結合距離 $d$，四回軸 [001] まわりの回転角 $\varphi$，二回軸 [110] まわりの回転角 $\theta$，三回軸 [111] まわりの回転角 $\phi$ と関係している．これらのうち最も簡単なものを表 1.3 に示す．

これらの八面体の回転は温度，圧力，引っ張り変形などの外部条件に非常に敏感である．引っ張り変形は，適切な基板上にて薄膜をエピタキシャル成長して作製する場合にとくに重要である．基板の格子定数と薄膜の格子定数には不整合が存在す

[*15] ここでは，$BX_6$ 八面体の点共有は保たれる，八面体は（ほぼ）正八面体を維持する，A サイトは最も対称性の高い位置を占めるという制約がある．なお，八面体回転様式は後の群論的考察によって 15 種類に訂正された（p.24 参照）．

**18** ● 1章 ABX₃型ペロブスカイトの構造

**表 1.2** ABX₃ ペロブスカイトにおける BX₆ 八面体の回転様式

| 番号 | 表記 | 擬立方晶単位格子 | 空間群 |
|------|------|------------------|--------|
| 三回転 | | | |
| 1 | $a^+b^+c^+$ | $a_p \neq b_p \neq c_p$ | $Immm$ (71) |
| 2 | $a^+b^+b^+$ | $a_p \neq b_p = c_p$ | $Immm$ (71) |
| 3 | $a^+a^+a^+$ | $a_p = b_p = c_p$ | $Im\bar{3}$ (204) |
| 4 | $a^+b^+c^-$ | $a_p \neq b_p \neq c_p$ | $Pmmn$ (59) |
| 5 | $a^+a^+c^-$ | $a_p = b_p \neq c_p$ | $P4_2/nmc$ (137) |
| 6 | $a^+b^+b^-$ | $a_p \neq b_p = c_p$ | $Pmmn$ (59) |
| 7 | $a^+a^+a^-$ | $a_p = b_p = c_p$ | $Pmmn$ (59) |
| 8 | $a^+b^-c^-$ | $a_p \neq b_p \neq c_p \ \alpha \neq 90°$ | $P2_1/m$ (11) |
| 9 | $a^+a^-c^-$ | $a_p = b_p \neq c_p \ \alpha \neq 90°$ | $P2_1/m$ (11) |
| 10 | $a^+b^-b^-$ | $a_p \neq b_p = c_p \ \alpha \neq 90°$ | $Pnma$ (62) |
| 11 | $a^+a^-a^-$ | $a_p = b_p = c_p \ \alpha \neq 90°$ | $Pnma$ (62) |
| 12 | $a^-b^-c^-$ | $a_p \neq b_p \neq c_p$ $\alpha \neq \beta \neq \gamma \neq 90°$ | $P\bar{1}$ (2) |
| 13 | $a^-b^-b^-$ | $a_p \neq b_p = c_p$ $\alpha \neq \beta \neq \gamma \neq 90°$ | $C2/c$ (15) |
| 14 | $a^-a^-a^-$ | $a_p = b_p = c_p$ $\alpha = \beta = \gamma \neq 90°$ | $R\bar{3}c$ (167) |
| 二回転 | | | |
| 15 | $a^0b^+c^+$ | $a_p < b_p \neq c_p$ | $Immm$ (71) |
| 16 | $a^0b^+b^+$ | $a_p < b_p = c_p$ | $I4/mmm$ (139) |
| 17 | $a^0b^+c^-$ | $a_p < b_p \neq c_p$ | $Cmcm$ (63) |
| 18 | $a^0b^+b^-$ | $a_p < b_p = c_p$ | $Bmmb$ (63) |
| 19 | $a^0b^-c^-$ | $a_p < b_p \neq c_p \ \alpha \neq 90°$ | $C2/m$ (12) |
| 20 | $a^0b^-b^-$ | $a_p < b_p = c_p \ \alpha \neq 90°$ | $Imma$ (74) |
| 一回転 | | | |
| 21 | $a^0a^0c^+$ | $a_p = b_p < c_p$ | $P4/mbm$ (127) |
| 22 | $a^0a^0c^-$ | $a_p = b_p < c_p$ | $I4/mcm$ (140) |
| 0 回転 | | | |
| 23 | $a^0a^0a^0$ | $a_p = b_p = c_p$ | $Pm\bar{3}m$ (221) |

るため，しばしば薄膜内に大きな引っ張りひずみまたは圧縮ひずみが生じる．このような効果は，薄膜自体または薄膜と基板の界面領域の物理的性質に顕著な（そしてときに驚くべき）変化を引き起こす可能性がある．また，ペロブスカイトの A サイトおよび B サイトの化学置換によって，点共有でつながっている八面体の回転が大きく変化する可能性がある．たとえば，ランタノイドニッケル酸化物（LnNiO₃）などのような一連の系では，八面体の回転はランタノイドカチオンのサイズに比例して変化するため，適切な A サイトの置換によって任意に調整することができる．

### 1.7.2 三方晶系：LaAlO₃ を例に

　三方晶ペロブスカイトの代表例である (3, 3) 型の LaAlO₃ は，室温では元になる立方晶ペロブスカイトの BO₆ 八面体の面に垂直な三回軸に対し約 6°の回転を施すことで形成される〔図 1.13(a)，(b)〕．（これらの相の結晶系は三方晶であるが，菱面体晶の結晶軸を使って表記できる．しかし，多くの場合には六方晶の単位格子

## 1.7 八面体回転

**表 1.3** いくつかの八面体回転様式における格子定数と構造変数の関係

| 回転様式 | 空間群 | 構造変数 |
|---|---|---|
| $a^0a^0a^0$ (23) | $Pm\bar{3}m$ (321) | $a = 2d$ |
| $a^0a^0c^-$ (22) | $I4/mcm$ (140) | $a = (\sqrt{8})d\cos\varphi, c = 4d$ |
| $a^0a^0c^+$ (21) | $P4/mbm$ (127) | $a = (\sqrt{8})d\cos\varphi, c = 2d$ |
| $a^0b^-b^-$ (20) | $Imma$ (74) | $a = (\sqrt{8})d, b = 4d\cos\theta, c = (\sqrt{8})d\cos\theta$ |
| $a^0b^-c^+$ (17) | $Cmcm$ (63) | $a = 4d\cos\theta, b = 2d(\cos\theta + 1), c = 2d(\cos\theta + 1)$ |
| $a^0b^+b^+$ (16) | $I4/mmm$ (139) | $a = 2d(1+\cos\theta), c = 4d\cos\theta$ |
| $a^-a^-a^-$ (14) | $R\bar{3}c$ (167) | $a = (\sqrt{8})d\cos\phi, c = (\sqrt{48})d$ |
| $a^+a^+a^+$ (3) | $Im\bar{3}$ (204) | $a = (8\cos\phi + 4)/3$ |

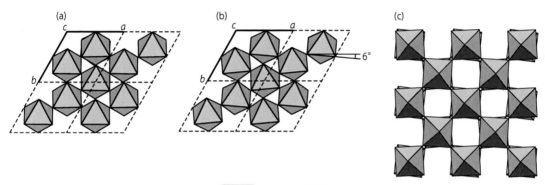

**図 1.13** LaAlO$_3$ 型構造
(a) 理想的立方晶構造の [001] 投影，(b) 6°の回転角をもつ LaAlO$_3$ 構造の [001] 投影，(c) 八面体層の回転を示す投影図．

を用いて表記したほうがより便利である）．表 1.2 に示す八面体回転に関しては，これらの化合物は八面体回転様式の 14 番（$a^-a^-a^-$）に属し，隣り合う層の八面体層はすべての軸に対して反対方向に回転している〔図 1.13(c)〕．

LaAlO$_3$：三方晶，六方晶単位格子 $a_H = b_H = 0.5365$ nm，$c_H = 1.3111$ nm，$\alpha = \beta = 90°$，$\gamma = 120°$，$Z = 6$，空間群 $R\bar{3}c$ (167)．六方晶格子を使用して，

原子位置：La：6$a$ 0, 0, ¼; 0, 0, ¾
Al：6$b$ 0, 0, 0; 0, 0, ½
O：18$c$ $x$, 0, ¼; 0, $x$, ¼; $-x, -x$, ¼; $-x$, 0, ¾; 0, $-x$, ¾; $x, x$, ¾
$x = 0.5254$（320 K のとき）

八面体の回転角は昇温によって連続的に減少していき，約 813 K で回転角はゼロになり立方晶構造へと転移する〔図 1.13(a)〕．850 K での格子定数は，$a = 0.38113$ nm である．室温で AlO$_6$ 八面体は三回軸（六方晶では $c$ 軸，菱面体晶では [111] 方向）に沿ってわずかに潰されるように変形されているが，Al-O 結合長はすべて 0.190 nm に等しい．

表 1.3 の式を使用して格子定数を推定することができる．SrTiO$_3$ の格子定数の半分（0.195 nm）を $d$ とおくと，次のようになる．

**20** ● 1章　ABX₃型ペロブスカイトの構造

**表1.4**　三方晶 LaAlO₃ 構造をとる相

| 相 | 空間群 | $a$ (nm) | $b$ (nm) | $c$ (nm) |
|---|---|---|---|---|
| LaAlO₃ | $R3c$ (161) | 0.53644 | 0.53644 | 1.31195 |
| LaCoO₃ | $R\bar{3}c$ (167) | 0.54437 | 0.54437 | 1.30957 |
| LaMnO₃ a) | $R\bar{3}c$ (167) | 0.55312 | 0.55312 | 1.3488 |
| La₀.₆Sr₀.₄MnO₃ | $R\bar{3}c$ (167) | 0.55005 | 0.55005 | 1.33575 |
| LaNiO₃ | $R\bar{3}c$ (167) | 0.54524 | 0.54524 | 1.31572 |
| LiNbO₃ | $R3c$ (161) | 0.51381 | 0.51381 | 1.38481 |
| LiTaO₃ | $R3c$ (161) | 0.51528 | 0.51528 | 1.37795 |

a) GdFeO₃ 構造についても報告されている (1.7.3 項).

$$a = (\sqrt{8})\,d\cos\phi = (\sqrt{8}) \times 0.195 \times \cos 6 = 0.548 \text{ nm}$$
$$c = (\sqrt{48})\,d = 1.316 \text{ nm}$$

これは実験値とよく一致している.

　この構造は, 菱面体晶の単純格子で記述することもできる.

$$a_{RP} = b_{RP} = c_{RP} = 0.5357 \text{ nm}, \ \alpha = \beta = \gamma = 60.1°, Z = 2$$

　この二つの単位格子の関係は,

$$a_{RP} = \frac{1}{3}\sqrt{(3a_H^2 + c_H^2)}$$
$$\sin\left(\frac{\alpha}{2}\right) = \frac{3a_H}{2\sqrt{(3a_H^2 + c_H^2)}}$$

である.

　この構造は菱面体晶の面心格子を用いても表せる.

$$a_{RF} = b_{RF} = c_{RF} = 0.7581 \text{ nm}, \ \alpha = \beta = \gamma = 90.1°, Z = 8$$

　六方晶格子と面心菱面体格子の長さの関係は,

$$a_{RF} = \frac{1}{3}\sqrt{(12a_H^2 + c_H^2)}$$
$$\cos\alpha = \frac{(c_H^2 + 6a_H^2)}{(c_H^2 + 12a_H^2)}$$

である.

　八面体回転は存在するもののほぼ立方晶であり, 擬立方晶の格子定数 $a_P$ は $a_{RF}$ の半分の 0.379 nm である (表1.4).

　これらのペロブスカイトの多くは, 高温で理想的な立方晶構造となる.

### 1.7.3　直方晶系：GdFeO₃ と CaTiO₃ を例に

　最も典型的な直方晶系のひずんだペロブスカイトは, しばしば GdFeO₃ 型とよばれる. つまり, 構造タイプとしてこの (3, 3) 相が選ばれている. この相において八面体は二回軸 [110] のまわりで回転しており, 八面体回転様式 No.10 の $a^+b^-b^-$ に

属している[*16]. GdFeO$_3$ は以下の結晶構造変数をもつ.

GdFeO$_3$：直方晶系；$a = 0.5349$ nm, $b = 0.5609$ nm, $c = 0.7669$ nm, $Z = 4$；空間群, $Pbnm$（No.62, 非標準設定）.

原子位置：Gd：$4a$ 0.9846, 0.0629, ¼

Fe：$4b$ ½, 0, 0

O1：$4c$ 0.1116, 0.4569, ¼

O2：$8d$ $x, y, z; x + ½, -y + ½, -z; -x, -y, z + ½;$
$-x + ½, y + ½, -z + ½; -x, -y, -z; -x + ½, y + ½, z;$
$x, y, -z + ½; x + ½, -y + ½, z + ½;$
$x = 0.6960, y = 0.3021, z = 0.0521$

この構造の別の例は，(2, 4) 相の典型であるペロブスカイト鉱物自身によっても提供される.

CaTiO$_3$：直方晶系；$a = 0.5379$ nm, $b = 0.5436$ nm, $c = 0.7639$ nm, $Z = 4$；空間群, $Pbnm$（No.62, 非標準設定）.

原子位置：Ca：$4a$ 0.9922, 0.0357, ¼

Ti：$4b$ ½, 0, 0

O1：$4c$ 0.0736, 0.4828, ¼

O2：$8d$ $x, y, z; x + ½, -y + ½, -z; -x, -y, z + ½; -x + ½, y + ½, -z + ½; -x, -y, -z; -x + ½, y + ½, z; x, y, -z + ½; x + ½, -y + ½, z + ½;$
$x = 0.7113, y = 0.2893, z = 0.0375$

表1.5に示すように，この空間群の非標準設定がこの構造に対してよく使用される（ただしつねにではない）. この設定では，直方晶の空間群 $Pbnm$ が与えられ，$a < b < c (Z = 4)$ の関係がある. A 原子は $4c$ 位置に，B 原子は $4b$ 位置に，O1 原子は $4c$ 位置に，O2 原子は $8d$ 位置にある. これに対し標準設定では，直方晶の空間群 $Pnma$ が与えられ，$a < b > c (Z = 4)$ の関係があり，A 原子は $4c$ 位置に，B 原子は $4b$ 位置に，O1 原子は $4c$ 位置に，O2 原子は $8d$ 位置にある.

CaTiO$_3$ が室温では直方晶系をとるのは TiO$_6$ 八面体の二回軸 $[011]_p$ に対する回転と四回軸 $[100]$ に対する回転を組み合わせたもので a$^+$b$^-$b$^-$ に相当する（図1.14）[*16]. 温度が上昇するにつれて，これらのひずみは徐々に減少していき，最終的に 1498 K で直方晶相から正方晶へと転移する. 空間群 $I4/mcm$ (140), $a = b = 0.54984$ nm, $c = 0.77828$ nm. この正方晶相では八面体の形状はより正八面体に近くなるが，依然八面体の回転は残っている. その八面体回転様式は a$^0$a$^0$c$^-$ である. 温度がさらに上昇し続けると，残りの八面体回転の角度はさらに減少していき，1634 K で相転移を起こし，八面体回転様式が a$^0$a$^0$a$^0$，空間群が $Pm\bar{3}m$ (221), $a = 0.38967$ nm の立方晶相となる.

多くの理由により，GbFeO$_3$ 型構造を擬立方晶の単位格子を用いて $a \approx \sqrt{2}a_p$,

**\* 16** $[001]_p$ のみでは a$^0$b$^-$b$^-$ を生じる. a$^+$b$^-$b$^-$ を得るには，さらに $[001]_p$ 方向の同位相回転を加える必要がある.

**22** ● 1章　ABX$_3$型ペロブスカイトの構造

**表 1.5**　直方晶 GdFeO$_3$ 構造をとる相

| 相 | 空間群 | $a$ (nm) | $b$ (nm) | $c$ (nm) |
|---|---|---|---|---|
| NaFeF$_3$ | $Pnma$ (62) | 0.566119 | 0.788006 | 0.548359 |
| YAlO$_3$ | $Pbnm$ (62) | 0.518 | 0.531 | 0.735 |
| CaTiO$_3$ | $Pbnm$ (62) | 0.5379 | 0.5436 | 0.7639 |
| NdTiO$_3$ | $Pbnm$ (62) | 0.552532 | 0.565945 | 0.779066 |
| SmTiO$_3$ | $Pbnm$ (62) | 0.54647 | 0.56712 | 0.77291 |
| GdTiO$_3$ | $Pbnm$ (62) | 0.54031 | 0.57009 | 0.77133 |
| YTiO$_3$ | $Pbnm$ (62) | 0.53210 | 0.56727 | 0.75949 |
| TbCoO$_3$ | $Pbnm$ (62) | 0.51995 | 0.53945 | 0.74102 |
| DyCoO$_3$ | $Pbnm$ (62) | 0.51655 | 0.54143 | 0.77866 |
| CaRuO$_3$ | $Pnma$ (62) | 0.5544 | 0.7649 | 0.5354 |
| SrRuO$_3$ | $Pbnm$ (62) | 0.55754 | 0.55405 | 0.78546 |
| CaMnO$_3$ | $Pnma$ (62) | 0.52781 | 0.74542 | 0.52758 |
| Nd$_{0.99}$Ca$_{0.1}$CoO$_3$ | $Pnma$ (62) | 0.533379 | 0.755034 | 0.534640 |
| EuNiO$_3$ | $Pbnm$ (62) | 0.52945 | 0.54681 | 0.75404 |
| GdFeO$_3$ | $Pbnm$ (62) | 0.5349 | 0.5609 | 0.7669 |
| LaTiO$_3$ | $Pbnm$ (62) | 0.563676 | 0.561871 | 0.791615 |
| LaCrO$_3$ | $Pbnm$ (62) | 0.55163 | 0.54790 | 0.77616 |
| LaFeO$_3$ | $Pbnm$ (62) | 0.55563 | 0.55630 | 0.78535 |
| SrSnO$_3$ | $Pbnm$ (62) | 0.57042 | 0.57113 | 0.80674 |
| SrZrO$_3$ | $Pbnm$ (62) | 0.57093 | 0.57053 | 0.80676 |
| La (Fe$_{0.5}$V$_{0.5}$) O$_3$ | $Pbnm$ (62) | 0.5552 | 0.5558 | 0.7836 |
| LaMnO$_3$[a)] | $Pbnm$ (62) | 0.55397 | 0.54891 | 0.77928 |
| CeMnO$_3$ | $Pbnm$ (62) | 0.5537 | 0.5557 | 0.7821 |
| PrMnO$_3$ | $Pnma$ (62) | 0.5608 | 0.7634 | 0.5442 |
| NdMnO$_3$ | $Pnma$ (62) | 0.57233 | 0.7587 | 0.54209 |
| SmMnO$_3$ | $Pbnm$ (62) | 0.53584 | 0.57959 | 0.74608 |
| EuMnO$_3$ | $Pbnm$ (62) | 0.53437 | 0.58361 | 0.746186 |
| GdMnO$_3$ | $Pbnm$ (62) | 0.53160 | 0.58683 | 0.74252 |
| DyMnO$_3$ | $Pbnm$ (62) | 0.531606 | 0.582304 | 0.738443 |
| HoMnO$_3$ | $Pbnm$ (62) | 0.52565 | 0.58329 | 0.73602 |
| ErMnO$_3$ | $Pbnm$ (62) | 0.52402 | 0.58228 | 0.73436 |
| TmMnO$_3$ | $Pbnm$ (62) | 0.52310 | 0.58157 | 0.73218 |
| YbMnO$_3$ | $Pbnm$ (62) | 0.52190 | 0.58038 | 0.73027 |
| LuMnO$_3$ | $Pbnm$ (62) | 0.518956 | 0.578498 | 0.72815 |
| La$_{0.5}$Ca$_{0.5}$MnO$_3$ | $Pnma$ (62) | 0.54182 | 0.76389 | 0.54269 |
| LaFe$_{0.5}$V$_{0.5}$O$_3$ | $Pbnm$ (62) | 0.55597 | 0.55571 | 0.78523 |
| NdFe$_{0.5}$V$_{0.5}$O$_3$ | $Pbnm$ (62) | 0.54497 | 0.55682 | 0.77516 |
| EuFe$_{0.5}$V$_{0.5}$O$_3$ | $Pbnm$ (62) | 0.53699 | 0.55975 | 0.76745 |
| YFe$_{0.5}$V$_{0.5}$O$_3$ | $Pbnm$ (62) | 0.52839 | 0.55969 | 0.75966 |

a) LaAlO$_3$ 構造についても報告されている (1.7.2 項).

$b \approx \sqrt{2}a_{\mathrm{p}}$, $c \approx 2a_{\mathrm{p}}$, $a_{\mathrm{p}} \approx 0.39$ nm ($Pbnm$ 設定の場合) と表すのは適切である. B カチオンは八面体のほぼ中心に位置しており, 八面体はごくわずかにひずんでいる〔図 1.14 (a)〕. 八面体回転 a$^+$b$^-$b$^-$ は, 直方晶単位格子の [110] と [001] 方向から投影してみるとわかる〔図 1.14 (b)〜(d)〕. 八面体が回転することによって, 理想的な立方八面体が立方体アンチプリズムに近い形状となる. ここで A カチオンは,

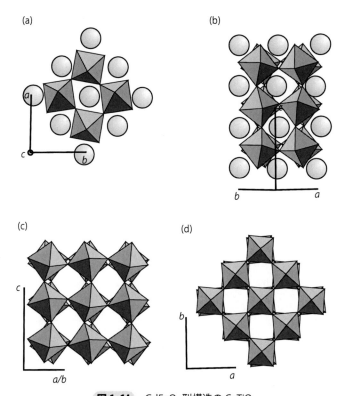

**図 1.14** GdFeO₃ 型構造の CaTiO₃
(a) [001] 投影, (b) [110] 投影, (c) 正八面体層のみを示す [110] 投影, (d) 正八面体層のみを示す [001] 投影.

12個のアニオンと等距離にあるのではなく，8個の最近接の酸素イオンと4個の次近接の酸素イオンによって囲まれている．

## 1.8 対称性の関係

空間群が $Pm\bar{3}m$ の理想的な立方晶ペロブスカイトに対し，カチオンの変位や八面体の回転などが起こることによって対称性が低下する．このときこの空間群がもつ対称要素の一部が失われる．すでに示した空間群だけだと，この対称要素が変化するという側面があいまいになってしまう傾向がある．ある空間群と別の空間群の関係は，群論的に群および部分群を用いて表現することで明確化される．あるひずみが生じた場合に可能な空間群（部分群）は群論的方法によって列挙することができる．

このアプローチは，新しい構造を決定しなければならないときに決定的な価値をもつ．わずかにひずんだペロブスカイトの回折パターンには，立方晶構造の主要な反射の分裂がみられると同時に新たな超格子反射が現れる．しかし，これらのひずみが非常に小さい場合，回折パターンの変化はわずかであり，かつ新たな超格子反射の強度は弱い．そのような場合[*17]，理想構造（$Pm\bar{3}m$）の部分群を考えることによって，想定される八面体回転に適合する空間群の数を制限することができるため，結晶構造を解くという問題を単純化することができる．

*17 構造相転移が二次転移の場合である．

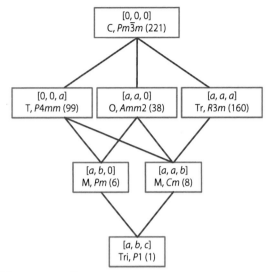

**図 1.15** 空間群 $Pm\bar{3}m$ の理想的ペロブスカイトのBサイトカチオンが変位することによって派生する部分群
$x, y$ または $z$ 軸に沿ったカチオン変位は，それぞれ $a, b$ または $c$ で表してある．

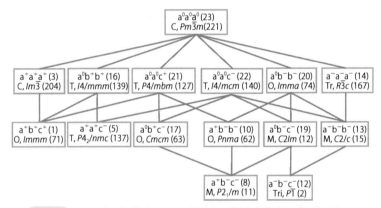

**図 1.16** 八面体回転様式によって許される擬立方晶ペロブスカイトの空間群

　前に説明したBサイトカチオンの変位によってこのプロセスを説明しよう．ただし，カチオンの電位が各八面体で同じと仮定する．1.7.1項で与えられた八面体の回転表記と同様な表記法によって，$x, y, z$ 軸に沿った変位を $(a, b, c)$ と書く．もし，変位を二つの軸で同じ場合，同じ文字記号を繰り返す．したがって，$(0, 0, a)$ の変位は $[001]$ に沿っており，四回軸は保持される．カチオンを $[100]$ と $[010]$ の両方向に $a$ だけ移動させて得られる変位 $(a, a, 0)$ は，結果的に $[110]$ 方向の変位を与え，二回軸が保持される．$[100]$，$[010]$，および $[001]$ の各軸方向に $a$ だけカチオンを移動させると得られる変位は $(a, a, a)$ となる．そうすると結果的に $[111]$ 方向の変位が与えられ，三回軸は保持される（1.5節）．

　次に，たとえば元の空間群 $Pm\bar{3}m$ に対して $[001]$ 方向のみに変位させると，四回軸が保たれるため正方晶の空間群を与えるが，その数は68個にものぼる．しかしながら，このひずみの効果を群論的考察に基づいて解析すると唯一の空間群〔$P4mm$

(99)〕に限定できる．すべての可能なカチオン変位について同様の解析を行うと図1.15に示すようにちょうど六つの部分群からなる階層構造が得られる．

先に説明したほかの八面体回転についても同様の階層構造を構築することができる．これらの八面体回転様式の対称性の群論的な解析により，すでに列挙した23個のうち八つは実際の物質では観測されないことがわかっている．したがってこれらを実験のために残しておくことはためらわれる．残りの15個は $a^0a^0a^0$ (23)，$a^0a^0c^+$ (21)，$a^0b^+b^+$ (16)，$a^+a^+a^+$ (3)，$a^+b^+c^+$ (1)，$a^0a^0c^-$ (22)，$a^0b^-b^-$ (20)，$a^-a^-a^-$ (14)，$a^0b^-c^-$ (19)，$a^-b^-b^-$ (13)，$a^-b^-c^-$ (12)，$a^0b^+c^-$ (17)，$a^+b^-b^-$ (10)，$a^+b^-c^-$ (8)，および $a^+a^+c^-$ (5)である．図1.16に示すように，これらの部分群の階層構造は母体である立方晶の $Pm\bar{3}m$ 空間群から，正方晶系，直方晶系，そして三斜晶系まで対称性が落ちていく（図1.16）．

ここに示した可能な15の変換（相転移）は，すべてが（たとえば温度の関数として）観測されるわけではなく単独でも起こりうる．実際には，多くのペロブスカイト相はこれ以外にも八面体カチオンが変位したり八面体がひずんだりすることによって状況が変わりうる．たとえば，八面体回転様式No.14の ($a^-a^-a^-$) は，理想的な三方晶系の空間群 $R\bar{3}c$ (167) をもち，この空間群は反転中心をもっているが，八面体の中心にあるBカチオンが変位すると，反転中心は失われ，結晶系は三方晶を保つが空間群は $R3c$ (161) へと変わる．ヤーン・テラーひずみにも似たような効果がある．$KCuF_3$ には八面体回転がみられず，八面体回転様式はNo.23の ($a^0a^0a^0$) に属するが，前述したように $CuO_6$ 八面体が伸長することが原因で，$SrTiO_3$ の立方晶〔空間群 $Pm\bar{3}m$ (221)〕ではなく，正方晶〔空間群 $I4/mcm$ (140)〕になる．

## 1.9 有機無機ハイブリッド型ペロブスカイト

ペロブスカイト構造のAサイトには十分な空間があるため，多くの複合イオンを収容することが可能である．たとえば，アンモニウム $(NH_4)^+$，メチルアンモニウム $(CH_3NH_3)^+$（MAと書かれていることが多い），テトラメチルアンモニウム

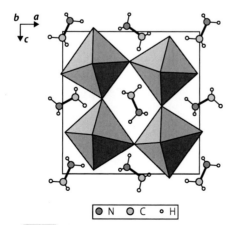

**図1.17** $(CH_3NH_3)PbCl_3(MAPbCl_3)$ の構造
構造のうち一層のみを示した．前後の層では，有機分子がここに描かれたものに対し180°回転している．

[(CH$_3$)$_4$N]$^+$（TMA として書かれることが多い），そしてホルムアミジニウム（NH$_2$=CHNH$_2$)$^+$（FA として書かれる）がある．これらのなかで最も重要なものは，Ge，Sn，および Pb の 14 族元素と Cl，Br，および I のハロゲンからなる化合物である（表 1.6）．有機分子イオンの電荷は ＋1 である．よって B カチオンが ＋2 状態でなければならない．ここで示した大きな B$^{2+}$ イオンが八面体の B サイトでみつかるのは珍しいことである．通常，チタン酸鉛 PbTiO$_3$ のように A サイトと関連していることが多い．（大きな）B$^{2+}$ イオンを収容するには，A サイトのカチオンが大きくかつ電気的陽性である必要がある．これを満たすのが，無機カチオン Cs$^+$ とともに上記の複合イオンである．したがって，Cs ハロゲン化物ペロブスカイトをこれらの有機無機ハイブリッドと同じ物質群として扱うと便利である．これらの物質の構造は通常わずかにひずんだ立方晶である（図 1.17）．

**表 1.6** 有機無機ハイブリッド型ペロブスカイトと関連物質

| 相 | 空間群 | $a$ (nm) | $b$ (nm) | $c$ (nm) | 角度 (°) | 温度 (K) |
|---|---|---|---|---|---|---|
| CsSnI$_3$ | O, $Pnma$ (62) | 0.86885 | 1.23775 | 0.86384 | | 300 |
| CsSnI$_3$ | T, $P4/mbm$ (127) | 0.87182 | | 0.61908 | | 350 |
| CsSnI$_3$ | C, $Pm\bar{3}m$ (221) | 0.62057 | | | | 478 |
| MAGeCl$_3$ | M, $P2_1/n$ (14) | 1.09973 | 0.72043 | 0.82911 | $\alpha$, 90.47 | 2 |
| MAGeCl$_3$ | O, $Pmna$ (62) | 1.11567 | 0.73601 | 0.82936 | | 250 |
| MAGeCl$_3$ | Tr, $R3m$ (160) | 0.56784 | | | $\alpha$, 90.95 | 370 |
| MAGeCl$_3$ | C, $Pm\bar{3}m$ (221) | 0.56917 | | | | 475 |
| CD$_3$ND$_3$GeCl$_3$ | M, $P2_1/n$ (14) | 1.09973 | 0.72043 | 0.82911 | $\beta$, 90.47 | 2 |
| CD$_3$ND$_3$GeCl$_3$ | O, $Pmna$ (62) | 1.11567 | 0.73601 | 0.82936 | | 250 |
| CD$_3$ND$_3$GeCl$_3$ | Tr, $R3m$ (160) | 0.56584 | | | $\alpha$, 90.95 | 370 |
| CD$_3$ND$_3$GeCl$_3$ | C, $Pm\bar{3}m$ (221) | 0.56917 | | | | 475 |
| MASnCl$_3$ | Tri, $P1$ (1) | 0.5726 | 0.8227 | 0.7910 | $\alpha$, 90.40 | 297 |
| | | | | | $\beta$, 93.08 | |
| | | | | | $\gamma$, 90.15 | |
| MASnCl$_3$ | M, $Pc$ (7) | 0.5718 | 0.8326 | 0.7938 | $\beta$, 93.03 | 318 |
| MASnCl$_3$ | Tr, $R3m$ (160) | 0.5734 | | | $\alpha$, 91.90 | 350 |
| MASnCl$_3$ | C, $Pm\bar{3}m$ (221) | 0.5760 | | | | 478 |
| MASnBr$_3$ | O, $Pmc2_1$ (26) | 0.58941 | 0.83862 | 0.82406 | | 215 |
| MASnI$_3$ | T, $P4mm$ (99) | 0.62302 | | 0.6231 | | 293 |
| MASnI$_3$ | T, $I4cm$ (108) | 0.87577 | | 1.2429 | | 200 |
| MAPbI$_3$ | T, $P4mm$ (99) | 0.63115 | | 0.63161 | | 400 |
| MAPbI$_3$ | T, $I4cm$ (108) | 0.8849 | | 1.2642 | | 293 |
| MAPbI$_3$ | O, $Pmna$ (62) | 0.88362 | 1.25804 | 0.85551 | | 100 |
| FASnI$_3$ | O, $Amm2$ (38) | 0.63286 | 0.89554 | 0.89463 | | 340 |
| FASnI$_3$ | O, $Imm2$ (44) | 1.25121 | 1.25171 | 1.25099 | | 180 |
| CH$_3$ND$_3$PbCl$_3$ | O, $Pnma$ (62) | 1.11747 | 1.13552 | 1.12820 | | 80 |
| CH$_3$ND$_3$PbCl$_3$ | C, $Pm\bar{3}m$ (221) | 0.5669 | | | | 280 |
| CH$_3$ND$_3$PbBr$_3$ | O, $Pnma$ (62) | 0.79434 | 1.18499 | 0.85918 | | 11 |
| MAPbI$_3$ | O, $Pnma$ (62) | 0.88362 | 1.25804 | 0.85551 | | 100 |
| MAPbI$_3$ | T, $I4/mcm$ (140) | 0.8851 | | 1.2444 | | 298 |
| MAPbI$_3$ | C, $Pm\bar{3}m$ (221) | 0.6274 | | | | 333 |
| FAPbI$_3$ | Tr, $P3m1$ (156) | 0.89817 | | 1.1006 | $\gamma$, 120 | 293 |

有機分子は秩序，無秩序の両方の状態をとりえる．また，選択的配向をすることもあり，それに伴う秩序-無秩序転移が起こりうる．この転移と同時に超格子が形成され，秩序したマイクロドメインが整合的にインターグロース構造を形成する（2.6 節も参照）．この A サイト秩序は温度に敏感である．さらに，すでに述べたように八面体の回転や八面体のひずみも存在しうる．よくあることだが，これらの構造の多くは温度による相転移を起こす．高温相の多形は立方晶系で，温度が下がるにつれて対称性が低下していき，何らかの秩序や八面体回転が顕著になる．

## 1.10 アンチペロブスカイト

### 1.10.1 立方晶および関連構造

アンチペロブスカイト（antiperovskite）または逆ペロブスカイト（inverse perovskite）構造は組成 $A_3BX$ をもつ多くの化合物のことである．A および B が金属であり，X が一般には C，N，O，および B である．大きく二つに分類される．最初のものは，基本的には（本書では取り扱わない）合金であり，八面体の隙間に格子間非金属原子を含む．典型的な例は，Mn の面心立方構造から派生した $Mn_4N$ や，$Fe_3Pt$ 合金から派生して $Cu_3Au$ 構造をとる $Fe_3PtN$ である．

ここに記載されている材料は，格子間原子のない架空の母体金属相とはまったく異なる構造（たとえば，単体の Mn は体心格子をとる）をもっており，すでに記載した酸化物および酸窒化物ペロブスカイトに似ている．これらの物質は組成式 $AMX_3$ として記述することができる．ここで A は Al，Ga，In，Zn，Ge，Sn，Cu など幅広い金属からなっており，M は N または C のいずれかであり，X は Mn，Cr，Fe，Ni，Ca，Ln などの金属である．しかし，これらの相では，酸化物ペロブスカイトで使用したイオン模型を使うのは適切ではない．X が $+2$（たとえば $Ca^{2+}$）または $+3$（たとえば $La^{3+}$，$Mn^{3+}$）の価数をとり，N が $-3$ の価数をとると仮定すると，多くの A 原子（たとえば $CuNMn_3$）に対してありえない価数を与えてしまう．そのうえ，大きい $N^{3-}$ アニオンは八面体位置を占有していない．

表 1.7 に示すように，既存の化合物の大半が空間群 $Pm\bar{3}m$ の立方晶系をとっており，格子定数は約 0.4 nm である．この構造そのものは，$SrTiO_3$ と完全に同じであり，C または N の非金属原子は X 原子がつくる八面体の中心を占め，A 原子が格子の頂点にある（図 1.18）．

$CuNMn_3$：立方晶；$a = 0.3907$ nm，$Z = 1$；空間群，$Pm\bar{3}m$（No.221）．

原子位置：Cu：$1a$ $0, 0, 0$

N：$1b$ ½, ½, ½

Mn：$3c$ ½, ½, 0; ½, 0, ½; 0, ½, ½

Mn 原子は単位格子の角（原点）にある．N 原子は単位格子の中心にあり，Cu 原子によってつくられる正八面体により囲まれている．

アンチペロブスカイト構造の窒化物は，ペロブスカイト酸化物のように理想構造以外の構造をとることができるが，その例（解明された構造）は現在のところわず

**表1.7** アンチペロブスカイト相

| 相 | 空間群 | $a$ (nm) | $b$ (nm) | $c$ (nm) |
|---|---|---|---|---|
| CuNMn$_3$ | C, $Pm\bar{3}m$ (221) | 0.3907 | | |
| AlNTi$_3$ | C, $Pm\bar{3}m$ (221) | 0.4110 | | |
| GaNCr$_3$ | C, $Pm\bar{3}m$ (221) | 0.3879 | | |
| GaNMn$_3$ | C, $Pm\bar{3}m$ (221) | 0.3903 | | |
| BiNCa$_3$ | C, $Pm\bar{3}m$ (221) | 0.48884 | | |
| SbNCa$_3$ | C, $Pm\bar{3}m$ (221) | 0.48541 | | |
| PbNCa$_3$ | C, $Pm\bar{3}m$ (221) | 0.49550 | | |
| SnNCa$_3$ | C, $Pm\bar{3}m$ (221) | 0.49460 | | |
| GeNCa$_3$ | C, $Pm\bar{3}m$ (221) | 0.47573 | | |
| SnNLa$_3$ | C, $Pm\bar{3}m$ (221) | 0.50948 | | |
| SnNCe$_3$ | C, $Pm\bar{3}m$ (221) | 0.50159 | | |
| SnNPr$_3$ | C, $Pm\bar{3}m$ (221) | 0.49753 | | |
| SnNNd$_3$ | C, $Pm\bar{3}m$ (221) | 0.49470 | | |
| SnNSm$_3$ | C, $Pm\bar{3}m$ (221) | 0.48835 | | |
| InNCe$_3$ | C, $Pm\bar{3}m$ (221) | 0.50416 | | |
| PNCa$_3$ | O, $Pnma$ (62) | 0.67091 | 0.94518 | 0.66581 |
| AsNCa$_3$ | O, $Pbnm$ (62) | 0.67249 | 0.67196 | 0.95336 |
| AsNCr$_3$ | T, $I4/mcm$ (140) | 0.536 | | 0.8066 |
| BiNSr$_3$ | C, $Pm\bar{3}m$ (221) | 0.520691 | | |
| MgCNi$_3$ | C, $Pm\bar{3}m$ (221) | 0.38106 | | |
| SbNSr$_3$ | C, $Pm\bar{3}m$ (221) | 0.51725 | | |
| BiNBa$_3$ | T, $P6_3/mmc$ (194) | 0.76111 | | 0.667919 |
| SbNBa$_3$ | T, $P6_3/mmc$ (194) | 0.75336 | | 0.66431 |
| NaNBa$_3$ | T, $P6_3/mmc$ (194) | 0.84414 | | 0.69817 |

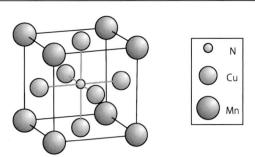

**図1.18** CuNMn$_3$の立方晶アンチペロブスカイト構造

かしかない．PNCa$_3$およびAsNCa$_3$には八面体回転が存在し，八面体回転様式が$a^+b^-b^-$のGdFeO$_3$型構造をとる．また，AsNCr$_3$は正方晶で八面体回転様式$a^0a^0c^-$をとる．

### 1.10.2 そのほかの構造

BiNBa$_3$とSbNBa$_3$の二相は，2H-BaNiO$_3$型構造をとることが明らかになった（3.1節）．2H構造は，理想的ペロブスカイト構造（立方晶）の六方晶類縁体であり，したがって酸化物ペロブスカイトでみられるように（3章，とくに3.5.1項），六方積層（…ABAB…）と立方積層（…ABCABC…）のインターグロースからなるわれわれが驚くほど多くの配列が原理的には形成されうる．しかしながら，アンチペロブスカ

表1.8　BiNSr$_{3-x}$Ba$_x$ と SbNSr$_{3-x}$Ba$_x$ でみられる相

| 相 | 温度(℃) | 立方晶 | 4H | 9R | 2H |
|---|---|---|---|---|---|
| BiNSr$_{3-x}$Ba$_x$ | 875 | 0＜x＜0.9 | 1.55＜x＜2.10 | 2.50＜x＜2.55 | 2.75＜x＜3.0 |
| SbNSr$_{3-x}$Ba$_x$ | 710 | 0＜x＜1.3 | 1.83＜x＜2.45 | 2.56＜x＜2.60 | 2.80＜x＜3.0 |

イト化合物では，これらの構造のうちわずか二つだけが知られており，両方とも立方晶相と六方晶相の中間組成，つまり BiNSr$_3$（立方晶）–BiNBa$_3$（六方晶），および SbNSr$_3$（立方晶）–SbNBa$_3$（六方晶）の固溶系で見いだされている．ここで現れる相は 4H 構造と 9R 構造である（構造に関しては 3.5.1 項を参照）．875 ℃での相と組成の関係を表 1.8 に示す．

## 1.11 構造と物理変数の相関図

さまざまな物理変数の変化に応じて，とりうる構造がどのように変わるのかという様子を図示することは，構造の関係を体系化するために古くから用いられている．ABX$_3$ ペロブスカイト相を，同組成をとるまったく別の構造と区別するために，また可能ならばペロブスカイト相内での構造変化を区別するためにこのアイディアを使うと便利である．こうするための最も簡単な変数は，A と B のカチオン半径である．これらのカチオン半径と発現する構造との関係を図示することによって便利に示すことができる（Muller と Roy 1974 を参照）．これらは許容因子を図示したものにほかならず，通常の条件下での安定な構造を示す〔図 1.19(a), (b)〕．ここで注意すべきポイントがいくつかある．まず第一に，図 1.19 の y 軸に示した A カチオン半径は本来ならば 12 配位に対する値を参照すべきである．しかし，そのような半径は文献で広く使われているわけではないため，ここでは八配位に対する値を使用している．同様に，図 1.19 の x 軸に示した B カチオンの半径は，八面体配位に対する値を参照すべきである．したがって，A$^{3+}$B$^{3+}$O$_3$ の構造とカチオン半径相関図〔図 1.19(a)〕を描いた場合に，y 軸のランタノイドイオンは x 軸のものとは異なる配位に基づく半径を用いることになる．驚くべきことに立方晶構造はこの図には大きく広がっていない．おもな相は，GdFeO$_3$ 構造（またはそれに近い構造）である

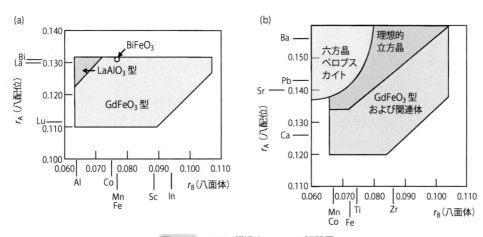

図1.19　ABO$_3$ 構造と $r_A$, $r_B$ の相関図
(a) A$^{3+}$B$^{3+}$O$_3$, (b) A$^{2+}$B$^{4+}$O$_3$. オリジナルデータは Muller と Roy のもの (1974).

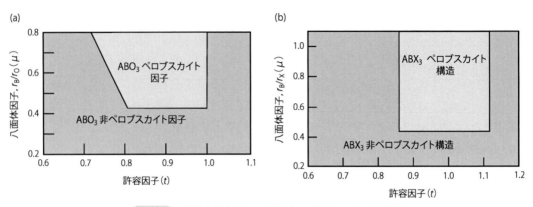

**図 1.20** 構造と許容因子 $t$ および八面体因子 $\mu$ との相関図
(a) $ABO_3$ 酸化物，(b) $ABX_3$ ハロゲン化物．元のデータは Li らによる (2008)．

が，A カチオンが最も大きく，B カチオンが最も小さくなると非立方晶系である $LaAlO_3$ 型構造が現れる．$BiFeO_3$ は多少例外であることに注意してほしい（ほとんどの $Bi^{3+}$ 化合物は，通常の温度と圧力条件では，ペロブスカイト関連の構造ではなくパイロクロア構造[*18]をとる．しかし，高圧条件下ではひずんだペロブスカイト構造となる傾向がある）．

図 1.19 (b) に示すように $A^{2+}B^{4+}O_3$ 相に関して同様のプロットをすると，立方晶ペロブスカイト相が広い範囲にわたって存在することがわかる．なお，この図には示されていないが実際には立方晶構造と $GdFeO_3$ 型構造の範囲にはいくらかの重なりがある．$A^{3+}B^{3+}O_3$ 相との注目すべき違いは，A カチオンが大きく，B カチオンが小さいときに六方晶ペロブスカイト相（3 章）が現れることである．最後に，$Pb^{2+}$ 含有相（$Pb^{2+}B^{4+}O_3$）はペロブスカイト構造よりもパイロクロア構造を形成しやすいという点で，$Bi^{3+}$ 含有相（$Bi^{3+}B^{3+}O_3$）と類似していることに注意されたい．しかし，$PbZrO_3$ と $PbHfO_3$ は，この一般化の重要な例外である（ペロブスカイト構造をとる）．

これらの図によってすべての相を正確に分離できるものではなく，より正確にペロブスカイト相が存在する領域を明らかにするために数多くの努力がなされている．そのなかで，$A_mO_n$-$B_mO_n$ 酸化物および $AX$-$BX_2$ ハロゲン化物について，B サイトカチオンと X サイトアニオンの半径比（$r_B/r_O$，$r_B/r_X$）を許容因子の関数としてプロット〔図 1.20 (a)，(b)〕する試みが最近なされている．

$$\mu = \frac{r_B}{r_X}$$

これらの図は，最も知られている A，B の組合せでペロブスカイト構造を形成できるものとできないものの境界を定めることに成功している．

これらの構造と物理変数の相関図はペロブスカイト相の存在を完全に確信して予測することはできない．このことは，この構造に安定性をもたらす要素が単純な半径についての相関以外にもあることを示している．しかしながら，この方法は簡単であるため，未知の系を探索する際に簡便な補助になる．

---

[*18] 組成が $(Na, Ca)_2Nb_2O_6(OH, F)$ の鉱物である．$A_2B_2O_7$ の一般式で書かれる．立方晶で空間群は $Fd\bar{3}m$ である．

## 1.12 理論計算

単相のペロブスカイトの生成エネルギーや電子構造に関する情報は量子力学計算によって評価することができる．おもに原子シミュレーションと密度汎関数理論の二つの方法がある．原子シミュレーションは欠陥構造の究明に有用である．一方，密度汎関数法は安定性や電子構造を評価できることでよく知られた手法である．たとえば，実験によって $CaMnO_3$ は直方晶 $GdFeO_3$ 型構造をとり，すべての $MnO_6$ 八面体が頂点共有によってつながっているのに対し，$BaMnO_3$ は $2H-BaNiO_3$ 構造をとり，すべての $MnO_6$ 八面体が面共有によってつながっていることが知られている（3.1 節）．一方，$SrMnO_3$ はこれらの二つの極限の中間の 4H 構造をとり，面共有の八面体対が頂点共有によってつながっている（3.5 節）．密度汎関数計算はこれらの構造を再現することができる．

$CaMnO_3$：計算，直方晶系，$a = 0.53298$ nm，$b = 0.74837$ nm，$c = 0.52828$ nm
実験，直方晶系，$a = 0.5281$ nm，$b = 0.74542$ nm，$c = 0.52758$ nm

計算によると，$CaMnO_3$ は安定な順に直方晶 $GeFeO_3$ 型，4H 型，立方晶（3C）型，2H 型であり，実験で得られた結果と一致している．

$SrMnO_3$：計算，4H：$a = 0.54893$ nm，$c = 0.91143$ nm
実験，4H：$a = 0.54432$ nm，$c = 0.90704$ nm

計算によると安定な構造は順に，4H 型，2H 型，立方晶型である．$SrMnO_3$ にみられるように，4H 型構造が最も安定である．

$BaMnO_3$：計算，2H：$a = 0.57781$ nm，$c = 0.48217$ nm
実験，2H：$a = 0.56691$ nm，$c = 0.48148$ nm

$BaMnO_3$ の計算によると，安定な順に 2H 型，4H 型，立方晶型（3C）であり，やはり実験データと一致している〔Søndenå らのデータ（2007）〕．

密度汎関数計算のほかの多くの物質もこの例とよく似たものである．これらの計算は，固体の基底状態の電子状態を説明する目的では優れているが，励起状態の特性を正確に予測することに関してはまだ成功したとはいい難い．

### ◆ 参 考 文 献 ◆

A. M. Glazer, *Acta Crystallogr.*, **B28**, 3384–3392 (1972) ; *Acta Crystallog.*, **A31**, 756–762 (1972).

S. A. Hayward, E. K. H. Salje, *J. Phys. Condens. Matter*, **14**, L599–L604 (2002).

T. Ishidate *et al.*, *Phys. Rev. Lett.*, **78**, 2397 (1997).

C. Li *et al.*, *Acta Crystallogr.*, **B64**, 702–707 (2008).

O. Muller, R. Roy, The Major Ternary Structural Families, Springer–Verlag, Berlin (1974) ; p 175–196.

R. Søndenå *et al.*, *Phys. Rev. B*, **75**, 184105 (2007).

**32** ● 1章　ABX₃型ペロブスカイトの構造

### ◆ さらなる理解のために ◆

●ペロブスカイトの結晶学に関する初期の研究は次の四つの文献にみることができる：

F. S. Galasso, *Structure,* Properties and Preparation of Perovskite-Compounds, Pergamon, London (1969).

B. G. Hyde, S. Andersson, Inorganic Crystal Structures, Wiley-Interscience, New York (1989); p295-302.

H. Megaw, Crystal Structures: A Working Approach, Saunders, Philadelphia (1973); p217-221, p285-304.

O. Muller, R. Roy, The Major Ternary Structural Families, Springer-Verlag, Berlin (1974); p175-196.

●より最近に編集された著書は以下とおりである：

F. S. Galasso, Perovskites and High T$_c$ Superconductors, Gordon & Breach, New York (1990).

R. H. Mitchell, Perovskites: Modern and Ancient, Almaz Press, Thunder Bay (2002).

●強誘電性ペロブスカイト相の初期の研究に関する情報：

L. E. Cross, R. E. Newnham, History of Ferroelectrics, in W. D. Kingery (Ed.), Ceramics and Civilization, Vol III, High-Technology Ceramics-Past, Present and Future, American Ceramic Society, Westerville (1987); p289-305.

●構造と許容因子との相関図については，以下を参照：

L. M. Feng *et al., J. Phys. Chem. Solids*, **69**, 967-974 (2008).

V. S. Goldschmidt, *Naturwissenschaften*, **21**, 447-485 (1926).

C. Li *et al., Acta Crystallogr.*, **B64**, 702-707 (2008).

S. Sasaki, C. T. Prewitt, R. C. Liebermann, *Am. Mineral.*, **68**, 1189-1198 (1983).

Y. M. Zhang *et al., Mater. Focus*, **1**, 1-8 (2012).

●イオン半径に関する議論とその値が表で示されている：

R. D. Shannon, *Acta Crystallogr.*, **A32**, 751-756 (1976).

R. D. Shannon, C. T. Prewitt, *Acta Crystallogr.*, **B25**, 925-946 (1969); *Acta Crystallogr.*, **B26**, 1046 (1970).

●ペロブスカイトに起こる八面体回転は上記の H. Megaw と以下を参照：

A. M. Glazer, *Acta Crystallogr.*, **B28**, 3384-3392 (1972); *Acta Crystallog.*, **A31**, 756-762 (1972).

C. J. Howard, H. T. Stokes, *Acta Crystallogr.*, **B54**, 782-789 (1998).

M. O' Keeffe, B. G. Hyde, *Acta Crystallogr.*, **B33**, 3802-3813 (1977).

P. M. Woodward, *Acta Crystallogr.*, **B53**, 32-66, 44-66 (1997).

● KCuF₃ のヤーン・テラーひずみについては，以下を参照：

J.-S. Zhou *et al., J. Fluor. Chem.*, **132**, 1117-1121 (2011).

●直方晶 GdFeO₃ 構造をもつ LnScO₃ 相のレビューについては，以下を参照：

R. P. Liferovich, R. H. Mitchell, *J. Solid State Chem.*, **177**, 2188-2197 (2004)

●対称性と群論については，以下を参照：

C. J. Howard, H. T. Stokes, *Acta Crystallogr.*, **B54**, 782-787 (1998).

C. J. Howard, H. T. Stokes, *Acta Crystallogr.*, **A61**, 93-111 (2005).

C. J. Howard, B. J. Kennedy, P. M. Woodward, *Acta Crystallogr.*, **B59**, 463-471 (2003).

M. C. Knapp, P. M. Woodward, *J. Solid State Chem.*, **179**, 1076-1085 (2006).

U. Müller, Symmetry Relationships between Crystal Structures, Oxford University Press, Oxford (2013).

●アンチペロブスカイトのレビューについては，以下を参照：

R. Niewa, *Z. Anorg. Allg. Chem.*, **639**, 1699-1715 (2013).

●理論計算については以下を参照：

R. LeSar, Introduction to Computational Materials Science, Materials Research Society, Cambridge University Press, Cambridge (2013).

R. Søndenå *et al., Phys. Rev. B*, **75**, 184105 (2007).

# 2章

# ABX₃ 関連構造

　ここでは、1章で述べたペロブスカイト化合物に関する狭義の説明を、より複雑な相、すなわちA、B、およびXサイトに複数のイオンが含まれている系や化学欠損を含んでいる系へと拡張する。これらの場合に必要なのは、さまざまな組成のペロブスカイトを得るために、イオン模型に基づいて形式電荷のバランスを保たせるだけである。多くの例では、これらの構成イオンが占有可能なサイトにランダムに分布しているが、組成比が単純な割合のときには、構成イオンが秩序化することがあり、ダブルペロブスカイトやトリプルペロブスカイトの単位格子をもつ相が形成される。このような秩序化した、もしくは部分秩序化したカチオンやアニオンの分布や価数は、つねに回折実験から完全にわかるわけではないが、実験的に求められた結合長から導かれる結合価数和（bond valence sum：BVS）によって明らかにされることも多い。初心者のために、結合価数和を求める方法に関する情報を付録Aに載せた。点欠陥もこれらの物質において重要である。これらの欠陥を記述するのに標準的なクレーガー・ビンク（Kröger-Vink）の表記法は付録Bで概説した（p.246）。

## 2.1　ダブルペロブスカイトおよび関連の秩序型構造

### 2.1.1　岩塩（秩序）型ダブルペロブスカイト

　ある結晶学的サイトに複数のイオン種が存在し、それらの電荷や価数の大きさが十分に異なるとき、すべて、もしくは一部のイオンが可能な結晶学的サイトで秩序化することで格子エネルギーが減少することがしばしば起こる。最も広く目にする秩序様式はBサイトカチオンが1：1で秩序化するダブルペロブスカイトで、組成式は$A_2(BB')O_6$で表される（表2.1）。通常のペロブスカイトと同様に電気的中性であることが必要なため〔$A_2(BB')X_6$としたとき〕、

$$2q_A + q_B + q_{B'} = -6q_X$$

を満たす。

　よくみられる価数の組合せ（これら以外にも考えられるが）は、

**34** ● 2章　$ABX_3$ 関連構造

$$q_X = -2, \quad q_A = 2, \quad q_B + q_{B'} = 8; (2, 6), (3, 5), (4, 4);$$

$$q_X = -2, \quad q_A = 3, \quad q_B + q_{B'} = 6; (1, 5), (2, 4), (3, 3);$$

である.

　最も現れる秩序様式は，図2.1に示すように二つの異なるB，B′カチオンが（面でみると）チェス盤格子のように互い違いに並ぶもので，しばしば岩塩（秩序）型とよばれる.

　八面体回転を考慮にいれた岩塩（秩序）型ダブルペロブスカイト $A_2(BB')O_6$ の対称性は群論的解析によって体系的に導出されている. かりに八面体回転が $a^0a^0a^0$ の立方晶構造ならば，空間群は $Fm\bar{3}m(225)$ で，結晶軸は単純な立方晶ペロブスカイトと同じであり，格子定数は単純な立方晶ペロブスカイト（$a_p$）の2倍になる. したがって，$Ba_2FeMoO_6$ の場合，格子定数は $a = 0.81865$ nm（約 $2a_p$）となる. Aサイトカチオンが相対的に小さいと，単純なペロブスカイトの場合と同様に八面体が回転し，それによって対称性が低下するため，別の単位格子軸をとることになる. たとえば，$a^0a^0c^-$ の八面体回転の場合，立方晶系から正方晶系へと変化し，空間群は $I4/m(87)$ となる. 新しい正方晶の単位格子の $a$ 軸と $b$ 軸は，元の立方晶ダブルペロブスカイトにおける対角線（[110]，[$\bar{1}$10] 方向）に平行になり，$c$ 軸は元の立

**表2.1**　岩塩（秩序）型ダブルペロブスカイト構造をもつ化合物

| 相 | 空間群 | $a$ (nm) | $b$ (nm) | $c$ (nm) | $\beta$ (°) |
|---|---|---|---|---|---|
| $Ca_2MgOsO_6$ | M, $P2_1/n$ (14) | 0.54097 | 0.55403 | 0.76991 | 90.05 |
| $Ca_2CoNbO_6$ | M, $P2_1/n$ (14) | 0.57664 | 0.57521 | 0.81790 | 89.74 |
| $Ca_2FeOsO_6$ | M, $P2_1/n$ (14) | 0.54004 | 0.54957 | 0.76820 | 90.03 |
| $Ca_2FeReO_6$ | M, $P2_1/n$ (14) | 0.54002 | 0.55251 | 0.76826 | 90.07 |
| $Ca_2MnTiO_6$ | T, $P4_2mc$ (105) | 0.75376 | | 0.76002 | |
| $Ca_2YRuO_6$ | M, $P2_1/n$ (14) | 0.56820 | 0.57507 | 0.80715 | 90.25 |
| $Sr_2MgOsO_6$ | T, $I4/m$ (87) | 0.55606 | | 0.79212 | |
| $Sr_2CrMoO_6$ | T, $I4/m$ (87) | 0.55335 | | 0.78251 | |
| $Sr_2CrReO_6$ | T, $I4/m$ (87) | 0.55206 | | 0.78023 | |
| $Sr_2MnMoO_6$ | C, $Fm\bar{3}m$ (225) | 0.80056 | | | |
| $Sr_2FeMoO_6$ | T, $I4/m$ (87) | 0.55705 | | 0.79253 | |
| $Sr_2FeReO_6$ | T, $I4/m$ (87) | 0.5561 | | 0.79008 | |
| $Sr_2CoReO_6$ | T, $I4/m$ (87) | 0.55659 | | 0.79508 | |
| $Sr_2EuMoO_6$ | M, $P2_1/n$ (14) | 0.58206 | 0.58639 | 0.82498 | 90.23 |
| $Sr_2GdMoO_6$ | M, $P2_1/n$ (14) | 0.58189 | 0.58621 | 0.82489 | 90.21 |
| $Sr_2YRuO_6$ | M, $P2_1/n$ (14) | 0.57686 | 0.57826 | 0.81688 | 90.21 |
| $Sr_2YNbO_6$ | M, $P2_1/n$ (14) | 0.57902 | 0.58175 | 0.82009 | 90.11 |
| $Sr_2YTaO_6$ | M, $P2_1/n$ (14) | 0.57915 | 0.58205 | 0.82030 | 90.11 |
| $Ba_2FeMoO_6$ | C, $Fm\bar{3}m$ (225) | 0.81021 | | | |
| $Ba_2MnReO_6$ | C, $Fm\bar{3}m$ (225) | 0.81865 | | | |
| $Ba_2FeReO_6$ | C, $Fm\bar{3}m$ (225) | 0.80513 | | | |
| $Ba_2MnMoO_6$ | C, $Fm\bar{3}m$ (225) | 0.81817 | | | |
| $Ba_2FeWO_6$ | T, $I4/m$ (87) | 0.57446 | | 0.80199 | |
| $BaPrCoNbO_6$ | T, $I4/mmm$ (139) | 0.56829 | | 0.8063 | |
| $Dy_2NiMoO_6$ | M, $P2_1/n$ (14) | 0.52425 | 0.55469 | 0.75026 | 90.04 |

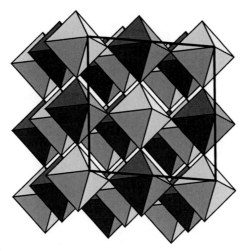

**図2.1** 岩塩（秩序）型ダブルペロブスカイトの八面体ネットワーク
Aサイトのカチオンは簡単のため省略した.

方晶ペロブスカイトの$c$軸方向（[001]方向）である．したがって，理想的立方晶ペロブスカイトの格子定数を$a_p$とすると，新たな格子定数は$a = b ≈ \sqrt{2}a_p$，$c ≈ 2a_p$と関係づけられる．たとえば，$Sr_2FeMoO_6$の格子定数は$a = 0.55705$ nm，$c = 0.79253$ nmである．格子はしばしばわずかにひずんで，似た格子定数（$a ≈ b ≈ \sqrt{2}a_p$，$c ≈ 2a_p$，$β ≈ 90°$）をあたえる単斜晶系〔空間群$P2_1/c$(14)〕となる．同様に，八面体回転が$a^0a^0c^+$の場合も正方晶系になるが，空間群は$P4/mnc$(128)となる．新しい正方晶の単位格子の$a$軸と$b$軸は，元の立方晶ダブルペロブスカイトにおける面の対角線（[110]，[$\bar{1}$10]方向）に平行になり，$c$軸は元の立方晶ペロブスカイトの$c$軸（[001]）と同じである．新たな格子定数には，$a^0a^0c^-$の場合と同じ関係（$a = b ≈ a_d/\sqrt{2}$，$c ≈ 2a_d$）がある．

これらの系について価数や構造に関する側面を明らかにするために，結合価数和（BVS）がよく計算される．たとえば，ダブルペロブスカイト物質$Ca_2MgOsO_6$では，Ca-Oは+2.03，Mg-Oは+2.15，Os-Oは+6.49となる．この結果から，$Mg^{2+}$と$Ca^{2+}$については妥当な価数であるが，Osカチオンはかなりオーバーボンド状態[*1]であるので，同物質の$OsO_6$八面体内のOsの状態は通常の物質の$Os^{6+}$とは少なからず異なっていることが示唆される．

最も一般的なBサイトのカチオンの無秩序状態はBカチオンとB'カチオンがランダムに入れ替わるものであり，逆サイト欠陥（antisite disorder）の一例である．逆サイト欠陥は温度に敏感であり，用いる合成方法や生成物の粒子サイズにしばしば影響を受ける．ナノ粒子はしばしばバルクとは異なった表面構造（秩序）をもっている．これらの欠陥は，電気的，磁気的性質に影響を与える．

温度を関数とする相転移は一般的なものである．一例としてペロブスカイト$Ba_2BiIrO_6$をあげる．500 Kにおいては，同物質は一般的な立方晶の岩塩（秩序）型ダブルペロブスカイトであり，空間群は$Fm\bar{3}m$(225)，$a = 0.85178$ nmである．しかし，この立方晶相はおよそ450 K付近で菱面体相〔空間群$R\bar{3}c$(167)〕へと転移する．300 Kではさらに六方晶相へと転移し，その格子定数は，$a = 0.60006$ nm，

*1 結合価数和が形成イオン電荷よりも大きい状態．

**36** ● 2章　ABX₃関連構造

$c = 1.47497$ nm, $\gamma = 120°$である．160 K から 140 K の間ではこの菱面体相は空間群 $C2/m$ (12) の単斜晶相と共存する．単斜晶相は単相で得られたことはなく，詳細な結晶構造は得られていない．140 K 以下では二相共存領域から単相の三斜晶相となる．空間群は $P\bar{1}$ (2)，格子定数は 80 K において $a = 0.59932$ nm, $b = 0.59918$ nm, $c = 0.84438$ nm, $\alpha = 90.14°$, $\beta = 90.49°$, $\gamma = 89.81°$である．対称性は低いものの，この構造は近似的に正方晶系とみなすことができ，単位格子の大きさは高温の立方晶相の格子と密接に関連している[*2].

**＊2** $a = \sqrt{2}a_p$, $b = \sqrt{2}b_p$, $c = 2c_p$ の関係がある．

### 2.1.2　そのほかの秩序型ペロブスカイト

B サイト秩序型ダブルペロブスカイトにおいて A カチオンはどちらかというと受動的な役割を担うと考えられるが，ときとして B サイトの秩序様式に影響を及ぼしうる．$La_{2-x}Sr_xCoRuO_6$ 固溶系では，$La_2CoRuO_6$-$La_{0.4}Sr_{1.6}CoRuO_6$ の組成領域において B サイトの Co と Ru が岩塩（秩序）型を示すのに対し，$La_{0.2}Sr_{1.8}CoRuO_6$-$Sr_2CoRuO_6$ の組成領域では B サイトのカチオンは無秩序となる．同様の特徴は $La_xCa_{2-x}FeReO_6$ 固溶系にもみられ，La の置換量の増加に伴って B サイトの無秩序度が増していく．$\beta$-$Ca_3UO_6$ では，B サイトの $Ca^{2+}$ と $U^{6+}$ が岩塩（秩序）型を示し，残りの $Ca^{2+}$ は A サイトを占める[*3].

**＊3** よって組成は $Ca_2(CaU)O_6$ と書ける．

岩塩（秩序）型に比べると例は圧倒的に少ないものの，$BO_6$ 八面体層，$B'O_6$ 八面体層が立方晶（または擬立方晶）の軸に垂直な方向（[001]），あるいはこれらの軸の対角線方向（[110]）に交互に並ぶことがある．$Ba_4LiSb_3O_{12}$ は，$2 \times 2 \times 2$ の立方晶単位格子をもち，B サイトが 1:3 に秩序化している．異なる秩序様式としては，$Ba_3ZnTa_2O_9$ は (111) 方向に秩序しており，1 枚の B 層（Zn）に 2 枚の B′層（Ta）が交互に積み重なって並んでいる．$c$ 軸方向への BB′B′B′ という積層様式に基づき 4 倍の単位格子をもつ例として，図 2.2 に示すような $Sr_2La_2CuTi_3O_{12}$ ($a = 0.39098$ nm, $c = 1.5794$ nm) や $Ca_2La_2CuTi_3O_{12}$ ($a = 0.38729$ nm, $c = 1.5687$ nm) がある．これら二つの相のいずれも 1100 ℃付近まで熱すると，B と B′が無秩序化し，構造は単純立方晶ペロブスカイトと等価になる．

$K_4CaU_3O_{12}$ や $K_4SrU_3O_{12}$ では立方晶構造をもつ秩序様式がみられる．空間群は $Im\bar{3}m$ (229)，格子定数はそれぞれ $a = 0.8483$ nm ($Ca^{2+}$)，$a = 0.8582$ nm ($Sr^{2+}$) である．これらの相では $U^{6+}$ が $Sr^{2+}$ または $Ca^{2+}$ と八面体の B サイトを共有している．

**＊4** 合成には，まず，高温還元雰囲気で $BaYMn_2O_5$ ($\delta = 0$) を得た後，低温酸化処理をほどこし，任意の $\delta$ ($0 \leq \delta \leq 1$) の相を得ることができる．

**＊5** たとえば $BaYMn_2O_6$ では，高温では金属状態で $Mn^{3.5+}$ であるが，低温では電荷秩序を起こし，$Mn^{3+}$ と $Mn^{4+}$ が岩塩（秩序）型となる．この電荷秩序には，d 軌道の軌道秩序も伴っている．

B サイト秩序の場合とは異なり，A サイトの秩序では (A, A′ カチオンが)…AA′AA′…のような層状構造を頻繁に形成する．これらの構造はおもに酸素不定比相にみられ，とくに層状ペロブスカイト構造に関連している．これらの層状ペロブスカイト構造には，後に 4 章で説明するペロブスカイト関連超伝導体も含まれる．ダブルペロブスカイトの $BaYMn_2O_{5+\delta}$ はこれらの層状構造と似ている．$BaYMn_2O_{5+\delta}$ は $O_5$ ($\delta = 0$) から $O_6$ ($\delta = 1$) までの酸素量をとることが可能で[*4]，イオン形式で書けば，$BaYMn^{2+}Mn^{3+}O_5$，$BaYMn^{3+}Mn^{3+}O_{5.5}$，および $BaYMn^{3+}Mn^{4+}O_6$ と表すことができる[*5]．ここで $Ba^{2+}$ カチオンと $Y^{3+}$ カチオンは酸素欠損と同様に層状に交替して並ぶ．

その他の A サイト秩序は上で述べた秩序様式に比べると一般的ではない．一つ

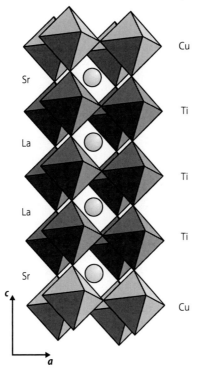

**図 2.2** Sr₂La₂CuTi₃O₁₂ の理想的な結晶構造
A サイトも B サイトも秩序化している.

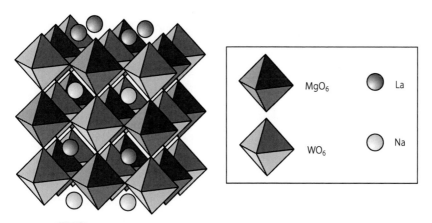

**図 2.3** A サイト,B サイトともに秩序化した(ダブルダブル)ペロブスカイト NaLaMgWO₆

の例が図 2.3 に示す二重秩序(ダブルダブル)ペロブスカイト NaLaMgWO₆ である.ここでは Mg と W が岩塩(秩序)型をしており,Na と La が層状秩序をしている.この秩序によって単斜晶となり,空間群は $C2/m$ (12),格子定数は $a = 0.78074$ nm,$b = 0.78158$ nm,$c = 0.78977$ nm,$\beta = 90.14°$ である.ただし,多くの物性に関しては近似的に正方晶格子を用いて扱われる.その構造はまわりの A 位置の違い(A,A′カチオン)に伴い二つのアニオンサイトが存在し,その一つは四つの Na⁺ に囲まれ,もう一つは四つの La³⁺ に囲まれている.結合価数和から,この秩序化によっ

**38** ● 2章 ABX₃ 関連構造

*6 結合価数和が形式イオン電荷よりも小さい状態.

てもたらされた格子ひずみは，$W^{6+}$イオンの変位によっていくぶん緩和される．つまり，この変位によってカチオン秩序化がもたらしたアンダーボンド状態[*6]，オーバーボンド状態が解消される．

超伝導体のダブルペロブスカイト$(Na_{0.25}K_{0.45})Ba_3Bi_4O_{12}$は複雑なAサイト秩序様式を示す．構造は立方晶であり，空間群は$Im\bar{3}m$(229)，格子定数は$a = 0.8550$ nmである．Aサイトは二つのサイトにわけることができ，一方（Aサイト）は$(Na_{0.25}K_{0.45}V_{0.3})$によって占有されており（ここで$V$はカチオン欠損を表す），他方（A′サイト）はBaによって完全に占有されている．BiはBサイトの八面体中心に位置している．

*7 図1.1 (e) に示したように理想構造では，Aサイトは12配位の立方八面体の中心に位置している.

ダブルペロブスカイト$CaMnTi_2O_6$では，小さい$Mn^{2+}$がAサイトを占めている点で異常である．$Mn^{2+}$と$Ca^{2+}$は$c$軸方向に柱状に秩序化しており，構造のひずみに伴って$Mn^{2+}$はAサイトのケージ内[*7]でありながら四面体と平面四配位位置を占めることが許される．$CaFeTi_2O_6$も似た構造であるが，異なる点はFeが四面体位置のみを占めることである[*8]．これらの相は構造的に以下の項で説明する$AA'_3B_4O_{12}$と関連している．

*8 この四面体は非常にひずんでおり，むしろ"ひずんだ"平面四配位とする文献もある.

異なる秩序構造も起こりうることに注意されたい．鉱物名氷晶石[*9]の$Na_3AlF_6$（$Na_2NaAlF_6$と記載したほうがいまの目的にはより合っている）やエルパソ石[*10]$K_2NaAlF_6$もペロブスカイトから派生した超構造をとるとみなすことができる．

*9 英語名は Cryolite. 外観が氷に似ていることから名付けられている. 単斜晶である.

*10 英語名は Elposolite. 無色氷晶石と異なり，紫色である. また，立方晶系である. アメリカの El Paso に由来する.

### 2.1.3 $AA'_3B_4O_{12}$ 関連構造

Aサイト秩序の驚くべき例は，表2.2に示すような一般式$AA'_3B_4O_{12}$で表される立方晶ペロブスカイト酸化物の化合物群である．これらの相では，Aはアルカリ金属，アルカリ土類金属，ランタノイド，Pb，Biであり，A′は3d遷移金属，そしてBはTi，V，Cr，Mn，Fe，Ru，Rh，Ir，およびPtなどの遷移金属やGa，Ge，Sb，およびSnなどの非遷移金属である．理想的には各イオンの電荷状態は$A^{2+}A_3^{2+}B_4^{4+}O_{12}^{2-}$あるいは$A^{3+}A_3^{2+}B^{3+}B_4^{4+}O_{12}^{2-}$であり，この立方晶単位格子の1辺は単純ペロブスカイトの2倍$(2a_p)$になる．

ここでAサイトの大きなケージのなかに3d遷移金属が（A′サイトを）占有することはふつうではない．なぜなら，これらの元素はもともと高価数，かつ八面体配位を好むほどほどの大きさのイオン半径をもつからである．その結果ケージサイトを活用するためには，A′サイトの遷移金属の局所構造は大きなヤーン・テラーひずみ（1.6節）を起こす必要がある．いまのところ，実際に合成された$AA'_3B_4O_{12}$相のAサイトの遷移金属はヤーン・テラーイオンである$Mn^{3+}$や$Cu^{2+}$に限られている[*11]．ここでヤーン・テラーひずみは通常の一軸方向に引き伸ばされた八面体構造をとるか，ここで説明した例のように，そのひずみが極端に大きくなれば，平面四配位をとることになる．このA′サイトの平面四配位を達成するには，Bサイトの八面体を極端に大きく回転させる必要がある．非常に大きな回転角と合わせ，八面体回転様式が$a^+a^+a^+$の場合に$Mn^{3+}$や$Cu^{2+}$イオンに要求される平面四配位が実現される．$AA'_3B_4O_{12}$相の構造は，$BO_6$八面体が点共有でつながった骨格からなっ

*11 $Fe^{2+}$, $Pd^{2+}$, $Co^{2+}$がこのサイトを占める物質も報告されている.

## 2.1 ダブルペロブスカイトおよび関連の秩序型構造

**表2.2** 立方晶 AA′$_3$B$_4$O$_{12}$ 構造の化合物 [a]

| 化合物 | 単位格子(nm) |
| --- | --- |
| NaMn$_3$V$_4$O$_{12}$ | 0.73551 |
| CaCu$_3$Co$_4$O$_{12}$ | 0.71226 |
| CaCu$_3$Ti$_4$O$_{12}$ | 0.73935 |
| CaCu$_3$Rh$_4$O$_{12}$ | 0.73937 |
| CaCu$_3$Fe$_4$O$_{12}$ | 0.72955 |
| CaMn$_3$V$_4$O$_{12}$ | 0.74070 |
| SrCu$_3$Fe$_4$O$_{12}$ | 0.73492 |
| BiCu$_3$Fe$_4$O$_{12}$ | 0.74332 |
| LaCu$_3$Fe$_4$O$_{12}$ | 0.74287 |
| LaMn$_3$V$_4$O$_{12}$ | 0.74849 |
| LaCu$_3$Mn$_4$O$_{12}$ | 0.73272 |
| LaCu$_3$Ir$_4$O$_{12}$ | 0.75242 |
| PrCu$_3$Fe$_4$O$_{12}$ | 0.74036 |
| NdCu$_3$Fe$_4$O$_{12}$ | 0.73478 |
| YCu$_3$Co$_4$O$_{12}$ | 0.71195 |

a) すべての化合物は立方晶単位格子をもっている：空間群 $Im\bar{3}$ (204).

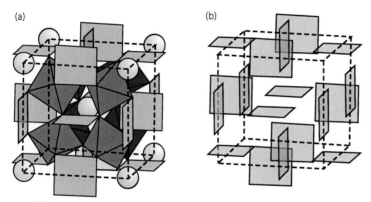

**図2.4** (a) AA′$_3$B$_4$O$_{12}$ 構造（正方形はA′O$_4$の平面四配位を示している），
(b) 単位格子中のA′O$_4$平面四配位の配置

ており，通常のAサイトカチオンは単位格子の中心と頂点に位置する．A′O$_4$ 平面四配位は，BO$_6$ 八面体のアピカル位とエカトリアル位の酸素によって形成される（図2.4）．

AA′$_3$B$_4$O$_{12}$ にはいずれも注目すべき物理的性質がみられる．SrCu$_3$Fe$_4$O$_{12}$ は異常な熱収縮（負の熱膨張）を，CaCu$_3$Ti$_4$O$_{12}$ は巨大な比誘電率[*12]を，LaCu$_3$Mn$_4$O$_{12}$（BサイトがMn$^{4+}$であることに注意せよ）は超巨大磁気抵抗を示す[*13]．さらに，LaCu$_{2.5}$(Mn$_{3.9}$Fe$_{0.6}$)O$_{11.4}$ などこの構造の類似構造をもつ鉱物が数多く知られている．しかし，この構造群で最も驚くべきは高圧相のζ-Mn$_2$O$_3$ であろう〔常圧に急冷（クエン）した相は準安定である〕．ここで，ケージサイトのAにはMn$^{2+}$ が，平面四配位位置のA′にはMn$^{3+}$ が，八面体位置のBにはMn$^{3+}$ とMn$^{4+}$ が占めている．したがって，この相は Mn$^{2+}$(Mn$^{3+}_3$)(Mn$^{3+}_3$Mn$^{4+}$)O$_{12}$ と書き直すことができる．単位格子は立方晶に非常に近い三斜晶で，空間群は $F\bar{1}$ (2)（標準セッティング[*14]ではない），格

*12 CaCu$_3$Ti$_4$O$_{12}$ は通常の物質よりはるかに大きい 10$^4$ もの巨大な誘電率を広い温度領域で示す．AA′$_3$B$_4$O$_{12}$ 型の物質が注目を集めるきっかけとなった物質である．

*13 これらの物質においては，Aサイトにも若干Mnが入っており〔たとえば，La系ではLa(Cu$_{2.7}$Mn$_{0.3}$)Mn$_4$O$_{11.8}$〕，AサイトのMnは三価，BサイトのMnは中間価数だと考えられている．巨大磁気抵抗には結晶粒界などの外因機構が効いていると考えられている．

*14 標準セッティングは $P\bar{1}$ である．

子定数は $a = 1.46985\,\mathrm{nm}$, $b = 1.46482\,\mathrm{nm}$, $c = 1.46705\,\mathrm{nm}$, $\alpha = 89.211°$, $\beta = 89.203°$, $\gamma = 89.196°$である.

これらのペロブスカイトにおける電荷状態はしばしば非整数の値で表される. たとえば, $Mn^{2+}(Mn_3^{3+})(Mn_4^{3.25+})O_{12}$, $Ln^{3+}Cu_3^{2+}Fe_4^{3.75+}O_{12}$, および $CaCu_3^{3+}Co_4^{3.25+}O_{12}$ などである. この非整数の電荷状態は複数のカチオンの価数の組合せからなっており, $Cu^{3+}(d^8)$, $Fe^{4+}(d^4)$, $Fe^{5+}(d^3)$, $Co^{4+}(d^5)$, および $Mn^{4+}(d^{3+})$ などの異常高原子価状態のイオンがしばしば含まれる. 非整数の価数をとることはそれらのカチオンの割合が変わりうることを意味しており, たとえば $(Fe^{3.75})_4$ は $(Fe_3^{4+}Fe^{3+})$ と等価であり, $(Co^{3.25+})_4$ は $(Co_3^{3+}Co^{4+})$ と等価である. 異常高原子価状態は, 八面体単位 $[FeO_6]^{11-}$ から構成されているとみなされることもある. また, L を酸素サイトにできるリガンドホール(配位酸素ホール)として, $Fe^{4+}$ の代わりに $Fe^{3+}L$ や $Fe^{\mathrm{III}}L$ というように表されることもある[15]. 扱うべき化学によってはクレーガー・ビンクの表記法を用いて $(Fe_{Fe}h^{\bullet})$ や $Fe_{Fe}^{\bullet}$ のように表される(点欠陥に用いるクレーガー・ビンクの表記法に関しては付録 B を参照せよ, p.246).

これらのかなり複雑な構造においては, 形式価数がわかっている場合には適切な配位環境にイオンを割り当てることや, イオンが占める配位多面体がわかっている場合に価数を割り当てるのに結合価数和の方法が広く利用されている. 結合価数和の方法を用いると, $\zeta\text{-}Mn_2O_3$ の Mn イオンの価数は, 全体の組成式から平均で $Mn^{3+}$ であることを考慮すると, A サイトが $Mn^{2+}$, A′サイトが $Mn^{3+}$, B サイトが $Mn_3^{3+}Mn^{4+}$ となる. 同様に, $LaCu_3Fe_4O_{12}$ の結合価数和を計算することで, このペロブスカイト相の室温での価数状態は $La^{3+}Cu_3^{2+}(Fe^{3+}Fe_3^{4+})O_{12}$ ではなく $La^{3+}Cu_3^{3+}Fe_4^{3+}O_{12}$ と帰することができる.

価数状態はしばしば温度に敏感であり, これらの相が示す際立った物性のいくつかが温度による価数変化によって発現する. ここで価数変化にはおもに電荷移動または電荷不均化という二つのパターンがある. 以下では例として $ACu_3Fe_4O_{12}$ をあげよう. 電荷移動では電子(もしくは正孔)が異なるカチオン間で移動するのに対し, 電荷不均化では一種のカチオン種がかかわる現象である. たとえば, $LaCu_3Fe_4O_{12}[La^{3+}Cu_3^{2+}(Fe_3^{4+}Fe^{3+})O_{12}]$ では, 温度変化により下記のように A′サイトの Cu イオンと B サイトの Fe イオンの間で電荷移動が起こる. つまり, それぞれの $Cu^{2+}$ は電子を失って $Cu^{3+}$ になり, これらの電子が $Fe^{4+}$ に移動して $Fe^{3+}$ となる. これを式で表すと,

$$3Cu^{2+} \longrightarrow 3Cu^{3+} + 3e'$$
$$3Fe^{4+} + 3e' \longrightarrow 3Fe^{3+}$$

となる.

電荷移動はリガンドホールの概念でも捉えることができる. $Cu^{2+}$ と $Fe^{4+}$ の電荷移動にかかわる $FeO_6$ 八面体と $CuO_4$ 平面四配位は点共有する酸素を介してつながっている. この Cu と Fe の間で起こる電荷変化は Cu から O へ電子が移動して O のリガンドホールが埋められると同時に O から Fe へ電子が移動し, O にリガンドホールが再

---

[15] 実際に光電子分光実験により, リガンドホールの描像に近いことを示す結果が得られている.

形成される二重の電荷移動として説明される．$CaCu_3Fe_4O_{12}$($Ca^{2+}Cu_3^{2+}Fe_4^{4+}O_{12}$)における B サイトカチオンの電荷不均化は Fe カチオン間での電荷の単純な再分配によるものである．

$$4Fe^{4+} \longrightarrow 2Fe^{3+} + 2Fe^{5+}$$

電荷移動と電荷不均化は不連続な変化として捉える必要はなく，温度が変化するにつれ徐々に起こりえる．たとえば，$SrCu_3Fe_4O_{12}$ は 300 K では $Sr^{2+}Cu_3^{\sim 2.4+}Fe_4^{\sim 3.7+}O_{12}$ であると考えられている．しかし，温度が下がるにつれて，**電荷移動**（charge transfer）が連続的に起こり，200 K では $Sr^{2+}Cu_3^{\sim 2.8+}Fe_4^{\sim 3.4+}O_{12}$ と表される．この電荷移動は以下の式で表される．

$$3Cu^{\sim 2.8} + 4Fe^{\sim 3.4} \longrightarrow 3Cu^{\sim 2.4} + 4Fe^{\sim 3.4}$$

さらに温度を下げていくと，Fe カチオンに**電荷不均化**（charge disproportionation）が起こる．4 K では $Sr^{2+}Cu_3^{\sim 2.8+}Fe_{\sim 3.2}^{3+}Fe_{\sim 0.8}^{5+}O_{12}$ と表すことができる．

## 2.2 アニオン置換型ペロブスカイト

### 2.2.1 窒化物と酸窒化物

形式的にイオン性化合物と表される窒化物ペロブスカイトの数はごくわずかである．最もよく調べられている物質は $ThTaN_3$ である．$ThTaN_3$ は理想的立方晶ペロブスカイトである．

$ThTaN_3$：立方晶；$a = 0.40205$ nm，$Z = 1$，空間群，$Pm\bar{3}m$（221）．

原子位置：Th：$1a$ 0, 0, 0;

Ta：$1b$ ½, ½, ½;

N：$3c$ ½, ½, 0; ½, 0, ½; 0, ½, ½;

$Th^{4+}$ は単位格子の頂点に位置する．$Th^{5+}$ は単位格子の中心に位置し，$N^{3-}$ イオンによって正八面体に配位されている．

$NdTiO_2N$ など，$ABO_2N$ の組成式で表され，酸素と窒素の両方がアニオン位置を占める酸窒化物ペロブスカイト相はより多く知られている（表 2.3）．これらの化合物は一般的にイオン性化合物として近似されるため，電荷には

$$q_A + q_B = -(2q_O + q_N) = 7$$

の関係がある．

電荷補償を保つことを考えると，電荷の組合せに数多くの可能性が考えられる．

（$q_A$, $q_B$）＝（3, 4）を満たす物質には，たとえば，$LaZrO_2N$ がある．

（$q_A$, $q_B$）＝（2, 5）を満たす物質には，たとえば，$SrTaO_2N$ がある．

大まかにいって，これらの酸窒化物は構造的な観点から研究が行われてきた．$O^{2-}$ と $N^{3-}$ は一見無秩序に X サイトを占めているようにみえるが，局所的には選択

**42** ● 2章 ABX₃関連構造

**表2.3** 酸窒化物，酸ハライド（または酸ハロゲン化物）ペロブスカイト

| 相 | 空間群 | $a$ (nm) | $b$ (nm) | $c$ (nm) |
|---|---|---|---|---|
| CaTaO₂N | O, *Pmna* (62) | 0.56134 | 0.78891 | 0.55472 |
| SrTaO₂N | T, *I4/mcm* (140) | 0.57025 | | 0.80542 |
| CeTiO₂N | O, *Pmna* (62) | 0.55580 | 0.78369 | 0.55830 |
| PrTiO₂N | O, *Pmna* (62) | 0.55468 | 0.78142 | 0.55514 |
| NdTiO₂N | O, *Pmna* (62) | 0.55492 | 0.78017 | 0.55290 |
| LaZrO₂N | O, *Pmna* (62) | 0.58725 | 0.82503 | 0.581011 |
| EuNbO₂N | C, *Pm$\bar{3}$m* (221) | 0.40324 | | |
| EuTaO₂N | C, *Pm$\bar{3}$m* (221) | 0.40195 | | |
| EuTaO₂N（アニール） | T, *I4/mcm* (140) | 0.56829 | | 0.80620 |
| EuWO₀.₈₄N₂.₁₆ | C, *Pm$\bar{3}$m* (221) | 0.39472 | | |
| EuWO₁.₁₇N₁.₈₃ | C, *Pm$\bar{3}$m* (221) | 0.39621 | | |
| EuWO₁.₄₆N₁.₅₄ | C, *Pm$\bar{3}$m* (221) | 0.39779 | | |
| KTiO₂F | C, *Pm$\bar{3}$m* (221) | 0.39607 | | |
| SrFeO₂F | C, *Pm$\bar{3}$m* (221) | 0.39529 | | |
| BaFeO₂F | C, *Pm$\bar{3}$m* (221) | 0.40603 | | |
| Sr₀.₅La₀.₅FeO₂.₅F₀.₅ | O, *Pmna* (62) | 0.55586 | 0.78746 | 0.55892 |

＊16 $MO_4N_2$ 八面体では一般に *cis* 構造が *trans* 構造より安定であると考えられている.

＊17 correlated disorder とよばれる. correlated disorder は最近注目を集めている現象で，古くは氷（$H_2O$）の構造にあることが知られている. 氷が水に浮かぶのはこのためである.

＊18 これは合成条件によって調整できる.

的なアニオン配置＊16 の存在を示唆する証拠がいくつか存在する.

　酸窒化物ペロブスカイトも酸化物ペロブスカイトで説明したのと同様の八面体のひずみや回転を示す. たとえば，NdTiO₂N や LaZrO₂N はともに，八面体回転が $a^-b^-b^-$ (10) での $GdFeO_3$ 型構造であり，酸素と窒素はアニオンサイトに無秩序に分布している. CeTiO₂N や PrTiO₂N も同様であるが，酸素と窒素が短距離秩序＊17 をしているという証拠があるが，このことは"従来"のX線回折や中性子回折ではみることができない. LaTiO₂N は $a^+b^-b^-$ (10) 型の八面体回転をもつ三斜晶系であり，格子定数は $a = 0.56097$ nm, $b = 0.78719$ nm, $c = 0.55752$ nm, $\alpha = 90.20°$, $\beta = 90.15°$, $\gamma = 89.99°$ である.

　酸素（$O^{2-}$）と窒素（$N^{3-}$）の量（比）が上で説明したものと異なる酸窒化物は数多く知られている. LaMg₀.₅Ta₀.₅O₂.₅N₀.₅ や LaMg₀.₃₃Ta₀.₆₆O₂N は，Bサイトに岩塩型の秩序をもつダブルペロブスカイトであり，この例では $Mg^{2+}$ と $Ta^{5+}$ が秩序化する. $O^{2-}$ と $N^{3-}$ が非量論で含まれる $ABO_{2-x}N_{1+x}$ も数多く知られている. ここでAはアルカリ土類金属やランタノイドカチオン，BはTi, Zr, V, Nb, Ta, Mo, およびWなどの遷移金属カチオンである. これらの化合物において，アニオン組成変化によるアニオン電荷の変化はカチオンの価数変化によって釣り合っている. たとえば，LaWO₀.₆N₂.₄ の形式価数は $La^{3+}W_{0.4}^{6+}W_{0.6}^{5+}O_{0.6}N_{2.4}$ であり，SrWO₁.₇N₁.₃ では $Sr^{2+}W_{0.3}^{6+}W_{0.7}^{5+}O_{1.7}N_{1.3}$ である. $Eu^{2+}W^{6+}ON_2$ に由来する立方晶ペロブスカイト EuWO₁₊ₓN₂₋ₓ（$-0.16 < x < 0.46$）は，Eu も W も形式価数が変わりうるので興味深く，アニオン組成の変化＊18 によって磁性が大きく変化する. 負の $x$ 値は $Eu^{2+}$ の酸化に対応しており，形式組成（価数）は $Eu_{1+x}^{2+}Eu_{-x}^{3+}W^{6+}O_{1+x}N_{2-x}$ となる. 一方，正の $x$ 値は $W^{6+}$ の還元に相当し，形式組成（価数）は $Eu^{2+}W_{1-x}^{6+}W_x^{5+}O_{1+x}N_{2-x}$ となる.

### 2.2.2 酸フッ化物

　酸ハロゲン化物はペロブスカイト構造の酸化物イオンの一部がハロゲンに置換されたものである．酸窒化物と同様，ハロゲンの置換による電荷のずれは補償されなければならない．組成式 $ABO_2F$ で表される酸ハロゲン化物は一般的にイオン性化合物と近似されるので，

$$q_A + q_B = -(2q_O + q_F) = 5$$

と表される．

　電荷補償を保とうとすると，可能性があるのは以下の二つである．

$$(q_A,\ q_B) = (1,\ 4)\quad または\quad (2,\ 3)$$

最も一般的な相は A サイトに Ca，Sr，あるいは Ba を含み，ハライドとして F を含むものであり，$SrFeO_2F$ などがあげられる（表2.3）．酸窒化物と同様に，酸素とフッ素は X サイトに無秩序に置換し，立方晶ペロブスカイトになっているようにみえるが，短距離秩序が存在する可能性は否定できない．

　X サイトと同時に A サイトも置換している酸フッ化物も数多く知られている．$Sr_xLa_{1-x}FeO_{3-x}F_x$ は $SrFeO_2F$ と $LaFeO_3$ の固溶体であり，$Fe^{3+}$ は（形式的に）すべて三価である．ほとんどの組成範囲にわたって（$0 < x < 0.9$），直方晶の $GdFeO_3$ 構造をとるが，$x$ の値が増えるにつれて八面体回転は小さくなっていく[*19]．$x$ の値が 0.6 以下では X サイトは $O^{2-}$ と $F^-$ によって無秩序に占められているが，$x$ が 0.6 から 1.0 では 4% 以下の酸素欠損が存在するのが一般的である．この酸素欠損も無秩序に X サイトに分布している．このような状況は，より多くの酸素欠損のある酸ハロゲン化物にも当てはまる．$Sr_{0.8}Ba_{0.2}FeO_{2.48}F_{0.06}$ にみられるように，組成としてはブラウンミレライト構造[*20]（2.4節）に近くなるようにかなりの酸素欠損がある場合でも，秩序型ではなく，無秩序型のペロブスカイトの構造が依然保持される．

[*19] $Sr^{2+}$ のイオン半径が $La^{3+}$ のイオン半径より大きいため．

[*20] 一般組成 $A_2BB'O_5$ と書かれるアニオン欠損秩序型ペロブスカイトで，八面体層と四面体層の交互積層からなる．

## 2.3　A サイト欠損型ペロブスカイト構造

### 2.3.1　$ReO_3$，$WO_3$，および関連構造

　多くのペロブスカイトは A サイト欠損をもつことが知られている．極端な場合，もし，B サイトのカチオンの価数が +6 であるならば，A サイトが完全に空になり得る．このようなペロブスカイト関連構造で最も単純なものは $ReO_3$ である．$ReO_3$ は金属伝導体であり，点共有でつながっている $ReO_6$ 八面体のネットワークは $SrTiO_3$（図 2.5）中の $TiO_6$ 八面体の場合とまったく同様である．

　$ReO_3$：立方晶；$a = 0.37518$ nm，$Z = 1$；空間群，$Pm\bar{3}m$ (221)．

　　　原子位置：Re：$1a$ 0, 0, 0

　　　　　　　O：$3d$ ½, 0, 0；0, ½, 0；0, 0, ½

酸フッ化物の $NbO_2F$（$a = 0.38854$ nm），$TaO_2F$（$a = 0.3896$ nm），および $TiOF_2$（$a = 0.38102$ nm）も同様である．これらの物質では，O と F が酸素（アニオン）サイ

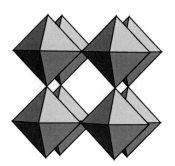

**図 2.5** 立方晶 ReO$_3$ 構造

トに無秩序に入っている．ReO$_3$ も NbO$_2$F も高圧下では八面体の回転が生じることで対称性が低下する．

三酸化タングステン WO$_3$ も ReO$_3$ と似た構造をもつが，八面体中心のカチオンの変位とともに八面体の回転を起こすため，温度変化とともに低対称相がいくつか出現する．−43 ℃以下で現れるε相は単斜晶であり，a$^-$b$^-$c$^-$ の八面体回転様式をもち，W$^{6+}$ カチオンは八面体の中心から変位している[*21]．−43 ℃から 17 ℃の間の温度では三斜晶のδ相が現れる．δ相では，ε相と同様の a$^-$b$^-$c$^-$ の八面体回転様式をもつが，W$^{6+}$ は異なる変位を示す．約 17 ℃から 350 ℃の間の温度ではγ相が現れ，a$^-$b$^+$c$^-$ の八面体回転様式をもつ．さらに高温では，まず a$^0$b$^+$c$^-$ の八面体回転様式をもつ直方晶のβ相が現れ，その後，a$^0$b$^0$c$^-$ の正方晶になる．

### 2.3.2 ペロブスカイトタングステンブロンズ

タングステン"ブロンズ"として知られる化合物は一般式 A$_x$WO$_3$ と書かれる．このようによばれる理由は，1837 年に Wohler が最初にこれらの物質を発見したとき，金属光沢と高い電気伝導性から，新しい酸化物ではなく，タングステン合金を合成したと考えたからである．タングステンブロンズは A サイトの金属の種類や全体の組成に依存して，いくつかの構造をもつ．

ペロブスカイトタングステンブロンズは，WO$_3$ 構造中の空の A サイトを"外来"カチオンがランダムに占有して，A サイト欠損ペロブスカイト相 A$_x$WO$_3$ となったものである．多くの金属で A サイトに入る量 ($x$) は少ないようであるが，広い範囲に入るものとしては，Li$_x$WO$_3$ ($x=0$〜0.5)，Na$_x$WO$_3$ ($x=0$〜0.11 と 0.41〜0.95)，Ca$_x$WO$_3$ ($x=0$〜0.15)，Cd$_x$WO$_3$ ($x=0$〜0.115)，La$_x$WO$_3$ ($x=0$〜0.25)，Ce$_x$WO$_3$ ($x=0$〜0.30)，Nd$_x$WO$_3$ ($x=0$〜0.40)，Tb$_x$WO$_3$ ($x=0$〜0.30)，および Dy$_x$WO$_3$ ($x=0$〜0.25) がある．ナトリウムタングステンブロンズにはペロブスカイトブロンズ構造にかかわる組成域が二つあり，WO$_3$ から Na$_{0.11}$WO$_3$ までと Na$_{0.41}$WO$_3$ から Na$_{0.95}$WO$_3$ である[*22]．

これらのペロブスカイトブロンズの多くの構造は詳細にはわかっていないが，A カチオン量がごくわずかであるときには単斜晶であり，室温における WO$_3$ の構造に同等もしくは近い．A カチオン量が増えていくと，構造は直方晶から正方晶へ，そして最終的には立方晶へと変化する．たとえば，Ca$_{0.01}$WO$_3$ は直方晶で格子定数

---

[*21] W$^{6+}$ は d 電子をもたないため二次ヤーン・テラー効果が働くことにより変位が起こる．

[*22] 最近，A サイトが K または Na で完全に占有された ($x=1$) ペロブスカイトタングステンブロンズ相 KWO$_3$ および NaWO$_3$ が高圧合成法を用いることによって合成されている．

は $a = 0.74890$ nm, $b = 0.73507$ nm, $c = 0.38535$ nm $(a \approx b \approx 2a_p,\ c \approx a_p)$ である. $x = 0.03 \sim 0.11$ では正方晶となり, $Ca_{0.03}WO_3$ の格子定数は $a = 0.52436$ nm, $c = 0.38735$ nm $(a = b \approx \sqrt{2}a_p,\ c \approx a_p)$ である. $x = 0.12 \sim 0.15$ では立方晶系をとる. $Ca_{0.12}WO_3$ の格子定数は $a = 0.37963$ nm である.

当然予想されるように, これらの構造は組成だけではなく温度や圧力によっても変化する.

### 2.3.3 Aサイト欠損型チタン, ニオブ, タンタル酸化物

多くのペロブスカイトは, Aサイトを大きく欠損させることが(もしそれにより電気的中性を保たれるのであれば)可能である. これらのなかで最もよく知られているのが, Aサイトが 1/3 欠損している (3,4) ペロブスカイト $La_{2/3}TiO_3$ と超イオン伝導体 $La_{(2/3)-x}Li_{3x}V_{(1/3)-2x}TiO_3$ $(0 < x < 0.167)$ である(ここで $V$ は欠損を表す). 後者については 2.6 節で説明する.

$La_{2/3}TiO_3$ やその酸素欠損体 $La_{2/3}TiO_{3-\delta}$ $(\delta = 0.007 \sim 0.079)$ においては, Aサイトの欠損は一般に秩序化すると考えられており, 単位格子は理想的ペロブスカイトの2倍 $(a \approx a_p = b_p,\ c \approx 2c_p)$ となる. わずかに酸素が欠損した $La_{2/3}TiO_{2.970}$ は直方晶で, 空間群は $Pmmm$ (47), 格子定数は $a = 0.38789$ nm, $b = 0.38668$ nm, $c = 0.77866$ nm である. さらに酸素が欠損した $La_{2/3}TiO_{2.870}$ は正方晶である〔空間群 $P4/mmm$ (123), $a = 0.38980$ nm, $c = 0.77949$ nm〕. これらの酸素欠損は電荷補償を伴い, $Ti^{4+}$ の一部が $Ti^{3+}$ に還元される. 電気的中性を保つために, バルク試料で一つの酸素欠陥が生じるごとに二つの $Ti^{3+}$ ($Ti'_{Ti}$) が生成する.

$$\text{nul} \longrightarrow \delta V_O^{2+} + 2\delta e' + \tfrac{1}{2}\delta O_2(g) \longrightarrow \delta V_O^{2+} + 2\delta Ti'_{Ti} + \tfrac{1}{2}\delta O_2(g)$$

ここで nul は, まったく欠損のない完全な構造を表している. この理想的な構造から欠損が生じる際には, 上式に示したように電荷と原子数のバランスが保たれなければならない.

残った Aサイト欠損位置の一部にさらに $La^{3+}$ が入ることも可能である. この場合は, さらなる $Ti^{3+}$ が生じることによって, あるいは酸素欠損(がある場合)が減ることによって電気的中性が保たれる. たとえば, $La_{5/6}TiO_{2.982}$ の形式酸化数は $La_{5/6}Ti^{3+}_{0.536}Ti^{4+}_{0.464}O_{2.982}$ となる.

$Ln_{1/3}NbO_3$ や $Ln_{1/3}TaO_3$ など, Aサイトの 2/3 が欠損したランタノイド含有ニオブ酸化物やタンタル酸化物も, チタン酸化物と同様に数多く存在する. $Ln^{3+}$ カチオンの秩序が存在するという報告例もあるものの, これらの構造のすべてが完璧に解明されているわけではない. $Ce_{1/3}NbO_3$ は $Ce^{3+}$ イオンが (010) 面に交互に秩序しており, $y = 0$ では Aサイトの 2/3 が占められているが, $y = 1/2$ では Aサイトは空である(図 2.6). 単位格子は単斜晶であり, 空間群は $P2/m$ (10), 格子定数は $a = 0.55267$ nm, $b = 0.78824$ nm, $c = 0.55245$ nm, $\beta = 90.29°$ であり, おおよそ $\sqrt{2}a_p \times 2a_p \times \sqrt{2}a_p$ である. 高温相は直方晶のようである. 空間群は $Pmmm$ (47), $a = 0.3899$ nm, $b = 0.3917$ nm, $c = 0.7881$ nm, すなわちおよそ $a_p \times a_p \times 2a_p$ をもつ

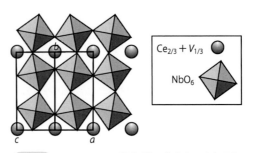

**図 2.6** $Ce_{1/3}NbO_3$ の構造（[101] 方向から投影）

ことは，低温相とは異なる欠損の秩序様式をもつことを意味している．

A サイトが秩序化した立方晶 $AA'_3B_4O_{12}$ 相も多く存在する．ここで A（A'）サイトにはいろいろな元素が入る（2.1.3 項）．$A^{2+}$ もしくは $B^{4+}$ がより高価数のカチオンで置き換えられたとしても，この構造を保持することは可能であるが，高価数のカチオンが過剰のときは A サイトが欠損することがある．たとえば，$La_{2/3}Cu_3Ti_4O_{12}$，$Bi_{2/3}Cu_3Ti_4O_{12}$，$Y_{2/3}Cu_3Ti_4O_{12}$ はすべて A サイトの 1/3 が欠損している．また，$Cu_3Ti_2Ta_2O_{12}$ では A サイトがすべて欠損している．

この後者の相では，Ta の割合をさらに増やすことができ，ペロブスカイト $Cu_{2+x}Ta_4O_{12+\delta}$ が得られる．$Cu_{2+x}Ta_4O_{12+\delta}$ では，A サイトだけでなく A' サイトにも相当量の欠損がある．組成は $Cu_{2.125}Ta_4O_{12+\delta}$ から $Cu_{2.5}Ta_4O_{12+\delta}$ まで広い範囲で変化する．1025 ℃から空気中で一気に冷やした多結晶試料は立方晶の単位格子をもち，空間群は $Pm\bar{3}$（200）である．$Cu_{2.5}Ta_4O_{12+\delta}$ の格子定数は $a = 0.75272$ nm であり，欠損は統計的に分布している．徐冷して得られる試料は正方晶もしくは直方晶の単位格子をもち，組成は $Cu_{2.125}Ta_4O_{12+\delta}$ から $Cu_{2.425}Ta_4O_{12+\delta}$ の間で変化する．徐冷して得られる試料の酸素の含有量は急冷して得られる試料よりも多い．徐冷してできる $Cu_{2.125}Ta_4O_{12+\delta}$ に近い組成では，Cu サイトの欠損は秩序し，完全に満たされているサイトと 1/3 だけ満たされているサイトが交互に並んでいる．これは図 2.6 の秩序構造に似ている．ほかの組成の秩序構造はまだ明らかにされていない．

## 2.4 四面体を含むアニオン欠損相

### 2.4.1 ブラウンミレライト

ブラウンミレライトはおよその組成が $Ca_2FeAlO_5$ の鉱物である．鉱物では構造を保ったまま Fe と Al の割合が変化するのがふつうである．現在，多くのブラウンミレライト相が知られており，最も単純なものは $Ba_2In_2O_5$ に代表されるように $A_2B_2O_5$ の組成式をもっている．しかし，このほかにも A サイトが部分的に置換された $A_{2-x}A'_xB_2O_5$ や，（ブラウンミレライト自体がそうであるように）B サイトが部分的に置換された $A_2B_{2-x}B'_xO_5$，もしくはその両方が部分的に置換された系など数多く合成されている（表 2.4）．

ブラウンミレライト相はセメントの重要な構成要素となっている．最も広く利用されているポルトランドセメント[*23]は，石灰岩と粘土の混合物を炉のなかで熱してつくられる．これにより，混合物の部分融解や焼結とともに多段階の反応が起こ

[*23] ポートライド島にあるポルトランド石（Portland limestone）に似ていることから名付けられている．

り，クリンカー（clinker）とよばれる塊状の物質ができ，これを細かく砕くとセメントの粉末になる．結果として得られる複雑な材料はおもに四つの成分で構成されており，そのうちの一つは一般的にフェライトとよばれ[†]，$C_2F$ または $C_4AF$（C は CaO，A は $Al_2O_3$，F は $Fe_2O_3$ を表す）と表されるブラウンミレライト構造の物質である．セメントのなかに含まれるフェライトの化学式は $Ca_2Fe_2O_5$，$Ca_4Al_2Fe_2O_{10}$，あるいは $Ca_6Al_3Fe_3O_{15}$ などのようにさまざまある．フェライトはセメントを固くするのに重要な役割を担っている．というのは，ブラウンミレライト構造は水を吸収し，水和物を与えるが，これが材料の最終的な強度に有利に働くからである．

　ブラウンミレライト構造はペロブスカイトと密接にかかわっており，理想的ペロブスカイトに関連づけて説明するのが便利である〔図 2.7（a）〕．$A_2B_2O_5$ の酸素量論は，理想的なペロブスカイトの［110］方向に並んだ酸素を，秩序を保つように欠損させることで達成できる〔図 2.7（b）〕．この構造において，それぞれの $BO_6$ 八面体はエカトリアル位の酸素を二つ失い，B サイトの原子位置が少しずれる．残った四つの酸素は四面体を形成する．したがって，ブラウンミレライト構造では，ペロブスカイト構造における $BO_6$ 八面体層が一層おきに，点共有した $BO_4$ 四面体層に置

[†] より適切にはカルシウムアルミノフェライトである．これは一般式 $AFe_2O_4$ のフェライトや，マグネトプランバイト $PbFe_{12}O_{19}$ 関連の構造をとる六方晶フェライトと区別されなければならない．

**表 2.4**　ブラウンミレライト構造の酸化物

| 化合物 | 空間群 | $a$（nm） | $b$（nm） | $c$（nm） |
|---|---|---|---|---|
| $Ca_2Fe_2O_5$ | O, $Pmna$（62） | 0.54258 | 1.47658 | 0.55974 |
| $Ca_2Fe_{0.922}Al_{1.078}O_5$ | O, $I2bm$（46） | 0.53269 | 1.44687 | 0.55432 |
| $Ca_2FeCoO_5$ | O, $Pbcm$（57） | 0.53652 | 1.10995 | 1.47982 |
| $Ca_2FeMnO_5$ | O, $Pmna$（62） | 0.53251 | 1.53865 | 0.54787 |
| $Ca_2Fe_{1.5}Mn_{0.5}O_5$ | O, $Pmna$（62） | 0.53622 | 1.50508 | 0.55284 |
| $Ca_2Fe_{1.33}Mn_{0.67}O_5$ | O, $Pmna$（62） | 0.53385 | 1.51540 | 0.55009 |
| $Ca_2Fe_{1.5}Mn_{0.5}O_{\sim5.5}$ | O, $Icmm$（74） | 0.54728 | 1.48948 | 0.53842 |
| $Ca_2MnAlO_5$ | O, $I2mb$（46） | 0.52313 | 1.49533 | 0.54626 |
| $Ca_2MnGaO_{5.045}$ | O, $Pmna$（62） | 0.52685 | 1.5301 | 0.54686 |
| $Sr_2Co_2O_5$ | O, $Imma$（74） | 0.54639 | 1.56487 | 0.55667 |
| $Sr_2Co_2O_5$ | O, $Iam2$（46） | 1.57450 | 0.55739 | 0.54697 |
| $Sr_2GaMnO_5$ | O, $Icmm$（74） | 0.55033 | 1.6234 | 0.53717 |
| $Sr_2CoFeO_5$ | O, $Icmm$（74） | 0.56243 | 1.56515 | 0.55017 |
| $Sr_2GaMnO_5$ | O, $Icmm$（74） | 0.55033 | 1.6234 | 0.53717 |
| $Sr_2Al_{1.07}Mn_{0.93}O_5$ | O, $Imma$（74） | 0.54358 | 1.56230 | 0.56075 |
| $Sr_2Fe_2O_5$ | O, $Icmm$（74） | 0.56721 | 1.5592 | 0.55271 |
| $Sr_2GaMnO_5$ | O, $Imma$（74） | 0.535450 | 1.62256 | 0.54888 |
| $CaSrFe_{1.5}Mn_{0.5}O_5$ | O, $Icmm$（74） | 0.55630 | 1.54625 | 0.54172 |
| $CaSrFe_{1.33}Mn_{0.67}O_5$ | O, $Icmm$（74） | 0.55344 | 1.55129 | 0.54093 |
| $CaSrFe_{1.5}Mn_{0.5}O_{\sim5.5}$ | C, $Pm\bar{3}m$（221） | 0.38281 | | |
| $CaSrFe_{1.33}Mn_{0.67}O_{\sim5.5}$ | C, $Pm\bar{3}m$（221） | 0.38219 | | |
| $CaSrGaMnO_{5.035}$ | O, $I2mb$（46） | 0.530562 | 1.57705 | 0.54809 |
| $Ba_2GaInO_5$ | O, $Ibm2$（46） | 0.61124 | 1.55649 | 0.59221 |
| $Ba_2In_2O_5$ | O, $Icmm$（74） | 0.60961 | 1.68676 | 0.59962 |
| $Ca_{0.5}La_{1.5}Mn_2O_5$ | O, $Pmna$（62） | 0.54901 | 1.6140 | 0.56477 |
| $Sr_{0.8}La_{1.2}Mn_2O_5$ | O, $Pcmb$（57） | 0.54190 | 1.66207 | 1.10320 |
| $Ba_{0.4}La_{1.6}Mn_2O_5$ | O, $I2mb$（46） | 0.55591 | 1.63997 | 0.56666 |

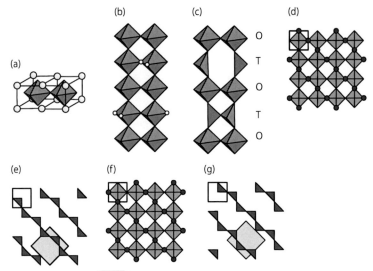

**図 2.7** A$_2$B$_2$O$_5$ ブラウンミレライト構造

(a) 理想的ペロブスカイト ABO$_3$ の単位格子二つ分，(b) 理想的ペロブスカイトの八面体格子．ここでは，A サイトカチオンを省略し，ブラウンミレライト構造にするために欠損するべき酸素サイト位置を示している，(c) ブラウンミレライト構造中の八面体と四面体の配列，(d)，(e) $y = 1/4$ における酸素欠陥と四面体の配列，(f)，(g) $y = 3/4$ における酸素欠陥と四面体の配列．(d)〜(g)では，ペロブスカイトおよびブラウンミレライトに対応する単位格子が記載してある．

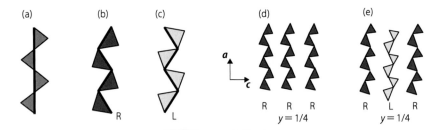

**図 2.8** 四面体鎖の配列

(a) 理想的な場合，(b) R 配列，(c) L 配列，(d) $y = 1/4$ または $3/4$ ですべて配列が揃っている場合，(e) $y = 1/4$ と $3/4$ で交互に配列が変わる場合．

き換えられる〔図 2.7(c)〕．四面体は点共有して鎖を形成する．この四面体鎖は立方晶ペロブスカイトの [110] 方向に伸びる〔図 2.7(d)〜(g)〕．ブラウンミレライトは点共有の多面体が…OTOT…というように層状に積み重なった構造として表される．ここで O は八面体のみを含む層で，T は四面体のみを含む層を示す．理想的ブラウンミレライト構造の単位格子は，通常，理想的ペロブスカイト構造の格子定数 ($a_p$) を用いて $a_{bm} \sim \sqrt{2}a_p$，$b_{bm} \sim 4a_p$，$c_{bm} \sim \sqrt{2}a_p$ と記述される．…OTOT…の積層方向は通常 $b$ 軸を長軸（標準セッティング）として表され，その結果 O 層は $y = 0, 1/2$ に，T 層は $y = 1/4, 3/4$ に存在する．

　ブラウンミレライトの真の構造はさらに複雑で，点共有の四面体鎖は図 2.8(a)のように直線状に並んでいるのではなく，理想的な構造に比べてうねっている．この理想構造からの変形には右手型（R）と左手型（L）の二通りの可能性が存在する〔図 2.8(b)，(c)〕．この四面体鎖の並び方によって相の空間群や単位格子が変わる．

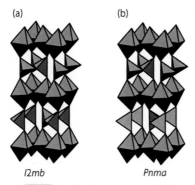

**図 2.9** ブラウンミレライト構造
(a) 同一積層の四面体鎖〔空間群は *I2bm* (46)〕, (b) 交互積層の四面体鎖〔空間群は *Pnma* (62)〕.

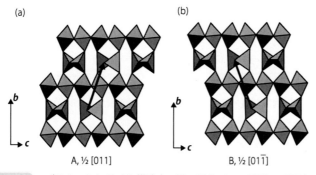

**図 2.10** ブラウンミレライト構造中の同一層内での R 配列, L 配列の積層の例
(a) A 型積層 (積層ベクトルは 1/2 [001]), (b) B 型積層 (積層ベクトルは 1/2 [011]).

1. もし, 図 2.8(d), 図 2.9(a) のようにすべての鎖が同じ掌性 (handedness) をもっているならば, (つねにではないが) 最も起こり得る空間群は *I2mb* (46) であり, 格子定数には $b > c > a$ の関係がある.

2. もし, 図 2.9(b) のように, すべての鎖が一方の掌性からなる層 (層1) が, すべての鎖がもう一方の掌性からなる層 (層2) によって挟まれている場合, すなわち掌性が層ごとに交互に入れ替わる場合には空間群は *Pnma* (62) となり, 格子定数は $b > c > a$ となるのがふつうである (しかしつねにではない).

3. 右手型の鎖と左手型の鎖が構造中で無秩序に存在する場合は, 空間群は *Imma* (74) で格子定数は $b > c > a$ となることが多い (しかしつねにではない).

4. 図 2.8(e) のように, 層中の四面体鎖の掌性が交互に変化する場合は鎖に垂直方向の格子定数が 2 倍になる. この場合の鎖の積層方法には, (a) 積層ベクトルが 1/2 [011] の A 型積層と, (b) 積層ベクトルが 1/2 [01$\bar{1}$] の B 型積層の二通りが存在する (図 2.10). A 型と B 型の積層をさまざまに組み合わせることによっての数多くの構造をつくりだすことができる. 最も単純なものは⋯AAA⋯の単一積層〔空間群 *C2/c* (15)〕と⋯ABAB⋯の交互積層〔空間群 *Pcbm* (57)〕であり, ともに格子定数には $b > c > a$ の関係がある.

**50** ● 2章　ABX₃関連構造

これらの通常の構造に加えて，四面体鎖が波のように周期性のある変調構造で説明される場合が少なくとも1例ある．この変調の周期は八面体層の格子に対して整合にも不整合にもなり得る．このような変調構造は，通常の結晶を記述する空間群ではなく，四次元空間を用いて表される（変調構造についての詳しい解説は2.6節と3.2節を参照）．

ブラウンミレライト構造中の右手，左手の掌性は組成や温度によって変化しうる．たとえば，$Ca_2Fe_2O_5$ の室温での構造は，空間群が $Pmma$（62）であり，層中で右手型と左手型の四面体層が交互に積層している．しかし，空気中で1073Kまで昇温すると，空間群は $I2bm$（46）となり，片方の鎖が選ばれる．ブラウンミレライト固溶系 $Ca_2Fe_{2-x}Al_xO_5$ では，$x = 0 \sim 0.65$ の範囲で空間群 $Pmma$（62）で，層中で右手型と左手型の四面体層が交互に並んでいる．$x$ が 0.65 以上になると空間群は $I2bm$（46）となり，四面体鎖の向きは同一となる．

### 2.4.2　ブラウンミレライトの微細構造

透過型電子顕微鏡から，ブラウンミレライトにはしばしば単位格子レベルのスケールで複雑な微細構造（マイクロドメイン）が存在することがわかっている．マイクロドメインとはナノスケールのサイズで，しばしばコヒーレントに成長した[*24]少し異なる構造のことがあり結晶マトリックス内にある．マクロスケールでは，均一な単相であるかのような印象を与える．マイクロドメインは一般的に元になる基本構造の対称性に関連したさまざまな秩序様式を示すが，無秩序である場合もある．マイクロドメインの同定はX線回折や中性子回折では困難である．というのもこれらの測定は試料の比較的大きな体積にわたっての平均的な原子位置しか与えないからである．合成条件，とくに降温速度によってマイクロドメイン構造はさまざまに変えることができるため，ぎっしりと詰まった局所構造をもつ結晶が得られることもある．通常の結晶学でこれらの現象を説明することは簡単ではない．

$Sr_2Co_2O_5$ はこの解析の範囲では直方晶の単位格子をもち，空間群は $Pcmb$（57），格子定数は $a = 0.54639$ nm，$b = 1.56486$ nm，$c = 1.1340$ nm である．四面体層内で鎖は $a$ 軸方向に走っており，層間方向には RLRL の秩序が存在するため $c$ 軸が2倍になっている．しかしながら，多くのマイクロドメインが平均するスケールでの見かけの構造を考えると，四面体鎖が無秩序であることを仮定する別の直方晶格子は求められる条件を満たす〔空間群 $Imma$（74），$a = 0.54639$ nm，$b = 1.56487$ nm，$c = 0.55667$ nm〕．

マイクロドメイン構造は，用いる合成方法や組成とともに試料の温度履歴に大きく依存する．たとえば，$Ca_2FeMnO_5$ は四面体鎖が完全に秩序化したブラウンミレライト構造である．Ca の半分を Sr に置換した $CaSrFeMnO_5$ になると四面体鎖内に短距離秩序が生じ，結果，だいたい 1.6 nm 程度のブラウンミレライト型構造のマイクロドメインを含む微細構造をもつ．鎖の方向に関してはばらばらである．Ca を Sr に完全に入れ替えた $Sr_2FeMnO_5$ となると，秩序が完全に失われ無秩序型のペロブスカイト型構造となる．

[*24] 各ドメインは完全にばらばらの向きではなく，位相が揃っているという状態．

### 2.4.3 温度変化と無秩序化

ブラウンミレライトの秩序構造は一般的に低温相であり，室温からおよそ700 ℃付近まで安定である．これ以上の温度では酸素欠損は無秩序となり，それに伴い四面体配位は壊れ，立方晶ペロブスカイト中に酸素欠損が無秩序に入った構造となる．$Ba_2In_2O_5$ はこの一般的な傾向を示す相でありよく研究されている．室温ではブラウンミレライト構造をもつが，およそ900 ℃以上では構造が無秩序になる傾向が出始め，最終的には1040 ℃以上で空間群 $Pm\bar{3}m$（221），格子定数 $a = 0.42743$ nm の立方晶ペロブスカイト相に変化する．立方晶相では酸素欠損がアニオンサイトを無秩序に分布する．925 ℃から1040 ℃の間では正方晶の中間体が報告されており，空間群は $I4cm$（108），格子定数は $a = 0.60384$ nm，$c = 1.70688$ nm とされているが，すべての研究がこれを支持しているわけではない．

一般的に，秩序型ブラウンミレライト相から無秩序相への相転移は，秩序相と無秩序相が共存した二相領域を経る．カチオンの原子位置は，ブラウンミレライト構造から無秩序のペロブスカイト構造へと移る際にほとんど変化しない．したがって，欠陥クラスターの生成とみなすことができる．つまり，秩序相が結晶全体にわたって存在する状態に対し，生成したこの欠陥クラスターが無秩序ペロブスカイト相からなる新しい構造単位として認識できるまでに徐々に成長していく．この新しい構造単位は，マイクロドメインの形でもとになる相とコヒーレントにつながっている．マイクロドメインのサイズは試料の組成や熱履歴に依存する．一般的に，透過型電子顕微鏡で明らかになるこれらのマイクロドメインは，高温無秩序相と低温秩序相の間にある中間相の正確な構造決定を困難にしている要因である．

試料の熱履歴も重要になることがある．直方晶のブラウンミレライト相 $Sr_2Co_2O_5$（Co 欠損のある $Sr_6Co_5O_{15}$ としても報告されている）は，空気中で焼成し，900 ℃以上から急冷した場合にのみ得られる．この相を熱すると，653 ℃で六方晶の $BaNiO_3$ 構造（3.1 節）に変化し，さらに920 ℃から940 ℃では無秩序な立方晶ペロブスカイト相（空間群 $Pm\bar{3}m$，$a = 0.395286$ nm）となる．

$Ba_2In_2O_5$–$BaCoO_3$（$Ba_2In_{1-x}Co_xO_{5+\delta}$）固溶系では，試料を高温から急冷すると $x = 0 \sim 0.8$ の組成範囲で無秩序の立方晶ペロブスカイト型構造が得られる．一方で，1：1相の $Ba_2InCoO_{5+\delta}$ を850 ℃での熱処理で直方晶のブラウンミレライト構造となる．格子定数は，$a = 0.59433$ nm，$b = 1.5810$ nm，$c = 0.59872$ nm である．

### 2.4.4 ブラウンミレライト相への B サイト置換

すでに触れたように，ブラウンミレライトへの B サイト置換は容易であり，B サイト成分の操作は，化学的，物理的性質を変えるために広く行われている．二つの B サイトカチオンの完全秩序，もしくは部分秩序は広く起こるが，必ずしもつねに起こるわけではない．$Ba_2GaInO_5$ では $Ga^{3+}$ は四面体サイトのみを，$In^{3+}$ は八面体サイトのみを占める．$Ca_2FeCoO_5$ では，$Fe^{3+}$ と $Co^{3+}$ の一部が秩序して1セットの四面体鎖を形成する．このため，短軸の一つが2倍になる．残った $Fe^{3+}$ と $Co^{3+}$ は八面体サイトを無秩序に占める．同様に，複合酸化物 $CaSrFe_{1.5}Mn_{0.5}O_5$，および

$CaSrFe_{1.33}Mn_{0.67}O_5$ では $Mn^{3+}$ がすべての四面体位置を占め，残った $Mn^{3+}$ と $Fe^{3+}$ が八面体位置を占める．固溶系 $Ca_2Fe_{2-x}Al_xO_5$ では $x$ が 0.9 以下では $Al^{3+}$ は四面体位置を好むがこの選択性は完全ではない．$x$ が 0.9 以上では四面体位置の約 2/3 が $Al^{3+}$ によって占められ，ほかの $Al^{3+}$ は八面体位置と四面体位置に等しく入る．

B サイトへの元素置換はブラウンミレライト相の欠損量を著しく変えることになる．単純な同価数カチオン置換を行った場合に最もよくみられる結果は，秩序型のブラウンミレライト相の代わりに無秩序型の立方晶ペロブスカイト相が得られることである．たとえば，$Ba_2In_{2-x}Ga_xO_5$ 相では，$0.4 < x < 0.9$ の領域では酸素欠損が無秩序に分布する立方晶ペロブスカイトである．$Sr_2Co_{2-x}Al_xO_5$ においては $0.3 < x < 0.5$ の範囲で同様の傾向がみられる．

ブラウンミレライト相 $Ba_2In_2O_5$ の $In^{3+}$ 位置へ $Si^{4+}$ を置換すると酸素量が増加し，組成は $Ba_2In_{2-2x}Si_{2x}O_{3+x}$ と表される．$Si^{4+}$ は四面体位置を占め，過剰の酸素は空いているブラウンミレライトの酸素〝欠損〟位置に入り八面体となる．同様の酸素量の増加が $Sr_2Fe_{2-x}V_xO_{5+x}$ や $Ca_2Mn_{2-x}Fe_xO_{6-x}$ でも起こる．これらは酸素欠損が無秩序の立方晶ペロブスカイトとなる．しかしながら，透過型電子顕微鏡でみると，（通常の X 線や中性子回折ではみることが不可能な）直径約 4 nm のマイクロドメインを含んでいることが多い[*25]．

よく研究されているものとしては，ブラウンミレライト相 $Ba_2In_2O_5$ とペロブスカイト相 $BaTiO_3$（$Ba_2Ti_2O_6$）の固溶系とみなすことができる $Ba_2In_{2-2x}Ti_{2x}O_{5+x}$ がある．ここで，ブラウンミレライト構造は $0 < x < 0.075$ の間でのみ保たれる．$0.075 < x < 0.15$ の組成範囲では，構造は正方晶で，入り組んだマイクロドメインを含んでいる．$0.15 < x < 1.0$ の間では構造は立方晶になる．$Ba_2In_2O_5$ と $BaZrO_3$（$Ba_2Zr_2O_6$）の間で形成される $BaIn_xZr_{1-x}O_{3+x/2}$ でもブラウンミレライト構造はわずかな Zr 置換によって不安定化され，$x$ が 0.1 ～ 0.9 の間では無秩序型の立方晶ペロブスカイトとなる．

[*25] つまり本質的にはブラウンミレライト（関連）構造が保たれている.

### 2.4.5 B サイト置換と酸素圧

B サイトイオンがさまざまな酸化数をとりうるときには，外部の酸素分圧を変化させることでブラウンミレライト相の酸素組成は制御しうる.過剰に入った酸素は，構造に多くの影響を与える．つまり，この過剰酸素はブラウンミレライト相の酸素〝欠損〟位置に入った結果，新たな秩序相や，三方プリズム配位や四面体ピラミッド配位（四角錐配位）などの新たな配位構造（2.5 節で説明する）が発現したり，無秩序型のペロブスカイト相になる．

Fe を Co で置換した $SrCo_{0.8}Fe_{0.2}O_{3-\delta}$ では，酸素分圧が相の形成に重要になってくる．純粋な酸素 1 気圧で合成した場合には，600 ～ 800 ℃ の温度範囲で $SrCo_{0.8}Fe_{0.2}O_{2.53}$ が得られる．余分な酸素によって構造に無秩序がもたらされるため，立方晶ペロブスカイトが生成する．0.1 atm といった低い酸素分圧では，立方晶ペロブスカイトと実質上ほぼ量論組成のブラウンミレライト構造の 2 相が 600 ℃ から 649 ℃ の範囲で共存する．酸素分圧が 0.01 atm では，過剰な酸素は入らず，600 ℃

から 743 ℃でブラウンミレライト構造が存在する．これらの温度よりも高温では，熱的効果によってブラウンミレライト構造は無秩序化して立方晶ペロブスカイトとなる．

アルゴン下で合成されたブラウンミレライト構造の $CaSrFe_{1.5}Mn_{0.5}O_5$ を空気中で熱処理したときにも同様の無秩序効果が生じる．およそ $CaSrFe_{1.5}Mn_{0.5}O_{5.5}$ の組成まで酸化されたとき，すべての $Mn^{3+}$ が $Mn^{4+}$ に酸化されることに相当する．この物質には，出発物質とは異なりもはや秩序がみられない．無秩序型の立方晶ペロブスカイト構造で，空間群は $Pm\bar{3}m$，格子定数は $a = 0.38281$ nm である．

ブラウンミレライト相 $Sr_2MnGaO_{5+\delta}$ は，$\delta$ が $-0.03 \sim 0.13$ の範囲で存在するが，それ以上の酸素組成領域では秩序型ペロブスカイトの類似構造となる．ここで，Ga の配位環境は四面体から三方両錐形へと変わっていくが，$Sr_2MnGaO_{5.41}$ や $Sr_2MnGaO_{5.46}$ ではこれらの配位多面体の秩序がみられる．

### 2.4.6 ブラウンミレライト相への A サイト置換

A サイトへの元素置換はブラウンミレライト $A_2B_2O_5$ とペロブスカイト $A'BO_3$（$A'_2B_2O_6$）との間の反応として記述することができる．$Ba_2In_2O_5$-$LaInO_3$（$La_2In_2O_6$）系，すなわち $Ba_{2-x}La_xIn_2O_{5+x}$ では，$x$ が 0.1 以下ではブラウンミレライト構造をとる．これ以上の値では，無秩序のペロブスカイト構造となり，最初は正方晶系，さらに置換すると立方晶系となる．

ペロブスカイト系 $La_{1-x}A_xMnO_3$（A は Ca，Sr，あるいは Ba）から合成されるブラウンミレライト相は精力的に研究されてきた．酸化された立方晶相は $x$ の値に依存して $Mn^{3+}$ と $Mn^{4+}$ を含んでいる．この立方晶相を還元するとブラウンミレライト構造の $La_{1-x}A_xMnO_{2.5}$ になるが，ここで B サイトカチオンは $Mn^{2+}$ と $Mn^{3+}$ である．ブラウンミレライト構造が存在できるおよその組成範囲は $Ca : 0.225 \sim 0.5$，$Sr : 0.155 \sim 0.5$，$Ba : 0.11 \sim 0.325$ である．

### 2.4.7 ブラウンミレライト関連相

理想的ブラウンミレライト構造は，（通常は）$b_{bm}$ 軸方向への…OTOT…の積層様式として表される．しかしながら，すでに述べたように，カチオンの価数がそれを許すならば，余分な酸素をかなり容易に取り込むことができる．もし，酸素が規則的に入れば，数多くの新しい構造が生まれることになる．そのうちの一つは，酸素がある特定の T 層に完全に入り，O 層に変化することによって得られる．これらの相はホモロガス系列[*26] $A_nB_nO_{3n-1}$ に属するとみなせ，ブラウンミレライト構造は $n = 2$，ペロブスカイト構造は $n = \infty$ に相当する．$n = 3$ の相は Grenier 相としても知られており，…OOTOOT…という積層様式をもつ．$Ca_2LaFe_3O_8$ や $Ca_2NdFe_3O_8$ などの例がある．両物質は，ペロブスカイト相の $LaFeO_3$ もしくは $NdFeO_3$ とブラウンミレライト相の $Ca_2Fe_2O_5$ が 1：1 でインターグロースした構造ともみなすことができる．

$LaFeO_3$-$CaFeO_{2.5}$ の相図（図 2.11）によると，$Ca_2LaFe_3O_8$ 相は正確に $Ca_{0.67}La_{0.33}FeO_{2.67}$

*26 整数を使った一般式で表される一連の化合物のこと．有機物だと，たとえばアルカン $CnH_{2n+2}$ はホモロガス系列である．このように一定の構造単位の繰返しから構成される場合が多い．

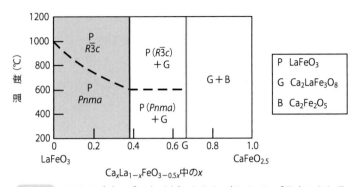

**図2.11** LaFeO₃（ペロブスカイト）–CaFeO₂.₅（Ca₂Fe₂O₅ ブラウンミレライト）の簡略した相図

ペロブスカイト相は低温の直方晶$Pnma$から高温の三方晶$R\bar{3}c$への相転移を示す．

の組成で存在することを示している．LaFeO₃ 側の組成範囲では，La$_{0.62}$Ca$_{0.38}$FeO$_{2.81}$ の組成までペロブスカイト構造として存在する．このペロブスカイト構造は 600〜1000 ℃で対称性が変化する．通常の酸素分圧下では，La$^{3+}$ 位置への 2 個の Ca$^{2+}$ の置換は 1 個の酸素欠損により電荷補償がとられるため，Fe$^{3+}$ の酸化数は保たれる．Ca₂Fe₂O₅ の割合が増えていくと，ペロブスカイト相（$n = \infty$）と Ca₂LaFe₃O₈ 相（$n = 3$）が共存する二相共存領域が現れる．秩序型 Ca₂LaFe₃O₈ 構造には固溶域がまったく存在しない．Ca 側の端の組成領域では，ブラウンミレライト構造 Ca₂Fe₂O₅ にも固溶域がまったくない．Ca₂Fe₂O₅ に過剰酸素を導入していくと，純粋な Ca₂LaFe₃O₈ が得られるまで，導入された酸素が四面体位置を選択的に占める．高圧の酸素下ではこれらのすべての相において酸素欠損が埋まり，電気的中性は Fe$^{4+}$ の形成によって保たれることを示す証拠が存在する．

$A_nB_nO_{3n-1}$ ホモロガス系列の $n = 4$ として Ca₄Ti₂Fe₂O₁₁（Fe$^{3+}$），Ca₄Mn₂Ga₂O₁₁（Mn$^{4+}$），La₄Mn₄O₁₁（2Mn$^{2+}$ + 2Mn$^{3+}$）が知られている．これらは，…OOOTOOOT …の積層様式をもつ．電子顕微鏡によると，通常の合成条件で急激に降温した試料だと単相になることはほとんどなく，$n = 2, 3, 4$ やこの系列のさらに高次の化合物（$n > 4$）など複数の相が含まれることがわかっている．ここで再び酸素高圧の条件を用いることによって酸素欠損が埋まる．この酸化によって増えた電荷は Fe イオンや Mn イオンの価数が変化することによって補償される．

Sr₃NdFe₃O₉ や Ca₄Fe₂Mn$_{0.5}$Ti$_{0.5}$O₉，または Ca₄B₂B′O₉ で表されるほかの多くの化合物（ここで B は Al，Fe もしくはその両方，B′ は Ti，Mn もしくはその両方）は層状構造をもっている．これらの物質において，現れる四面体層では B サイトが空であり[*27]，構造はブラウンミレライト型のブロックから成り立っているが，図 2.12 に示すように各ブロックは OTO の三層の繰返しからなっている〔これらは 3 章で取り扱った空の八面体層をもつ六方晶ペロブスカイト（La₄Ti₃O₁₂ と類似の関連相）と似ている〕．この構造は，ブラウンミレライトブロックが岩塩型構造を境界として切り離されているとも K₂NiF₄ 型構造に関連したインターグロース構造ともみなすことができる（4.1 節）．Ca₄Fe₂Mn$_{0.5}$Ti$_{0.5}$O₉ の平均（average）構造（すべてのブロックは同一とみなす）は，直方晶の単位格子をもち，空間群は $Amma$ (63)，格子定数

---

*27 $n = 3$ の Ruddlesden-Popper 型ペロブスカイトで真ん中の八面体層が四面体層に置き換わったものとみることもできる．

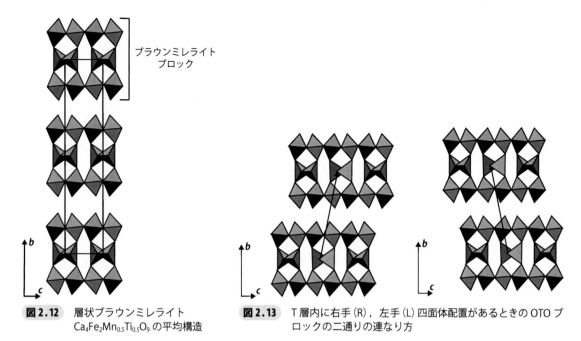

**図 2.12** 層状ブラウンミレライト Ca$_4$Fe$_2$Mn$_{0.5}$Ti$_{0.5}$O$_9$ の平均構造

**図 2.13** T層内に右手(R),左手(L)四面体配置があるときのOTOブロックの二通りの連なり方

は $a=0.53510$ nm,$b=2.6669$ nm,$c=0.54914$ nm である.しかしながら,真の構造はより複雑であり,しばしば積層方向($b$軸)に無秩序性が現れる.このより複雑な構造は各T層内で交互に右手型,左手型の四面体鎖をもつため,$c$軸を2倍する必要がある.それに加えて,OTOブロックは,すでにブラウンミレライト構造で説明したように,積層ベクトルが $1/2\,[001]$ と $1/2\,[01\bar{1}]$ の二つの異なる方法で連なることができる(図2.13).この積層は完全に無秩序の場合と,擬秩序(部分秩序)の場合がある.後者の場合の構造は四次元空間群で記述される.

## 2.5 ピラミッド配位を含むアニオン欠損秩序相

ブラウンミレライトにみられる酸素欠損の秩序様式は頂点共有の四面体鎖からなる四面体層にみられるが,BO$_5$四角錐(ピラミッド配位)を形成するものも存在する.これらの構造をもつものはマグネタイト,フェライト,コバルタイトなど多岐にわたるが,ここでは代表的なものを説明するにとどめる.

ブラウンミレライト構造と同様に,四角錐の形成は理想的な立方晶ペロブスカイトを基準にして容易に説明することができる.ここでの構造は,ブラウンミレライトでBO$_6$八面体当たり2個の酸素が対となって欠損したのとは異なり,BO$_6$八面体当たり一つの酸素欠損が入る.そのため,八面体は四面体の鎖ではなく,四角錐の

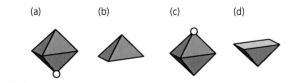

**図 2.14** 酸素欠損〔白丸,(a),(c)〕によって八面体から四角錐(ピラミッド配位)〔(b),(d)〕へ変換

鎖に変換される〔図 2.14 (a), (b)〕. 八面体鎖と四角錐鎖の秩序様式が異なる若干の相が知られているが, そのうちいくつかを以下に説明する.

### 2.5.1 マンガン酸化物

$Sr_2Mn_2O_5$ ($SrMnO_{2.5}$, $Sr_4Mn_4O_{10}$, あるいは $Sr_5Mn_5O_{12}$ とも表される) は, 組成はブラウンミレライトと同じではあるが, 構造は四角錐(ピラミッド配位)のみから構成される〔図 2.15 (a)〕. 四角錐に 1 個の酸素を追加すれば八面体に戻せることからわかるように, ペロブスカイトとの関連は一目瞭然であり, ペロブスカイトの基本格子とは $a \approx \sqrt{2}a_p$, $b \approx 2\sqrt{2}a_p$, $c \approx a_p$ の関係がある. すべての $Mn^{3+}$ カチオンは四角錐位置を占め, $Sr^{2+}$ は引き伸ばされたペロブスカイトのケージサイトを占める. $MnO_5$ 四角錐中のマンガンは, 一つの頂点(アピカル)位の酸素との短い結合, 四つのエカトリアル位の酸素のうち三つは隣の四角錐と中程度の長さの結合を, 残りの一つは長い結合を含んでいる. これは軌道の秩序を示す強い証拠であり, 半分埋まった $d_{z^2}$ 軌道は長い結合の方向に向いていると考えられる. このことは通常の $Mn^{3+}$ 八面体位置にみられるヤーン・テラーひずみと関連しており, 四つのエカトリアル位の短い結合と二つの頂点位の長い結合は半分埋まった $d_{z^2}$ が長い頂点軸方向を向いていることに相当している(8.6 節も参照).

酸素の割合が増えると, $Sr_5Mn_5O_{13}$〔図 2.15 (b)〕と $Sr_7Mn_7O_{19}$〔図 2.15 (c)〕の非常に似た二つの相が現れる. これらの相は, 四角錐と八面体による超格子構造である. ここでも再び電荷秩序と軌道秩序が存在する. $Mn^{4+}$ カチオンは八面体位置を好むのに対し, ヤーン・テラー効果を示しやすい $Mn^{3+}$ イオンは四角錐位置に入る. $Sr_5Mn_5O_{13}$ は $Sr_5Mn^{4+}(Mn^{3+})_4O_{13}$ と表記することができ, 前出の物質と同様に $d_{z^2}$ 軌道は頂点酸素の方向に向いている. 理想的な単位格子は $a \approx \sqrt{5}a_p$, $b \approx \sqrt{5}a_p$, $c \approx a_p$ である. $Sr_7Mn_7O_{19}$ は $Sr_7(Mn^{4+})_3(Mn^{3+})_4O_{13}$ と表記され, やはり $d_{z^2}$ 軌道は前出の物質と同様に頂点酸素の方向に向いている. 理想化した単斜晶の単位格子は(慣例とは違うが)$c$ 軸を特殊軸としてとって, $a \approx \sqrt{5}a_p$, $b \approx \sqrt{10}a_p$, $c \approx a_p$, $\gamma \approx 98.2°$ となる.

これらの相は $Sr_{n+4}Mn^{3+}_4Mn^{4+}_nO_{10+3n}$ と表されるホモロガス系列の一部を形成する

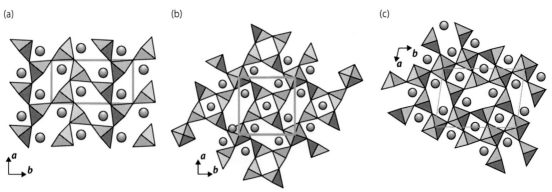

**図 2.15** [001] 方向から投影した, (a) $Sr_2Mn_2O_5$, (b) $Sr_5Mn_5O_{13}$, (c) $Sr_7Mn_7O_{19}$ の若干理想化した構造

2.5 ピラミッド配位を含むアニオン欠損秩序相 ● **57**

と考えられており，$n=0$ は $Sr_2Mn_2O_5$，$n=1$ は $Sr_5Mn_5O_{13}$，$n=3$ は $Sr_7Mn_7O_{19}$ である．$n$ の値は，点共有でつながっている八面体の数に対応している．八面体のない $Sr_4Mn_4O_{10}$，八面体が孤立している $Sr_5Mn_5O_{13}$，八面体三つがつながっている $Sr_7Mn_7O_{19}$ などがある．八面体二つが対となっている $n=2$ の $Sr_6Mn_6O_{16}$ はいまだ報告されていない．

これらの構造のほかの例としては，とくに銅を含むものが知られている．$Sr_4Mn_4O_{10}$ と同構造の相として $Ca_4Mn_4O_{10}$，$Sr_4Cu_4O_{10}$，$La_4Cu_4O_{10}$，および $Nd_4Cu_4O_{10}$ などがあり，$Sr_5Mn_5O_{13}$ と同構造の相として $La_5Cu_5O_{13}$，$Nd_5Cu_5O_{13}$ がある．また La と Ba の秩序を無視すれば，$La_4BaCu_5O_{13}$ も $Sr_5Mn_5O_{13}$ と同一構造である．これらの銅を含む化合物における電荷や軌道秩序はマンガン酸化物のそれと非常によく似ている．$Cu^{2+}$ は $Mn^{3+}$ と同様ヤーン・テラーイオンであり，$Cu^{3+}$ はヤーン・テラー不活性イオンの $Mn^{4+}$ に相当する．

### 2.5.2 SrFeO$_{2.5}$ と関連相

四角錐配位（ピラミッド配位）を含む系（少なくとも部分的にでも）のなかで最も研究されているものの一つが $SrFeO_{2.5+\delta}$ である．同物質は，$SrFeO_{2.5}$ から $SrFeO_3$ の組成範囲で存在している．量論組成の $SrFeO_3$ は，高酸素分圧下のみで合成することができる．立方晶ペロブスカイト型構造をとり，八面体配位をする $Fe^{4+}$ のみが存在する．相図でもう一方の端に位置する $Sr_2Fe_2O_5$（$SrFeO_{2.5}$）はブラウンミレライト構造をとる．$Fe^{3+}$ のみが存在し，四面体位置と八面体位置の両サイトを占める．

これらの酸化物の酸素の含有量は合成時の酸素分圧に依存する．形式的には $SrFeO_3$ と書かれるが，酸素分圧 1 atm で合成した試料のおよその組成は $SrFeO_{2.86}$[*28] である．酸素欠損が一つ生成すると 2 個の $Fe^{4+}$ が 2 個の $Fe^{3+}$ へ置き換わる．組成が $Sr_2Fe_2O_5$ に近づくにつれて，酸素欠損が増加し，それに伴って $Fe^{3+}$ の割合も増加する．高温においては，これらの多量の酸素欠損を含む物質は，全組成範囲において立方晶ペロブスカイト構造をとり，欠損は酸素位置に完全に無秩序に分布している．構造相転移温度以下（その温度は酸素組成によって変わるがおよそ 900 ℃ 程度）酸素欠損は八面体鎖[*29]に沿って一次元的に生成する．この一次元酸素欠損は八面体鎖に垂直な方向に交替して生じるため，結果として点共有する四角錐対が生まれる〔図 2.16（a），（b）〕．いままでに，$Sr_4Fe_4O_{11}$（$SrFeO_{2.75}$）と $Sr_8Fe_8O_{23}$（$SrFeO_{2.875}$）が同定されているが，これらは $Sr_nFe_nO_{3n-1}$ ホモロガス系列に属しており，それぞれ $n=4$ と $n=8$ である．これらの系列の末端相は，$n=\infty$ に相当する $SrFeO_3$ と $n=2$ に相当する $Sr_2Fe_2O_5$ である[*30]．

すでに述べたように，酸素分圧 1 atm のもとで通常合成される相は，定比の $SrFeO_3$ ではなく $Sr_8Fe_8O_{23}$（$SrFeO_{2.875}$）である．正方晶の単位格子で，空間群は $I4/mmm$（139），格子定数は $a=1.0929$ nm, $c=0.7698$ nm である．四角錐配位は，単位格子の角と，1 個の八面体を挟んで単位格子の中心にあり，$c$ 軸方向に鎖を形成する〔図 2.16（c）〜（e）〕．$Fe^{4+}$ カチオンは四角錐位置を優先的に占め，$Fe^{3+}$ カチオンと残りの $Fe^{4+}$ カチオンが八面体位置を占める．$Sr_4Fe_4O_{11}$ も似た構造で，やは

*28 正確には酸素欠損が秩序した $SrFeO_{2.875}$ あるいは $SrFeO_{3-1/8}$.

*29 立方晶ペロブスカイトの主軸の一つ.

*30 長年，$n=2$ が端の相であると考えられてきたが，金属水素化物（$CaH_2$）を用いた $SrFeO_{2.875}$ の低温トポケミカル反応によって，$n=1$ に対応する $SrFeO_2$ が得られることが 2007 年に報告された．$SrFeO_2$ の構造は，銅酸化物高温超伝導体の $SrCuO_2$（$CuO_2$ 面が無限枚あることから無限相構造とよばれる）と同一である．ここで $Fe^{2+}$ はヤーン・テラーイオンでないにもかかわらず平面四面配位をとる．このように低温トポケミカル反応は，酸系不定比相の幅を拡大したり異常な配位状態を得るのに有効な手法である．NaH を用いた同様の手法で $LaNiO_2$ も得られている．

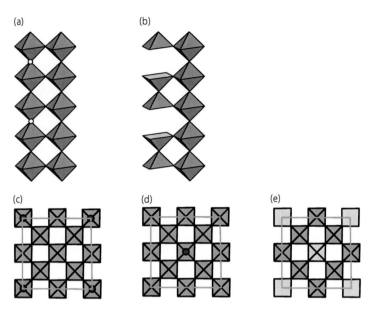

**図 2.16** Sr$_8$Fe$_8$O$_{23}$ (SrFeO$_{2.875}$) の理想的な構造
(a) 理想的ペロブスカイト中での酸素欠損の秩序配列, (b) 点共有した四角錐の形成, (c), (d) 理想的ペロブスカイトにおける $z=1/4$ (c), $z=1/2$ (d) での酸素欠損, (e) 単位格子中での四角錐鎖. (c), (d), (e) では, 単位格子を [001] 方向から投影している.

り点共有の FeO$_5$ 四角錐の鎖と FeO$_6$ 八面体を含んでいる. 直方晶で空間群は $Cmmm$(65), 格子定数は $a=1.0974$ nm, $b=0.7702$ nm, $c=0.5473$ nm である.

関連相 BaFeO$_{2.5}$ は酸素欠損が秩序した非常に複雑な構造をしている. 単斜晶で空間群は $P2_1/c$(14), 格子定数は $a=0.69753$ nm, $b=1.17281$ nm, $c=2.34509$ nm, $\beta=98.81°$ である. Fe$^{3+}$ がいくつかの異なる配位環境にあり, 1/7 が八面体, 2/7 が四角錐, 4/7 が四面体である.

### 2.5.3 コバルト酸化物と関連相

コバルト酸化物はすでに述べたマンガン酸化物や鉄酸化物と同様に複雑な構造をもつ. Sr$_2$Co$_2$O$_5$ は Co$^{3+}$ が八面体位置と四面体位置の両方を占めるブラウンミレライト構造である. このブラウンミレライト相を慎重に酸化すると, Sr$_2$Fe$_2$O$_{5+\delta}$ でみられるのと同様のホモロガス系列 Sr$_n$Co$_n$O$_{3n-1}$ が形成される. ここで, ブラウンミレライト相は $n=2$ に相当し, ペロブスカイト相 SrCoO$_3$ は $n=\infty$ に相当する. このほか $n=4, 5, 6, 7, 8$ の化合物が報告されている.

コバルト酸化物 LnBaCo$_2$O$_{5.50+\delta}$ (Ln=Y, La, Pr, Nd, Sm, Eu, Gd, Tb, および Dy) は幅広く研究されている[*31]. これらの相は直方晶の PrBaCo$_2$O$_5$ 〔空間群 $Pmmm$(47), $a=0.39049$ nm, $b=0.78737$ nm, $c=0.76084$ nm〕と似た構造をもっており, 理想的ペロブスカイトの単位格子を用いて $a \approx a_p$, $b \approx 2a_p$, $c \approx 2a_p$ と表される. ペロブスカイト関連構造の大半がそうであるように, 温度を上昇させたり, 酸素の量論比を変化させることによって構造相転移が起こる.

これらの物質の基本構造は前節で記述した鉄酸化物ととてもよく似ている. Ln

[*31] A サイトの Ln と Ba は $c$ 軸方向に秩序化している. この A サイト秩序構造は還元雰囲気での合成によって, 達成される. まず, LnBaCo$_2$O$_5$ が得られ, これを低温酸化することで $\delta$ ($-0.5 \leq \delta \leq 0.5$) を調整できる.

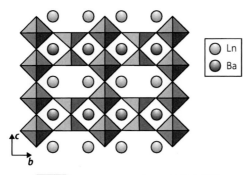

**図 2.17** LnBaCo$_2$O$_{5.50}$ 相の理想的な構造

平面中の酸素サイトに生じる欠損が秩序し，向かい合う四角錐対からなる一次元鎖を形成する．この四角錐と点共有する八面体も同様に一次元鎖を形成する．しかしながら，秩序様式は，図 2.17 に示すように鉄系とは異なっている．酸素欠損量 $\delta$ は $-0.5 \sim 0.5$ の間をとる．$\delta$ が 0 のとき，組成は LnBa$_2$Co$_2$O$_{5.5}$ であり Co$^{3+}$ のみ含んでいる．$\delta$ が負の値のときは物質中には Co$^{2+}$ と Co$^{3+}$ が含まれ，$\delta$ が正の値のときは Co$^{3+}$ と Co$^{4+}$ が含まれる．これらの変化は磁性や電子物性に変化をもたらす．

## 2.6　点欠陥，マイクロドメイン，および変調構造

ペロブスカイトにおける組成変化は，点欠陥，とくにカチオンおよびアニオン欠損が無秩序に分布するとして，もしくはときおりこれらが秩序化するとして説明されることが最も多い．SrFeO$_3$ はこれを示す代表的な例である．同物質を空気中，高温で合成し，ゆっくりと冷やすことによって得られる相はおよそ SrFeO$_{2.875}$ の組成をもち，GdFeO$_3$ 型構造をとる．酸素の欠損はカチオンの価数変化（Fe$^{4+}_{0.75}$Fe$^{3+}_{0.25}$）をもたらし，酸素アニオン欠陥を無秩序に分布する[*32]．

[*32] 低温では酸素位置の 1/24 の欠損が秩序化していると考えられている．

しかしながら，多くの量論，非量論ペロブスカイトの欠陥構造は，この単純な模型よりもはるかに複雑である．ブラウンミレライトのところで概要を述べたが（2.4 節），マイクロドメイン（ナノドメインやナノサイズ領域ともよばれる）がしばしば存在する．これらは小体積ごとに若干異なる構造をもちながら，それらが揃って単一の相としてコヒーレント（揃って）に相互成長しているようにみえるため，マクロスケールでみるとあたかも単結晶であるという印象を与えてしまう．A，B サイトにいくつかのカチオンを含む多くのペロブスカイト構造には，欠陥の存在とあいまって，そのようなマイクロ構造を示すことがよくある．これらの相では，結晶化の際に，競合する要素が数多く存在する．これには，A−X/B−X の結合長の不整合を解消するための八面体（ほぼ正八面体である）の回転，A サイトの変位，B サイトの変位，ヤーン・テラーひずみ，A サイト，B サイト，X サイトの欠損秩序などが含まれる．これらの要素の優先度が衝突した結果，さまざまな異なるマイクロドメインを含んだマイクロ，ナノ構造ができる．

このような特徴はブラウンミレライト相とその関連相において頻繁にみられている（2.4.2 項，2.4.3 項，2.4.5 項）．SrCoO$_{2.5}$ は容易に酸素が失われること（非量論になること）が知られている．SrCoO$_{2.42}$-SrCoO$_{2.29}$ の範囲では，X 線回折では立方晶

にみえるが，電子顕微鏡でみるとブラウンミレライト型構造のマイクロドメインからなることがわかっている．

このタイプのマイクロドメインが生じる別の例としては，$PbMg_{1/3}Nb_{2/3}O_3$ に関連するリラクサー強誘電体[*33]があげられる．これらはナノサイズ極性領域（polar nanoregion）を含む構造からなっている．結晶内でこれらは原子レベルでそろって相互成長しており，温度に敏感である（6.7節）．同様に，$Sm_{1.875}Ba_{3.125}Fe_5O_{14.65}$ は X 線回折では $a = 0.3934$ nm の立方晶系にみえるが，電子顕微鏡からは $a \times a \times 5a$ の超格子をもつ正方晶系であり，双晶のマイクロドメインの存在が確認されている．$c$ 軸の 5 倍周期は，Sm-Ba-(Sm+Ba)-(Sm+Ba)-Ba-Sm の A カチオン秩序に由来しているが，これは X 線回折では検知できない．

超イオン伝導体の $La_{(2/3)-x}Li_{3x}V_{(1/3)-2x}TiO_3$（$0 < x < 0.167$）は，Li 原子と欠陥 $V$ の位置と分布を決めるのがかなり難しいため，構造は不確かである．さらにこの構造は合成条件や試料の熱履歴にかなり敏感であるという事実が事態を悪化させている．それに加えて，八面体回転と Ti カチオン変位はともに温度に敏感である．電子顕微鏡からは急冷した試料は観察領域ごとに向きの異なるマイクロドメインをもっていることが明らかになっている．そのような例の一つが直方晶の $La_{0.55}Li_{0.35}TiO_3$ である〔空間群 $Pmma$ (51)，$a = 0.54353$ nm，$b = 0.76942$ nm，$c = 0.54366$ nm〕．その八面体回転様式は $a^0b^-b^-$ で表され，単位格子はおおよそ $\sqrt{2}a_p \times 2a_p \times \sqrt{2}a_p$ として理想的ペロブスカイトと対応づけられる．この構造においては A サイトは層状に秩序化して並んでいる．一層おきにほぼ完全に $La^{3+}$ によって占められた層と，残りの $La^{3+}$ と $Li^+$，欠陥 $V$ を含む層が交互に積み重なっており，組成は $La_{0.1}Li_{0.7}V_{0.2}$ である（図 2.18）．この層状秩序に，八面体の回転や A サイトの $La^{3+}$ と $Li^+$，欠陥 $V$ の相対的分布などの小さな変化が加わることで，文献に報告されているような多くの異なる構造（単位格子）が生じる．

このようなマイクロドメインの記述は多くの化合物では十分ではあるが，もし二つ（もしくはそれ以上）の互いに相互作用している副格子を用いて説明できるならば，より正確な描像を与えることができる．原子や欠陥の分布，八面体回転，八面体ひずみなどは厳密な結晶の周期性に従わずに，波のような周期的な変調がかけられている場合がある．ここで波の波長は組成や合成条件などに影響される．たとえば，かりにペロブスカイトの単位格子の八面体が，図 2.19 (a) のようにある軸方向

[*33] 通常の強誘電体と異なり，誘電率がブロードなピークをもち，かつ周波数依存性をもつ．

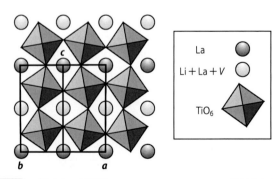

**図 2.18** 超イオン伝導体の $La_{(2/3)-x}Li_{3x}V_{(1/3)-2x}TiO_3$ の簡易化した構造

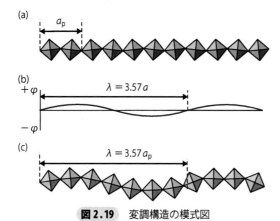

**図 2.19** 変調構造の模式図
(a) $a_p$ の周期をもつ変調のない $BO_6$ 八面体，(b) $3.57a_p$ の波長をもつ八面体回転角 $\varphi$ の変調，(c) それに伴う八面体回転の波（誇張してある）．

に $+\varphi$（時計回り）か $-\varphi$（反時計回り）に交互に回転（その 2 倍周期を擬立方晶格子定数 $a_p$ とする）するかわりに，図 2.19(b)，(c) のように回転角が $+\varphi$ と $-\varphi$ との間で一つの波のように空間的に変化するような変調が付加された場合を考えよう．その結果生じる単位格子は基本の格子定数 $a_p$ と，変調の波長 $\lambda$ の相対的な値に依存することになる．空間変調の波長が基本の格子定数 $a_p$ の簡単な整数倍で表される場合，その構造は**整合構造**（commensurate modulated composite structure）とよばれる．一方，空間変調の波長が，基本の格子定数 $a_p$ の整数倍ではまったく表せないか，少なくとも短距離ではそうである場合は，その構造は**不整合構造**（incommensurate modulated composite structure）とよばれる．図 2.19(b) のように変調の波長が $3.57a_p$ のときは，真の繰返しの周期はだいたい $25a_p$ となる．

波のような空間変調は，一般に，実空間の単位格子よりも逆格子を用いて記述される．変調波は，逆格子ベクトル $\boldsymbol{a}^*$，$\boldsymbol{b}^*$，$\boldsymbol{c}^*$ で定義される波数ベクトル $\boldsymbol{q}$ で指定される．物質の回折パターンは，基本構造（副格子）に基づく一連の基本反射に加え，空間変調による一連の超格子反射で表される．一つの変調波が存在する場合に回折点は，従来のミラー指数 $(h, k, l)$ ではなく，四つの指数 $(h, k, l, m)$ を用いて，$h\boldsymbol{a}^* + k\boldsymbol{b}^* + l\boldsymbol{c}^* + m\boldsymbol{q}$ と表される．ここで $\boldsymbol{q}$ の値は回折パターンから直接得ることができる．二つの独立した変調波が存在するときは，回折パターンは五つの指数を用いて $h\boldsymbol{a}^* + k\boldsymbol{b}^* + l\boldsymbol{c}^* + m\boldsymbol{q}_1 + m\boldsymbol{q}_2$ と表す必要があり，三つの独立した変調波が存在するときは六つの指数が必要となる（3.2.2 項）．

$(1-x)\mathrm{BiFeO_3}$-$x\mathrm{LaFeO_3}$ 固溶系では，1075 ℃ において $x = 0.19 \sim 0.3$ の組成範囲で一次元の空間変調を示す．この構造の基本的な（変調を考慮に入れない）単位格子は直方晶で，$a \approx \sqrt{2}a_p = 0.55977$ nm，$b \approx 2a_p = 0.78172$ nm，$c \approx \sqrt{2}a_p = 0.56206$ nm である．一次元の変調（波数）ベクトルは $0.4855\boldsymbol{c}^*$ で，八面体回転の局所的な変化を伴いながら，(Bi, La)–O 層内の Bi 原子と O 原子が波のように変位している．

ダブルペロブスカイト $\mathrm{NaLaMgWO_6}$，$\mathrm{KLaMgWO_6}$，$\mathrm{KLaMnWO_6}$，$\mathrm{NaCeMnWO_6}$，および $\mathrm{NaPrMnWO_6}$ は，B と B′ カチオンが岩塩型秩序を，A と A′ カチオンが層状

秩序を示すが，ともに八面体回転も伴っている．これらの秩序モード間の相互作用はある程度競合しており，この競合が空間変調をもたらす．$NaLaMgWO_6$ では一次元的な空間変調があり，$a$ 軸もしくは $b$ 軸方向に変調がみられる．基本となる正方晶の単位格子は空間群が $P4/mmm$，格子定数が $a = b = 0.55160$ nm $\approx \sqrt{2}a_p$，$c = 0.78763$ nm $\approx 2a_p$ である．$a$ 軸方向の変調はおおよそ $a = 12a_p$，$b = 2a_p$，$c = 2a_p$ の超格子を与える．しかしながら，母体の正方晶構造の $a$，$b$ 軸が等価であることを考えると，変調は基本となるペロブスカイトの $[100]_p$ または $[010]_p$ 方向のどちらか一方に生じることを意味している．したがって，実際の結晶はこの変調構造に加え，双晶構造も示すことになる．

ほかのダブルペロブスカイトではすべて，$[100]_p$ と $[010]_p$ 方向の二次元の変調構造があり，変調ベクトル $\boldsymbol{q}$ はそれぞれの方向で同一となる．$NaCeMnWO_6$ における変調ベクトル $\boldsymbol{q} \approx 0.067\boldsymbol{a}^*$（$[100]_p$ と $[010]_p$ の両方向に伝搬する）は，およそ $14.9a_p \times 14.9a_p$ の周期の単位格子を与える．$[001]_p$ から眺めると，変調がかかったチェス盤のようなマイクロ構造がわかる．$NaPrMnWO_6$ では，変調ベクトルは $\boldsymbol{q} \approx 0.046\boldsymbol{a}^*$ で，こちらも $[100]_p$ と $[010]_p$ の両方向に伝搬している．この変調によって，およその単位格子は $21.7a_p \times 21.7a_p$ と与えられる．

$Li_{3x}Nd_{2/3-x}TiO_3$ も二方向に不整合周期をもつ．単位格子は $a = 0.383105$ nm，$b = 0.382798$ nm，$c = 0.772436$ nm で，変調ベクトルは $\boldsymbol{q}_1 = 0.45131\boldsymbol{a}^* + 1/2\boldsymbol{b}^*$，$\boldsymbol{q}_2 = 1/2\boldsymbol{a}^* + 0.41923\boldsymbol{b}^*$ である．この変調はおもに構造中の八面体回転と関連しているようにみえる．

多くの不整合構造が $LnBaCo_2O_{5+\delta}$ 相でみられる．これらの相では，Co の形式価数が $+2.5$（$\delta = 0$）から $+3.5$（$\delta = 1/2$）まで変化する[*34]．ペロブスカイト層内では $BaO\text{-}CoO_2\text{-}LnO_\delta\text{-}CoO_2$ のように秩序している．Co は酸素量に応じて四角錐（ピラミッド配位）または八面体の配位構造をとり，価数は低スピンの二価，中間スピンの三価，高スピンの四価をとりうる（7 章を参照）．基本となる構造は，Ba を含む層と Ln を含む層の秩序により，およそ $a_p \times a_p \times 2a_p$ で与えられる単位格子をもち，一般には $\delta = 0$ の相において実現する．低温でこの系は酸素を取り込むことができるが，酸素欠損の秩序化によって構造がより複雑になる．また，酸素の含有量の増加に伴ってその構造も変わる．室温の $GdBaCo_2O_{5+\delta}$（$\delta = 0.39$）は，二方向に変調のある不整合構造をとり，近似的な単位格子は $3a_p \times 3a_p \times 2a_p$ と与えられる．高温では，酸素量が大きく変化することなく，可逆的な構造相転移をする．約 380 K では，通常の $1a_p \times 2a_p \times 2a_p$ の直方晶格子をもつ整合構造となり，空間群は $Pmmm$（47），$a = 0.38764$ nm，$b = 0.78337$ nm，$c = 0.75594$ nm である．

[*34] 高酸素分圧下では $\delta = 1$ の相も得られる．

## ◆ さらなる理解のために ◆

●ダブルペロブスカイトのレビュー．とくに磁性に関して：

D. Serrate, J. M. DeTeresa, M. R. Ibarra, *J. Phys: Condens. Matter*, **19**, 023201 (2007).

●一つの磁気副格子をもつダブルペロブスカイトの広範なリスト：

Y. Yuan *et al.*, *Inorg. Chem.*, **54**, 3422-3431 (2015).

●$\zeta$-$Mn_2O_3$ と $AA'_3B_4O_{12}$ ペロブスカイトに関して：

S. V. Ovsyannikov *et al.*, *Angew. Chem. Int. Ed.*, **52**, 1494-1498 (2013).

●酸窒化物ペロブスカイトに関する最近のレビュー：

S. G. Ebbinghaus *et al.*, *Prog. Solid State Chem.*, **37**, 173-205 (2003).

A. Fuertes, *J. Mater. Chem.*, **22**, 3293-3299 (2012).

●ブラウンミレライトを含む広範囲の置換系のペロブスカイトに関して調査するに当たり，これら
の論文の文献からあたってみるとよい：

C. Didier, J. Claridge, M. Rosseinsky, *J. Solid State Chem.*, **218**, 38-43 (2014).

T. G. Parsons, H. D' Hondt, J. Hadermann, M. A. Hayward, *Chem. Mater.*, **21**, 5527-5578 (2009).

F. Ramezanipour *et al.*, *J. Am. Chem. Soc.*, **134**, 3215-3227 (2012).

●マンガン系酸化物 $Sr_{4+n}Mn_{4+n}O_{10+3n}$ のホモロガス系列の詳細について：

L. Suescun, B. Dabrowski, *Acta Crystallogr.*, **B64**, 177-186 (2008).

● Cu, Mn, および Co を含むペロブスカイトの詳細について：

B. Raveau, *Angew. Chem. Int. Ed.*, **52**, 167-175 (2013) およびその参考文献．

# 3章

# 六方晶
# ペロブスカイト関連構造

本章ではAX$_3$層の立方最密充填ではなく，AX$_3$層の六方最密充填，および六方最密充填層と立方最密充填層の両方があるパターンで積み重なった構造を扱う．これらの構造は一般的に六方晶ペロブスカイトとよばれている．これまでに知られている多くの六方晶ペロブスカイトを組成に関して分類することは困難である．本章では六方晶ペロブスカイトをおもに構造の観点から分類するが，組成による分類もできるだけ盛り込んである．

## 3.1 BaNiO$_3$構造

BaNiO$_3$構造（しばしば2H-BaNiO$_3$構造，もしくは単に2H構造ともよばれる）とは，理想的な立方晶ペロブスカイト構造の六方晶類縁体のことである（1.2節）．

BaNiO$_3$；六方晶；$a=0.5629$ nm；$c=0.4811$ nm；$Z=2$；空間群，$P6_3/mmc$ (194)．

原子位置：Ba：2$d$ ⅓, ⅔, ¾ ; ⅔, ⅓, ¼

Ni：2$a$ 0, 0, 0 ; 0, 0, ½

O：6$h$ $x, 2x, ¼$ ; $-2x, -x, ¼$ ; $x, -x, ¼$ ; $-x, -2x, ¾$

$2x, x, ¾$ ; $-x, x, ¾$ ; $x=0.1462$

図3.1(a)に示すように（異常高原子価の）Ni$^{4+}$イオンは単位格子の角（原点）に位置し，O$^{2-}$イオンによって構成される八面体によって囲まれている．その結果，同物質の構造は，**面共有**(face-sharing)八面体BX$_6$の一次元柱が，これらを隔てているBa$^{2+}$イオンの鎖ともに$c$軸方向に平行に並んだ構造としてみることができる〔図3.1(b)～(d)〕．

積層構造としてみるならば，BaNiO$_3$構造におけるBa$^{2+}$とO$^{2-}$の配置はCu$_3$Au合金におけるAuとCuの位置やSrTiO$_3$〔図1.2(a), (b)〕におけるSrO$_3$層と等しい．BaNiO$_3$においてこれらのBaO$_3$層は，2種の層からなる六方最密充填の順序…ABAB…で積み重なっており，hで指定される（3.3, 3.4節）．立方ペロブスカイトの場合と同様に，このBaO$_3$骨格の電気的中性を維持するために必要な電荷の

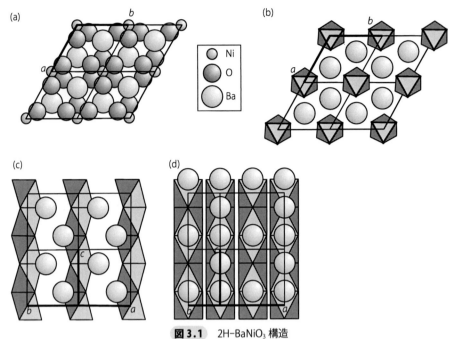

**図 3.1** 2H-BaNiO₃ 構造
(a) [001] 方向に投影した 2×2 単位格子, (b) (a) において NiO₆ 面共有八面体の柱を強調したもの, (c) [110] 方向の投影図, (d) [210] 方向の投影図. (c) と (d) において, $a$ 軸と $b$ 軸は紙面内に存在していない.

**表 3.1** 2H-BaNiO₃ 構造をとる相

| 相 | 空間群 | $a$ (nm) | $c$ (nm) |
|---|---|---|---|
| BaNiO₃ | H, $P6_3/mmc$ (194) | 0.5629 | 0.4811 |
| SrCoO₃ | H, $P6_3/mmc$ (194) | 0.5486 | 0.420 |
| Sr₆Co₅O₁₅ | Tr, $R32$ (135) | 0.94808 | 1.24353 |
| BaCoO₃ | H, $P6_3/mmc$ (194) | 0.56525 | 0.47629 |
| BaMnO₃ | H, $P6_3/mmc$ (194) | 0.56991 | 0.48148 |
| SrTiS₃ | H, $P6_3/mmc$ (194) | 0.6577 | 0.5696 |
| BaTiS₃ | H, $P6_3/mmc$ (194) | 0.6743 | 0.5832 |
| BaTaS₃ | H, $P6_3/mmc$ (194) | 0.6826 | 0.5776 |
| BaTiSe₃ | H, $P6_3/mmc$ (194) | 0.7054 | 0.6033 |
| KNiCl₃ | H, $P6_3cm$ (185) | 1.1795 | 0.5926 |
| RbCoCl₃ | H, $P6_3/mmc$ (194) | 0.6999 | 0.5996 |
| CsMgCl₃ | H, $P6_3/mmc$ (194) | 0.7269 | 0.6187 |
| RbNiBr₃ | H, $P6_3/mmc$ (194) | 0.7268 | 0.6208 |

補償は, 八面体の間隙位置の 1/4 を[*1] Ni⁴⁺ イオンが秩序して占有することで達成される (図 1.3).

BaNiO₃ 構造ができるかどうかは許容因子をとおして理解することができる. $t = 1.0$ のときは理想的な立方晶ペロブスカイト構造が安定であるが, $t$ が 1.0 以下に減少すると八面体骨格はひずむ. しかし, $t = 0.987$ の CaMnO₃ のように BX₆ 八面体はひずみながらも頂点共有のネットワークは維持される. 逆に $t$ が 1.0 を超えると六方晶 BaNiO₃ 構造を好むようになり, 頂点共有のネットワークは面共有にとって代わる. 例として BaNiO₃ 構造をもつ $t = 1.089$ の BaMnO₃ がある (表 3.1). こ

[*1] あるいは O²⁻ イオンのみで構成される八面体のすべてのサイト.

の構造をとるたいていの相は定比組成であるが，2H-BaNiO₃ 構造の高温相 SrCoO₃ を徐々に室温まで冷やしていくと，Co 欠損が c 軸方向に 3 倍周期で並んだ欠損型 2H 構造の Sr₆Co₅O₁₅ が（酸素欠損とともに）形成される．

## 3.2 三角プリズムを含む BaNiO₃ 関連相

### 3.2.1 整合構造

多くの相は，おおよその組成が BX₃ の一次元柱と A 原子の鎖（ともに c 軸方向に平行）から構成されているという点で 2H-BaNiO₃ 構造に類似していることが知られている．理想的にはこれらすべての相は，だいたいの長さが $\sqrt{3} \times a_{2H}$ (0.97 nm) の格子定数 a と b をもつ六方晶の単位格子で表すことができる．ここで $a_{2H}$ は六方晶 2H-BaNiO₃ の格子定数である．単位格子には，一次元柱が三つと A 原子の鎖が六つ含まれている（図 3.2）．格子定数 c はおもに柱内と柱間の多面体の配列に依存している（表 3.2）．

その構造は，六方最密充填にしたがって c 軸方向に配列（…AB… の積層様式）する 2 種類の層で表すことができる．第一のタイプは (A₃O₉) の組成をもち，A はおもにアルカリ土類金属カチオン（Ca²⁺，Sr²⁺ あるいは Ba²⁺）であり，2H-BaNiO₃ 型構造を構成する BaO₃ 層に似ている〔図 3.3(a)〕．第二のタイプは，2H-BaNiO₃ と比べてアニオン欠損が含まれるものであり，第一のタイプの A₃O₉ 層から三つの酸化物イオンを取り除き，これを一つの A′ カチオンで置き換えた A₃A′O₆ 層から構成

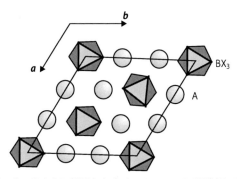

**図 3.2** [001] 方向に投影した多くの 2H-BaNiO₃ 関連相の理想構造

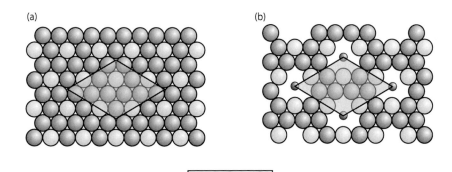

**図 3.3** 多くの 2H-BaNiO₃ 関連相における六方層の充填様式
(a) 組成 (A₃O₉)，(b) 組成 (A₃A′O₆)．

**68** ● 3章　六方晶ペロブスカイト関連構造

**表 3.2**　三角プリズムを含む $BaNiO_3$ 関連構造

| 相 | 空間群 | $a$/nm | $c$/nm |
|---|---|---|---|
| 整合構造 | | | |
| $n' = 1$, –o–tp–, $(m = 0, n = 1)$, $A_3A'BO_6^{a)}$ | | | |
| $K_4CdCl_6$ | Tr, $R\bar{3}c$ (167) | 1.2105 | 1.4909 |
| $Ca_3NiMnO_6$ | Tr, $R\bar{3}c$ (167) | 0.90958 | 1.05671 |
| $Ca_3FeRhO_6$ | Tr, $R\bar{3}c$ (167) | 0.91884 | 1.07750 |
| $Ca_4IrO_6^{b)}$ | Tr, $R\bar{3}c$ (167) | 0.9303 | 1.10864 |
| $Ca_3Co_2O_6^{c)}$ | Tr, $R\bar{3}c$ (167) | 0.90793 | 1.0381 |
| $Ca_4PtO_6^{b)}$ | Tr, $R\bar{3}c$ (167) | 0.9332 | 1.1264 |
| $Ca_3NaIrO_6$ | Tr, $R\bar{3}c$ (167) | 0.9273 | 1.1214 |
| $Sr_4IrO_6^{b)}$ | Tr, $R\bar{3}c$ (167) | 0.97344 | 1.1892 |
| $Sr_4PtO_6^{b)}$ | Tr, $R\bar{3}c$ (167) | 0.97477 | 1.18791 |
| $Sr_3ZnCoO_6$ | Tr, $R\bar{3}c$ (167) | 0.955191 | 1.088790 |
| $Sr_3NiRhO_6$ | Tr, $R\bar{3}c$ (167) | 0.95951 | 1.1062 |
| $Sr_3GdRhO_6$ | Tr, $R$–$3c$ (167) | 0.97840 | 1.14196 |
| $Sr_3Co_2O_6^{c)}$ | Tr, $R\bar{3}c$ (167) | 0.961107 | 1.0701 |
| $Sr_3HoCrO_6$ | Tr, $R\bar{3}c$ (167) | 0.97802 | 1.13063 |
| $Sr_3NiIrO_6$ | Tr, $R\bar{3}c$ (167) | 0.95783 | 1.11323 |
| $Sr_3NaIrO_6$ | Tr, $R\bar{3}c$ (167) | 0.96383 | 1.15852 |
| $Ba_4PtO_6^{b)}$ | Tr, $R\bar{3}c$ (167) | 1.02101 | 1.26172 |
| $Ba_3NaIrO_6$ | Tr, $R\bar{3}c$ (167) | 1.01282 | 1.1905 |
| $Ba_4USe_6$ | Tr, $R\bar{3}c$ (167) | 1.225997 | 1.56067 |
| $Ba_3UFeSe_6$ | Tr, $R\bar{3}c$ (167) | 1.24842 | 1.39258 |
| $Ba_3UMnSe_6$ | Tr, $R\bar{3}c$ (167) | 1.24561 | 1.41354 |
| $Ba_3UMnS_6$ | Tr, $R\bar{3}c$ (167) | 1.20220 | 1.36410 |
| $Ba_3PrInS_6$ | Tr, $R\bar{3}c$ (167) | 1.21196 | 1.39803 |
| $Ba_3SmInS_6$ | Tr, $R\bar{3}c$ (167) | 1.2063 | 1.3853 |
| $Ba_3GdInS_6$ | Tr, $R\bar{3}c$ (167) | 1.20718 | 1.3816 |
| $Ba_3YbInS_6$ | Tr, $R\bar{3}c$ (167) | 1.20565 | 1.3713 |
| $n' = 2$, –o–o–tp–, $(m = 1, n = 3)$, $A_4A'B_2O_9$ | | | |
| $Sr_4Ni_3O_9^{c)}$ | Tr, $P321$ (150) | 0.9447 | 0.7825 |
| $Sr_4NiMn_2O_9$ | Tr, $P321$ (150) | 0.96007 | 0.77646 |
| $Sr_4CuMn_2O_9$ | Tr, $P321$ (150) | 0.95918 | 0.78114 |
| $Sr_4ZnMn_2O_9$ | Tr, $P321$ (150) | 0.95679 | 0.7851 |
| $Ba_4UCr_2O_9$ | Tr, $P321$ (150) | 1.201 | 0.9644 |
| $n' = 3$, –o–o–o–tp–, $(m = 2, n = 3)$, $A_5A'B_3O_{12}$ | | | |
| $(Sr_{0.8}Ca_{0.2})_5Co_4O_{12}^{c)}$ | Tr, $P\bar{3}c1$ (165) | 0.94196 | 1.99857 |
| $Ba_5CuIr_3O_{12}$ | Tr, $P3c1$ (158) | 1.01406 | 2.16599 |
| $Ba_5CuIr_3O_{12}$ | Tr, $P321$ (150) | 1.014382 | 2.16553 |
| $n' = 4$, –o–o–o–o–tp–, $(m = 1, n = 1)$, $A_6A'B_4O_{15}$ | | | |
| $Sr_6Co_5O_{15}^{c)}$ | Tr, $R32$ (155) | 0.9497 | 1.23956 |
| $Sr_6Co_5O_{14.70}^{c)}$ | Tr, $R\bar{3}$ (148) | 0.9459 | 1.2469 |
| $Sr_6Co_{4.9}Ni_{0.1}O_{14.36}^{c)}$ | Tr, $R\bar{3}$ (148) | 0.9440 | 1.2476 |
| $Ba_6CuIr_4O_{15}$ | Tr, $R32$ (155) | 1.01196 | 1.34097 |
| $Ba_6CuMn_4O_{15}$ | Tr, $R32$ (155) | 1.00211 | 1.28241 |
| $Ba_6Ni_5O_{15}^{c)}$ | Tr, $R32$ (155) | 0.98890 | 1.2867 |
| $Ba_6MgMn_4O_{15}$ | Tr, $R32$ (155) | 1.0042 | 1.2954 |
| $Ba_6NiMn_4O_{15}$ | Tr, $R32$ (155) | 1.0044 | 1.2924 |
| $Ba_6ZnMn_4O_{15}$ | Tr, $R32$ (155) | 1.00498 | 1.28304 |

（つづく）

3.2 三角プリズムを含む BaNiO₃ 関連相 ● **69**

**表 3.2** 三角プリズムを含む BaNiO₃ 関連構造

| 相 | 空間群 | $a$/nm | $c$/nm |
|---|---|---|---|
| $n' = 7$, -o-o-o-o-o-o-o-tp-, ($m=2, n=1$), $A_9A'B_7O_{24}$ | | | |
| $Ba_9Rh_8O_{24}^{c)}$ | Tr, $R\bar{3}c$ (167) | 1.00899 | 4.1462 |
| $n' = 2,3$ インターグロース, -o-o-tp-o-o-o-tp- ($m=1, n=2$), $A_9A'_2B_5O_{21}$ | | | |
| $Sr_9Ni_7O_{21}^{c)}$ | Tr, $R\bar{3}c$ (167) | 0.9524 | 3.6008 |
| $n' = 2,3,3$ インターグロース, -o-o-tp-o-o-o-tp-o-o-o-tp-, ($m=5, n=9$) | | | |
| $Ba_{14}Cu_3Ir_8O_{33}$ | Tr, $P321$ (150) | 1.014585 | 2.99574 |
| $n' = 3,3,4$ インターグロース, -o-o-o-tp-o-o-o-o-tp-o-o-o-o-tp-, ($m=7, n=9$), $A_{16}A'_3B_{10}O_{39}$ | | | |
| $Ba_{16}Cu_3Ir_{10}O_{39}$ | Tr, $P321$ (150) | 1.013442 | 3.50564 |
| 変位構造 | | | |
| およそ $n' = 2$, o-o-tp-, ($m=1, n=3$), $A_4A'B_2O_9$ | | | |
| $Ca_4CuMn_2O_9$ | | 0.9195 | $c_1 = 0.2580,$ $c_2 = 0.3744$ |
| $Sr_4CuMn_2O_9$ | | 0.9602 | $c_1 = 0.2593,$ $c_2 = 0.3940$ |
| およそ $n' = 4$, -o-o-o-o-tp-, ($m=1, n=1$), $A_6A'B_4O_{15}$ | | | |
| $SrMn_{0.6}Co_{0.4}O_{3-y}$ | | 0.9576 | $c_1 = 0.2548,$ $c_2 = 0.4032$ |
| $Ba_6ZrIr_4O_{15}$ | | 1.01228 | $c_1 = 0.26982,$ $c_2 = 0.44099$ |
| $Ba_6MgMn_4O_{15}$ | | 1.0042 | $c_1 = 0.2565,$ $c_2 = 0.4318$ |
| $Ba_6NiMn_4O_{15}$ | | 1.0044 | $c_1 = 0.2551,$ $c_2 = 0.4308$ |
| $Ba_6Mn_4PdO_{15}$ | | 1.0030 | $c_1 = 0.2616,$ $c_2 = 0.4251$ |
| およそ $n' = 2,3$ インターグロース, -o-o-tp-o-o-o-tp-, ($m=1, n=2$), $A_9A'_2B_5O_{21}$ | | | |
| $Sr_{14/11}CoO_3$ | | 0.9508 | $c_1 = 0.2534,$ $c_2 = 0.3982$ |
| $Sr_{1.2872}NiO_3$ | | 0.95177 | $c_1 = 0.2574,$ $c_2 = 0.3999$ |
| $Ba_8CoRh_6O_{21}$ | | 1.00431 | $c_1 = 0.25946,$ $c_2 = 0.45405$ |

a) $n, m$ は式(3.1)参照, $n'$ は式(3.6)参照, b) $A' = A$, c) $A' = B$, $c_1 = MX_3$ 柱状晶の繰返し,
  $c_2 = A$ 一次元鎖の繰返し.

される.ここで A′ は周期表全体にわたる多くの原子が占めることができる〔図3.3(b)〕.

A₃O₉ 層が六方最密積層すると,隣接する層間に酸素からなる八面体間隙ができる〔図3.4(a),(b)〕.その八面体間隙を B カチオンが占めるとき,面共有八面体(o)…-o-o-o-o-…のみから構成された一次元柱をもつ 2H-BaNiO₃ 型構造が得られる[*2].一方,A₃A′O₆ 層が同じように六方最密積層すると,A′ カチオンが占める A′O₆ 三角プリズム (trigonal prism:tp) と B カチオンが占める BO₆ 八面体が生じ〔図3.4(c),(d)〕,これらが面共有しながら交互に…-o-tp-o-tp-o-tp-o-tp-…の順で並んだ一次元柱が形成される〔図3.5(a)〕.この相の組成式は A₃A′BO₆ である.この配列は K が A と A′ サイトの両方を占める K₄CdCl₆ 構造でみられるほか,Zr²⁺ が A′ として三角プリズム位置を占め,Co⁴⁺ が B として八面体位置を占める Sr₃ZnCoO₆ や Co³⁺ が A′,B 両位置を占める Ca₃Co₂O₆ など多くの相が存在する〔図3.5

*2 これは3.1節で述べたとおりである

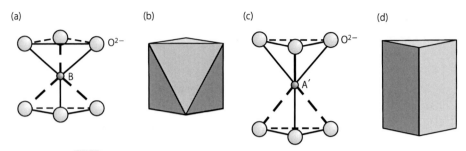

**図3.4** アニオン六方最密充填層の積層による八面体間隙(a, b)と三角プリズム間隙(c, d)の生成

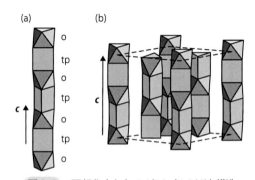

**図3.5** 理想化された $A_3A'BO_6$ ($K_4CdCl_6$) 構造
(a) 八面体と三角プリズムからなる柱骨格，(b) 単位格子内での柱の配列．簡単のためAカチオンは省略している．

*3 A'とBが磁性イオンの場合，一次元交替スピン鎖のモデル物質として注目されている．また，この交替スピン鎖は，c軸からみると三角格子を形成するため磁性フラストレーションの研究の舞台としても多くの研究がなされている．

(b)〕*3．ここで，単位格子内の一次元柱（三つある）はすべて八面体と三角プリズムの交替積層からなっているが，柱間では $c$ 軸方向にずれがあることに注意されたい．

$Ca_3CuIrO_6$，$Ca_3CuRhO_6$，$Sr_3CuRhO_6$ などの Cu を含んだ多くの化合物は単斜晶系の単位格子をもつひずんだ構造をとる．このひずみは $Cu^{2+}$ が占める A'カチオンが三角プリズムの中心から側面の四角形の方向に少しずれた結果として生じる．これにより $Cu^{2+}$ はピラミッド配位（四角錐配位）をとることができるが，$AA'_3B_4O_{12}$ 型ペロブスカイト相でも同様の配位は好まれる（2.1.3項）．

その他の構造は，$m$ 枚の $A_3O_9$ 層と $n$ 枚の $A_3A'O_6$ 層の六方最密積層から構築される．ここで，A'カチオンは三角プリズム位置を占め，Bカチオンは八面体の間隙位置に入る（表3.2）．このようにしてつくられた一連の相は以下のような組成式をもつ．

$$A_{3m+3n}A'_nB_{3m+n}O_{9m+6n} \tag{3.1}$$

この組成式において，A はおもにアルカリ土類金属カチオンの $Ca^{2+}$，$Sr^{2+}$ あるいは $Ba^{2+}$ であり，A'やBは多くの金属が占めることができる．これらの相では，面を共有する八面体と三角プリズムによって一次元柱が構成され，柱どうしはAカチオンの鎖によって隔てられている．八面体位置に対する三角プリズム位置の比率 tp/o はA'とBの比率によって与えられる．つまり，

$$\frac{\text{tp}}{\text{o}} = \frac{n}{(3m+n)} \tag{3.2}$$

$A_3A'BO_6$ 構造でみられたように，すべての一次元柱は同じ配列で積み重なる八面体と三角プリズムから構成されているが，単位格子内の異なる柱の間では $c$ 軸方向にオフセット[*4]がある．ここで，三角プリズムの八面体に対する比率は簡単に計算できるけれども，これらの多面体の一次元柱に沿った配列は，とくに $m$ や $n$ が大きな数の場合には自明ではないことに注意が必要である．

式 (3.1) から，すべての構造は tp/o = 0 の 2H-BaNiO$_3$ 構造（$m=1$, $n=0$）と tp/o = 1 の $A_3A'BO_6$（$K_4CdCl_6$）構造（$m=0$, $n=1$）の間にあるとみなすことができる．その結果，ほかの構造は以下のように記述される．

[*4] 図 3.5(b) からわかるように八面体位置の金属は，三つの一次元柱においてそれぞれ $(0, 0, 0)$, $\left(\frac{2}{3}, \frac{1}{3}, \frac{1}{3}\right)$, $\left(\frac{1}{3}, \frac{2}{3}, \frac{2}{3}\right)$ である．

1. 「$m=1$, $n=1$」によって構成される構造は組成式 $A_6A'B_4O_{15}$ をもつ．一次元柱は tp/o = 1/4 の比率であり，…-o-o-o-o-tp-o-o-o-o-tp-…〔図 3.6(a)〕の並びがみられる．$Ba_6MgMn_4O_{15}$ や $Ba_6CuIr_4O_{15}$ がこの構造をとる．

2. 「$m=1$, $n=2$」によって構成される構造は，$A_9A'_2B_5O_{21}$ の組成式である．一次元柱は tp/o = 2/5 の比率であり，最もよくみられる八面体と三角プリズムの配列様式は…tp-o-o-tp-o-o-o-tp…である．つまり，二つと三つの八面体ブロックが交互に現れる〔図 3.6(b)〕．この構造は A′ と B がともに Ni である $Sr_9Ni_7O_{21}$ でみられる．

3. 「$m=1$, $n=3$」によって構成される構造は組成式 $A_4A'B_2O_9$ と tp/o = 1/2 に

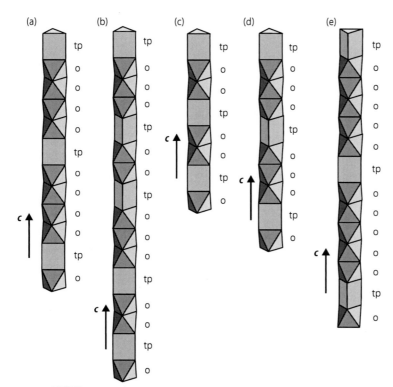

**図 3.6** 三角プリズム (tp) と八面体 (o) の一次元柱からなる構造
(a) $A_6A'B_4O_{15}$, (b) $A_9A'_2B_5O_{21}$, (c) $A_4A'B_2O_9$, (d) $A_9A'B_3O_{12}$, (e) $A_7A'B_5O_{18}$.

対応し，一次元柱の配列様式はおもに…tp-o-o-tp-o-o-tp…である〔図3.6
(c)〕．この配列は $Sr_4NiMn_2O_9$ や $Ba_4Cr_2US_9$ でみられる．

一連の組成式(3.1)は，通常のペロブスカイトの表式によって以下のように書く
ことも可能である．

$$A_{1+x}(A'_xB_{1-x})O_3 \tag{3.3}$$

ここで $x$ は

$$x = \frac{n}{(3m+2n)} \tag{3.4}$$

であり，0から1/2の値をとることができる．三角プリズムと八面体の比率 tp/o
は $A'$ と B の比率によって以下のように与えられる．

$$\frac{\text{tp}}{\text{o}} = \frac{x}{(1-x)} \tag{3.5}$$

「$m=1, n=0$」の 2H-$BaNiO_3$ 型構造は $x=0$，「$m=0, n=1$」の $A_3A'BO_6$ ($K_4CdCl_6$)
型構造は $x=1/2$，「$m=1, n=1$」の $A_6A'B_4O_{15}$ 型構造は $x=1/5$，「$m=1, n=2$」
の $A_9A'_2B_5O_{21}$ 型構造は $x=2/7$，「$m=1, n=3$」の $A_9A'_2B_5O_{21}$ 型構造は $x=3/9$ で
ある．

この組成の表記の不利な点は $m$ と $n$ の値と各一次元柱の八面体と三角プリズム
の数もしくはそれらの配列との間に直感的にわかる単純な関係がないことである．
以下の一連の組成式

$$A_{n'+2}A'B_{n'}O_{3n'+3} \tag{3.6}$$

は，孤立した三角プリズムが $n'$ 個の隣り合った B カチオンを含む面共有の八面体
によって分離されている場合にこの問題は解決される〔$n'$ は式(3.1)やそれに続く
式の $n$ と等しくないことに注意〕．この新たな記述法によると，さまざまな相は，
交互に並んだ八面体と三角プリズムの一次元柱で構成される $n'=1$ の $A_3A'BO_6$
($K_4CdCl_6$) 型構造(図3.5)と面共有した八面体のみの一次元柱によって構成される
$n'=\infty$ の 2H-$BaNiO_3$ 型構造〔図3.1(c),(d)〕の間にあることがわかる．

大雑把にいうと，出来上がる相はアルカリ土類金属のカチオンサイズに依存する．
$Ca^{2+}$ は $n'=1$ 構造のみ，$Sr^{2+}$ と $Ba^{2+}$ は $n'=1, 2, 3, 4$ 構造を，$Ba^{2+}$ はそれに加え
て $n'>4$ の構造もとる．この方法で記述される簡単な化合物は，

1. $n'=1$．$A_3A'BO_6$ の組成をもち，一次元柱内の多面体の並びが…tp-o-tp-o-
   tp-o-tp…であるこの構造は，先に記述したように $Ca_3NiMnO_6$ ($K_4CdCl_6$) の類
   縁体で採用される(図3.5)．(ひずみなどがない)最も単純な相の格子定数は
   すべて $a\approx0.97$ nm，$c\approx1.13$ nm に近い．
2. $n'=2$．これらの相は八面体の対と三角プリズムが交互に並び，…tp-o-o-tp-
   o-o-tp…と並んだ面共有の一次元柱をもつ〔図3.6(c)〕．この相の組成は
   $Sr_4ZnMn_2O_9$ に代表される $A_4A'B_2O_9$ である．理想的な構造をとる場合，格子

定数はすべて $a \approx 0.97$ nm, $c \approx 0.78$ nm に近い.

3. $n' = 3$. これらの相は三角プリズムと三つの連続した八面体が交互に並び, …tp-o-o-o-tp-o-o-o-tp…と並んだ面共有の一次元柱をもつ〔図 3.6(d)〕. 組成は $Ba_5PdMn_3O_{12}$ に代表される $A_5A'B_3O_{12}$ であり, 理想的な格子定数はすべて $a \approx 0.97$ nm, $c \approx 2.16$ nm に近い.

4. $n' = 4$. これらの相は四つの面共有した八面体が三角プリズムで隔てられた …tp-o-o-o-o-tp-o-o-o-o-tp…と並んだ一次元柱をもつ〔図 3.6(a)〕. 組成は $Ba_6MgMn_4O_{15}$ に代表される $A_6A'B_4O_{15}$ であり, 理想的な格子定数はすべて $a \approx 0.97$ nm, $c \approx 1.25$ nm に近い.

5. $n' = 5$. これらの相は五つの面共有した八面体が三角プリズムで隔てられた …tp-o-o-o-o-o-tp-o-o-o-o-o-tp…と並んだ一次元柱をもつ〔図 3.6(e)〕. 組成は $Ba_7PdMn_5O_{18}$ に代表される $A_7A'B_5O_{18}$ であり, 理想的な格子定数はすべて $a \approx 0.97$ nm, $c \approx 2.80$ nm に近い.

また, 二つの隣り合った $n'$ の値の間のインターグロースを想像することも可能であるが, 実際にこの構造は存在する. たとえば, $n' = 2$ と $n' = 3$ の 1 : 1 のインターグロースは三つの面共有した八面体, 一つの三角プリズム, 二つの面共有した八面体, 一つの三角プリズムが…tp-o-o-tp-o-o-o-tp…の順に並んだ一次元柱で構成されている〔図 3.6(b)〕. この相の組成は $A_9A'_2B_5O_{21}$ であり, 理想的な格子定数はすべて $a \approx 0.97$ nm, $c \approx 3.60$ nm に近い. 代表例の $Sr_9Ni_7O_{21}$ では $A'$ と $B$ のどちらも Ni である.

### 3.2.2　変調構造

多くの 2H-BaNiO$_3$ 関連構造において, 相互作用した二つの副構造という観点から記述される場合にのみ正確な構造に関する描像が得られる. このような描像は, 表面的にはふつうの 2H-BaNiO$_3$ 型構造のようにみえる酸化物 $Sr_{1.2872}NiO_3$ や硫化物 $Sr_xTiS_{3-\delta}$ のようないくつかの不定比相にも適用される. これらのすべての物質において, 副構造とは $c$ 軸方向に伸びる（ⅰ）$(A'B)O_3$ 一次元柱と, （ⅱ）A 一次元鎖であるが, これを $c$ 軸に垂直に切った (001) 面にはすべて結晶学的に完璧な秩序が存在する（図 3.2）. しかしながら, $c$ 軸方向に関してみてみると, つまり一次元柱内および一次元鎖内の原子の並びは厳密な結晶学的な繰返しに従うのではなく, 波のように変調する. その波長は組成に伴って変化する.

二つの副構造は便宜的に個々の $c$ 軸長で記述される.

$c$ 軸長：

$c_1$：$(A'B)O_3$ 一次元柱, カチオン間距離はだいたい $c_{2H}/2 \approx 0.24$ nm.

$c_2$：A 一次元鎖, カチオン間距離はだいたい $c_{2H} \approx 0.48$ nm.

ここで $c_{2H}$ は六方晶 2H-BaNiO$_3$ の格子定数である. これらの両方の副構造とも X 線回折パターンの反射に寄与する. この場合, 指数は通常の（$h$, $k$, $l$ で表される）

ミラー指数ではなく，四つの指数$(h, k, l, m)$に拡張して記述される．つまり，各反射は逆格子の$ha^* + kb^* + lc_1^* + mc_2^*$を用いて指数づけされる．$c_1$と$c_2$の真の値は回折パターンから得ることができ，以下のように表される．

$$\gamma = \frac{c_2^*}{c_1^*} = \frac{c_1}{c_2} \tag{3.7}$$

ここで$c_1^*$と$c_2^*$は回折パターンから直接求まる逆格子空間での距離であり，$h, k, l, m$は整数である．また，比率$\gamma$は式(3.3)で与えられる組成と直接関係している．その結果

$$\gamma = \frac{(1+x)}{2} \tag{3.8}$$

を得る．$x$は0から1/2の値をとり得るので，$\gamma$は1/2から3/4の値をとる．さらに，式(3.5)で与えられる一次元柱内の三角プリズムの八面体に対する比率tp/oは以下のように記述できる．

$$\frac{t}{op} = \frac{x}{(1-x)} = \frac{(2\gamma - 1)}{2(1-\gamma)} \tag{3.9}$$

二つの$c$軸長が繰返しを何回か経たあとで完全に分数の形で表される場合，その構造は**整合変調構造**(commensurate modulated composite structure)として記述される．そのような環境では，$\gamma$の値は有理数$p/q$〔ここで$p$と$q$は（小さな）整数〕であり，この相の格子定数$c$は

$$c = qc_1 = pc_2$$

と与えられる．

3.2.1項で記述した構造はだいたいこのタイプに属する．たとえば，理想的な$m = 1$, $n = 3$〔式(3.1)〕もしくは$n' = 2$〔式(3.6)〕$A_4A'B_2O_9$相は$x = 1/3$〔式(3.4)〕や$\gamma = 2/3$〔式(3.8)〕で整合相である．理想的に

$$c = 3c_1 = 2c_2$$

である．

いくつかの構造では，$qc_1 = pc_2$によって明記することは正確には正しくないけれども，それほど不正確な近似ではないと仮定することは可能であり，通常の単位格子の$c$軸長で記述できる．これは$Sr_{1.273}CoO_3$の場合であり，測定で得られた格子定数は以下のとおりである．$a = 0.9508$ nm, $c_1(CoO_3) = 0.25343$ nm, $c_2(Sr) = 0.3982$ nm．これから得られる$\gamma (c_1/c_2)$は0.6364であり，7/11に近い．よってこの相は格子定数$c$が$c = 11 \times 0.25343 \approx 7 \times 0.3982 = 2.79$ nm の整合型の超周期構造として近似できる．$\gamma = 7/11$, $(1+x) = 14/11$であるため，組成は$Sr_{14/11}CoO_3$あるいは$Sr_{14}Co_{11}O_{33}$と近似できる．八面体に対する三角プリズムの割合は式(3.9)で与えられ tp/o $= 3/8$となる．これに一致して，八面体と三角プリズムの並びは実際に…tp-o-o-o-tp-o-o-tp-o-o-o-tp…となっている．

$c_1$と$c_2$が分数の形で表せない場合，つまり$p/q$が無理数の場合，もしくは少な

くとも $q$ が大きい場合，その構造は**不整合変調構造**（incommensurate modulated composite structure）とよばれる．これらの不整合構造を解析するためには，変調ベクトル $q = \gamma c$ を導入したより複雑な**超空間**（superspace）での記述が必要である．ここで $c$ は $c$ 軸方向に沿った（八面体または三角プリズムの）基本的な繰り返し，つまり $c_1$ に対応する．

　不整合相における変調の構造的影響の一つは一次元の $(A'B)O_3$ 柱に沿った八面体と三角プリズムがひずむことである．結果としてそれらはもはや八面体や三角プリズムとして正確には記述できない．これらのいくぶん不確定の構造はしばしば中間多面体（intermediate polyhedra：ip）とよばれる．組成式 $Sr_{1.125}TiS_3$ の硫化物が一つの例である．この相は以下の格子定数をもつ．$a = 1.1482$ nm, $c_1(TiS_3) = 0.29483$ nm, $c_2(Sr) = 0.53057$ nm．これは $\gamma = c_1/c_2 = 0.555685 = 1427/2565$ のようになるので整合変調格子を用いて表せない．つまり，$c$ 軸長は近似的に $c = 2565 \times c_1 = 1427 \times c_2 \approx 756$ nm となってしまう．比較的簡単な整合構造として表そうとすると唯一 $\gamma = 3/16$ が可能である．もしもこの大胆な近似が許されるならば，$c = 16 \times c_1 = 9 \times c_2 \approx 4.78$ nm が得られる．式(3.3)と(3.8)を使うと $(1+x) = 2\gamma = 9/8$ が得られ，そこから $a = 1.148$ nm, $c = 4.78$ nm の理想的な相として $Sr_9Ti_8S_{24}$ を与える．理想的には八面体と三角プリズムの相対比は式(3.9)をとおして tp/o $= 1/7$ と計算することが可能である．つまり，図3.7(a)に示すように理想的な一次元柱は七つの八面体と一つの三角プリズムから構成される（つまり …-o-o-o-o-o-o-o-tp-o-o-o-o-o-o-o-tp…）．しかしながら，この近似では Sr 鎖の変調が考慮されていない．これを考慮すると三角プリズムは，鎖に沿った五つの八面体が二つの中間多面体に挟まれた八面体（o′ と書いて区別する）により隔てられる，つまり八面体の並びは図3.7(b)に示すように…-o-o-o-o-o-ip-o′-ip-o-o-o-o-o-ip-o′-ip-…と表され，o′ の八面体が横にずれるようにひずむことがわかる．

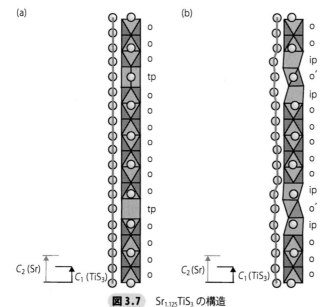

**図3.7**　$Sr_{1.125}TiS_3$ の構造
(a) $Sr_9Ti_8S_{24}$ の理想的な無変調構造，(b) $Sr_9Ti_8S_{24}$ の理想的な変調構造．

しかし，この描像でさえ近似的であり，本当の繰返し距離は 4.78 nm よりも 756 nm に近いので，ip-o′-ip の三量体の間隔は五つの八面体のずっと長い繰返しに期待されるものと異なり，ずっと長い繰返しとなる．

ここで，定比からの小さな変化でさえこれらの複合的な変調構造に大きな変化を与えうるということに注意されたい．たとえば，整合相である $m=1$，$n=1$〔式 (3.1)〕もしくは $n′=4$〔式 (3.6)〕の $Sr_6Co_5O_{15}$ 相は，一つの三角プリズムに続く四つの八面体の繰返しとして正確に記述しうるが，そこから酸素が欠損した $Sr_6Co_5O_{14.70}$ では三つの八面体に続いてひずんだ二つの中間多面体を含む一次元柱からなる．$A_3A′BO_6$ 相である $Sr_3NiRhO_6$ や $Sr_3CuRhO_6$ はともに空気中で加熱することで酸素を吸収することができる．これらの物質はもはや定比の母相がもつ通常の単位格子をもたず，対称性も異なり，不整合な変調構造をとる．同様に，最初に記述したストロンチウムチタン硫化物のような組成のわずかな変化は，$c$ 軸方向に平行な一次元柱の構造に大きな変化を引き起こしうる．

### 3.3　六方・立方充塡の混合ペロブスカイト：命名法

$2H$-$BaNiO_3$ や $SrTiO_3$ はどちらも $AX_3$ 層の最密充塡構造として記述できる．これら二つの構造間のエネルギー変化はとても小さく，六方充塡や立方充塡の両方が秩序もしくは無秩序した相が容易に形成される．理想的には，このような構造は六方晶もしくは菱面体の対称性をもち，$AX_3$ 層の面内が六方晶の $a$ 軸と $b$ 軸であり，$c$ 軸はその面に垂直である．

単純と思える構造でも実際に詳細を調べてみると，とくに化学量論組成について解析すると，複雑な構造になっていることが多い．この場合，構成原子の秩序が六方晶もしくは菱面体の対称性から直方晶か単斜晶へとひずませる．これらの構造は圧力，温度，組成の変化に敏感であり複雑な相間の関係がよくみられる．本節とあとに続く節の記述ではこれらの微妙なところには触れず，理想的な積層構造をもっていると仮定する．

これらのうち最も単純なものは定比の母相 $2H$-$BaNiO_3$ 型構造と $SrTiO_3$ 型構造の間のインターグロース構造として捉えることができる．二つの母相はともに $ABX_3$ の定比組成をもつが，すべてのインターグロース構造もまったく同様である．さまざまな積層様式（パターン）をとりながらも単一組成であるこれらの相は多形〔**ポリタイプ**（polytype）〕とよばれる．しかし実際には，多くの化合物には不定比性がみられ，組成を変化させることは，ある構造から別の構造を安定化させる重要な要素となる．たとえば，$BaMnO_3$ と $BaMnO_{2.5}$ の組成の間で少なくとも六つの異なる構造がみつかっており，すべての相は酸素量の変化により安定化する．厳密にいうと，これらの不定比相では組成が変化しているため多形とよぶべきではないが，しばしば多形として扱われる．あとの節では，真の多形構造とこれら不定比相を，一連の理想的な配列をもち，それぞれが異なる組成を許容しうるとして一緒に記述する．

これらの構造は便宜的に大きな A イオンは省いて八面体のつながりのみで描かれる．こうすると，$2H$-$BaNiO_3$ 構造は面共有した八面体による一つの一次元柱で

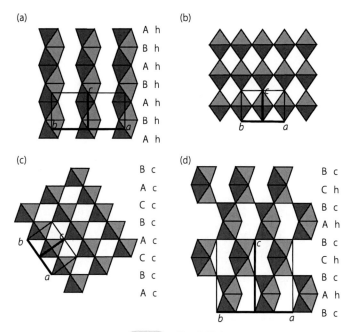

**図 3.8**　模式的構造
(a)〔110〕方向に投影した 2H-BaNiO$_3$, (b)〔110〕方向に投影した SrTiO$_3$, (c) (b) において，(a) での (001) 面に平行になるように (111) 面を回転させたもの，(d)〔110〕方向に投影した 4H-BaMnO$_{2.65}$(ch)$_2$. BX$_6$ 八面体骨格のみが描かれており，A イオンや酸素欠損は省略した.

描写される〔図 3.8(a)〕. 同様に理想的な立方晶 SrTiO$_3$ 構造は，〔110〕方向からみて頂点共有した八面体の並びとして記述され〔図 3.8(b)〕，また約 55°回転して (111) 面と平行にすると BaNiO$_3$ 構造における八面体の配向とちょうど一致させられる〔図 3.8(c)〕. したがって，立方晶と六方晶ペロブスカイト層のインターグロース構造は，これら二つの構造単位を配列したものとして描かれる. そうすることによって，(111) 方向に切り取った理想的な (立方晶) ペロブスカイトと (001) 方向に切り取った 2H-BaNiO$_3$ 構造 (六方晶ペロブスカイト) を積み重ねることによって得られる構造であるという事実を強調することができる. 最も単純な秩序構造の一つは立方晶層と六方晶層が 1：1 で交互に積み重なったもので，BaMnO$_3$ の高温相である酸素欠損系 BaMnO$_{2.65}$ はこの構造 (4H-BaMnO$_3$ 構造) をとる. その構造は，面共有でつながった一対の八面体が点共有でつながっている〔図 3.8(d)〕.

多面体を用いた構造の表記に加えて，AX$_3$ 層 (もしくは不定比の AX$_{3-\delta}$) の積み重なりの様子は，通常の A, B, C 層の最密充填に基づく表記でしばしば描かれる. その結果，2H-BaNiO$_3$ は…ABAB…の積層様式〔図 3.8(a)〕を，SrTiO$_3$ は…ABC…の積層様式〔図 3.8(b), (c)〕をもつ. これらの二つの母体構造の間のあらゆる六方晶ペロブスカイト構造は，一連の ABC 層の積層様式として記述できる. たとえば，酸化物 4H-BaMnO$_{2.65}$ は…ABCB…の積層様式をもつ〔図 3.8(d)〕.

しかし，しばし複雑な層の配列の仕方を…ABC…表記を用いて記述することは，最も単純な構造を除いて厄介なものであり，よって短縮した表記法が多く存在する. このうち最も広く使われるのは **Ramsdell** 表記法[*5]であり，単位格子内の層数（繰

[*5] L. S. Ramsdell, *Am. Mineralogist*, **32**, 64 (1947).

返し単位となる層数）を単位格子の対称性（立方晶なら C，六方晶なら H，菱面体なら R）と一緒に与える．よって，$BaNiO_3$ 構造はすでに使われているように 2H と表記される．つまり，六方晶の単位格子に二つの層があることを意味している．同様に $SrTiO_3$ 構造は，[111] 方向に沿って単位格子に三つの層があり，3C と表記される．前述したように，1:1 積層構造の $BaMnO_{2.65}$ は 4H と表される．

いくつかの文献では，この表記法は修正されている．もしも構造が理想的なものからひずんだものであれば，たとえば単斜晶の単位格子をもっていれば，その構造は $n$H や $n$R の代わりに $n$M となる．ほかには，対称性を無視して $AX_3$ 層の繰返しの数 L を用いる表記法があり，たとえば 12L と表される．

2 番目に広く使われている表記法は各 $AX_3$ 層の上下の層との相対的な位置を特定するやり方である．ある層，たとえば A が BAB や CAC のように同じ層によって挟まれた場合は h と表記する．この場合，真ん中の層は六方最密充填であることを意味している．同様に，ある層が ABC や BCA のように異なる層に挟まれた層は c と表記される．この場合，真ん中の層は立方最密充填であることを意味している．単位格子内の繰返しの層数は単純のために括弧書きされ，繰返しの配列をもつ構造内では下付き文字で示される．よって 2H-$BaNiO_3$ 構造は (h) と表され 3C-$SrTiO_3$ は (c) と表される．4H-$BaMnO_{2.65}$ は $(ch)_2$ と示され，下付き文字は単位格子当たりの繰り返し数を表す．

**Zhdanov** 表記法[*6] はまた別の一つの方法で積層順序を特定する．A 層と B 層もしくは B 層と C 層の変換は ＋60°の回転または ＋1/3 の並進で表される．C から B や，B から A の逆変換は −60°の回転や −1/3 の並進で表される．あらゆる多形の積層順序は ＋と−を並べることで表される．これ自体は単純化された表記法ではなく，多形の Zhdanov 表記で整理される．これは繰返しのなかで同じ符号の数を与える．よって，2C-$SrTiO_3$ ペロブスカイト構造は…＋＋＋＋＋…の積層様式をもつ．ここでは，Zhdanov 表記として (∞) ではなく (1) とする．六方晶 2H-$BaNiO_3$ 構造は…＋−＋−…の積層様式をもつので Zhdanov 表記は (11) となる．同様に高温相である 4H-$BaMnO_{2.65}$ は…＋＋−−…の積層順序をもつので Zhdanov 表記は (22) となる．Zhdanov 表記は，ZnS や SiC でみられるとても長くて複雑な多形を記述するときにとくに役に立つが六方晶ペロブスカイトの記述では滅多にみられない．

*6 G. S. Zhdanov, *Compt. Rend. Acad. Acad. URSS*, **48**, 43 (1945).

## 3.4 六方・立方混合ペロブスカイト：積層様式

$(c_p h_q)$ と与えられる $p$ 枚の c ブロックと $q$ 枚の h ブロックの構成される $p+q$ 枚のブロックの集合を考えたとき，記号（c と h）の並べ方の数は $n$ を用いて以下のように表される．

$$n = \frac{(p+q)!}{(p!q!)}$$

よって (cchh) の並びでは 4!/(2!2!) つまり六通りの配列がある：(cchh)，(chch)，(hcch)，(hhcc)，(chhc)，(hchc)．しかしながら，これらの選択肢のそれぞれをつなげて，結晶に相応しい無限の繰返しをもつ積層構造にしてみると，以下のた

**表3.3** $c_p h_q$ 層の積層様式

| h \ c | 0 | 1 | 2 | 3 | 4 | 5 |
|---|---|---|---|---|---|---|
| 0 | | c: $n=1$ | | | | |
| 1 | h: $n=1$ | ch: $n=1$; $s=1$ (ch) | $c_2$h: $n=1$; $s=1$ (cch) | $c_3$h: $n=1$; $s=1$ (ccch) | $c_4$h: $n=1$; $s=1$ (cccch) | $c_5$h: $n=1$; $s=1$ (ccccch) |
| 2 | | $ch_2$: $n=1$; $s=1$ (chh) | $c_2h_2$: $n=6$; $s=2$ (cchh), (chch) | $c_3h_2$: $n=10$; $s=2$ (ccchh), (cchch) | $c_4h_2$: $n=15$; $s=3$ (cccchh)··· | $c_5h_2$: $n=21$; $s=3$ (ccccchh)··· |
| 3 | | $ch_3$: $n=1$; $s=1$ (chhh) | $c_2h_3$: $n=10$; $s=2$ (cchhh), (chchh) | $c_3h_3$: $n=20$; $s=4$ (ccchhh)··· | $c_4h_3$: $n=35$; $s=5$ (cccchhh)··· | $c_5h_3$: $n=56$; $s=7$ (ccccchhh)··· |
| 4 | | $ch_4$: $n=1$; $s=1$ (chhhh) | $c_2h_4$: $n=15$; $s=3$ (cchhhh)··· | $c_3h_4$: $n=35$; $s=5$ (ccchhhh)··· | $c_4h_4$: $n=70$; $s=9$ (cccchhhh)··· | $c_5h_4$: $n=126$; $s=14$ (ccccchhhh)··· |
| 5 | | $ch_5$: $n=1$; $s=1$ (chhhhh) | $c_2h_5$: $n=21$; $s=3$ (cchhhhh)··· | $c_3h_5$: $n=56$; $s=7$ (ccchhhhh)··· | $c_4h_5$: $n=126$; $s=14$ (cccchhhhh)··· | $c_5h_5$: $n=252$; $s=26$ (ccccchhhhh)··· |

$n$ は c と h のとりうる全数；$s$ は生じる異なる結晶構造の数.

だ二つの特定の配列（もしくは結晶構造タイプ）, $s$ が見つかる：(cchh), (chch).

$p$ と $q$ のいくつかの値に対してとりうる結晶構造の数を表3.3に表す. この表をみると, いかなる $(ch_q)$ や $(c_p h)$ の場合（$p$ と $q$ のいずれかが1）において, $p$ や $q$ の値によらずただ一つの結晶学的繰返しが可能であることがわかる. しかし, それ以降では $(c_p h_q)$ で現れる同等でない積層順序の数（つまり異なる結晶構造）は $p$ と $q$ が大きくなるとともに急速に増加することを示している. たとえば, $p=q=3$ のとき以下の四通りの積層様式（結晶構造）がある：ccchh, cchchh, cchhch, chchch. $p=q=4$ のとき以下の九通りの積層様式（結晶構造）がある：ccchhhh, cchchhh, ccchhchh, ccchhhch, cchchchh, cchchhch, cchhchch, cchcchhh, cchhcchh. $p=q=5$ のとき26通りの積層様式（結晶構造）があり, $p=q=6$ のとき77通りの積層様式（結晶構造）がある.

これらの積層様式の多くは, いくつかのより単純な構造間のインターグロース構造とみなせることに注意されたい. たとえば, $(c_4 h_2)$ の積層様式には三つの独立な構造がある：(ccchhh), (cchcch), (chcccch). (cchcch) 構造は (cch) と (cccch) が1：1で秩序化したインターグロース構造であり, (chcccch) は (ch) と (cccch) が1：1で秩序化したインターグロース構造である. 結晶構造を記述するときにこの表記法がしばしば好まれる.

構造の観点から, h ブロックは一対の面共有八面体の真ん中に位置しているため, 一つの h ブロックは一対の面共有八面体と等価であり, また hh は三つの面共有八面体, $h_q$ は $(q+1)$ 個の面共有八面体と等価である. 同様に, 一つの c ブロックが h ブロックに両側から挟まれると, 面共有八面体の柱が互いにずれ, これらが頂点共有によりつながる. 二つの連続した c からなる（すなわち cc ブロック）は, 頂点共有のみからなる八面体層, つまり立方晶ペロブスカイト構造の1枚の八面体層の

**80** ● 3章　六方晶ペロブスカイト関連構造

**表 3.4**　$c_p h_q$ 積層様式における $c$ 軸長のおよその値

| 層 | 代表的な積層 | $c$ 軸長 (nm) | $c_{av}$ (実験) (nm)[a] |
|---|---|---|---|
| 1 | c または h | 0.24 | —— |
| 2 | 2H, hh | 0.48 | 0.559 |
| 3 | 3C, ccc | 0.72 | 0.676 |
| 4 | 4H, (ch)₂ (cchh) | 0.96 | 0.929 |
| 5 | 5H, (chcch), (ccchh) | 1.20 | 1.376 |
| 6 | 6H, (cch)₂, (chchhh) | 1.40 | 1.416 |
| 7 | | 1.68 | |
| 8 | 8H, (chhh)₂, (ccch)₂, (chchhhhh) | 1.92 | 1.895 |
| 9 | 9R, (chh)₃ | 2.16 | 2.126 |
| 10 | 10H, (cccch)₂, (chchh)₂ | 2.40 | 2.364 |
| 11 | | 2.64 | |
| 12 | 12H, (chhhhh)₂, (cccch)₂ ; 12R, (cchh)₃ | 2.88 | |
| 13 | | 3.12 | |
| 14 | | 3.36 | |
| 15 | 15R, (chhhh)₃, (chcch)₃ | 3.60 | 3.534 |
| 16 | 16H, (ccccchh)₂ | 3.84 | |
| 17 | | 4.08 | |
| 18 | 18R, (ccchh)₃, (cccchh)₃ | 4.32 | |
| 19 | | 4.56 | |
| 20 | | 4.80 | |
| 21 | 21R, (chhhhh)₃, (ccccchh)₃ | 5.04 | |

a) $c$ 軸長（実験値）は酸化物のもの．次節にある表による．

断片が上下の面共有八面体を切り離している．$c_p$ は $p$ 個の頂点を共有した八面体を表し，立方晶の [111] 方向に平行な八面体層 $(p-1)$ 枚からなる立方晶ペロブスカイト構造の断片と等価である．

　これらの相の理想的な $c$ 軸長は八面体が $c$ 軸方向に平均 0.24 nm の厚さをもつと考えることで計算でき，積層様式が c か h かは関係ない（表 3.4）．すべての構造の $a$ 軸長は 2H-BaNiO₃ の 0.56 nm と似ている．

## 3.5　$ch_q$, $c_p h$ 積層をもつ六方晶ペロブスカイト

### 3.5.1　($ch_q$) 構造

　($ch_q$) 積層で表される相は唯一の積層様式（chh…h）をもつ．結果的にその積層をとる物質（表 3.5）のすべては，孤立したユニット c を与える一つの頂点共有八面体によって分けられた $(q+1)$ 個の面共有八面体の短い柱からなる．

　この系列で最も簡単な化合物は六方晶の (ch)₂ 構造であり，高温相の 4H-BaMnO₂.₆₅ に代表される〔図 3.8 (d)〕．頂点共有によってつながった一対の面共有八面体からなるこの構造は室温相の 2H-BaMnO₃ が加熱されるときに現れる（この構造変化は酸素の欠損に起因するが，酸素欠損相 4H-BaMnO₂.₆₅ は慎重な熱処理を施すことによって 4H-BaMnO₃ へと完全に酸化される）．同構造の 4H-SrMnO₃ もまた酸素欠損により酸素不定比をもつ 4H-SrMnO₃₋δ を形成する．しかしながらこの場合には，酸素欠損は単に不規則な酸素欠損として分布するのでは

3.5 $ch_q$, $c_ph$ 積層をもつ六方晶ペロブスカイト ● 81

**表3.5** (ch)$_q$ 積層様式をもつ相

| 相 | 空間群 | $a$ (nm) | $c$ (nm) |
|---|---|---|---|
| (ch)$_2$, 4H | | | |
| SrMnO$_3$ | H, $P6_3/mmc$ (194) | 0.54432 | 0.90704 |
| BaMnO$_{2.65}$ | H, $P6_3/mmc$ (194) | 0.56833 | 0.93556 |
| BaMnO$_3$ | H, $P6_3/mmc$ (194) | 0.56376 | 0.92241 |
| Ba$_{0.5}$Sr$_{0.5}$MnO$_{2.78}$ | H, $P6_3/mmc$ (194) | 0.55854 | 0.92123 |
| Ba$_{0.5}$Sr$_{0.5}$MnO$_3$ | H, $P6_3/mmc$ (194) | 0.5528 | 0.91471 |
| BaRuO$_3$ | H, $P6_3/mmc$ (194) | 0.5729 | 0.9500 |
| (chh)$_3$, 9R | | | |
| BaRuO$_3$ | Tr, $R\bar{3}m$ (166) | 0.5747 | 2.1602 |
| BaIr$_{0.3}$Mn$_{0.7}$O$_3$ | Tr, $R\bar{3}m$ (166) | 0.56993 | 2.12778 |
| Ba$_{0.875}$Sr$_{0.125}$MnO$_3$ | Tr, $R\bar{3}m$ (166) | 0.56397 | 2.08973 |
| CsCoF$_3$ | Tr, $R\bar{3}m$ (166) | 0.6194 | 2.261 |
| CsMgF$_3$ | Tr, $R\bar{3}m$ (166) | 0.616 | 2.213 |
| CsNiF$_3$ | Tr, $R\bar{3}m$ (166) | 0.6149 | 2.235 |
| (chhh)$_2$, 8H | | | |
| BaMnO$_{2.875}$ | H, $P6_3/mmc$ (194) | 0.56736 | 1.87550 |
| (chhhh)$_3$, 15R | | | |
| BaMnO$_{2.99}$ | Tr, $R\bar{3}m$ (166) | 0.56791 | 3.5345 |

なく，余分な c 層を挿入する効果があるようにみえる．結果として生じる（hcch）や（hcchcch）のような配列は通常の（ch）$_2$ 構造を壊す．同じ特徴は還元されたナノ粒子 4H-SrMnO$_3$ においてもみられる．

この系列の次に簡単な化合物は（chh）$_3$ の積層様式をもち，典型例は 9R-BaRuO$_3$ である．図 3.9（a）に示すように，この構造は頂点共有でつながった三つの面共有八面体から構成される．この三量体ユニットのなかでさまざまな原子価をとるカチオンがある場合，その位置は結合価数和（bond valence sum：BVS）法によって明らかになる（付録 A，p.243）．図 3.9（b）に示すように，8H-BaMnO$_{2.875}$ でみられる積層様式（chhh）$_2$ は，頂点共有によりつながった四つの面共有八面体を含む．積層様式（chhhh）$_3$ をとる五つの面共有八面体からなる構造は 15R-BaMnO$_{2.99}$ においてみられる〔図 3.9（c）〕．積層様式（chhhhh）$_2$ は，六つの面共有八面体からなる 12H の多形を与える〔図 3.9（d）〕．この構造は現在までにつくられていないようである．（chhhhhh）$_3$ の積層様式は，21R-BaMnO$_{2.928}$〔図 3.9（e）〕において見いだされている．

### 3.5.2 （c$_p$h）構造

（c$_p$h）積層した構造は唯一の積層様式（ccc…ch）をもっている．この積層様式によってつくられる物質はすべて 2H-BaNiO$_3$ 型の一対の面共有八面体をもつ．面共有八面体は孤立したユニット h にかかわっており，頂点共有した（$p-1$）個の八面体ブロックによって分けられている．これらすべての相の便宜上の組成は A$_n$B$_n$O$_{3n}$ である．

これらのうち最も単純な積層様式（ch）$_2$ をもつ 4H-BaMnO$_{2.65}$ 構造は 3.5.1 項に記述されている〔図 3.8（d）〕．その次は，（cch）$_2$ の六方晶 6H-BaTiO$_3$ 構造である．

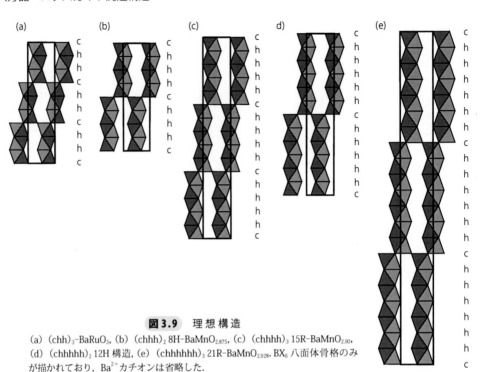

**図 3.9** 理想構造
(a) (chh)$_3$-BaRuO$_3$, (b) (chhh)$_2$ 8H-BaMnO$_{2.875}$, (c) (chhhh)$_3$ 15R-BaMnO$_{2.90}$, (d) (chhhhh)$_2$ 12H 構造, (e) (chhhhhh)$_3$ 21R-BaMnO$_{2.928}$. BX$_6$ 八面体骨格のみが描かれており, Ba$^{2+}$ カチオンは省略した.

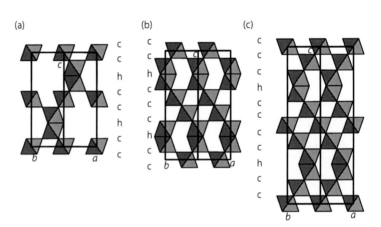

**図 3.10** 理想化された構造
(a) (chh)$_2$ 六方晶 6H-BaTiO$_3$, (b) (ccch)$_2$ 8H-Ba$_4$LiTa$_3$O$_{12}$, (c) (ccccch)$_2$ 10H-Sr$_5$Mn$_{3.6}$Fe$_{1.4}$O$_{14.95}$. BX$_6$ 八面体骨格のみが描かれており, Sr$^{2+}$ カチオンもしくは Ba$^{2+}$ カチオンは省略した.

この構造は立方晶の BaTiO$_3$ を高温に加熱すると現れるが, B サイトの不純物や酸素欠損[*7]によって安定化されているようにみえる. この構造では, 図 3.10(a) に示すように一対の面共有八面体が立方晶ペロブスカイト型の頂点共有の 1 枚の八面体層によって分けられている. この構造をとる相はたくさんあり, その多くは Ba$_3$Ti$_2$VO$_9$ や Ba$_3$La$^{3+}$Ru$_2^{4.5+}$O$_9$ のような A$_3$B$_3$O$_9$ の組成をとる (表 3.6). 6H-BaFeO$_2$F では, BaFeX$_3$ の h ブロック内で F が秩序化している.

極限構造として図 3.10(b) に示す 8H-Ba$_4$LiTa$_3$O$_{12}$ と 8H-Ba$_4$LiNb$_3$O$_{12}$ を含む 8H-Ba$_4$LiNb$_{3-x}$Ta$_x$O$_{12}$ ($x=0\sim3$) や Ba$_8$Ga$_{4-x}$Ta$_{4+0.6x}$O$_{24}$ ($1.8 < x < 3.2$) などの積層

*7 酸素欠損は, おもに面共有サイトに生じやすいことが知られている.

## 3.5 $ch_q$, $c_ph$ 積層をもつ六方晶ペロブスカイト ● 83

**表3.6** $(c_ph)$ 積層様式をもついくつかの相

| 相 | 空間群 | $a$ (nm) | $c$ (nm) |
|---|---|---|---|
| $(cch)_2$, 6H | | | |
| $BaTiO_3$ hex | H, $P6_3/mmc$ (194) | 0.57238 | 1.39649 |
| $BaRuO_3$ | H, $P6_3/mmc$ (194) | 0.57127 | 1.40499 |
| $BaFeO_{3-\delta}$ | H, $P6_3/mmc$ (194) | 0.5673 | 1.3921 |
| $Ba_3FeRu_2O_9$ | H, $P6_3/mmc$ (194) | 0.57248 | 1.40652 |
| $Ba_3Ti_2RuO_9$ | H, $P6_3mc$ (186) | 0.56680 | 1.39223 |
| $Ba_3Ti_2MnO_9$ | H, $P6_3mc$ (186) | 0.56880 | 1.39223 |
| $Ba_3YRu_2O_9$ | H, $P6_3/mmc$ (194) | 0.58816 | 1.4501 |
| $Ba_3LaRu_2O_9$ | H, $P6_3/mmc$ (194) | 0.59579 | 1.50058 |
| $Ba_3NdRu_2O_9$ | H, $P6_3/mmc$ (194) | 0.59319 | 1.47589 |
| $Ba_3SmRu_2O_9$ | H, $P6_3/mmc$ (194) | 0.59192 | 1.46788 |
| $Ba_3YbRu_2O_9$ | H, $P6_3/mmc$ (194) | 0.5858 | 1.4432 |
| $Ba_3CeRu_2O_9$ | H, $P6_3mc$ (186) | 0.58894 | 1.46476 |
| $Ba_3PrRu_2O_9$ | H, $P6_3/mmc$ (194) | 0.58855 | 1.46071 |
| $Ba_3TbRu_2O_9$ | H, $P6_3/mmc$ (194) | 0.58365 | 1.44217 |
| $BaRu_{0.5}Mn_{0.5}O_3$ | H, $P6_3/mmc$ (194) | 0.56895 | 1.39309 |
| $Ba_{0.7}Sr_{0.3}RuO_3$ | H, $P6_3/mmc$ (194) | 0.56749 | 1.39943 |
| $Ba_3BiIr_2O_9$ (700 K) | H, $P6_3/mmc$ (194) | 0.59974 | 1.51495 |
| $Ba_3BaSb_2O_9$ | H, $P6_3/mmc$ (194) | 0.61812 | 1.59900 |
| $BaFeO_2F$ | H, $P6_3/mmc$ (194) | 0.57635 | 1.42119 |
| $(ccch)_2$, 8H | | | |
| $Ba_4LiTa_3O_{12}$ | H, $P6_3mc$ (186) | 0.5802 | 1.90850 |
| $Ba_4LiNb_3O_{12}$ | H, $P6_3mc$ (186) | 0.5803 | 1.90760 |
| $Ba_8Ga_{0.8}Ta_{5.92}O_{24}$ | H, $P6_3cm$ (185) | 1.00836 | 1.89947 |
| $Ba_8Ga_2Ta_{5.12}O_{24}$ | H, $P6_3cm$ (185) | 1.00769 | 1.89914 |
| $Ba_8Ti_3Nb_4O_{24}$ | H, $P6_3/mcm$ (193) | 1.00677 | 1.89166 |
| $Ba_8Ti_3Ta_4O_{24}$ | H, $P6_3/mcm$ (193) | 1.00314 | 1.88694 |
| $Ba_8Ti_{2.2}Ta_{4.64}O_{24}$ | H, $P6_3/mcm$ (193) | 0.58038 | 1.8912 |
| $Ba_8ZnTa_6O_{24}$ | H, $P6_3cm$ (185) | 1.00830 | 1.90659 |
| $Ba_8NiTa_6O_{24}$ | H, $P6_3cm$ (185) | 1.00745 | 1.90122 |
| $Ba_8CoNb_6O_{24}$ | Tr, $P\bar{3}m1$ (164) | 0.57898 | 1.88936 |
| $(cccch)_2$, 10H | | | |
| $Sr_5Mn_{3.6}Fe_{1.4}O_{14.35}$ | H, $P6_3/mmc$ (194) | 0.545035 | 2.23753 |
| $SrMn_{0.72}Fe_{0.28}O_{2.87}$ | H, $P6_3/mmc$ (194) | 0.54503 | 2.23735 |
| $Ba_5Ru_3Na_2O_{14}$ | H, $P\bar{6}2c$ (190) | 0.59261 | 2.4400 |
| $Ba_{10}Ti_{1.2}Ta_{7.04}O_{30}$ | H, $P6_3/mmc$ (194) | 0.57981 | 2.37547 |
| $Ba_{10}Ti_{0.6}Ta_{7.52}O_{30}$ | H, $P6_3/mmc$ (194) | 0.58056 | 2.3860 |
| $Ba_5W_3Li_2O_{15}$ | H, $P6_3/mmc$ (194) | 0.57559 | 2.3719 |
| $Ba_{10}Mg_{0.25}Ta_{7.9}O_{30}$ | H, $P6_3mc$ (186) | 0.58105 | 2.38846 |

注：空間群あるいは $a$ 軸の変化は，原子や欠陥の秩序に由来する．

様式 $(ccch)_2$ をもついくつかの相が知られている．8H-$Ba_4LiTa_2SbO_{12}$ 相は室温で安定な立方晶ペロブスカイト相を 1450 ℃以上に加熱すると現れる．

これらの $A_4B_4O_{12}$ と書かれる組成に加えて，8H-$Ba_8Ti_3Nb_4O_{24}$ にみられるようなカチオンが欠損した $A_nB_{n-1}O_{3n}$ の組成をもつ化合物が知られている．これらの化合物におけるカチオン欠損は，一対の面共有八面体ブロックに分布しており，よって

複雑なBカチオンの秩序をもちうる．たとえば8H-$Ba_8Ti_3Ta_4O_{24}$相では，これらのサイトを占めるTi，Ta，さらにはカチオン欠損が秩序する．さらにこの相は$Ba_8Ti_{3-x}Ta_{4+0.8x}O_{24}$（$0<x<0.8$）で表されるように$Ba_8Ti_3Ta_4O_{24}$（$x=0$）から$Ba_8Ti_{2.2}Ta_{4.64}O_{24}$（$x=0.8$）までの幅広い固溶域をもつ．組成を変化させることによって，さまざまなBサイトカチオンおよび欠損の秩序様式が現れる．

図3.10（c）に示すように，$Sr_5Mn_{3.6}Fe_{1.4}O_{14.95}$構造は10H構造に特徴的な（ccch）$_2$の積層様式をもつ．これらの相の理想的な組成は$A_5B_5O_{15}$である（表3.6）．関連するカチオン欠損相の10H-$Ba_{10}Ta_{7.04}Ti_{2.2}O_{30}$も$Ba_{10}Ta_{8-0.8x}Ti_xO_{30}$（$0.6<x<1.2$）と表される固溶域をもち，カチオン欠損は面共有八面体ブロックに優先的に生じるが，無秩序に分布する．

これら三つの構造を比較すると，$c$軸方向に沿って頂点共有八面体のブロックがその隣のものと**双晶**（twin）の関係にあるとみなせることがわかる（図3.11）．その双晶面はh面である．これらの$c_p$h"双晶"構造と類似した$c_p$hh"シフト"構造を後に比較する（3.6.4項）．

カチオン欠損相に加えて数多くの（$c_p$h）構造は酸素欠損をもつ．おもに酸素欠損はすべての可能な酸素位置に無秩序に分布している．しかしながら，酸素欠損の秩序は，$Ba_5Ru_3Na_2O_{14}$でみられるように，カチオン配位多面体の変化やより複雑な構造変化をもたらすことが可能である．$Ba_5Ru_3Na_2O_{14}$では約823 K以上で，（c'chcc'）で記述される理想的な10H-（ccch）$_2$構造になるとされている．ここでc'は酸素欠損がある八面体ブロックを表しており，1/6の酸素欠損（$V$）をもつ$Ba(O_{5/6}V_{1/6})_3$とかける〔図3.12（a）〕．頂点共有の構造ブロックにおけるカチオンの分布に関しては，中央部の八面体にRuが，その両隣の八面体にNaが占めている．多面体の環境はおおよそ対称的である〔図3.12（b）〕．温度が823 K以下になると，欠損の秩序がRuとNaに配位した多面体を大きくひずませるため，298 KになるとRuのすべてとNaの半分を含む八面体はもはや八面体としてみなせなくなる〔図3.12

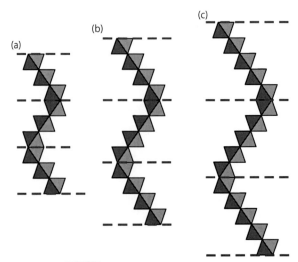

**図3.11**　図3.10に示した構造の双晶
（a）（cch），（b）（ccch），（c）（ccccch）．双晶面は波線で示してある．

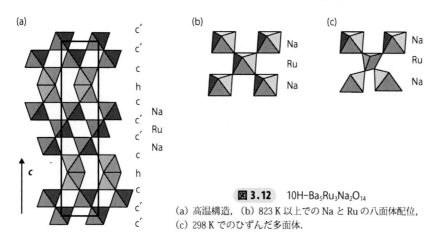

**図 3.12** 10H-Ba₅Ru₃Na₂O₁₄
(a) 高温構造, (b) 823 K 以上での Na と Ru の八面体配位,
(c) 298 K でのひずんだ多面体.

(c)〕. より低い温度ではひずみがさらに大きくなり理想的な構造との類似性はさらに失われる.

### 3.5.3 $c_p h_q$ インターグロース構造

ここで記述される相（表 3.7）は先に記述した $c_p h$ と $ch_q$ の系列の間のインターグロース構造とみなされる. これらのうち典型的なものは 15R-SrMn₀.₉₁₅Fe₀.₀₈₅O₂.₉₇₉ 相である〔図 3.13(a)〕. その積層様式 (chcch)₃ は一層の頂点共有八面体に分けられた面共有八面体を含み, 4H-BaMnO₂.₆₅〔図 3.8(d)〕と 6H-BaTiO₃〔図 3.10(a)〕の間の 1:1 のインターグロース構造と考えられる. 9R-BaIrO₃ に高圧をかけたときに形成する 5H-BaIrO₃ 構造〔図 3.13(b)〕はこの構造がひずんだものに相当し, 単斜晶格子をとる. 空間群 $C2/m$ (12), $a = 0.9955$ nm, $b = 5.743$ nm, $c = 13.805$ nm, $\beta = 119.23°$.

とても似た組成をもつ 10H-BaIr₀.₃Co₀.₇O₂.₈₄ は, 図 3.14(a) に示すような (chchh)₂ 積層様式をもつが, これは 9R-BaRuO₃ 構造〔図 3.9(a)〕と 4H-BaMnO₂.₆₅〔図 3.8(d)〕の間の 1:1 のインターグロース構造とみなせる. これらの物質は理想的な組成と比べて酸素欠損が存在するが, この酸素欠損は同構造のすべての酸素位置にわたって無秩序に分布していると考えられている. 図 3.14(b) の 6H'-BaMnO₂.₉₂ 相は

**表 3.7** いくつかの $c_p h_q$ インターグロース相

| 相 | 空間群 | $a$ (nm) | $c$ (nm) |
|---|---|---|---|
| (chcch)₃, 15R | | | |
| SrMn₀.₉₁₅Fe₀.₀₈₅O₂.₉₇₉ | Tr, $R\bar{3}m$ (166) | 0.54489 | 3.38036 |
| BaFeO₂F | Tr, $R\bar{3}m$ (166) | 0.57659 | 3.57149 |
| BaFeO₂.₂₅F₀.₅ | Tr, $R\bar{3}m$ (166) | 0.57489 | 3.5894 |
| (chchh)₂ 10H | | | |
| BaIr₀.₃Co₀.₇O₂.₈₄ | H, $P6_3/mmc$ (194) | 0.57075 | 2.38462 |
| Ba₅Fe₅NiO₁₃.₅ | H, $P6_3/mmc$ (194) | 0.57713 | 2.45812 |
| BaMnO₂.₉₁ | H, $P6_3/mmc$ (194) | 0.56547 | 2.31936 |
| (chchhh) 6H' | | | |
| BaMnO₂.₉₂ | H, $P\bar{6}m2$ (187) | 0.56623 | 1.39993 |

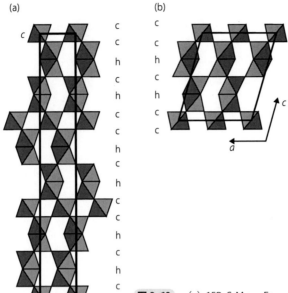

**図 3.13** (a) 15R-SrMn$_{0.915}$Fe$_{0.085}$O$_{2.979}$, (b) 5H-BaIrO$_3$ の理想化された (chcch) 構造

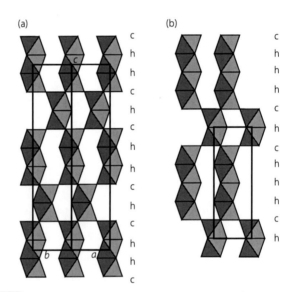

**図 3.14** (a) (chchh) 10H-BaIr$_{0.3}$Co$_{0.7}$O$_{2.84}$, (b) (chchhh) 6H′-BaMnO$_{2.92}$ の理想構造

積層様式 (chchhh) をとり，二つの面共有八面体ブロックと四つの面共有八面体ブロックの繰返しにより構成される．この構造は，4H-BaMnO$_{2.65}$〔図3.8(d)〕と 8H-BaMnO$_{2.875}$ の間の 1：1 のインターグロース構造である〔図3.9(b)〕．

## 3.6　c$_p$hh 積層の六方晶ペロブスカイト

本節に現れる化合物における AO$_3$ 層の積層様式は (cc⋯chh) である．ここで構造単位 hh が意味するところは，($p-1$) 個の頂点共有の八面体ブロックに分離された三つの面共有八面体があることである．この構造をとる物質には，大きく分けて二つの物質群がある．一つはカチオンが完全に占められ A$_n$B$_n$O$_{3n}$ の組成で表される

**表 3.8** (cc…chh) 構造をとるいくつかの相

| 相 | 空間群 | $a$ (nm) | $c$ (nm) |
|---|---|---|---|
| (cchh) 12R | | | |
| $Ba_4Ti_2Mn_2O_{12}$ | Tr, $R\bar{3}m$ (166) | 0.56914 | 2.79186 |
| $Ba_4CeMn_3O_{12}$ | Tr, $R\bar{3}m$ (166) | 0.57980 | 2.86070 |
| $Ba_4PrMn_3O_{12}$ | Tr, $R\bar{3}m$ (166) | 0.57943 | 2.85716 |
| $Ba_4ErRu_3O_{12}$ | Tr, $R\bar{3}m$ (166) | 0.58559 | 2.9014 |
| $Ba_4TbRu_3O_{12}$ | Tr, $R\bar{3}m$ (166) | 0.58306 | 2.90132 |
| $Ba_{12}Ca_3Mo_3Mn_6O_{36}$ | Tr, $R\bar{3}m$ (166) | 0.58364 | 2.8870 |
| $Ba_{12}In_3Mn_9O_{34.5}$ | Tr, $R\bar{3}m$ (166) | 0.57382 | 2.8240 |
| $Ba_{12}Ti_6Mn_6O_{36}$ | Tr, $R\bar{3}m$ (166) | 0.56914 | 2.79186 |
| $Ba_{12}Ir_6Co_6O_{36.24}$ | Tr, $R\bar{3}m$ (166) | 0.57206 | 2.84073 |
| $La_4Ti_3O_{12}$ | Tr, $R\bar{3}$ (148) | 0.55509 | 2.6178 |
| (ccchh), 5H, 10H | | | |
| $Ba_5IrCo_4O_{14.5}$ | Tr, $P\bar{3}m1$ (164) | 0.57179 | 1.19865 |
| $La_5Mg_{0.5}Ti_{3.5}O_{15}$ | Tr, $P\bar{3}m1$ (164) | 0.55639 | 1.09928 |
| $Ba_5Ta_4O_{15}$ | Tr, $P\bar{3}m1$ (164) | 0.5776 | 1.182 |
| $Ba_5Nb_4O_{15}$ | Tr, $P\bar{3}m1$ (164) | 0.57883 | 1.17782 |
| $BaLa_4Ti_4O_{15}$ | Tr, $P\bar{3}c1$ (165) | 0.55671 | 2.24603 |
| (cccchh), 18R | | | |
| $Ba_2La_4Ti_5O_{18}$ | Tr, $R\bar{3}$ (148) | 0.55809 | 4.10558 |
| $Sr_6Nb_4SnO_{18}$ | Tr, $R\bar{3}m$ (166) | 0.5661 | 4.186 |
| $Ba_5KNb_5O_{18}$ | Tr, $R\bar{3}m$ (166) | 0.57840 | 4.2532 |
| $Ba_6TiNb_4O_{18}$ | Tr, $R\bar{3}m$ (166) | 0.57852 | 4.24886 |
| $La_6Mg_{0.913}Ti_{4.06}O_{18}$ | Tr, $R\bar{3}m$ (166) | 0.55665 | 3.97354 |
| (ccccccchh), 8H | | | |
| $Ba_8Ti_3Nb_4O_{24}$ | H, $P6_3/mcm$ (193) | 1.0068 | 1.8917 |
| $Ba_8Yb_{0.5}Ti_2Nb_{4.5}O_{24}$ | —— | 0.5797 | 1.8905 |
| (ccchhccccchh) $(5_16_1)$ | | | |
| $Ba_{11}TiNb_8O_{33}$ | Tr, $R\bar{3}m$ (166) | 0.57863 | 7.78011 |

ものであり，もう一つはおよその組成式が $A_nB_{n-1}O_{3n}$ によって表される一連のカチオン欠損相である（表 3.8）.

### 3.6.1 (cc…chh) $A_nB_nO_{3n}$ 構造

最も単純な (cchh) からは，二つの積層様式，(cchh) と (chch) がつくられる. 後者の積層様式は (ch) の繰返しであり 4H-$BaMnO_{2.65}$ でみられる〔図 3.8 (d)〕. 12R の (cchh)₃ 積層様式は，(chh)₃ 9R-$BaRuO_3$ 構造〔図 3.9 (a)〕に似ている. ただし，三つの面共有八面体ブロックが，この構造では一つの頂点共有八面体ブロックによって分離されている点が異なる. 報告されている相はすべて A カチオンとして $Ba^{2+}$ をもち，12R-$Ba_4LnRu_3O_{12}$ と表される. ここで Ln はランタノイドイオンを表す〔図 3.15 (a)〕.

これらの化合物の多くで，しばしばカチオン秩序が観測されるが，これは結合価数和法（付録 A，p.243）によって明らかにすることができる. たとえば，12R-$Ba_4LnRu_3O_{12}$ では，Ru が面共有八面体位置を占め，Ln が頂点共有八面体位置

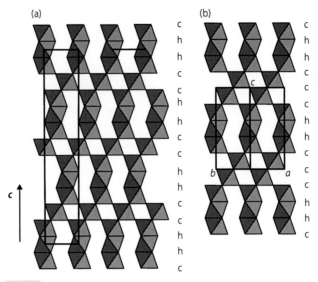

**図3.15** (a) 12R-Ba$_4$LnRu$_3$O$_{12}$相, (b) 5H-Ba$_5$IrCo$_4$O$_{14.5}$の理想構造

を占める. 12R-Ba$_{12}$In$_3$Mn$_9$O$_{34.5}$では, Mn$^{4+}$カチオンが面共有八面体位置を, In$^{3+}$カチオンが頂点共有八面体位置を占め, 酸素欠損はすべての酸素位置に無秩序に分布している. 関連の12R-Ba$_{12}$Ca$_3$Mo$_3$Mn$_6$O$_{36}$では, 三つの面共有八面体の中心のサイトをMn$^{4+}$カチオンが占有し, その上下の二つのサイトをMn$^{4+}$/Mo$^{6+}$混合カチオンが1:1で占有する. 残りの頂点共有八面体位置はCa$^{2+}$カチオンによって占められる.

酸素不定比相である5H-Ba$_5$IrCo$_4$O$_{14.5}$は, 積層様式が(ccchh)$_2$であり, その構造は12R-Ba$_4$LnRu$_3$O$_{12}$のそれと似ているが, 三つの面共有八面体を隔てる頂点共有八面体ブロックがもう一つ余分にある点が異なる〔図3.15(b)〕. 酸素欠損は可能なすべての酸素位置に無秩序に分布している.

これらの構造それぞれにおいて, 頂点共有八面体ブロックが$c$軸方向に沿ってそれぞれずれていることに注意が必要である. この点は, 図3.16に示した(ccchh)構造において強調した. これらの相はしばしば, シフトした(shifted)とよばれ, 先述した$c_p$hに現れる双晶構造(図3.11)と対照づけられる(3.5.2項, 3.6.4項).

### 3.6.2 (cc⋯chh) A$_n$B$_{n-1}$O$_{3n}$構造

先に記述した(cc⋯chh)積層様式をとる物質は, 一般式A$_n$B$_{n-1}$O$_{3n}$によって表されるカチオン欠損型の六方晶ペロブスカイトとして数多くの化合物が知られている. ここで$n$は一般に4かそれよりも大きい. これらの物質は, Aサイトとして, Ca$^{2+}$, Sr$^{2+}$, Ba$^{3+}$, La$^{3+}$, Pr$^{3+}$, およびNd$^{3+}$をはじめとする多くの大きいカチオンを, BサイトとしてMg$^{2+}$, Zn$^{2+}$, Cd$^{2+}$, B$^{3+}$, Al$^{3+}$, Ga$^{3+}$, Cr$^{3+}$, Fe$^{3+}$, Ti$^{3+}$, Ti$^{4+}$, Zr$^{4+}$, Sn$^{4+}$, Ru$^{4+}$, Nb$^{5+}$, Ta$^{5+}$, W$^{6+}$およびRe$^{6+}$のような中程度のサイズのカチオンによって構成される. La$_4$Ti$_3$O$_{12}$-LaTiO$_3$系やLa$_4$Ti$_3$O$_{12}$-BaTiO$_3$系で多くみられる.

これらの化合物でのAO$_3$層の積層順序は前の物質と同じであるけれども, これらのカチオン欠損相では三つの面共有八面体ブロックの中心にある八面体にはBカチオンが含まれない. このため, A$_n$B$_{n-1}$O$_{3n}$構造は頂点共有の立方晶ペロブスカ

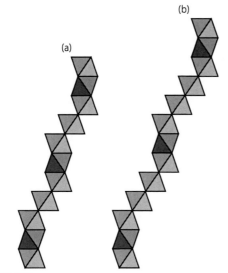

**図 3.16** 図 3.15 で示した構造にシフトを加えた構造
(a) (cchh), (b) (ccchh).

イト型の八面体層を$(n-1)$枚もつとして便利に表すこともできる〔図 3.17 (a)〜(c)〕．ある立方晶ペロブスカイトブロックから次の立方晶ペロブスカイトブロックに移るとき，頂点共有八面体ブロックの並びが変位する，あるいは前節ででてきた定比組成の$A_nB_nO_{3n}$のときと同様に相対的にシフトしているようにみえる．

その構造の全体としての対称性は組成式の$n$の値に関係している．$n$が「3の倍数－1」のとき，六方ブラベー格子をもち，$n$が「3の倍数」もしくは「3の倍数＋1」のとき，菱面体ブラベー格子をもつ．

繰返しが最も少ない構造は，$n=4$相〔図 3.17 (a)〕であり，$La_4Ti_3O_{12}$においてみられる．$n$が$(3+1)$で与えられるため，積層様式$(cchh)_3$をもつ12R相を構成する．これらの$n=4$相に$LaTiO_3$や$BaTiO_3$を追加することで頂点共有八面体のブロックが大きくなり，最初に$La_5Ti_4O_{15}$や$BaLa_4Ti_4O_{15}$ ($n=5$)〔図 3.17 (b)〕が得られる．これらは積層様式(ccchh)をもち，$n$が$(2\times3-1)$で与えられるので単位格子は5Hもしくは10Hの繰返しをもつ六方晶である．図 3.17 (c) に示す$n=6$相の$La_6Ti_5O_{18}$や$Ba_2La_4Ti_5O_{18}$の積層様式は(cccchh)であるが，$n$が$(2\times3)$で与えられるため単位格子は18Rの繰返しをもつ菱面体である．$n=7$の$(hhccccc)_3$相としては21R-$Ba_7Ta_4Zr_2O_{21}$，$n=8$の$(ccccccchh)_2$相としては8H-$Ba_8Ti_3Nb_4O_{24}$がある〔図 3.17 (d)〕．

これらの相のいくつかは，$ABX_3$ペロブスカイト（1 章）でみられたのと同様に，連続する層に対して八面体が反対方向に回転することがある．この特徴はこの図では強調させていない．

### 3.6.3 (hhcc…chhcc…c)インターグロース構造

$A_nB_{n-1}O_{3n}$において隣合う二つの相の間に存在する多くの秩序または無秩序の中間相が合成されてきた．最も簡単な例は$n=4$相の$La_4Ti_3O_{12}$と$n=5$相の

**図 3.17** 模式的なカチオン欠損構造
(a) $(cchh)_3$ 12R-$La_4Ti_3O_{12}$, (b) $(ccchh)_2$ 10H-$La_5Ti_4O_{15}$, (c) 18R-$Ba_2La_4Ti_5O_{18}$, (d) 8H-$Ba_8Ti_3Nb_4O_{24}$. $BX_6$ 八面体骨格のみが描かれており, A イオンは省略した. 陰影のない八面体は $Ti^{4+}$ カチオンを含んでいないが, これは層間の関係を示すためである.

$BaLa_4Ti_4O_{15}$ の間の秩序型インターグロース構造 $BaLa_8Ti_7O_{27}$ であり, この構造は $(4_15_1)$ とも表される. $BaO_3$ 層の積層は, 図 3.18 に示すように $(cchh)$ と $(ccchh)$ の二つの配列を合わせたものになる〔この積層様式は, 表 3.3 にあるように $(c_5h_4)$ で可能な数多くの配列のなかの一つである〕. 同様に, $n=5$ 相の $Ba_5Nb_4O_{15}$ と $n=6$ 相の $Ba_6TiNb_4O_{18}$ の間の秩序型のインターグロース構造は $Ba_{11}TiNb_8O_{33}$ もしくは $(5_16_1)$ を与え, $(ccchhcccchh)_3$ で与えられる $BaO_3$ 層の積層様式からなる.

〔これらの秩序相の組成は, これが得られる方法からわかるように組成式

**図 3.18** $n=4.5$ 相 $BaLa_8Ti_7O_{27}$ の理想構造

$A_nB_{n-1}O_{3n}$ に対応しないことに注意されたい．すなわち，$(4_15_1)$ インターグロース構造は $La_4Ti_3O_{12}$ と $BaLa_4Ti_4O_{15}$ から得られ，全組成は $BaLa_8Ti_7O_{27}$ 〔つまり $A_9B_7O_{27}$ $= A_nB_{n-2}O_{3n}(n=9)$〕を与えてしまう．しかし，一連の組成式との整合性をとるために $n$ の値は 4 と 5 の間の 4.5 でなくてはならない．つまり組成を 2 で割ると $Ba_{0.5}La_4Ti_{3.5}O_{13.5}$ となり $A_nB_{n-1}O_{3n}$ と一致する．同様に $(5_16_1)$ インターグロース構造は $Ba_{11}TiNb_8O_{33}$ 〔すなわち，$A_nB_{n-2}O_{3n}(n=11)$〕の組成を与えるが $n$ の値を 5.5 に減らすと $Ba_{5.5}Ti_{0.5}Nb_4O_{16.5}$ を与え，再び $A_nB_{n-1}O_{3n-1}$ の一つとして表される．〕

電子顕微鏡によると，これらのインターグロース相間の形式上の二相領域には二つの端成分[*8]の積層秩序様式が数多くみられる．たとえば，$n=5$ 相の $BaLa_4Ti_4O_{15}$ に $n=4$ 相の $La_4Ti_3O_{12}$ が加わると，以下に示す完全に秩序化した積層，すなわち $(4_65_1)BaLa_{28}Ti_{22}O_{87}$，$(4_55_1)BaLa_{24}Ti_{19}O_{75}$，$(4_45_1)BaLa_{20}Ti_{16}O_{63}$，$(4_35_1)BaLa_{16}Ti_{13}O_{51}$，$(4_25_1)BaLa_{12}Ti_{10}O_{39}$，および $(4_15_1)BaLa_8Ti_7O_{27}$ がみられる．しかし，これらの相の多くはここで述べた理想化されたインターグロース構造というより，不整合変調構造のほうがよく記述できることを指摘しておきたい．

[*8] 相図上で両端に相当する相 (end member)．下の例では，$BaLa_4Ti_4O_{15}$ と $La_4Ti_3O_{12}$ の二相．

### 3.6.4 (cc…ch) $A_nB_{n-1}O_{3n}$ シフト相・双晶相

前項で記述した (cc…chh) の積層様式からなる $A_nB_nO_{3n}$ 相や $A_nB_{n-1}O_{3n}$ 相はすべて，立方の頂点共有八面体ブロックのシフトによって特徴づけられる．一方，cc…ch 構造（3.5.2項）は，双晶の関係にある同じブロックをもつ（図3.11，3.17）．これらの構造間のエネルギーの違いは小さく，いくつかの系でこのどちらも生じる．たとえば，$n=4$ から7までの $A_nB_{n-1}O_{3n}$ 相は一般的に cc…chh シフト型であるが $n=8$ 相は cc…ch 双晶型である．

$n=7$ の相は，明らかにこれら二つの積層様式の間の境界にあり，合成すると (cc…ch) 双晶積層と (cc…chh) シフト積層を無秩序に含む物質が得られる．この一組の構造の安定性のバランスは B カチオンの種類やサイズに敏感であるように思われる．$8H\text{-}Ba_8Ti_2Nb_{4.5}Lu_{0.5}O_{24}$ は (cccccchh) の $n=8$ シフト構造をとる．$Ba_8Ti_{2.5}Nb_{4.25}Lu_{0.25}O_{24}$ は (cccccchh) と (ccch) の $n=8$ の混合で双晶型とシフト型の両方をとる．一方，$Ba_8Ti_{2.75}Nb_{4.125}Lu_{0.125}O_{24}$ は正確に (ccch) の $n=8$ の双晶型の構造をとる．同様に，双晶型の $8H\text{-}Ba_8Ga_{4-x}Ta_{4+0.6x}O_{24}$ 相は，$1.8<x<3.2$ の組成領域で存在する．Ta の量がこの範囲を超えるとき，$n=8$ 相はシフト相の $Ba_5Ta_4O_{15}$ へと置き換わる．

## 3.7 $BaO_2 (c')$ 層を含むアニオン欠損相

多くの六方晶ペロブスカイト酸化物はアニオンの欠損のある複雑な構造をとる．とくにこれらの物質は価数が可変の Mn，Fe および Co を B サイトに含む（表3.9）ため，$BaO_3$ 層が酸素を失い，おおむね $BaO_2$ 層となる．この層は上下の層と立方充填かほぼ立方充填に近い積層配列をするため，$c'$ と記載される．形式上，元の

**表3.9** $BaO_2 (c')$ 層をもつ相

| 相 | 空間群 | $a$ (nm) | $c$ (nm) |
|---|---|---|---|
| (ccc'cch), 12H | | | |
| $Ba_6Ru_2Na_2V_2O_{17}$ | H, $P6_3/mmc$ (194) | 0.58506 | 2.96241 |
| $Ba_6Ru_2Na_2Mn_2O_{17}$ | H, $P6_3/mmc$ (194) | 0.58323 | 2.95299 |
| $Ba_6Nd_2Ti_4O_{17}$ | H, $P6_3/mmc$ (194) | 0.599283 | 2.99289 |
| $Ba_6Y_2Ti_4O_{17}$ | H, $P6_3/mmc$ (194) | 0.593055 | 2.95239 |
| (cc'chh), 5H | | | |
| $Ba_4Co_5O_{14}$ | Tr, $P\bar{3}m1$ (164) | 0.5660 | 1.1970 |
| $BaCoO_{2.74}$ | Tr, $P\bar{3}m1$ (164) | 0.5657 | 1.19223 |
| $BaMn_{0.2}Co_{0.8}O_{2.80}$ | Tr, $P\bar{3}m1$ (164) | 0.56723 | 1.18813 |
| (cc'chhh), 12H | | | |
| $Ba_{0.9}CoO_{2.60}$ | H, $P6_3/mmc$ (194) | 0.56612 | 2.84627 |
| $BaCoO_{2.60}$ | H, $P6_3/mmc$ (194) | 0.5767 | 2.8545 |
| $BaMn_{0.4}Co_{0.6}O_{2.83}$ | H, $P6_3/mmc$ (194) | 0.56935 | 2.85751 |
| (ccc'cchh), 21R | | | |
| $Ba_7Ca_2Mn_5O_{20}$ | Tr, $R\bar{3}m$ (166) | 0.58207 | 5.1359 |
| (ccc'cchhh), 16H | | | |
| $Ba_4Ca_{0.9}Mn_{3.1}O_{11.3}$ | H, $P\bar{6}m2$ (187) | 0.58005 | 3.8954 |

BaO₃ 層にある八面体空隙を示ているカチオンは互いにつながっていない隣の〔孤立した (isolated)〕四面体位置に一般に移動する．それに加え，いくつかの構造では配位多面体がより変形し，四角錐配位（ピラミッド配位）もとりうる．

### 3.7.1 （c···c′···ch）構造

これらの相は，3.5.2 項で記述した cc···ch "双晶" 相に似ている．前と同様に c と h は定比の AX₃ 層をもち，四面体配位カチオンの隣の層は c′ と示され定比の AX₂ 層からなる．これらの構造では，二つの四面体ブロックが境界面でずれており互いにつながっていない．一つの例は 12H-Ba₆Ru₂Na₂M₂O₁₇ であり，積層様式 (ccc′cch)₂〔図 3.19 (a)〕をもつ．そのため積層様式 (cccccch)₂ の理想的な A₆B₆O₁₈ 相〔図 3.19 (b)〕と比較される．これらの相では M として V，Cr，Mn，P，あるいは As をとることができ，これらのすべては四面体位置を占める．加えて Ru は Nb，Ta あるいは Sb で置き換えることもできる．

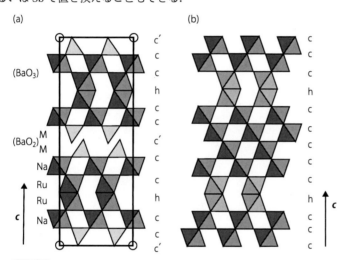

**図 3.19** （a）12H-Ba₆Ru₂Na₂M₂O₁₇ の (ccc′cch)₂ 構造，（b）理想的な (cccccch)₂ A₆B₆O₁₈ 相の比較
八面体と四面体の骨格のみが示されている．A カチオンは省略した．

### 3.7.2 （c···cc′···chh）構造

これらの相は 3.6 節で記述した cc···chh 相に似ている．電子顕微鏡を駆使することで酸素欠損のある 5H-BaCoO₃₋δ において数多くの相がみつかっている．これらのうち最初に構造が特定されたのは Ba₅Co₅O₁₄ (BaCoO₂.₇₄) である．この構造は 5H (ccchh) の A₅B₅O₁₅ 構造と関連性がある〔図 3.15 (b)〕．理想的な BaCoO₂.₇₄ 構造をとるには，ccc ブロックの中央の c が BaO₂ (c′) 層に置き換わり，両隣の頂点共有の八面体が Co⁴⁺ を中心に含む四面体の層に置き換わらなくてはならない．結果的に生じる積層様式は図 3.20 (a) に示す (cc′chh)₂ となり，図 3.20 (b) の理想的な (ccchh)₂ 構造と関連性がある．また，Co⁴⁺ は Co³⁺ からなる三つの面共有八面体の中央位置も占めることがわかっている．ほかの二つ（両側）の面共有八面体は Co³⁺ によってのみ占められている．Ba_{n+5}Ca₂Mn_{3+n}O_{3n+14} で示される相の n = 2 化合物の

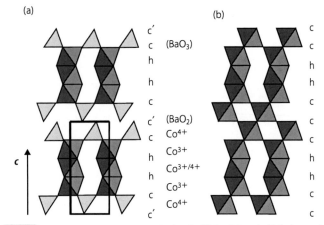

**図3.20** (a) 5H-Ba$_5$Co$_5$CoO$_{14}$ の (cc'chh)$_2$ 構造，(b) 理想的な (ccchh)$_2$ A$_5$B$_5$O$_{15}$ 相の比較
八面体と四面体の骨格のみが示されている．A カチオンは省略した．

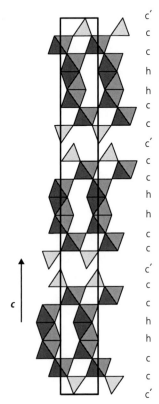

**図3.21** 21R-Ba$_7$Ca$_2$Mn$_5$O$_{20}$ の (ccc'cchh)$_3$ 構造
八面体と四面体の骨格のみが示されている．A カチオンは省略した．

21R-Ba$_7$Ca$_2$Mn$_5$O$_{20}$ は，(ccc'cchh)$_3$ の積層様式を示す（図3.21）．

### 3.7.3 (c⋯c'⋯chh) 構造

cc'chh の積層様式は酸素欠損した 12H-BaCoO$_{2.60}$，12H-Ba$_{0.9}$CoO$_{2.60}$，12H-BaCo$_{0.6}$Mn$_{0.4}$O$_{2.83}$ において実現しており，これらすべて近似的に Ba$_6$Co$_6$O$_{18-\delta}$ と

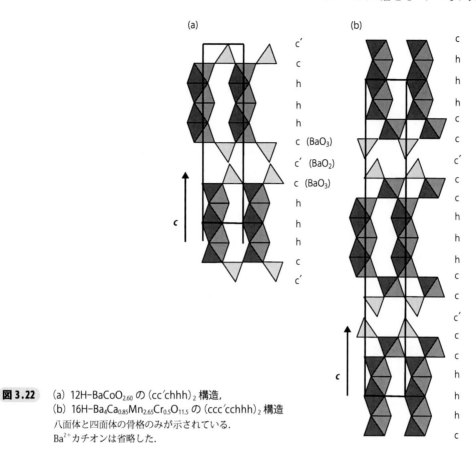

**図 3.22** (a) 12H–BaCoO$_{2.60}$ の (cc'chhh)$_2$ 構造，
(b) 16H–Ba$_4$Ca$_{0.85}$Mn$_{2.65}$Cr$_{0.5}$O$_{11.5}$ の (ccc'cchhh)$_2$ 構造
八面体と四面体の骨格のみが示されている．
Ba$^{2+}$カチオンは省略した．

かける．h層とc層のおよその組成はBO$_3$であり，c'層はBaO$_2$組成をもつが，これに加えて酸素欠損とバリウム欠損が起こりうる〔図3.22(a)〕．hhhからなるユニットの存在は，主要な構造要素として四つの面共有八面体の柱があり，これらが四面体配位のカチオンによって分離されていることを意味している．

立方層をさらに含む(ccc'cchhh)$_2$積層様式は 16H–Ba$_4$Ca$_{0.9}$Mn$_{3.1}$O$_{11.3}$ や Cr 置換した 16H–Ba$_4$Ca$_{0.85}$Mn$_{2.65}$Cr$_{0.5}$O$_{11.5}$ においてみられる〔図3.22(b)〕．それは四つの面共有八面体のブロックを含み，以前と同様にh層とc層はBaO$_3$の組成をもつ．一方，c'層はBaO$_2$組成をもち，四面体配位のカチオンによって上下の層は分離されている．この組成を，実験により決定された組成と一致させるためには酸素欠損の存在が必要であるが，その位置はまだ特定されていない．

## 3.8 BaOX層をもつアニオン欠損相

### 3.8.1 (h')層

六方晶ペロブスカイト酸化物は，先に記述したものとよく似たアニオン欠損構造を数多くとる．ここではO$^{2-}$アニオンが部分的にハロゲン(X$^-$)アニオンで置き換わっている．一般には価数が可変なMn，FeおよびCoの酸化物において生じる．これらの相ではBaO$_3$層の2/3の酸素が失われる代わりに1/3のX$^-$アニオンが加わることでBaOX層が形成される．この層におけるイオンの積層は両隣の層に対して

立方充填とはならず，二つのc層の間で六方もしくは六方に近い位置($h'$)を占めることによって，面共有八面体の柱のなかでは$ch'c$のユニットを形成する．形式上，元の$BaO_3$層の両側にある八面体間隙を占めるカチオンは，一般的にBaOX層の両側の**頂点共有**（apex-sharing）四面体のほうへと動く．しかし，四角錐（ピラミッド配位）などの別の配位多面体になることもある．これに加えて，余分な酸素欠損があるが，これを構造解析で位置を特定するのは困難である．さらに望みの構造を得るためには合成条件を慎重に調整しなくてはならず，かなり狭い組成領域でさえ，除冷，急冷（クエンチ）もしくは異なる原料を使用することによって生成物の構造を変えることができる．

これまで6H，8H，10Hの繰返しからなる三つの構造のみが同定されている．$Ba_5Co_5FO_{13-\delta}$でみられる10H相は積層様式$(ch'chh)_2$をもつ〔図3.23(a)〕．形式的にかかれるこれらの相の六方晶単位格子はしばしばひずむことがあり，いくつかの相はその結果低い対称性の単位格子で記述される．たとえば，ハロゲンなしの六方晶10H-$Ba_5Fe_5O_{14}$（表3.10）はしばしば直方晶単位格子で記述される〔空間群 $Cmcm$ (63)，$a = 0.57615$ nm，$b = 0.99792$ nm，$c = 2.4374$ nm〕．二つの相の格子長の対応関係は，$a$(直方晶) $= a$(10H)，$b$(直方晶) $= \sqrt{3}$(10H)，$c$(直方晶) $= c$(10H) である．

6H構造〔図3.23(b)〕は，BaOX層によって隔てられた四つの面共有八面体の柱をもち，積層様式$(ch'chh)_2$からなる．この構造は$Ba_6Co_6FO_{16-\delta}$を含む数多くの化合物がみられる．試料合成時に存在する相の数でさえ特定することは現実的には困難であるが，ここではその相の構造を考えてみよう．この相はこれまで形式的には単相の6H-$Ba_6Co_{6-y}Mn_yClO_{16-\delta}$と書かれるが，もともとは直方晶として記述され

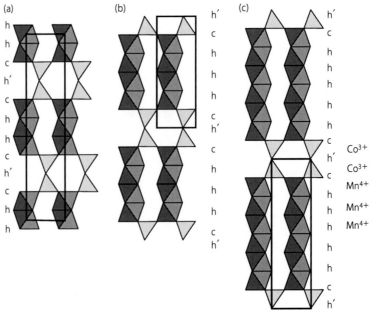

**図3.23** (a) 10H-$Ba_5Co_5FO_{13-\delta}$，(b) 6H-$Ba_6Co_6FO_{16-\delta}$，
(c) 8H-$Ba_8Ca_2Mn_6ClO_{22}$
八面体と四面体の骨格のみを示す．$Ba^{2+}$カチオンは省略した．

**表 3.10** BaOX 層をもついくつかの相

| 相 | 空間群 | $a$ (nm) | $c$ (nm) |
|---|---|---|---|
| (ch'chh), 10H | | | |
| $Ba_5Fe_5O_{14}$ | H, $P6_3/mmc$ (194) | 0.57794 | 2.46087 |
| $Ba_5Co_5FO_{13-\delta}$ | H, $P6_3/mmc$ (194) | 0.56878 | 2.3701 |
| $Ba_5Co_5ClO_{13}$ | H, $P6_3/mmc$ (194) | 0.56980 | 2.4469 |
| $Ba_{10}Fe_8Pt_2Cl_2O_{25}$ | H, $P6_3/mmc$ (194) | 0.58034 | 2.4997 |
| (ch'chhh), 6H | | | |
| $Ba_6Co_6FO_{16-\delta}$ | H, $P\bar{6}m2$ (187) | 0.56683 | 1.4277 |
| $Ba_6Co_6ClO_{16}$ | H, $P\bar{6}m2$ (187) | 0.56698 | 1.44654 |
| $Ba_6Co_5MnFO_{16-\delta}$ | H, $P\bar{6}m2$ (187) | 0.5680 | 1.4300 |
| (ch'chhhhh), 8H | | | |
| $Ba_8Ca_2Mn_6ClO_{22}$ | H, $P\bar{6}m2$ (187) | 0.57207 | 1.94099 |
| (cc'c'chhh), 14H | | | |
| $Ba_7Co_6BrO_{17}$ | H, $P6_3/mmc$ (194) | 0.56611 | 3.35672 |
| (cc'c'chh), 18R | | | |
| $Ba_6Co_5BrO_{14}$ | Tr, $R\bar{3}m$ (166) | 0.56578 | 4.3166 |

ていた. 空間群 $Ammm$ (65), $a = 1.455$ nm, $b = 0.569$ nm, $c = 0.988$ nm. しかしいまでは, $a_1 = 0.569$ nm, $c_1 = 1.453$ nm と $a_2 = 0.567$ nm, $c_2 = 1.454$ nm の二つの相の混合であると考えられている. これらは構成要素である Mn と Co の間の混和性の問題によって生じる.

　図 3.23 (c) に示した 8H 構造は, BaOX 層に分けられた六つの面共有八面体の柱からなる (ch'chhhhh) の積層様式をもつ. これまでに同定されたのは $Ba_8Ca_2Mn_6ClO_{22}$ のただ一例のみである.

### 3.8.2　(c'c') 層

　(c'c') のペアを含む構造は二つ知られている. 積層様式 (cc'c'chhh)$_2$ の 14H-$Ba_7Co_6BrO_{17}$ と積層様式 (cc'c'chh)$_3$ の 18R-$Ba_6Co_5BrO_{14}$ である. これらの構造には, 一つの (c'c') の構造ユニットとともに 2 枚の (BaOBr) 層が含まれている. 二つの四面体層がつながっていない点は 3.7 節で述べた構造に類似しているが, ここでは Br$^-$ イオンからなる層が四面体層間に挟まっている〔図 3.24 (a), (b)〕. 現在までに合成されてきたものでは, (BaOBr) 層に近い位置にある原子にはかなりの無秩序が存在する.

### 3.9　$Sr_4Mn_3O_{10}$ と $Ba_6Mn_5O_{16}$

　二つの相 $Sr_4Mn_3O_{10}$ と $Ba_6Mn_5O_{16}$ は蝶番 (ちょうつがい) 配列の二つの頂点酸素によってつながった面共有 $MnO_6$ 八面体の短い柱をもつ. $Sr_4Mn_3O_{10}$ の構造は 9R-$BaRuO_3$〔図 3.9 (a)〕に似て三つの面共有八面体をもつが, 直方晶単位格子をもつ. 空間群 $Cmca$ (64), $a = 0.54766$ nm, $b = 1.24659$ nm, $c = 1.25282$ nm. 三つの面共有八面体の並び方は, 図 3.25 (a) のように [100] 方向に投影すると双晶構造の印象を与えるが, 実際には $a$ 軸方向にずれており双晶はない. $Ba_6Mn_5O_{16}$ 構造は,

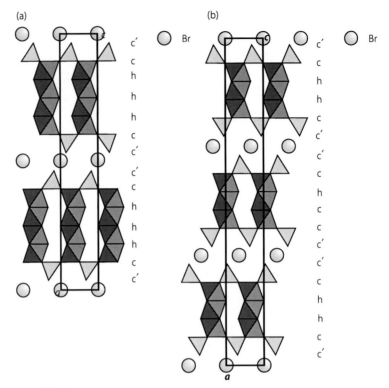

**図 3.24** (a) 14H-Ba$_7$Co$_6$BrO$_{17}$, (b) 18R-Ba$_6$Co$_5$BrO$_{14}$ の理想化された構造
八面体と四面体の骨格のみを示す．簡単のため Ba$^{2+}$ カチオンは省略した．

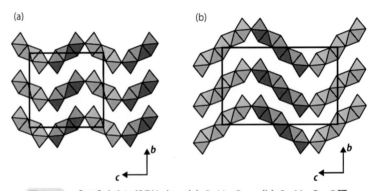

**図 3.25** [100] 方向に投影した，(a) Sr$_4$Mn$_3$O$_{10}$, (b) Ba$_6$Mn$_5$O$_{16}$ の理想化された構造
異なる明暗の鎖は，$a$ 軸方向に沿って異なる高さにある．八面体の骨格のみが示されており，A カチオンは省略した．

15R-BaMnO$_{2.90}$〔図 3.9(c)〕に似ているが，やはり直方晶単位格子をもつ〔図 3.25(b)〕．空間群 $Cmca$ (64)，$a = 0.57071$ nm, $b = 1.31856$ nm, $c = 1.99273$ nm．Cs$_4$Ni$_3$F$_{10}$ や Cs$_6$Ni$_5$F$_{16}$ などの多くのフッ化物もまたこれらの酸化物と同じ構造をとる．

## 3.10 温度および圧力変化

すべてのペロブスカイトと同様に，先に記述した構造は組成の変化だけではなく温度や圧力の変化にも敏感である．ここでは例を二つだけ示す．

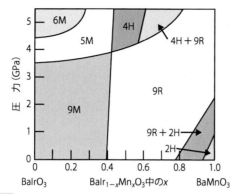

**図 3.26** BaIrO$_3$-BaMnO$_3$ 系における単純化した圧力-組成相図
元データは Zhou らの文献(2010)にある.

温度変化に関しては,高温で六方晶構造をとる 6H-Ba$_3$BiIr$_2$O$_9$ 相(3.5.2項,表3.6)は,低温にすると単斜晶になる.空間群 $C2/c$ (15), $a = 0.59531$ nm, $b = 1.02792$ nm, $c = 1.48892$ nm, $\beta = 91.934°$. この温度の下げたときに起こる対称性の低下はすべてのペロブスカイトで共通であり,ここでの例は先に引用した多くのものと類似している.

図 3.26 に示してある単純化された BaIrO$_3$-BaMnO$_3$ の圧力-組成相図によると単斜晶,三方晶,六方晶の間の構造変化は圧力と温度に依存する.常圧(1 atm = 0.000101 GPa)では,BaIrO$_3$ は 9R(chh)$_3$ 構造(3.5.1項)の単斜晶類縁体(9M)として存在する.BaIrO$_3$ に BaMnO$_3$ を固溶させると,単斜晶のひずみは減少しつづけ,およそ BaIr$_{0.6}$Mn$_{0.4}$O$_3$ の組成に達すると,より対称性の高い 9R 構造へと転移する.この 9R 相は BaIr$_{0.22}$Mn$_{0.78}$O$_3$ の組成に達するまで維持される.それ以上置換すると二相共存の領域が現れる.ここで組成 BaIr$_{0.22}$Mn$_{0.78}$O$_3$ の 9R 型構造は,組成 BaIr$_{0.065}$Mn$_{0.935}$O$_3$ の 2H-BaMnO$_3$ 型構造と共存する.さらに BaMnO$_3$ を加えてもこの構造は変化せず,純粋な 2H-BaMnO$_3$ になるまで続く.

類似した二相共存領域は,不純物のない 2H-BaMnO$_3$ に圧力を加えても現れる.約 0.95 GPa で 2H 構造の安定性は失われ,約 0.95〜2.25 GPa の圧力範囲で 2H 構造は 9R 構造と共存し,より高い圧力で 9R-BaMnO$_3$ が安定化され単相となる.9R-BaIrO$_3$ にさらに圧力を加えていくと単斜晶の 5M 構造になり,ついで単斜晶の 6M 相となる.BaMnO$_3$ の量を増やしていくと高圧の 6M 相がまず 5M 型に戻り,それから新しい構造である (ch) 積層の 4H-BaMnO$_{2.65}$ となる.

◆ 参考文献 ◆

J. G. Zhou *et al.*, *J. Solid State Chem.*, **183**, 720-726 (2010).

◆ さらなる理解のために ◆

● 八面体と三角プリズムを含む,BaNiO$_3$ から派生した六方晶ペロブスカイトの構造化学は以下に概説されている:

G. R. Blake, J. Sloan, J. F. Vente, P. D. Battle, *Chem. Mater.*, **10**, 3536-3547 (1998).

J. Darriet, M. A. Subramanian, *J. Mater. Chem.*, **5**, 543-552 (1995).

J. M. Perez-Mato, M. Zakhour-Nakhl, F. Weill, J. Darriet, *J. Mater. Chem.*, **9**, 2795-2808 (1999).

●球の最密充填，そこから生じる構造，および用いられる用語は以下に記述されている：

H. Jagodzinsky, *Acta Crystallogr.*, **2**, 201 (1949).

P. Krishna, D. Pandy, Close-packed Structures, International Union of Crystallography, Pamphlet 5; http://www.iucr.org/education/pamplets (Accessed November 13, 2015).

A. F. Wells, *Structural Inorganic Chemistry*, 5th edition, Oxford University Press, Oxford (1984), p578-589, Chapters 4 and 13.

●3C や 6H 構造の Ru を含むペロブスカイト相の全リストやその他の情報，また過去の研究に対する 83 の参考文献は以下に与えられている：

E. Quarez, F. Abraham, O. Mentré, *J. Solid State Chem.*, **176**, 137-150 (2003).

# 4章 モジュール構造

ペロブスカイトに関係した多くの相は，本来はモジュール構造であり，母体のペロブスカイトからなるブロックにほかの構造が挟み込まれている．これらの相は，ペロブスカイトブロックの厚さもしくは挟み込まれるブロック層の厚さを変えることで，組成を変化させることができる．このモジュール構造が秩序化した場合，規則的なホモロガス系列の相となる．一方，モジュール構造が無秩序の場合は，多くの面欠陥を含むことになるため，不定比とみなすのが最善かもしれない．表4.1に四つの重要な関連するホモロガス系列の構造の関係をまとめた．ただし，銅酸化物高温超伝導体（表4.7，4.8）は除いてある．

## 4.1　$K_2NiF_4$（$A_2BX_4$）および Ruddlesden-Popper 相

### 4.1.1　$K_2NiF_4$（T または T/O）構造

$K_2NiF_4$構造は，頂点共有した1枚の八面体層から構成されている．超伝導の文献ではT構造またはT/O構造ともよばれている．Niイオンは八面体位置を占め，Kイオンは最近接の八面体の頂点酸素がつくる正方形の中心に位置するとともに，上（もしくは下）の層の最近接に位置する八面体の頂点酸素の真下（上）にある（図4.1）．そのブロックは理想的ペロブスカイト構造（$KNiF_3$）を（100）面に平行にスライスしたものと考えることができ，厚みは八面体1個分であり，その組成は$K_2NiF_4$である．別の見方をすると，この構造は岩塩型構造（rocksalt：RS）のKF層が$NiF_2$層によって隔てられ，…KF，KF，$NiF_2$…の並びで積層している．この構造は，理

*1 A′サイトに入るカチオンのサイズによって，ペロブスカイト層間の位相は異なる．大きいカチオンでは八配位（I型），中程度のカチオンでは六配位（II型），小さいカチオンでは四配位（III型，ただし，占有率50%）をとる．

**表4.1**　モジュラーペロブスカイト

| 名前 | ペロブスカイト層間組成 | ペロブスカイト層内組成 | 配向方向 | 位相 | 組成 | 例 |
|---|---|---|---|---|---|---|
| Ruddlesden-Popper | AO-AO | $A_{n-1}B_nO_{3n-1}$ | $[100]_p$ | $(\mathbf{a}_p+\mathbf{b}_p)/2$ | $A_{n+1}B_nO_{3n+2}$ | $Sr_2TiO_4$ ($n=1$)<br>$Sr_3Ti_2O_7$ ($n=2$) |
| Dion-Jacobson | A′ | $A_{n-1}B_nO_{3n+1}$ | $[100]_p$ | 0（I型）；$\mathbf{a}/2$（II型）*1<br>$(\mathbf{a}_p+\mathbf{b}_p)/2$（III型） | A′$A_{n-1}B_nO_{3n+1}$ | $LiLaNb_2O_7$ ($n=2$)<br>$RbCa_2Ta_3O_{10}$ ($n=3$) |
| Aurivillius | $Bi_2O_2$ | $A_{n-1}B_nO_{3n+1}$ | $[100]_p$ | $(\mathbf{a}_p+\mathbf{b}_p)/2$ | $(Bi_2O_2)$<br>$(A_{n-1}B_nO_{3n+1})$ | $Bi_2WO_6$ ($n=1$)<br>$Bi_4Ti_3O_{12}$ ($n=3$) |
| $Ca_2Nb_2O_7$ | —— | $A_nB_nO_{3n+2}$ | $[110]_p$ | $(\mathbf{a}_p+\mathbf{b}_p)/2$ | $A_nB_nO_{3n+2}$ | $Ca_4Ti_4O_{14}$ ($n=4$) |

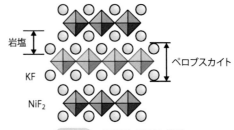

**図 4.1** 理想的 $K_2NiF_4$ 構造

薄い影をつけたペロブスカイト層は，上下に隣接するペロブスカイト層に対し $(\mathbf{a}_p + \mathbf{b}_p)/2$ だけ変位している．

理想的には正方晶であり，$a = b \approx a_p, c \approx 3.5 a_p$ の関係がある．それぞれの八面体ブロックは隣接する上下のブロックと，相対的に（理想的には）$(\mathbf{a}_p + \mathbf{b}_p)/2$ だけ位相が異なっている．ここで，$\mathbf{a}_p$ と $\mathbf{b}_p$ は理想的な立方晶ペロブスカイトの単位格子ベクトルである．この構造はハロゲン化物と酸化物の両方で数多くみられる（表 4.2）．分類するために，これらの相がイオン結晶として扱えると仮定する．カチオンの電荷を $q_A, q_B$，アニオンの電荷を $q_X$ とし，電荷保存則を考えると以下の関係が得られる．

$$q_X = -1, (q_A, q_B) = (1, 2) ; たとえば，K_2NiF_4$$
$$q_X = -2, (q_A, q_B) = (1, 6) ; たとえば，K_2UO_4$$
$$(q_A, q_B) = (2, 4) ; たとえば，Sr_2TiO_4$$
$$(q_A, q_B) = (3, 2) ; たとえば，La_2NiO_4$$

しばしば八面体のひずみや回転によってこれらの相の対称性が下がる．たとえば，室温における $La_2CuO_4$ の構造は直方晶として記述される（単斜晶で記述されることもある）が，これは主として $CuO_6$ 八面体のヤーン・テラーひずみのためである．このとき八面体は，室温において単位格子の $c$ 軸に平行な長い結合（0.240 nm）二つと，$a$ および $b$ 軸に平行な短い結合（0.189 nm）四つからなるために，直方晶の対称性をとる．温度が上昇するにつれて，このひずみは解消され，およそ 523 K を超えると理想的な正方晶系となる[*2]．

$ABX_3$ 相の A，B，X サイトに同価数または異価数の元素で置換，すなわちドーピングすることは，厳密に電荷補償[*3]の観点からみることができる．それゆえ，複合アニオン化合物であるオキシハライド（酸ハロゲン化物）は，酸化物イオンをハライドイオンへ置換することで電荷バランスは崩れるが，A サイトと B サイトの価数を適切に調整することによって電荷の均衡は保たれる．たとえば $Sr_2FeO_3F$ では，（$Sr^{2+}$，$Fe^{4+}$，$O^{2-}$ である $Sr_2FeO_4$ と比べて）「$2 Sr^{2+} + Fe^{3+}$」とすることで，「$3 O^{2-} + F^-$」から導きだされる X サイトの $-7$ の電荷が打ち消される．このようにいくつかのイオン種が同一サイトを占める場合，それらのイオンはしばしば無秩序に分布する．たとえば，$Sr_2Fe(O_3F)$ では $O^{2-}$ イオンと $F^-$ イオンが同一の X サイトを無秩序に占有される[*4]．また，$Ca_2(Ru, Cr)O_4$ では八面体中心の B サイト（Ru, Cr）が，$(Ln, Ca)_2(Mn, Ni)O_4$ や $(La, Sr)_2(Fe, Ru)O_4$ では A サイトおよび B サイトのカチオンが無秩序に占有されている．数は少ないものの，ダブルペロブスカイトのように

[*2] 実際には室温（超格子を伴う）直方晶をとるのは，八面体の回転に由来し，正方晶（$a = b = a_p$）になるのはこの回転が解消されるからと考えられている．

[*3] 化合物は電気的中性が保たれている必要があるが，たとえば異価数の元素で置換したとき他の元素の価数が変化したり，欠損が生じることなどにより，この電気的中性則が守られる．これを電荷補償という．

[*4] 頂点（アピカル）位置に若干 F が優先的に占めると考える見方もある．

## 4.1 $K_2NiF_4$ ($A_2BX_4$) および Ruddlesden-Popper 相 ● 103

**表4.2** $K_2NiF_4$ および関連構造

| 相 | 空間群 | $a$ (nm) | $b$ (nm) | $c$ (nm) |
|---|---|---|---|---|
| $n=1$ : $K_2NiF_4$ | | | | |
| $K_2NiF_4$ | T, $I4/mmm$ (139) | 0.4013 | | 1.3088 |
| $K_2MnF_4$ | T, $I4/mmm$ (139) | 0.4174 | | 1.3272 |
| $K_2CoF_4$ | T, $I4/mmm$ (139) | 0.4073 | | 1.3087 |
| $K_2CuF_4$ | T, $Bbcm$ (64) | 0.59043 | | 1.2734 |
| $HLaTiO_4$ | T, $P4/nmm$ (129) | 0.37201 | | 1.22914 |
| $DLaTiO_4$ | T, $P4/nmm$ (129) | 0.37232 | | 1.23088 |
| $Sr_2TiO_4$ | T, $I4/mmm$ (139) | 0.38859 | | 1.2597 |
| $DLaTiO_4$ | T, $P4/nmm$ (129) | 0.37232 | | 1.23088 |
| $DNdTiO_4$ | T, $P4/nmm$ (129) | 0.37039 | | 1.20883 |
| $NaLaTiO_4$ | T, $P4/nmm$ (129) | 0.37998 | | 1.3273 |
| $NaPrTiO_4$ | T, $P4/nmm$ (129) | 0.37686 | | 1.2940 |
| $NaNdTiO_4$ | T, $P4/nmm$ (129) | 0.37551 | | 1.2848 |
| $NaSmTiO_4$ | T, $P4/nmm$ (129) | 0.37613 | | 1.2634 |
| $CaPrCoO_4$ | T, $I4/mmm$ (139) | 0.37486 | | 1.22437 |
| $CaNdCoO_4$ | T, $I4/mmm$ (139) | 0.373817 | | 1.19168 |
| $La_2NiO_4$ | T, $I4/mmm$ (139) | 0.38616 | | 1.26672 |
| $La_2CuO_4$, 300 K | O, $Bmab$ (64) | 0.53357 | 0.54058 | 1.31432 |
| $La_2CuO_4$, 1073 K | T, $I4/mmm$ (139) | 0.38329 | | 1.3313 |
| $Ca_2SnO_4$ | O, $Pccn$ (56) | 0.57290 | 0.57352 | 1.25811 |
| $Ca_2RuO_4$ | O, $Pbca$ (61) | 0.53869 | 0.56334 | 1.17349 |
| $Sr_2RuO_4$ | T, $I4/mmm$ (139) | 0.38751 | | 1.27278 |
| $K_2UO_4$ | T, $I4/mmm$ (139) | 0.43321 | | 1.31382 |
| $Ca_2FeO_3Cl$ | T, $P4/nmm$ (129) | 0.38391 | | 1.36732 |
| $Ca_2FeO_3Br$ | T, $P4/nmm$ (129) | 0.38440 | | 1.41775 |
| $Sr_2FeO_3F$ | T, $P4/nmm$ (129) | 0.38664 | | 1.31773 |
| $Sr_2FeO_3Cl$ | T, $P4/nmm$ (129) | 0.39204 | | 1.42966 |
| $Sr_2CuO_2F_2$ | T, $I4/mmm$ (139) | 0.39670 | | 1.28160 |
| $Sr_2TaO_3N$ | T, $I4/mmm$ (139) | 0.40390 | | 1.26007 |
| $Ba_2TaO_3N$ | T, $I4/mmm$ (139) | 0.41151 | | 1.33718 |
| $n=2$ : $A_3B_2O_7$ | | | | |
| $La_2SrAl_2O_7$ | T, $I4/mmm$ (139) | 0.37712 | | 2.0197 |
| $Sm_2SrAl_2O_7$ | T, $I4/mmm$ (139) | 0.37159 | | 1.9876 |
| $Sr_3Ti_2O_7$ | T, $I4/mmm$ (139) | 0.38988 | | 2.03078 |
| $Sr_3Fe_2O_7$ | T, $I4/mmm$ (139) | 0.38637 | | 2.01464 |
| $Ca_3Mn_2O_7$ | T, $I4/mmm$ (139) | 0.3683 | | 1.9575 |
| $Ca_{2.5}La_{0.5}Mn_2O_7$ | O, $Cmc2_1$ (36) | 1.93154 | 0.53683 | 0.53403 |
| $Sr_3Mn_2O_6$ | T, $P4/mbm$ (127) | 1.08682 | | 2.02051 |
| $Sr_{1.76}La_{1.24}Mn_2O_7$ | T, $I4/mmm$ (139) | 0.3871 | | 2.0191 |
| $Sr_{1.6}La_{1.4}Mn_2O_7$ | T, $I4/mmm$ (139) | 0.38682 | | 2.0274 |
| $La_3Ni_2O_7$ | T, $I4/mmm$ (139) | 0.38742 | | 2.0055 |
| $La_3Ni_2O_{6.35}$ | T, $I4/mmm$ (139) | 0.38741 | | 2.0055 |
| $Li_2LaTa_2O_7$ | T, $I4/mmm$ (139) | 0.39250 | | 1.9089 |

(つづく)

**104** ● 4章　モジュール構造

**表 4.2**　$K_2NiF_4$ および関連構造

| 相 | 空間群 | $a$ (nm) | $b$ (nm) | $c$ (nm) |
|---|---|---|---|---|
| $n = 3：A_4B_3O_{10}$ | | | | |
| $Sr_3Ti_2O_{10}$ | T, $I4/mmm$ (139) | 0.3903 | | 2.814 |
| $Sr_3PrFe_3O_{10}$ | T, $I4/mmm$ (139) | 0.38582 | | 2.79609 |
| $(Sr_{0.775}La_{0.225})_4Fe_3O_{10}$ | T, $I4/mmm$ (139) | 0.38878 | | 2.81813 |
| $Sr_3PrFe_3O_{10}$ | T, $I4/mmm$ (139) | 0.38582 | | 2.79609 |
| $Sr_3PrFe_{1.5}Co_{1.5}O_{10}$ | T, $I4/mmm$ (139) | 0.38263 | | 2.77714 |
| $La_4Ni_{2.7}Fe_{0.3}O_{10}$ | O, $Cmca$ (64) | 0.54267 | 2.8013 | 0.54805 |
| $Ca_4Mn_3O_{10}$ | O, $Pbca$ (61) | 0.52650 | 0.52614 | 2.68171 |
| $Li_2Ca_2Ta_3O_{10}$ | T, $I4/mmm$ (139) | 0.38927 | | 2.6591 |
| $Na_2Ca_2Ta_3O_{10}$ | T, $I4/mmm$ (139) | 0.38872 | | 2.8655 |
| $n = 7$ | | | | |
| $Li_4Sr_3Nb_6O_{20}$ | T, $I4/mmm$ (139) | 0.3953 | | 2.6041 |

カチオンが秩序化する相もみられる．この例としては，$NaLnTiO_4$ 系があげられる．ここでは Ln と Na イオンが…(-LnO-$TiO_2$-NaO-NaO-$TiO_2$-LnO-)…というように秩序配列する．Na 原子を水素または重水素に置換した類縁体 $HLnTiO_4$ と $DLnTiO_4$ についても同様に秩序化している[*5]．

> [*5] $NaLnTiO_4$ に対して酸との反応〔Na−H(D)交換〕によって得られるため秩序は保たれる．
>
> [*6] 1957 年に S. N. Ruddlesden と P. Popper によって $Sr_2TiO_4$, $Ca_2MnO_4$, $SrLaAlO_4$ の構造が決定されたことに因む．
>
> [*7] その結果，体心格子をとる．

### 4.1.2 Ruddlesden-Popper 相

Ruddlesden-Popper 相[*6]は，ペロブスカイト様の $SrTiO_3$ ブロックから構成されるホモロガス系列であり，$Sr_{n+1}Ti_nO_{3n+1}$ という組成式で表される．この系列で最も単純な $Sr_2TiO_4$ ($n=1$) は $K_2NiF_4$ 構造をとり，理想的 $SrTiO_3$ ブロック 1 枚からなる積層構造として記述できる〔図 4.2(a)〕．ペロブスカイトブロックの厚みを，層間の構造を保ちながら増やすことによって $Sr_3Ti_2O_7$ ($n=2$) と $Sr_4Ti_3O_{10}$ ($n=3$) が得られる．そして $SrTiO_3$ 自身は $n=\infty$ に対応する〔図 4.2(b)〜(d)〕．$K_2NiF_4$ や $Sr_2TiO_4$ と同様に，隣接するペロブスカイトブロックの位相は $(\mathbf{a}_p+\mathbf{b}_p)/2$ だけ変わっており[*7]，A イオンは最近接の八面体の頂点酸素がつくる正方形の中心に位置すると同時に，上(下)に隣接するブロックの八面体の頂点酸素の真下(上)にある．$n$ の値が 3 より大きいものは $Sr_2TiO_4$-$SrTiO_3$ 系では存在しない．しかし，この組成の範囲内で $SrTiO_3$ ($n=\infty$) と $Sr_4Ti_3O_{10}$ ($n=3$) の相が無秩序化したものは得られている．

表 4.2 に示すように Ruddlesden-Popper 型構造の類縁酸化物 $A_{n+1}B_nO_{3n+1}$ は数多く合成されている．イオン的であると想定すると，電荷補償は次式によって成り立つ．

$$(n+1)\,q_A + (n)\,q_B = 2(3n+1)$$

この電荷のバランスは数多くの物質で満たされている．$n=2$ の場合，たとえば $La_2SrAl_2O_7$ では $q_A = (3, 3, 2)$ と $q_B = 3$ となり，$n=3$ の場合，たとえば $PrSr_3Fe_3O_{10}$ では $q_A = (3, 2, 2, 2)$ と $q_B = (3, 4, 4)$ となる．

構造はいろいろな方法で記述されるが，それぞれ異なる性質を説明するのに適したものが使われる．末端相を含めた各ペロブスカイトブロックは $A_{n+1}B_nO_{3n+1}$ の組

4.1 K$_2$NiF$_4$(A$_2$BX$_4$) および Ruddlesden–Popper 相 ● 105

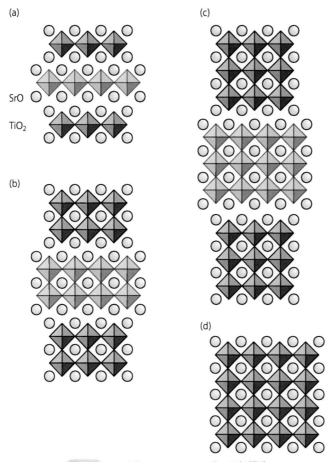

**図 4.2** Ruddlesden–Popper 系の理想構造
(a) $n=1$, Sr$_2$TiO$_4$, (b) $n=2$, Sr$_3$Ti$_2$O$_7$, (c) $n=3$, Sr$_4$Ti$_3$O$_{10}$, (d) $n=\infty$, SrTiO$_3$.

成式で表されるが, ブロック間の領域を取りだす必要がある場合には, [AO-AO-(A$_{n-1}$B$_n$O$_{3n-1}$)] というように二層の (AO)$_2$ と (A$_{n-1}$B$_n$O$_{3n-1}$) ブロックの交互積層として記述したほうが便利である. ここで (AO) 二層は岩塩型 (RS) 構造をとり, 組成は (AO)$_2$(A$_{n-1}$B$_n$O$_{3n-1}$) と書き換えられる. Dion–Jacobson 相 (4.3 節) と Aurivillius 相 (4.4 節) との比較のためには, 各ペロブスカイトブロックの外側にある二つの A 原子を, 内側にある残りの A 原子と分けて組成を A$_2$(A$_{n-1}$B$_n$O$_{3n+1}$) と書くと便利である. この形式で, Dion–Jacobson 相は, 一般式 A$'$(A$_{n-1}$B$_n$O$_{3n+1}$), Aurivillius 相は, 一般式 (Bi$_2$O$_2$)(A$_{n-1}$B$_n$O$_{3n+1}$) と書かれる.

実際には, 多くの相には無秩序性があり, 狙った相よりも広い, あるいは狭いペロブスカイトブロック (異なる $n$ 値に対応する) が完全に無秩序または部分的に秩序して含まれることがある. 不定比組成は Co, Mn, または Fe を B サイトに含む相では頻繁にみられる. それに加えて, 八面体の回転やひずみがペロブスカイトブロックに存在する. この両方が結晶構造の対称性の低下をもたらすとともに物性にも影響を与える.

## 4.2 Nd$_2$CuO$_4$(T′)構造とT*構造

Nd$_2$CuO$_4$構造は，超伝導の文献ではT′型構造とよばれておりLa$_2$CuO$_4$と非常によく似ているが，おもな違いは酸素原子の配置にある．つまり，両構造のカチオンはほぼ同一の位置にある〔図4.3(a)〕．Nd$_2$CuO$_4$では，K$_2$NiF$_4$構造における八面体CuO$_4$層がCuO$_2$層へと置き換わっており，Cu$^{2+}$イオンは平面四配位構造をとる〔図4.3(b)〕．Nd$^{3+}$イオンと隣接するO$^{2-}$イオンは，蛍石(CaF$_2$)型のNd$_2$O$_2$層を形成する．その結果この構造は，ペロブスカイト構造と蛍石型構造とのインターグロース構造として記述される．このような類比はK$_2$NiF$_4$相とのときほど明確ではないが，それでも銅酸化物超伝導体の構造と物性を記述するのに便利である．

表4.3に示すように，ランタノイドを含む銅酸化物Pr$_2$CuO$_4$やSm$_2$CuO$_4$を含め，数多くのA$_2$BO$_4$相がNd$_2$CuO$_4$と同構造である．La$_2$CuO$_4$がこの構造を準安定相として形成することも知られている．この準安定相は，加熱することでK$_2$NiF$_4$構造へと戻る．むしろ驚くべきことであるが，Sr$_2$CuO$_2$F$_2$相もNd$_2$CuO$_4$構造をとることが知られている．ただし，フッ素過剰のSr$_2$CuO$_2$F$_{2+\delta}$ではLa$_2$CuO$_4$構造をとる．

T*構造とよばれる(Ce, Nd, Sr)$_2$CuO$_4$相は，La$_2$CuO$_4$構造とNd$_2$CuO$_4$構造が1:1で，[(Nd, Sr)O-(Nd, Sr)O]$_{岩塩型}$-CuO$_2$-[(Ce, Nd)-O$_2$-(Ce, Nd)]$_{蛍石型}$のように交互積層するインターグロース構造である．

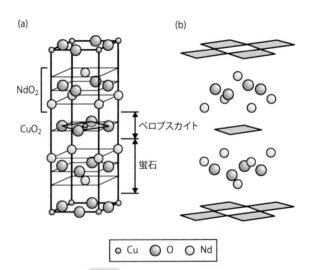

**図4.3** Nd$_2$CuO$_4$の理想構造
(a) 原子位置，(b) CuO$_4$平面を強調した理想構造．

**表4.3** Nd$_2$CuO$_4$および関連構造

| 相 | 空間群 | $a$ (nm) | $c$ (nm) |
|---|---|---|---|
| Nd$_2$CuO$_4$ | T, $I4/mmm$ (139) | 0.39414 | 1.21626 |
| Pr$_2$CuO$_4$ | T, $I4/mmm$ (139) | 0.39609 | 1.22210 |
| Sm$_2$CuO$_4$ | T, $I4/mmm$ (139) | 0.39136 | 1.19708 |
| La$_2$CuO$_4$(T′) | T, $I4/mmm$ (139) | 0.40095 | 1.25408 |
| Sr$_2$CuO$_2$F$_2$ | T, $I4/mmm$ (139) | 0.3967 | 1.2860 |

## 4.3 Dion-Jacobson 相と関連相

Ruddlesden-Popper 相のペロブスカイトブロックの境界にある 2 個の A 原子対が 1 個の A′ 原子に置き換わると[*8]，一般式が A′$(A_{n-1}B_nO_{3n+1})$ と書かれる相となる．この系列は Dion-Jacobson 相とよばれる（表 4.4）．ここでのペロブスカイトブロックは，母物質である理想的ペロブスカイトを [100] 面に平行に切ったものであり，$A_{n-1}B_nO_{3n+1}$ の組成をとる．Ruddlesden-Popper 相と同様に，数多くのカチオンを組み合わせることでこの構造をもつ物質が数多く得られる．$n=2$ のときは，A′ イオンと A イオンが（$+1/+3$）の対をとり，$B^{5+}$ と組み合わされることが多い．$KLaNb_2O_7$ がその例である．また，$n=3$ のときは，A′ イオンと A イオンが（$+1/+2$）の対をとり，$B^{5+}$ と組み合わされることが多く，その例としては $RbCa_2Ta_3O_{10}$ がある．

[*8] $A′A_2Nb_3O_{10}$（$n=3$）を 1981 年に報告した M. Dion と 1985 年にイオン交換反応を示した A. J. Jacobson に由来する．

**表 4.4**　Dion-Jacobson 相

| 相 | 空間群 | $a$ (nm) | $b$ (nm) | $c$ (nm) |
|---|---|---|---|---|
| $n=2$：$A′AB_2O_7$ | | | | |
| $LiLaNb_2O_7$ | T, $I4/mmm$ (139) | 0.38798 | | 2.03597 |
| $NaLaNb_2O_7$ | T, $I4/mmm$ (139) | 0.39022 | | 2.11826 |
| $RbBiNb_2O_7$ | O, $P2_1am$ (26) | 1.1232 | 0.5393 | 0.5463 |
| $RbLaNb_2O_7$ | O, $Imma$ (74) | 0.5501 | 2.2000 | 0.5489 |
| $CsBiNb_2O_7$ | O, $P2_1am$ (26) | 0.54953 | 0.54225 | 1.13766 |
| $CsNdNb_2O_7$ | O, $P2_1am$ (26) | 0.54722 | 0.54722 | 1.11695 |
| $BaSrTa_2O_7$ | O, $Immm$ (71) | 0.39937 | 0.78428 | 2.01609 |
| $LiSrNb_2O_6F$ | T, $I4/mmm$ (139) | 0.38304 | | 2.0837 |
| $NaSrNb_2O_6F$ | — | 0.3848 | | 2.01796 |
| $RbSrNb_2O_6F$ | T, $P4/mmm$ (123) | 0.38503 | | 1.12841 |
| $n=3$：$A′A_2B_3O_{10}$ | | | | |
| $CsPr_2Ti_2NbO_{10}$ | T, $P4/mmm$ (123) | 0.38376 | | 1.53015 |
| $CsCaLaTiNb_2O_{10}$ | T, $P4/mmm$ (123) | 0.3896 | | 1.5235 |
| $KCa_2Nb_3O_{10}$ | O, $Cmcm$ (63) | 0.38802 | 2.9508 | 0.7714 |
| $\beta$-$NaCa_2Nb_3O_{10}$ | T, $P4_2/ncm$ (138) | 0.54731 | | 2.90138 |
| $RbCa_2Nb_3O_{10}$ | T, $P4/mmm$ (123) | 0.38587 | | 1.49108 |
| $RbNa_xCa_2Nb_3O_{10}$ | T, $P4_2/ncm$ (138) | 0.54790 | | 2.88264 |
| $HCa_2Nb_3O_{10}(H_2O)_{0.5}$ | T, $P4/mbm$ (127) | 0.54521 | | 1.4414 |
| $RbLa_2Ti_2TaO_{10}$ | T, $P4/mmm$ (123) | 0.38342 | | 1.52776 |
| $CsPr_2Ti_2TaO_{10}$ | T, $P4/mmm$ (123) | 0.38376 | | 1.53015 |
| $CsNd_2Ti_2TaO_{10}$ | T, $P4/mmm$ (123) | 0.38319 | | 1.52764 |
| $CsSm_2Ti_2TaO_{10}$ | T, $P4/mmm$ (123) | 0.38195 | | 1.52371 |
| $NaCa_2Ta_3O_{10}$ | T, $I4/mmm$ (139) | 0.38607 | | 2.9216 |
| $KCa_2Ta_3O_{10}$ | O, $C222$ (21) | 0.38657 | 2.9777 | 0.3852 |
| $LiCa_2Ta_3O_{10}$ | T, $I4/mmm$ (139) | 0.38515 | | 2.8339 |
| $RbCa_2Ta_3O_{10}$ | T, $I4/mmm$ (139) | 0.38573 | | 1.50440 |
| $CsCa_2Ta_3O_{10}$ | T, $I4/mmm$ (139) | 0.38659 | | 1.52538 |
| $n=4$：$A′A_3B_4O_{13}$ | | | | |
| $NaCa_2NaNb_4O_{13}$ | O, $Immm$ (71) | 0.3885 | 0.3884 | 3.615 |
| $RbCa_2NaNb_4O_{13}$ | T, $P4/mmm$ (123) | 0.38727 | | 1.89115 |

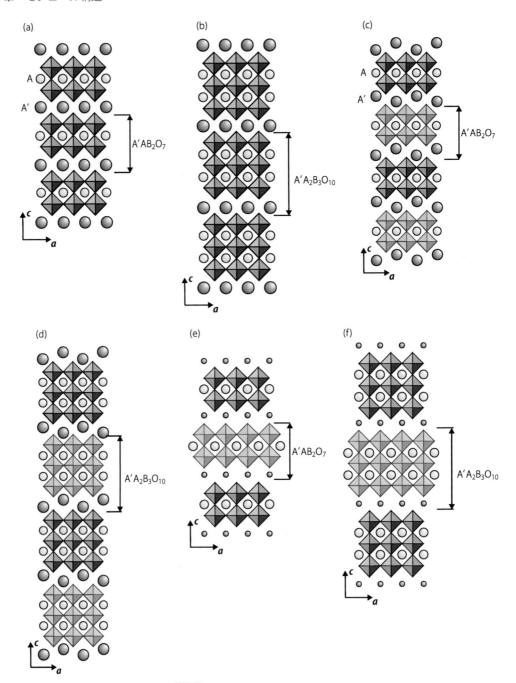

**図 4.4** Dion–Jacobson 相の理想構造
(a) I 型, $n=2$, $A'AB_2O_7$, (b) I 型, $n=3$, $A'A_2B_3O_{10}$, (c) II 型, $n=2$, $A'AB_2O_7$, (d) II 型, $n=3$, $A'A_2B_3O_{10}$, (e) III 型, $n=2$, $A'AB_2O_7$, (f) III 型, $n=3$, $A'A_2B_3O_{10}$.

$A'(A_{n-1}B_nO_{3n+1})$ の量論組成を満足する構造は，現在のところ三つ知られており，それらはI型, II型, III型とよばれて区別されている．I型の特徴は，隣接するペロブスカイトブロックの位相のずれがない，つまり同位相で積層することである〔図 4.4 (a), (b)〕．この構造は最も大きな $A'$ イオンをもち，典型的には $Rb^+$ と $Cs^+$ である．$n=3$ 相の $RbCa_2Ta_3O_{10}$ や $CsCa_2Ta_3O_{10}$ に代表される．理想的には，

$a = b \approx a_p$ の正方晶の構造をとり，$c$ 軸はペロブスカイトブロックに垂直方向である．A′カチオンに隣接する酸素の配位多面体は立方体である．

Ⅱ型の構造は隣接するペロブスカイトブロック間に $\mathbf{a}_p/2$ の変位がある〔図 4.4 (c)，(d)〕．つまり，$a$ または $b$ 軸沿いのどちらかに面内単位格子の半分（$1/2\mathbf{a}_p$）のずれがある．この構造は，$K^+$ といった比較的大きな A′ イオンをもつ場合に現れ，$n = 3$ 相である $KCa_2Ta_3O_{10}$ に代表される．理想的な構造は $a \approx a_p$，$b \approx 2a_p$ の直方晶であり，$c$ 軸はペロブスカイトブロックに垂直である．A′カチオンは酸素に対して三角プリズム配位を形成する．

Ⅲ型では，隣接するペロブスカイトブロック間に $(\mathbf{a}_p + \mathbf{b}_p)/2$ の変位があり，これは Ruddlesden-Popper 相の場合と同様である〔図 4.4 (e)，(f)〕．これらは $Li^+$，$Na^+$，$Ag^+$ のような最も小さい A′ カチオンを含み，$LiCa_2Ta_3O_{10}$ や $NaCa_2Ta_2O_{10}$ に代表される．理想的な構造は $a = b \approx a_p$ の正方晶であり，$c$ 軸はペロブスカイトブロックに垂直である．A′カチオンは酸素に配位して四面体を形成する[*9]．

> [*9] 四面体位置の 50% を占める．

Ruddlesden-Popper 相のときのように，B サイトカチオンに Co，Mn，Fe を含むものには非量論の組成をとることが多い．

## 4.4 Aurivillius 相

Aurivillius 相[*10]も，理想的ペロブスカイトを [100] 方向にスライスしたペロブスカイトブロックを含む．これらは，Ruddlesden-Popper 相における層間の $A_2$ 層，および Dion-Jacobson 相における層間の A′ 層を $Bi_2O_2$ 層に置き換えたものに相当し，一般式は $(Bi_2O_2)(A_{n-1}B_nO_{3n+1})$ として表される．価数を併記して $(Bi_2O_2)^{2+}$-$(A_{n-1}B_nO_{3n+1})^{2-}$ のように書かれることもある（表 4.5）．ペロブスカイト層は $(A_{n-1}B_nO_{3n+1})$ の組成をもつのは以前とまったく同様である．A はペロブスカイトの A サイトの "ケージ" を占める大きなカチオンであり，B は八面体を占める中くらいの大きさのカチオンである．隣接するペロブスカイトブロック間の変位は，Ruddlesden-Popper 相と同じで $(\mathbf{a}_p + \mathbf{b}_p)/2$ である．指数 $n$ の値は一般に 1 から 5 までの値をとる．$Bi_2O_2$ 層の構造は蛍石（$CaF_2$）と似ているため，この系列も蛍石型構造とペロブスカイト構造のインターグロース構造として表される．よって $Nd_2CuO_4$ 構造と類似している．この系列において $n = 1$ では $Bi_2WO_6$ に代表され，$n = 2$ では $Bi_3TiNbO_9$ に代表されるが，最もよく知られているのは，図 4.5 (a) に示した $n = 3$ で A サイトが Bi の強誘電体 $Bi_4Ti_3O_{12}$ である．

> [*10] 1949 年に $Bi_4Ti_3O_{12}$ の構造を報告した．B. Aurivillius に因む．

ほかの構造でも記述されているように，複数のカチオンからなる物質の対称性は理想構造よりも低くなる．このような対称性の低下は，ペロブスカイトブロックにおける金属-酸素からなる八面体のひずみや，ペロブスカイトブロックの間の層におけるカチオンの交替配列によって起こる．構造は似ていても異なる空間群をとることも多く，場合によっては不整合変調構造として記述するほうがよいと判断できることもある．

この系列に属する異なる二つの物質の間の組成では，2 種以上の厚みをもつペロブスカイトブロックが秩序化してインターグロース構造をつくる場合，とくに

**表4.5** Aurivillius 相

| 相 | 空間群 | $a$ (nm) | $b$ (nm) | $c$ (nm) |
|---|---|---|---|---|
| $n=1$ | | | | |
| $Bi_2WO_6$ | O, $P2_1ab$ (29) | 0.54559 | 0.54360 | 1.64297 |
| $n=2$ | | | | |
| $Bi_3TiNbO_9$ | O, $A2_1am$ (36) | 0.54398 | 0.53941 | 2.25099 |
| $PbBi_2Nb_2O_9$ | O, $A2_1am$ (36) | 0.54909 | 0.54998 | 2.55313 |
| $SrBi_2Nb_2O_9$ | O, $A2_1am$ (36) | 0.55164 | 0.55141 | 2.50829 |
| $Bi_{2.5}Na_{0.5}Ta_2O_9$ | O, $A2_1am$ (36) | 0.54763 | 0.54478 | 2.49710 |
| $n=1, n=2$ | | | | |
| $Bi_5TiNbWO_{15}$ | O, $I2cm$ (46) | 0.54231 | 0.54027 | 4.1744 |
| $n=3$ | | | | |
| $Bi_4Ti_3O_{12}$ | O, $Aba2$ (41) | 0.54373 | 3.30610 | 0.54621 |
| $Bi_3LaTi_3O_{12}$ | O, $B2cb$ (41) | 0.54164 | 0.54157 | 3.29133 |
| $Bi_2La_2Ti_3O_{12}$ | T, $I4/mmm$ (139) | 0.38233 | | 3.29366 |
| $Bi_{2.5}Na_{1.5}Nb_2O_{12}$ | O, $B2cb$ (41) | 0.55024 | 0.54622 | 3.2735 |
| $Bi_2CaNaNb_3O_{12}$ | O, $B2cb$ (41) | 0.54836 | 0.54585 | 3.2731 |
| $Bi_2SrNaNb_3O_{12}$ | T, $I4/mmm$ (139) | 0.39007 | | 3.2926 |
| $n=4$ | | | | |
| $Bi_{2.5}Na_{2.5}Nb_4O_{15}$ | O, $A2_1am$ (36) | 0.55095 | 0.54783 | 4.0553 |

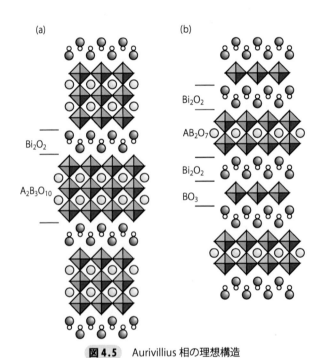

**図4.5** Aurivillius 相の理想構造
(a) $n=3$, $(Bi_2O_2)(A_2B_3O_{10})$, (b) $n=1$ と $n=2$ が秩序したインターグロース構造 $Bi_5TiNbWO_{15}$.

$n$ と $(n+1)$ のものがよくみられる. たとえば, $n=1$ の $Bi_2WO_6$ と $n=2$ の $Bi_3TiNbO_9$ が秩序化したインターグロース構造は, $Bi_5TiNbWO_{15}$ の組成をもち, 1枚および2枚の厚みをもつ八面体ブロックが交互に積層している〔図4.5(b)〕. これらのインターグロース構造は, 探索組成の範囲が狭ければ狭いほど複雑になる.

## 4.5 Ca$_2$Nb$_2$O$_7$ 関連相

前に記述した相と同じように，Ca$_2$Nb$_2$O$_7$ に関連した相はペロブスカイト構造をもつブロックから構成されているが，ここでは理想的ペロブスカイトを [110]$_p$ 面に平行に切りとったブロックからなる．このタイプの構造の最初の物質は，Ca$_2$Nb$_2$O$_7$ とペロブスカイト NaNbO$_3$ を末端組成とする系で見つけられた．Ca$_2$Nb$_2$O$_7$ の構造は，実際には 4 枚の厚みの八面体ブロックから構成されている〔図 4.6 (a)〕．したがって，本来は Ca$_4$Nb$_4$O$_{14}$ と書くべきである．ペロブスカイトブロックは理想的な単位格子の $c$ 軸に沿って積層する．それぞれのブロックは Ruddlesden-Popper 相のときのように，隣接するブロックと $(\mathbf{a}_p + \mathbf{b}_p)/2$ だけ位相をずらして積層している．BO$_6$ 八面体は $\mathbf{a}_p$ から投影するとギザギザにみえるようにつながっており，$\mathbf{b}_p$ から投影すると頂点共有した列がみてとれる〔図 4.6 (b)〕．

これらの相では，各ペロブスカイトブロックの組成は A$_n$B$_n$O$_{3n+2}$ となる．ここで $n$ は一つのブロック内の BO$_6$ 八面体の枚数である．ペロブスカイトブロックの間にほかのカチオンは入っていないので，この組成がそのまま相の組成となる．ブロックの厚みが増すにつれて，組成はペロブスカイト，つまり $n=\infty$ の ABO$_3$ に近づいていく．単位格子は，理想的には $a \approx a_p$，$c \approx (n+1)\sqrt{2}a_p$，$b \approx \sqrt{2}a_p$ となる．ほかの相でも記述されているように，八面体の回転やひずみは対称性を低下させる．各ブロックのなかのほうに位置する BO$_6$ 八面体は正八面体に近く，ブロックの端に近づくにつれひずみが大きくなる．同じように，結合価数和（BVS）の計算からは，B カチオンの価数はペロブスカイトブロックの端で形式価数から予想される妥当な

*11 表 4.6 の大部分の単位格子と合わせた．

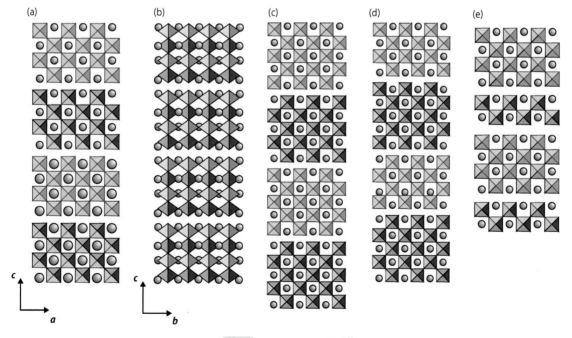

**図 4.6** Ca$_2$Nb$_2$O$_7$ 関連相[*11]
(a) [100] 方向からみた Ca$_4$Ti$_4$O$_{14}$ ($n=4$)，(b) [010] 方向からみた Ca$_4$Ti$_4$O$_{14}$ ($n=4$)，(c) $n=5$，A$_5$B$_5$O$_{17}$，(d) $n=(4,5)$，La$_{4.5}$Ti$_{4.5}$O$_{15.5}$，(e) $n=(2,4)$，Pr$_3$Ti$_2$TaO$_{11}$．

**表4.6** $Ca_2Nb_2O_7$ ($Ca_4Nb_4O_{14}$) 相

| 相 | 空間群 | $a$(nm) | $b$(nm) | $c$(nm) | $\beta$(°) |
|---|---|---|---|---|---|
| $n=2$ | | | | | |
| $Ba_2Fe_2F_8$ | O, $Cmc2_1$ (36) | 0.4234 | 1.4856 | 0.5837 | |
| $Ba_2Mn_2F_8$ | O, $Cmc2_1$ (36) | 0.4209 | 1.4708 | 0.5874 | |
| $n=3$ | | | | | |
| $Sr_2LaTa_3O_{11}$ | O, $Immm$ (71) | 0.3965 | 2.0874 | 0.5632 | |
| $n=2, n=4$ | | | | | |
| $Pr_3Ti_2TaO_{11}$ | O, $Pmc2_1$ (26) | 0.38689 | 2.0389 | 0.55046 | |
| $n=4$ | | | | | |
| $La_4Ti_4O_{14}$ | M, $P2_1$ (4) | 0.78122 | 0.55421 | 1.30102 | 98.66 |
| $Sr_4Nb_4O_{14}$ | O, $Cmc2_1$ (36) | 0.39544 | 2.6767 | 0.56961 | |
| $Sr_4Ta_4O_{14}$ | O, $Cmc2_1$ (36) | 0.3940 | 2.715 | 0.5692 | |
| $n=5$ | | | | | |
| $La_5Ti_5O_{17}$ | M, $P2_1/c$ (14) | 0.78580 | 0.55281 | 3.1449 | 97.17 |
| $Ca_5Nb_5O_{17}$ | M, $P2_1/c$ (14) | 0.77494 | 0.54928 | 0.32241 | 90.81 |
| $Sr_5Nb_5O_{17}$ | O, $Pnnm$ (58) | 3.2456 | 0.56714 | 0.3995 | |
| $n=6$ | | | | | |
| $Ca_2La_4Ti_6O_{20}$ | O, $Pbn2_1$ (33) | 0.38810 | 3.6771 | 0.55031 | |

値であるのに対し，ブロックの中心ではしばしば低くなることが多い．これらの相の多くは，不整合構造として記述するほうが適当である．

　表4.6に示すように，この型の相は数多く調べられている．唯一の $n$ 値をもつ相〔図4.6(a)，(c)〕のほかに，無数の繰り返し構造をもつ物質が電子顕微鏡により見いだされている．これには，二つの $n$ 値（$n_1, n_2$）をもつ(4, 4, 4, 5)，(4, 4, 5)，(4, 5)〔図4.6(d)〕，(4, 5, 5) などが含まれる．このような構造の存在は組成式に若干の曖昧さを与える結果となる．たとえば，$Pr_3Ti_2TaO_{11}$ 相はこの系列の $n=3$ に対応するが，(3, 3) ではなく (2, 4) の繰り返し構造をもつ〔図4.6(e)〕．このような構造は，$n=3$（II型）というように表記されることがある．

　厚みの異なるさまざまなブロックからなる無秩序な [110] 面欠陥は，組成変化に伴って多くの系で現れることであり，$n=5$ もしくはそれ以上の層数からなる物質では，原則このような無秩序が起こる．たとえば，ペロブスカイト $SrTiO_3$ を $Nb_2O_5$ と反応させると，無秩序に [110] 面欠陥が分布した結晶が得られる．$Nb_2O_5$ がペロブスカイト相に導入されることで $Sr(Nb_xTi_{1-x})O_{3+x}$ が得られるが，各 $Nb^{5+}$ イオンが $Ti^{4+}$ イオンと置き換わることは，過剰な酸素が結晶中に取り込まれることを必要とする．面欠陥の導入によってペロブスカイト構造が切り開かれるため，この余分な酸素を小さな間隙位置に入れることなく収容することができる．

## 4.6　銅酸化物超伝導体と関連相

　銅酸化物高温超伝導体では，合金ベースの"従来"の超伝導体の転移温度をはるかに上回る温度まで超伝導状態が維持される（表4.7）．これらの相の構造は，形式組成が $ACuO_3$ のペロブスカイト母構造をスライスして（おもに）岩塩型もしくは蛍石型の層とつなげて積層させたものとして表される．これらのすべての物質におい

4.6　銅酸化物超伝導体と関連相 ● **113**

**表4.7**　銅酸化物超伝導体

| 化合物 [a] | $T_c$ (K) | 空間群 | $a$ (nm) | $b$ (nm) | $c$ (nm) |
|---|---|---|---|---|---|
| 単一の $CuO_2$ 層をもつ系 | | | | | |
| $La_{1.84}Sr_{0.16}CuO_4$ | 38 | T, $I4/mmm$ (139) | 0.37985 | | 1.3312 |
| $Nd_{1.97}Ce_{0.07}CuO_4$ | 20 | T, $I4/mmm$ (139) | 0.39353 | | 1.20874 |
| 2枚の $CuO_2$ 層をもつ系 | | | | | |
| $YBa_2Cu_3O_{6.35}$ | 10 | T, $P4/mmm$ (123) | 0.3858 | | 1.17913 |
| $YBa_2Cu_3O_{6.5}$ | 60 | O, $Pmmm$ (47) | 0.3834 | 0.3878 | 1.174 |
| $YBa_2Cu_3O_{6.95}$ | 93 | O, $Pmmm$ (47) | 0.38136 | 0.38845 | 1.16603 |
| $YBa_2Cu_3O_7$ | —— | O, $Pmmm$ (47) | 0.38255 | 0.38871 | 1.16618 |
| $NdBa_2Cu_3O_7$ | —— | O, $Pmmm$ (47) | 0.38649 | 0.39163 | 1.1767 |
| $Bi_2O_2/Tl_2O_2$ 層をもつ系 | | | | | |
| $Bi_2Sr_2CuO_6$ | 10 | T, $I4/mmm$ (139) | 0.37962 | | 2.39333 |
| $Bi_2Sr_2CaCu_2O_8$ | 92 | T, $I4/mmm$ (139) | 0.38361 | | 2.93709 |
| $Bi_2Sr_2Ca_2Cu_3O_{10}$ | 110 | O, $A2aa$ (37) | 0.5411 | 0.5409 | 3.7082 |
| $Tl_2Ba_2CuO_6$ | 92 | T, $I4/mmm$ (139) | 0.38594 | | 2.31273 |
| $Tl_2Ba_2CaCu_2O_8$ | 119 | T, $I4/mmm$ (139) | 0.38565 | | 2.93122 |
| $Tl_2Ba_2Ca_2Cu_3O_{10}$ | 128 | T, $I4/mmm$ (139) | 0.38487 | | 3.5662 |
| $Tl_2Ba_2Ca_3Cu_4O_{12}$ | 119 | T, $I4/mmm$ (139) | 0.38503 | | 4.226 |
| TlO/HgO 層をもつ系 | | | | | |
| $TlBa_2CuO_5$ | —— | T, $P4/mmm$ (123) | 0.3850 | | 0.9540 |
| $TlBa_2CaCu_2O_7$ | 103 | T, $P4/mmm$ (123) | 0.3847 | | 1.273 |
| $TlBa_2Ca_2Cu_3O_{8.5}$ | 110 | T, $P4/mmm$ (123) | 0.38478 | | 1.586 |
| $HgBa_2CuO_4$ | 94 | T, $P4/mmm$ (123) | 0.38851 | | 0.9526 |
| $HgBa_2CaCu_2O_6$ | 127 | T, $P4/mmm$ (123) | 0.38528 | | 1.27216 |
| $HgBa_2Ca_2Cu_3O_8$ | 133 | T, $P4/mmm$ (123) | 0.38453 | | 1.57713 |
| $Hg_{0.8}Tl_{0.2}Ba_2Ca_2Cu_3O_{8.33}$ | 138 | T, $P4/mmm$ (123) | 0.3849 | | 1.5827 |
| $HgBa_2Ca_3Cu_4O_{10}$ | 126 | T, $P4/mmm$ (123) | 0.3858 | | 1.9011 |

a) 式は代表的なものであり，最適な $T_c$ 値となるための正確な酸素量論比をつねに示している訳ではない.

て，超伝導性を示す構造部位はペロブスカイトブロックに由来する $CuO_2$ 層をもっている．2枚以上の $CuO_2$ 層をもつ場合，それらはカチオンのみからなる層 Q により隔てられており，$CuO_2$-$(Q\text{-}CuO_2)_{n-1}$ の配列を与える．ここで指数 $n$ は，相に含まれる $CuO_2$ 層の総数であり，また組成式のなかの Cu 原子の数にも等しい．前に記述された層状構造と同様に，$n$ の値の違いによってホモロガス系列は特徴づけられ，$n$ の値が一つ増えると，ペロブスカイトブロックの八面体層が1枚加わる.

　銅の価数はたいていの場合 $Cu^{2+}$ と $Cu^{3+}$ の間である[*12]．冷却することで現れる超伝導状態の発現と超伝導転移温度 $T_c$ は，組成と密接に関係しており，すべてが酸素組成にかなりの幅をもっている（8.4節）.

*12 つまり，大半の超伝導体はホール（正孔）ドープ型である.

### 4.6.1　$La_2CuO_4$, $Nd_2CuO_4$, および $YBa_2Cu_3O_7$

　最も単純な構造をもつ銅酸化物超伝導体は，ドープ（元素置換）された $La_2CuO_4$（T または T/O 構造）やドープされた $Nd_2CuO_4$（T′構造），酸素欠損のある $YBa_2Cu_3O_7$ である．室温では，$La_2CuO_4$ はひずんだ $K_2NiF_4$ 構造をとるが，$CuO_6$ 八面体がヤーン・テラー効果により $c$ 軸方向に引き伸ばされている（図4.7）．高温ではヤーン・テラー

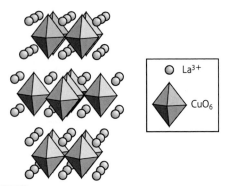

**図 4.7** K₂NiF₄ 関連である室温での La₂CuO₄ の構造
ヤーン・テラー効果により引き伸ばされた CuO₆ 八面体のブロックをもつ.

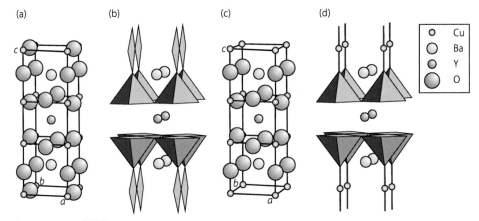

**図 4.8** (a) YBa₂Cu₃O₇ の構造，(b) CuO₅ 四角錐と CuO₄ 平面四配位を使って描いた YBa₂Cu₃O₇ の理想構造，(c) YBa₂Cu₃O₆ の構造，(d) CuO₅ 四角錐と O－Cu－O 直線配位を描いた YBa₂Cu₃O₆ の理想構造

*13 室温では，ヤーン・テラーひずみに加えて，八面体が回転することによって超格子をもつ直方晶の構造である．高温では，八面体回転は消失するため正方晶になるが，ヤーン・テラーひずみは残ったままである．

*14 超伝導の舞台である CuO₂ 面の電子状態は，Cu²⁺ (d⁹) で $3d_{x^2-y^2}$ からなるバンドが半分埋まった状態であるが，電子間の強いクーロン相互作用が働くため，このバンドが二つに分裂するため絶縁体となる．

ひずみは失われ，ひずみのない K₂NiF₄ 構造となる*13. 化学量論の物質は絶縁相*14 であるが，La³⁺ をアルカリ土類の Ba²⁺，Sr²⁺，あるいは Ca²⁺ にいくらか置換することで超伝導相へと変化する．Nd₂CuO₄（同構造の準安定相 La₂CuO₄）の結晶構造は，同じようなカチオンの配列をしているが，CuO₂ 層が蛍石型の Nd₂O₂ 層によって連結されているため明らかに CuO₂ 八面体はない（図 4.3）．

YBa₂Cu₃O₇ は，超伝導転移温度が液体窒素の沸点を超えたはじめての超伝導体であるため幅広く研究されている．YBa₂Cu₃O₇ は，ペロブスカイト由来の単位格子が三つ積層した構造をもつ〔図 4.8(a)〕．真ん中のペロブスカイト格子は，Y を A サイトカチオンとして，Cu を B サイトカチオンとして含んでいる．この上下の格子は，Ba を A サイト，Cu を B サイトとして含んでおり YBa₂Cu₃ の金属組成を与える．これはペロブスカイトの 3 倍の単位格子が A₃B₃O₉ であることから予想されることである．しかしながら，実際には O 原子は九つではなく七つしかなく，Cu 原子が八面体配位ではなく四角錐配位（ピラミッド配位）と平面四配位を与えるように配置されている〔図 4.8(b)〕．ここで各イオンに Y³⁺，Ba²⁺，O²⁻ の価数を与えると，Cu は 2.33 の平均価数をとらなければならない．これは，形式的には単位格子に二

つの $Cu^{2+}$ イオンと一つの $Cu^{3+}$ イオンが含まれていると考えることができる. $YBa_2Cu_3O_7$ は, $YBa_2Cu_3O_{6.0}$ の組成まで酸素を欠損させることができる〔図 4.8(c)〕. この還元に際して酸素原子は無秩序に失われていくのではなく, $CuO_4$ 平面四配位の $b$ 軸上に並んだ酸素のみが失われる[*15]. 酸素の欠損は $Cu$ の配位環境を平面四配位から直線配位に変える効果がある〔図 4.8(d)〕.

$YBa_2Cu_3O_7$ に似た構造は数多く存在し, とくに $Y^{3+}$ カチオンのランタノイドイオン $Ln^{3+}$ への置換体がある. 加えて, $B$ サイトを置換した相も存在する. たとえば, $YSr_2Cu_2CoO_7$ などが知られている. しかし, これらの多くは明確にペロブスカイト関連の構造であるといえるものではない. たとえば, $YSr_2Cu_2CoO_7$ は四面体配位と四角錐配位から構成されており, ペロブスカイトの構造の単純な関連性はない. ここで $Cu$ は四角錐配位で $Co$ は四面体配位をとる. したがって, ブラウンミレライト構造の類縁体ともみなすことができる.

> [*15] 実際には酸素量 7 と 6 の間の組成で, この層の酸素欠損の秩序-無秩序（直方晶-正方晶）転移が起こる.

### 4.6.2 層状ペロブスカイト構造

その他の銅酸化物超伝導体は, ペロブスカイト様の層が, 多種多様な層によって隔てられた構造をもつ. その構成原理は, ペロブスカイト層が $Bi_2O_2$ 層または $Tl_2O_2$ 層とつながった化合物を参照しながら描くことができる. $Bi_2O_2$ 系の組成は $Bi_2Sr_2Ca_{n-1}Cu_nO_{2n+4}$ であり, $Tl_2O_2$ 系の組成は $Tl_2Ba_2Ca_{n-1}Cu_nO_{2n+4}$ となる. ここで, 実際の化合物中の酸素の組成は理想化された組成とわずかに異なり, その不定比性が超伝導の発現に重要であることを理解しておかねばならない. これらの系列のうち最初の三つの物質, $Bi_2Sr_2CuO_6 (= Tl_2Ba_2CuO_6)$, $Bi_2Sr_2CaCu_2O_8$ $(= Tl_2Ba_2CaCu_2O_8)$, $Bi_2Sr_2Ca_2Cu_3O_{10} (= Tl_2Ba_2Ca_2Cu_3O_{10})$ の理想構造は, 八面体層の厚さが順に 1, 2, 3 枚のペロブスカイトブロックをもつ. $Bi_2Sr_2CuO_6$ の理想構造における 1 枚のペロブスカイトブロックは（八面体に欠損がないという意味で）完全であり, これらは $Bi_2O_2$ （または $Tl_2O_2$ 層）により隔てられている〔図 4.9(a)〕. ほかの化合物では, ペロブスカイト骨格をつくるのに必要な酸素の八面体構造が不完全である. 形式的に, 理想的ペロブスカイト構造の $CuO_6$ 八面体からなる二重層と比較すると, $Bi_2Sr_2CaCu_2O_8$ と $Tl_2Sr_2CaCu_2O_8$ では向かい合う四角錐（ピラミッド配位）の二重層に置き換わっている〔図 4.9(b)〕. $Bi_2Sr_2Ca_2Cu_3O_{10}$ と $Tl_2Ba_2Ca_2Cu_3O_{10}$ では, 3 枚の $CuO_6$ 八面体の層のうち, 外側の二つは $CuO_5$ 四角錐の層に, 中央の一つは $CuO_4$ 平面四配位の層に置き換わっている〔図 4.9(c)〕.

さまざまな超伝導体のホモロガス相は, $CuO_2-(Q-CuO_2)_{n-1} (n = 1, 2, 3, 4, \cdots)$ で表される**超伝導層**（superconducting layer）の間に挟まれたさまざまな**電荷調節層**（charge reservoir layer）によって組み立てられるとして表される（表 4.8）. 明らかに, これらの系列のほかの物質群, たとえば, $n$ と $(n+1)$ の異なる厚さをもつペロブスカイトブロックが交互に積層して, あるいは無秩序にインターグロースした構造や, 異なる電荷調節層が交替積層した構造を想像することもできる.

$Bi_2Sr_2Ca_{n-1}Cu_nO_{2n+4}$ 系の実際の構造は, ある短軸（通常は $b$ 軸）に, もしくはその軸の近くの方向に沿った変調構造をもつとしてよりよく記述されることが多い. た

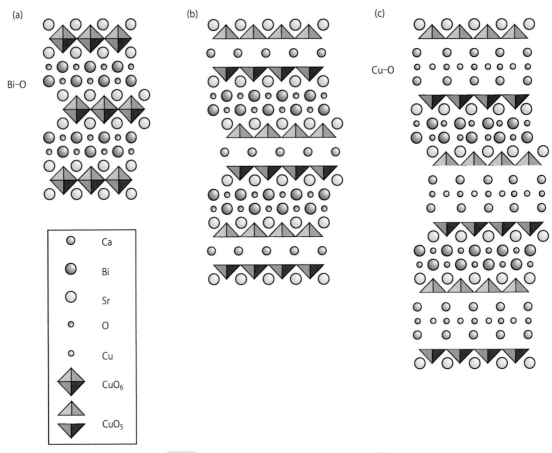

**図 4.9** いくつかの銅酸化物超伝導体の理想構造
(a) $Bi_2Sr_2CuO_6$ と $Tl_2Ba_2CuO_6$, (b) $Bi_2Sr_2CaCu_2O_8$ と $Tl_2Ba_2CaCu_2O_8$,
(c) $Bi_2Sr_2Ca_2Cu_3O_{10}$ と $Tl_2Ba_2Ca_2Cu_3O_{10}$.

とえば，$Ba_2Sr_2Ca_2Cu_3O_{10}$〔図 4.10（a），（b）〕の理想的な構造は，格子定数 $b$ の値が $a_p$ に近い理想的な値である．この物質の変調は，Bi−O 層に過剰な酸素が取り込まれることによって導入される．過剰酸素の導入によって，この層がおおよそ正弦波で表される波状の構造を形成する[*16]．このひずみはペロブスカイト（様）ブロックにも伝えられるため，結晶全体として波状にうねった構造となる．実際の構造の複雑さはかなりのものである．変調構造の波長が理想的な $b$ 軸長に整合していることはほとんどない．ある Bi−O 面の変調波が隣接する Bi−O 層の変調波と一致するとおよそ直方晶の単位格子を与えるが〔図 4.10（c）〕，少しでもずれているとおよそ単斜晶の単位格子を与える〔図 4.10（d）〕．さらに，いくつかあるいはすべての層において変調波は $b$ 軸方向からある角度をなしているかもしれない．

*16 酸素欠損がなくても変調が生じる場合もある．

### 4.6.3 層状銅酸化物の関連構造

このほかの銅を含む，あるいは含まない多くの相は，これらの銅酸化物と関連した構造をとっている．$Sr_4(Fe_{6-x}Co_x)O_{13±δ}$ は，過剰酸素量 $δ$ に依存した変調ベクトルをもつ複雑な変調構造をもつ．この物質は，ペロブスカイト構造 [$SrFeO_3$] の層が，岩塩（RS）型と関連した構造を含む [$SrO-Fe_2O_{2.5±1/2δ}-SrO$] 層により隔てられてい

4.6 銅酸化物超伝導体と関連相 ● **117**

**表4.8** 銅酸化物超伝導体のホモロガス系列

| 電荷調節[a] | 電荷調節形式 | 超伝導ブロック式 | 理想的系列式[a] | 例[b] |
|---|---|---|---|---|
| AX–AX | LaO | $CuO_2(CuO_2)_{n-1}$ | $La_2Cu_nO_{2n+2}$ | $La_2CuO_{4+\delta}$ ($n=1$) |
| | | | | $La_{1-x}Sr_xCuO_4$ ($n=1$) |
| | SrF | $CuO_2(CuO_2)_{n-1}$ | $Sr_2Cu_nO_{2n}F_2$ | $Sr_2CuO_2F_{2+\delta}$ ($n=1$) |
| A–O$_2$–A | $Nd_2O_2$ | $CuO_2(CuO_2)_{n-1}$ | $Nd_2Cu_nO_{2n+2}$ | $Nd_2CuO_4$ ($n=1$) |
| AO–M–AO | BaO–Cu–BaO | $CuO_2(YCuO_2)_{n-1}$ | $Ba_2Y_{n-1}Cu_{n+1}O_{2n+2}$ | $YBa_2Cu_3O_6$ ($n=2$) |
| | | $CuO_2(CaCuO_2)_{n-1}$ | $CuBa_2Ca_{n-1}Cu_nO_{2n+2}$ | $Ba_2Ca_2Cu_4O_8$ ($n=3$) |
| | | | | $Ba_2Ca_3Cu_5O_{10}$ ($n=4$) |
| | BaO–Hg–BaO | $CuO_2(CaCuO_2)_{n-1}$ | $HgBa_2Ca_{n-1}Cu_nO_{2n+2}$ | $HgBa_2CuO_4$ ($n=1$) |
| | | | | $HgBa_2CaCu_2O_6$ ($n=2$) |
| | | | | $HgBa_2Ca_2Cu_3O_8$ ($n=3$) |
| AO–MO–AO | BaO–TlO–BaO | $CuO_2(CaCuO_2)_{n-1}$ | $TlBa_2Ca_{n-1}Cu_nO_{2n+3}$ | $TlBa_2CuO_5$ ($n=1$) |
| | | | | $TlBa_2CaCu_2O_{7+\delta}$ ($n=2$) |
| | | | | $TlBa_2Ca_2Cu_3O_{9+\delta}$ ($n=3$) |
| | BaO–BiO–BaO | $CuO_2(CaCuO_2)_{n-1}$ | $BiBa_2Ca_{n-1}Cu_nO_{2n+3}$ | $BiBa_2CuO_5$ ($n=1$) |
| | | | | $BiBa_2CaCu_2O_7$ ($n=2$) |
| | | | | $BiBa_2Ca_2Cu_3O_9$ ($n=3$) |
| | SrO–GaO–SrO | $CuO_2(Y,CaCuO_2)_{n-1}$ | $GaSr_2(Y, Ca)_{n-1}Cu_nO_{2n+3}$ | $GaSr_2(Y,Ca)Cu_2O_7$ ($n=2$) |
| | | | | $GaSr_2(Y,Ca)_2Cu_3O_9$ ($n=3$) |
| AO–MO–MO–AO | SrO–BiO–BiO–SrO | $CuO_2(CaCuO_2)_{n-1}$ | $Bi_2Sr_2Ca_{n-1}Cu_nO_{2n+4}$ | $Bi_2Sr_2CuO_6$ ($n=1$) |
| | | | | $Bi_2Sr_2CaCu_2O_8$ ($n=2$) |
| | | | | $Bi_2Sr_2Ca_2Cu_3O_{10}$ ($n=3$) |
| | BaO–TlO–TlO–BaO | $CuO_2(CaCuO_2)_{n-1}$ | $Tl_2Ba_2Ca_{n-1}Cu_nO_{2n+4}$ | $Tl_2Ba_2CuO_6$ ($n=1$) |
| | | | | $Tl_2Ba_2CaCu_2O_8$ ($n=2$) |
| | | | | $Tl_2Ba_2Ca_2Cu_3O_{10}$ ($n=3$) |
| AO–MO–M′–MO–AO | SrO–PbO–Cu–PbO–SrO | $CuO_2(Y,CaCuO_2)_{n-1}$ | $Pb_2Sr_2(Y, Ca)_{n-1}Cu_{n+1}O_8$ | $Pb_2Sr_2Y_{0.5}Ca_{0.5}Cu_3O_8$ ($n=2$) |

a) 電荷調節層は非量論比である. このことは, あたえられた理想的な式中に示されていない.
b) 組成はいろいろである. 電荷調節層の非量論性による. $\delta$はこれを示している. $\delta$は正および負のどちらもとれる.

る. これと密接に関連しているのが鉄を含む$Bi_{1.33}Sr_{3.67}Fe_8O_{19\pm\delta}$である. ここでペロブスカイトブロックは, $[(Sr, Bi)O–Fe_2O_{1.5\pm\delta}–(Sr, Bi)O]$の組成のやや複雑な岩塩 (RS) 層によって隔てられた二層の$[(Bi, Sr)_2Fe_2O_6]$からなる. 同じような構造は$Bi_{2+x}Sr_{3-x}Fe_2O_{9+\delta}$にもみられる. 二層のペロブスカイトブロックが$[BiO–BiO]$層により隔てられている.

$CoSr_2(Ce_{0.25}Y_{0.75})_2Cu_2O_{9+\delta}$, $CoSr_2(Ce_{0.4}Nd_{0.6})_2Cu_2O_{9+\delta}$, $CoSr_2(Ce_{0.67}Y_{0.33})_3Cu_2O_{11+\delta}$, $CoSr_2YCu_2O_{7+\delta}$は, 2枚の$CuO_2$層が, それぞれ1, 2, 3層の蛍石関連構造により隔てられたホモロガス構造をとる. さきに述べた銅酸化物のホモロガス相と異なり, ここで増加するのは蛍石層の厚みであり, 銅を含む層自体は変わっていない. つまり, 蛍石層の厚みが大きくなるにつれて, ペロブスカイトとの類似性がどんどん小さくなることを意味している. 蛍石層が$CuO_2$平面を隔てているほかの例としては$Cu(Ba_{0.67}Eu_{0.33})_2(Ce_{0.33}Eu_{0.67})_2Cu_2O_{9\pm\delta}$があり, これは蛍石 (F) 型の$[(Ce, Eu)–O_2–(Ce, Eu)]$層と岩塩 (RS) 型の$(Ba, Ln)O$層が$(RS)–(CuO_{1\pm\delta})–(RS)–(CuO_2)–(F)–(CuO_2)$の順序で積層した物質である.

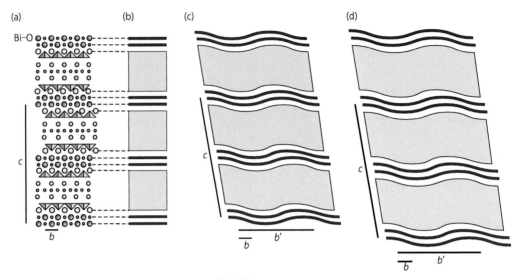

**図 4.10** $Bi_2Ca_2Sr_2Cu_3O_{10+\delta}$ における変調
(a) ［100］方向に投影された理想構造，(b) ペロブスカイトブロックと 2 枚の Bi-O 層の積層構造，(c) $b$ 軸方向に $b' \approx 5.8\,b$ の周期をもつ直方晶の対称性をもつ不整合変調構造（誇張してある）[*17]，(d) 変調は(c)と同じであるが，変調波のずれため単斜晶の対称性となる例．

*17 図は(d)と同じで単斜晶になっている．

## 4.7 組成の多様性

これらのモジュール系で不定比性が大きく変化させることができるという性質によって，新たな（ホモロガス）系列の形成や，面欠陥の導入（これはほかの系の独立したラメラ層としばしば等価）がたびたびもたらされる．しかしながら，個々の相の多くは，点欠陥が無秩序に分布したり，それらが秩序化して新しい構造ができることでさらなる組成の多様性を与える．両方の場合において，組成が自在に変えられることによって物理的，化学的性質に影響を与えることができるため重要である．この不定比性の影響は，組成の変化が超伝導転移温度 $T_c$ に大きな影響を与えることが知られている銅酸化物超伝導体においてとくによく調べられている．

酸素の欠損は，B サイトカチオンの価数が変化しうるときに一般的に生じる．相によっては酸素欠損が通常の酸素位置に無秩序に分布しており，その場合いくつかの $BO_6$ 八面体は $BO_5$ 四角錐へと変わる．これは $n=2$ の Ruddlesden-Popper 相である $La_3Ni_2O_7$ でみられる．同物質に水素還元処理を施すことによって組成は $La_3Ni_2O_{6.35}$ となる[*18]．この還元された構造では，2/3 の Ni 原子が四角錐配位（ピラミッド配位）をとっており，このサイトは形式価数として $Ni^+$ ($Ni'_{Ni}$) と考えるのが適当である．これは以下の式で表される．

$$2Ni_{Ni} + O_O \longrightarrow \tfrac{1}{2}O_2 + V_O^{\bullet\bullet} + 2Ni'_{Ni}$$

*18 金属水素化物を用いた低温トポケミカル反応により，T'構造をもつ $La_3Ni_2O_6$ が得られている．

*19 還元条件によっては，$\delta=1$ までの値をとる．$CaH_2$ を用いた反応では，$Sr_3Fe_2O_5$ ($\delta=2$) が得られる．

*20 $0<\delta<1$ では，2 枚の八面体層をつなぐ酸素位置のみに欠損が生じ，このサイトで欠損は無秩序である．

この相では酸素欠損は無秩序であるようにみえる．同様に，$n=2$ の Ruddlesden-Popper 相である $Sr_3Fe_2O_{6+\delta}$（ここで$\delta$は 0 から 0.73 の間の値をとる）[*19] でも，酸素欠損は無秩序に分布しているようにみえる[*20]．酸素欠損は $Fe^{3+}/Fe^{4+}$ の比が変わることで電荷補償がとられており，形式的に $Sr_3Fe_2^{3+}O_6$ と書かれる組成は，徐々に

$Sr_3Fe^{3+}_{0.74}Fe^{4+}_{1.46}O_{6.73}$ へと変化する. $La_3Fe_2O_6$ の酸化反応は以下のように書ける.

$$½O_2 \longrightarrow O_O + 2h^{\bullet} \longrightarrow O_O + 2Fe^{\bullet}_{Fe}$$

ここで $Fe^{\bullet}_{Fe}$ は $Fe^{4+}$ と等価である. 電荷補償のために, 一つの酸化物イオンが挿入されるたびに二つの $Fe^{4+}$ イオンがつくられる.

銅酸化物 $La_2CuO_4$ は典型的な絶縁性[*21] のセラミックスである. 酸素高圧下で加熱すると, 酸素過剰の $La_2CuO_{4+\delta}$ が合成される. 過剰酸素は, 2枚の LaO 面の間にランダムに占有する侵入型点欠陥として導入される. それらは可能な限り $La^{3+}$ イオンから離れて配列し, 多かれ少なかれ $La^{3+}$ がつくる四面体の中心に位置する.

酸素の導入は以下のように書ける.

$$½O_2 \longrightarrow O_i^{2'} + 2h^{\bullet}$$

生成されたホール(正孔)は $Cu^{2+}$ イオン($Cu_{Cu}$)上にあり, $Cu^{3+}$ イオン($Cu^{\bullet}_{Cu}$)となると信じられている[*22]. よって,

$$2h^{\bullet} + 2Cu_{Cu} \longrightarrow 2Cu^{\bullet}_{Cu}$$

したがって, 一つの侵入酸素につき二つの $Cu^{3+}$ が生成する. これらの酸素過剰相の電子物性は, 絶縁体から金属を経て超伝導体へと劇的に変化する. これらの侵入アニオンは秩序化することでマイクロドメインがつくられ, この秩序が超伝導転移温度 $T_c$ を大きく変化させることを示す証拠がある[*23].

$Sr_2CuO_2F_2$ の伝導性は悪いが[*24], 過剰 $F^-$ イオンのインターカレーションにより $Sr_2CuO_2F_{2+x}$ となる. 過剰の $F^-$ イオンは, $La_2CuO_4$ のときと同様の間隙位置を占める. ここでは再び化学量論の変化によってホールが生成する.

$$½F_2 \longrightarrow F'_i + h^{\bullet} \longrightarrow F'_i + Cu^{\bullet}_{Cu}$$

ホールは $Cu^{2+}$ イオン上に位置し, $Cu^{3+}$ イオン($Cu^{\bullet}_{Cu}$)となると考えられる[*25]. この場合, 間隙位置につくられた $F^-$ イオン1個につき $Cu^{3+}$ イオンが1個生じ, $F^-$ 過剰相は超伝導体になる.

$YBa_2Cu_3O_{7-\delta}$ 相は $YBa_2Cu_3O_6$ から $YBa_2Cu_3O_7$ までの全酸素組成をとる. この組成範囲のちょうど中間に当たる $YBa_2Cu_3O_{6.5}$ は, 形式的に $Cu^{2+}$ のみを含む. 酸素組成がこれより過剰な場合は形式的に $Cu^{2+}$ と $Cu^{3+}$ を含み, これより少ない場合は形式的に $Cu^+$ と $Cu^{2+}$ を含むことになる. しかしながら, $YBa_2Cu_3O_{6.5}$ が $Cu^{2+}$ のみを含む安定な相であることは示されていない. すなわち, この組成は酸素量が連続的に変化する系における単なる通過点でしかない. この連続系におけるいかなる相の組成も, 合成時の温度と酸素分圧に大きく依存しており(図4.11), 特定の組成を狙って合成する際は注意を払わねばならない.

以前に記述した相は, 組成変化の結果, 無秩序な点欠陥を好むようにみえるが, とくに(酸素欠損によってできる)新しい配位がカチオンにとって適しているときに酸素欠陥が秩序化することがよく起こる. たとえば, $K_2NiF_4$ 構造をとり $Mn^{4+}$ を

*21 モット絶縁体である.

*22 光電子分光などからはホールは酸素イオン上にあるという主張もある.

*23 温度を下げると酸素マイクロドメイン過剰のドメイン(分域)と定比に近いドメインからなるマイクロドメインが形成され, 酸素過剰相が超伝導を担うといわれている.

*24 $La_2CuO_4$ と同じでモット絶縁体である.

*25 光電子分光などからはホールは酸化物イオン上にあるという主張もある.

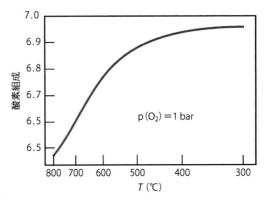

**図4.11** YBa$_2$Cu$_3$O$_7$を酸素雰囲気下で熱処理したときの酸素組成の変化

**図4.12** Sr$_2$MnO$_{3.5}$における各ペロブスカイト層の酸素欠損の秩序（若干理想化してある）
八面体が四角錐に変換されている．簡単のためSr$^{2+}$は省略した．

含むSr$_2$MnO$_4$は，単斜晶の空間群 $P2_1/c$ (14) をとるSr$_2$MnO$_{3.5}$へと還元される．300 K での格子定数は $a = 0.68524$ nm, $b = 1.08131$ nm, $c = 1.08068$ nm, $\beta = 113.25°$ である．図4.12に示すようにこの構造では，MnO$_2$層において酸素欠陥が秩序化しており，もともと八面体配位のMn$^{4+}$は四角錐配位（ピラミッド配位）のMn$^{3+}$（Mn$'_{Mn}$）へと変化する．還元反応は次のように表される．

$$O_O \longrightarrow \tfrac{1}{2}O_2 + V_O^{\bullet\bullet} + 2Mn'_{Mn}$$

同様の酸素欠損の秩序化は，$n = 2$ のRuddlesden-Popper相Sr$_3$Mn$_2$O$_7$を還元することで得られるSr$_3$Mn$_2$O$_6$の各ペロブスカイトブロックにおいてみられる．通常の合成法では，酸素欠損の秩序化はペロブスカイトブロック内部に限られており，巨視的にみると三次元的に欠損秩序は広がっていない．しかし微視的にみると，そのような三次元秩序化した構造が確かに存在することが電子顕微鏡から示されている．これらの構造は，Mnを含むブラウンミレライト関連の化合物（2.5.1項）と類似した構造である．

一方，鉄を含む多くの相で四角錐配位の三次元秩序化は起こる．この例としては，$n = 3$ のRuddlesden-Popper相のSr$_4$Fe$_3$O$_{10}$においてSrをLaに置換したものがあ

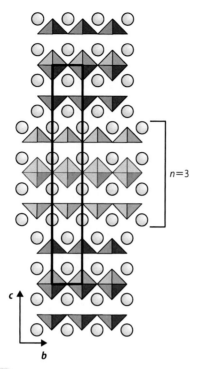

**図 4.13** 1000 ℃における $Sr_{0.775}La_{0.225}Fe_3O_{9.2}$ の理想構造

げられる．母体 $Sr_4Fe_3^{4+}O_{10}$ の $Sr^{2+}$ を $La^{3+}$ に置換すると，置換量に相当する $Fe^{3+}$ が電荷補償で生じる．つまり，$La^{\bullet}_{Sr}$ 欠損と $Fe'_{Fe}(Fe^{3+})$ により電荷が調節された $Sr_{4-x}La_x(Fe_{3-x}^{4+}Fe_x^{3+})O_{10}$ となる．

酸素欠損も電気的中性を維持するため $Fe^{4+}$ から $Fe^{3+}$ を生成させる．

$$O_O \longrightarrow \tfrac{1}{2}O_2 + 2e' + V_O^{\bullet\bullet} \longrightarrow V_O^{\bullet\bullet} + 2Fe'_{Fe}$$

$Sr_{0.775}La_{0.225}Fe_3O_{10-\delta}$ 相における酸素欠損の分布は，約 800 ℃を境に高温の無秩序状態から低温の秩序状態へと変化する．$Sr_{0.775}La_{0.225}Fe_3O_{9.2}$ における酸素欠損の秩序は，およそ 1000 ℃ではペロブスカイトブロックの外側の八面体層で優先的に起こり，四角錐配位の層が形成される（図 4.13）．

同様に $Ln_3Ba_2Mn_2Cu_2O_{12}$（Ln はランタノイドを指す）は，$n=4$ の Ruddlesden-Popper 相からの派生構造とみなすことができる．これらの相では，八面体の四つ分の厚みをもつペロブスカイトブロックのうち，外側の二つは八面体配位のままで $MnO_6$ が占有するが，内側の二つは，理想的な（酸素が充填された）構造に対してブリッジする酸素が一つ抜けるため $CuO_5$ の四角錐配位をとる．その結果，ペロブスカイトブロックでは B サイトが秩序化する（図 4.14）．それに加えて，ペロブスカイトの A サイトを占める Ln と Ba も秩序化している．典型的な正方晶物質の格子定数は以下のとおりである．$Eu_3Ba_2Mn_2Cu_2O_{12}$ (298 K)：空間群 $I4/mmm$ (139)，$a = 0.38850$ nm, $c = 3.52949$ nm；$Sm_3Ba_2Mn_2Cu_2O_{12}$ (298 K)：空間群 $I4/mmm$ (139)，$a = 0.388362$ nm, $c = 3.54928$ nm.

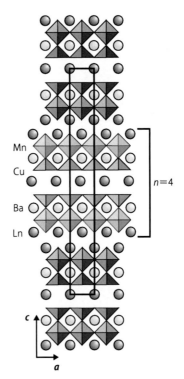

**図 4.14** $n=4$ の Ruddlesden-Popper 相由来の $Ln_3Ba_2Mn_2Cu_2O_{12}$ の理想構造

## 4.8 インターカレーションと剥離

　上述したモジュール相の層間部分は，化学的に比較的反応性が高い．この特徴を利用して，酸化物（前駆体）を混ぜて高温で合成するというふつうの固相反応では得られない多くの物質が開発されてきた．その手法は，典型的には室温から 300 ℃ の範囲の低温を用い，1 週間程度の長い反応時間を要する．この手法はフランス語で「chimie douce」とよばれ，「ソフト化学（soft chemistry）」と翻訳されることが多いが，「マイルドな化学（mild chemistry）」，「優しい化学（gentle chemistry）」とよぶほうがより良いであろう．そのような条件下では，構造の大部分は反応前後で変わらず，生成物は出発物質の構造とトポタクティックな関係がある[*26]．モジュール型のペロブスカイト相に関しては，ほとんどの場合，ペロブスカイトブロックにはほぼ変化がないのに対し，ペロブスカイト層間の領域が変化する．

　この種の反応の始まりは Dion-Jacobson 相を出発物質とする反応である．$n=3$ に相当する $RbA_2B_3O_{10}$ のような A′サイトに大きなカチオンを含む構造は，通常の固相反応や関連する高温下の反応によって得ることができる．この手法は A′サイトに小さなカチオンを含む相を合成するには乱暴すぎて適用できない[*27]が，低温もしくは中温域でイオン交換反応を行うことで合成することができる．ここで，イオン交換の媒体として低融点の硝酸塩が用いられることによって，大きな A′カチオンは小さな A″カチオン，たとえば K，Na，および Li に交換される．また，Dion-Jacobson 相を硝酸水溶液に数日間含浸することで，A′カチオンや A″カチオンを $H^+$ に交換し，プロトン化された酸性の Dion-Jacobson 相が得られる．こうしたプ

[*26] 比較する物質に構造の相関がある．

[*27] 熱力学的安定相としては存在しない．

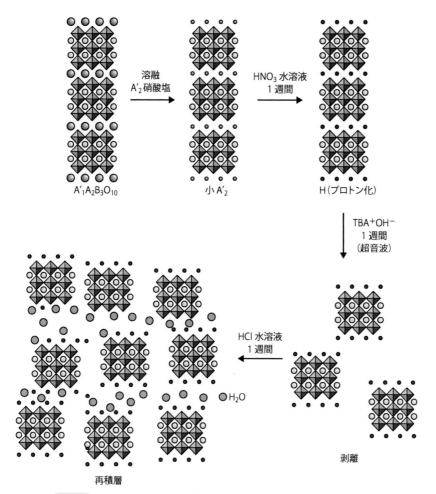

**図 4.15** RbCa$_2$Nb$_3$O$_{10}$ のような大きいカチオンをもつ前駆体から，小さいカチオンをもつ Dion-Jacobson 相や剥離させたナノシートを再積層させた構造体の形成を示す反応のフローチャート
正確な化学反応の過程はこの概要に書かれたものより複雑である．

ロトン化された相は剥離することができる，すなわち水和テトラ（n-ブチル）アンモニウム水酸化物（TBA$^+$OH$^-$）のような反応剤を用いて処理することで，ペロブスカイトブロックをそのままの状態で剥離させることができる．この有機分子は最初，層間の空間を貫通していき，最終的に（反応進行の助けとしてときに超音波撹拌を用いて）剥離されたペロブスカイト層のコロイド溶液となる．これらはナノシートとよばれることが多い．塩酸水溶液で処理することで，ナノシートが再積層して沈殿する．これらの構造は，完全に秩序化した結晶ではないが，種々の層は横方向と縦方向にずれながら，そしてしばしば層間に水やほかの分子を含みながらも驚くほど規則的に積層する（図 4.15）．同じような反応は Ruddlesden-Popper 相や Aurivillius 相でもみられる．こうして生成された物質，とくに剥離，再積層された固体は，光触媒材料や燃料電池の構成要素として利用される可能性がある．

文献に記載されているこれらの反応は膨大である．Dion-Jacobson 相から対応した Ruddlesden-Popper 相への変換は，新規物質作製の最初のステップであること

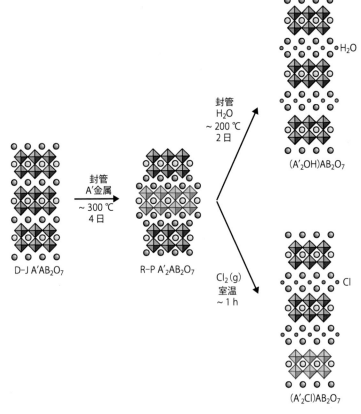

**図 4.16** RbLaNb$_2$O$_7$ のような大きなカチオンを含む Dion-Jacobson (D-J) 相の前駆体から，Ruddlesden-Popper (R-P) 相の中間体を経て，最終的に層間に水酸化物と塩化物をもつ物質を得る反応のフローチャート
正確な化学反応の過程はこの概要に書かれたものより複雑である．

が多い．多くの場合，Dion-Jacobson 相に対し，リチウムを除くアルカリ金属元素の蒸気下で加熱することで対応する Ruddlesden-Popper 相が得られる．こうして得られた Ruddlesden-Popper 構造は，さらに A′ と OH$^-$，あるいは A′ と Cl$^-$ による層間イオンで隔てられたモジュール構造へと変換できる（図 4.16）．

これらの無機ペロブスカイト関連物質と反応に加えて，多くの層状有機無機ペロブスカイトの報告もある．(CH$_3$NH$_3$)PbI$_3$ のようなペロブスカイト構造をもつ単純な有機無機ペロブスカイトを拡張して，上記の Ruddlesden-Popper 相や関連相に似た層状物質が形成されると想像してもよい．ここで無機ペロブスカイトブロックは，より複雑な分子種によって隔てることができる．そのような物質のうち二つが，興味深く，かつ価値のあるマルチフェロイック[*28]な性質を示す可能性を提供するとして近年盛んに研究されている．メチルアンモニウム [(CH$_3$NH$_3$)$^+$ あるいは (MA)$^+$] をもつ (MA)$_2$FeCl$_4$ とエチルアンモニウム [(C$_2$H$_5$NH$_3$)$^+$ あるいは (EA)$^+$] をもつ (EA)$_2$FeCl$_4$ であり，ともに K$_2$NiF$_4$ 構造と関連している．

ほかの反応としては，$n_1$ 層，$n_2$ 層のペロブスカイトブロックの交替積層や，ペロブスカイトブロックとブルッカイト型の二重の水和物ブロックの交替積層や，層間にカチオンがないペロブスカイトブロックなど数多く知られている．これらの複

[*28] ここでは，強磁性と強誘電性が同時に発現すること．

雑な反応に関する構造化学についてさらに知りたい場合には，参考文献を参照して
ほしい．

## ◆ さらなる理解のために ◆

●層状ペロブスカイト構造についての二つの長編レビュー：

F. Lichtenberg, A. Herrnberger,K. Wiedenmann, *Prog. Solid State Chem.*, **36**, 253-387 (2008).

F. Lichtenberg, A. Herrnberger,K. Wiedenmann, J. Mannhart, *Prog. Solid State Chem.*, **29**, 1-70 (2001).

●モジュール相についての多くの情報を含んだ，銅酸化物，コバルト酸化物，マンガン酸化物にお
ける構造と物性についてのレビュー：

B. Raveau, *Angew. Chem. Int. Ed.*, **52**, 167-175 (2013).

● $Ca_2Nb_2O_7$ 相（$A_nB_nO_{3n+2}$；$n = 2$）における八面体回転に伴う対称性の変化に関する記載：

I. Levin, L. A. Bendersky, *Acta Crystallogr.*, **B55**, 853-866 (1999).

● $K_2NiF_4$ 相における八面体の傾き，回転，ひずみ，カチオン秩序化に伴う対称性の変化に関する記
載：

P. V. Balachandran, P. Puggioni, M. Rondinelli, *Inorg. Chem.*, **53**, 336-348 (2014).

●超伝導体の構造に関するレビュー：

R. J. Cava, *J. Am. Ceram. Soc.*, **83**, 5-28 (2000).

●モジュール構造を含むペロブスカイトの合成方法についてのレビュー：

R. E. Schaak, T. E. Mallouk, *Chem. Mater.*, **14**, 1455-1471 (2002).

●ペロブスカイトのモジュール構造に対するソフト化学反応を用いた物質開発の出発点を提供する：

D. Montasserasadi *et al.*, *Inorg. Chem.*, **53**, 1773-1778 (2014).

T. Wang *et al.*, *Chem. Mater.*, **26**, 898-906 (2014).

# 5章

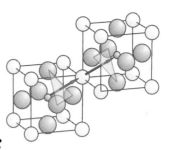

# 拡散とイオン伝導度

本章では，基本的にはペロブスカイト化合物における格子欠陥の化学，およびある種のペロブスカイト化合物の性質，とくに拡散やイオン伝導度をどう制御するのかについて述べる．

## 5.1 拡 散

ペロブスカイト化合物では，固体に必然的に生じる点欠陥によって低いながらもイオン拡散を示すが，高い拡散能を獲得するには，相当量の格子欠陥をしかるべき副格子に導入したり，層状物質にみられるようなある程度の大きさの空間を導入することが必要である．拡散性を高めるために，（擬）立方晶構造のペロブスカイト化合物にドーピング[*1]を行うことで，適当な副格子に欠陥を導入することができる．また周囲のガス，とくに酸素や水蒸気の分圧を変化させることでもこの目的を達成することができる（後述）．

陽イオンの拡散は一般的には，次のアレニウス式で特徴づけられる．

$$D = D_0 \exp\left(\frac{-E}{RT}\right)$$

ここで$D$はイオン伝導度，$D_0$は前指数因子，$E$は拡散の活性化エネルギー，$T$は温度(K)を表す．拡散の活性化エネルギーとは，イオンが結晶中のある安定なサイトから隣接する安定なサイトへと，一般に周囲のイオンがつくる障壁を乗り越えて移動する際に必要なエネルギーと考えることができる．

拡散について説明するために，ここではニオブ酸リチウム($LiNbO_3$)におけるBサイトカチオンの伝導について述べる．この物質はその重要な光学的特性（9章参照）をもっており光増幅器やレーザー，導波管に応用されている．しかしながら，このニオブ酸リチウム結晶は可視・近赤外光が透過する際に，光損傷を受ける．その光損傷は，表面層のBサイトにドーピングを施すことで著しく減少することが見いだされている．また，ニオブ酸リチウム結晶中で適当なカチオン（たとえば，$Ti^{4+}$，$Zr^{4+}$，$Er^{4+}$，および$Tm^{4+}$）が単独の，あるいは複数イオンとともに拡散する現象に関しては，数多くの研究がなされている．

[*1] ここでは異価数の元素置換をほどこすこと．

ニオブ酸リチウム成分の光学特性は，結晶に対する光線の方位に対して鋭敏である．ここで三方晶ニオブ酸リチウム結晶を，さまざまな異なる方向からスライスした断面を考える．そしてその"切断面"を，三方晶系の低温石英に用いられるのと同じ命名法，すなわち直交座標系（$X, Y, Z$）と六方晶系の結晶軸〔図5.1(a), (b)参照〕で記載することにする．$X$切断面は六方晶系の$a$軸に垂直で($2\bar{1}\bar{1}0$)[*2]面に相当する面である．$Y$切断面は$Y$軸に垂直で，六方晶系の($1\bar{1}00$)面に相当する面である．また$Z$面は$c$軸に垂直で(0001)面に相当する面である．

*2 六方晶のミラー指数は$(hklm)$を使って表すことがある．$h+k=-l$の関係である．

1000〜1100℃の温度域で，ニオブ酸リチウムの各切断面を$Eu^{3+}$, $Tm^{3+}$, $Zr^{4+}$イオンが横切る場合の拡散率の典型的な値は，以下のようになっている．

$Er^{3+}$が$X$切断面を通る ：$D_0 = 3.20 \times 10^9$ μm² h⁻¹, $E = 289$ kJ mol⁻¹
$Er^{3+}$が$Z$切断面を通る ：$D_0 = 3.89 \times 10^9$ μm² h⁻¹, $E = 210$ kJ mol⁻¹
$Tm^{3+}$が$X$切断面を通る：$D_0 = 4.37 \times 10^8$ μm² h⁻¹, $E = 266$ kJ mol⁻¹
$Tm^{3+}$が$Z$切断面を通る：$D_0 = 3.09 \times 10^7$ μm² h⁻¹, $E = 231$ kJ mol⁻¹
$Zr^{4+}$が$Z$切断面を通る ：$D_0 = 2.14 \times 10^{14}$ μm² h⁻¹, $E = 378$ kJ mol⁻¹

Bサイトカチオンは，$O^{2-}-O^{2-}-O^{2-}$の三角形からなる八面体の一つの面を横切ったあと，Aサイトをとおり，さらにもう一度八面体の面を横切って，隣接するBサイトへと移動する〔図5.1(c)〕．両サイト（Aサイトと隣接Bサイト）に欠陥がなければ，そのようなイオンの移動は決して起こらない．この場合，欠陥サイトは，結晶に通常存在する固有の点欠陥の数に依存するものであり，前指数因子$D_0$の値に反映される．しかしながら，そのカチオン拡散の活性化エネルギーは，とても大きい．これは，このカチオンが図5.1(c)に示すように酸化物イオンからなる三角形の面を通過する必要があるからである．この三角形の"ボトルネック"のため，エネルギー障壁を越えて移動することが困難である．二つのランタノイドカチオンの拡散の活性化エネルギーは，カチオンが$X$面を横切るほうが，$Z$面を横切る場合よりもわずかに高い．ところで，ニオブ酸リチウムの結晶構造は室温では三方晶であるが，イオンが拡散する温度では立方晶である．それを踏まえると$Z$面に垂直なイオンの拡散は，図5.1(c)に示すように立方晶系の[111]方向に沿った拡散に対応するが，$X$面に垂直な方向の拡散は，これに垂直であり，また[111]方向から約

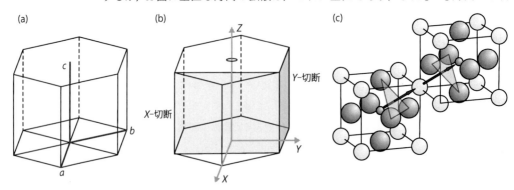

**図5.1** ニオブ酸リチウム（LiNbO₃）単結晶の形状，(b) $X$切断面と$Y$切断面，(c) 隣接する八面体のBサイトカチオン伝導経路

20°の角度をなしている．その活性化エネルギーの差は，全体のイオン拡散経路の違いを反映している．$Zr^{4+}$の場合は，$Z$面に垂直な伝導は立方晶系の［111］方向に沿ったイオンの移動であり，ランタノイドカチオンと同様である．$Ln^{3+}$の拡散の活性化エネルギーが$Zr^{4+}$のそれに比べて低いことは，両者の拡散経路が同一であるなかで，イオンの価数の違いを反映しているものである．すなわち$Zr^{4+}$カチオンは，$Ln^{3+}$カチオンよりも電荷が大きいため，周囲の酸化物イオンと強い結合をつくると思われる．この強い結合によって$Zr^{4+}$が乗り越えなければならないエネルギー障壁はより高くなる．それゆえ，この系では低電荷のイオンのほうが，高電荷のイオンよりもより短い加熱時間で，表面へのドープを達成できる．

## 5.2 イオン伝導

イオン伝導とは，電場の存在下で，ペロブスカイト化合物中のカチオンかアニオン，あるいはその両方が輸送することである．ペロブスカイト化合物において，カチオンやアニオンのイオン伝導を実現するためには，イオン拡散と同様に，イオンが動けるように構造に空間をつくることや，相当量の欠陥を適当な副格子に導入しないといけない．元素置換もまた，イオン伝導率を向上させるために幅広く使われている．つまり，元素置換により（ほぼ）立方晶のペロブスカイト化合物に欠陥が導入される．さらに，純粋なイオン伝導を実現するためには，種々の価数をとりうるカチオンが存在しないことが条件になる．それは，価数が可変なカチオンがあると，電子伝導が起こりうるからであり，そのような場合はいつも，電子伝導がイオン伝導に量的に勝ってしまうからである（5.4節，5.5節）．

複数のイオンが伝導過程に寄与している場合，ある特定のイオンに割り振られる伝導度の割合を輸率とよび，$t_c$はカチオンに$t_a$はアニオンに対して用いる．

$$t_c + t_a = 1$$

イオン伝導度は，拡散の際に用いたのと類似の，アレニウス型の式で記述することができ，しばしば下式のように書ける．

$$\sigma T = \sigma_0 \exp\left(\frac{-E}{RT}\right) \tag{5.1}$$

ここで，$\sigma$はイオン伝導度，$T$は温度（K），$\sigma_0$は前指数因子（定数）であり，$E$は伝導の活性化エネルギーである．

酸素欠損を生成することで酸化物イオン（$O^{2-}$）伝導度が向上する現象が，$LaInO_3$ペロブスカイト置換体で見いだされている．この母相のペロブスカイト構造は$La^{3+}$と$In^{3+}$を含んでいる．そのペロブスカイト構造においてカチオンとアニオンが移動するときは，適当な隣接の空サイトへと移動する．アニオンの場合，$La^{3+}-La^{3+}-In^{3+}$のカチオンからなる三角形の面を通過しないといけない．一方，Aサイトカチオンが最短距離で動く場合は，二つの$O^{2-}$アニオンの間の狭い空間をとおり抜けなければならない〔図5.2（a）〕．Bサイトカチオンが移動する場合は，先述のとおり$O^{2-}-O^{2-}-O^{2-}$でつくる八面体の一つの三角形面をくぐり抜けていく

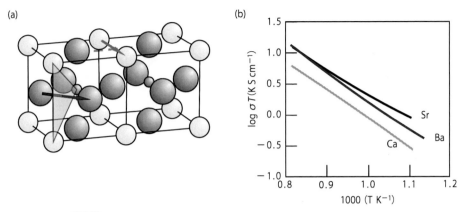

**図 5.2** (a) 酸化物イオン移動のボトルネック（下側の矢印）とAサイトカチオン移動のボトルネック（上側の矢印），(b) ペロブスカイト化合物 $La_{0.9}Ca_{0.1}InO_{2.95}$，$La_{0.9}Sr_{0.1}InO_{2.95}$，$La_{0.9}Ba_{0.1}InO_{2.95}$ の $\log \sigma T$ 対 $1000/T$ プロット

ことになる．

この制約のために，酸素イオン伝導は，Aサイトを $Ca^{2+}$，$Sr^{2+}$，あるいは $Ba^{2+}$ で置換すること，すなわちアクセプタードープ[*3]によって大きく向上させることができる．結果として生じる電荷の不均衡は，カチオンの価数変化ではなく，Xサイトへのアニオン欠陥の導入により解消される．これは $La_{1-x}A_xInO_{3-x/2}$（A：$Ca^{2+}$，$Sr^{2+}$，あるいは $Ba^{2+}$）と表される．結果的に，欠陥濃度が高くなり，酸素イオン伝導度は著しく増加する．そのイオン伝導度は式(5.1)に従うことが見いだされており，$\log(\sigma T)$ を $(1/T)$ に対してプロットしたときの傾きが，活性化エネルギーを与える．図 5.2(b) をみればわかるように，$La_{0.9}Ca_{0.1}InO_{2.95}$，$La_{0.9}Sr_{0.1}InO_{2.95}$，および $La_{0.9}Ba_{0.1}InO_{2.95}$ の三つの系では，その傾きは非常に類似している〔図 5.2(b)〕．これは，酸素イオン伝導のボトルネックとして，La−La−In，La−A−In，あるいは A−A−In（A：$Ca^{2+}$，$Sr^{2+}$，あるいは $Ba^{2+}$）の三角形面をくぐり抜ける三つの可能性が考えられるにもかかわらず，これらの相における $O^{2-}$ アニオンの移動の活性化エネルギーにほぼ違いがないことを示している．しかしながら，分子動力学シミュレーションでは，Aサイトカチオンが小さい場合，大きい場合に比べて酸素とのイオン結合が強くなるため，$Ca^{2+}$ 置換体の酸素イオン伝導度が $Sr^{2+}$ 置換体や $Ba^{2+}$ 置換体と比べて小さくなる〔図 5.2(b) 参照〕，という結果が示されている．

Aサイトの欠陥の数にしたがって，Aサイトのイオン伝導度が向上すること現象が，$La_{2/3}TiO_3$ の関連物質において見いだされている．$La_{2/3}TiO_4$ は，$Ti^{4+}$ イオンと $1/3$ のAサイト欠陥を含んでいる．Liイオン電池材料において，Liイオン伝導度は興味のある性質であるが，置換体である $Li_{3x}La_{2/3-x}TiO_3$ はAサイトにはじめから存在する欠陥がLiイオン伝導を容易にするため，電解質として好ましい．母体の $La_{2/3}TiO_3$ から，Aサイトが完全に占有された端組成の $Li_{0.5}La_{0.5}TiO_3$ まで，相図に引いた線に沿って置換体が存在する．いずれの場合も Ti は完全に酸化された $Ti^{4+}$ の電荷で存在する．明らかに，Liイオン伝導性は端組成において低く，またAサイト欠陥が相当量存在する限り，$Li^+$ イオンの数が増えるほど Li イオン伝導性が増す．

[*3] 一般に，最外殻電子数の少ない原子で置換することをいう．

Aサイト欠陥の約半分がLi⁺イオンで占有されるとき、イオン伝導度が最も高くなると期待される。実際は、$Li_{0.33}La_{0.56}TiO_3$ の組成において、イオン伝導度が最も高くなり、その伝導度は約 $10^{-3}\,S\,cm^{-1}$ である。

現実には、物質のなかでは欠陥が部分的に偏って存在しており、Laが多い層とLaの少ない層とが交互に存在している。これはつまり、Liイオン伝導が二次元的な過程に近いということを意味する。さらに、欠陥の偏在は物質のなかで微小領域を形成し、逆位相境界をつくる。それは、イオン伝導に影響を与える可能性はあるが、$Li_{3x}La_{2/3-x}TiO_3$ 薄膜においてはそのような構造的な特徴は Li⁺イオン伝導度にほとんど影響を与えていないということが見いだされている。

イオン伝導は、酸素を過剰に含む Ruddlesden-Popper 構造のランタノイド化合物である $Ln_2NiO_{4+\delta}$ や $La_2CuO_{4+\delta}$ でもまた固体酸化物形燃料電池(solid oxide fuel cell : SOFC)(5.7節参照)の正極材料として応用できるのではないかという観点から精力的な研究がなされている。ここで過剰の酸素は、ペロブスカイト層間のLnOを含む層の間の間隙サイトに存在している〔図5.3(a)参照〕。酸素イオン伝導度は、予想されるとおり、ペロブスカイト層に対して垂直な方向よりも、層に平行な方向に対して非常に高い。さらに、この層内の伝導度は、非常に幅広い温度域で高い値を示すが、これは燃料電池への応用という点において重要な特性である。

この場合の酸素イオン伝導(および拡散)は、格子間機構によって起こる。これは、格子間のイオンが通常の占有サイトへ移動し、それと同時に通常の占有サイトにあったイオンが隣接する格子間サイトへと移動する、という機構である〔図5.3

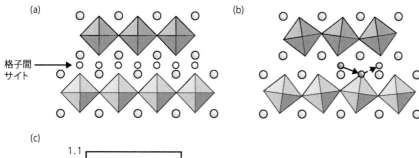

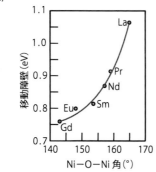

**図5.3** $Ln_2NiO_{4+\delta}$ における格子間酸素イオン伝導

(a) 格子間サイトを示した理想的な構造、(b) 回転した八面体の層間の格子間イオン伝導機構、(c) 計算で求められた、$LnNiO_3$ における八面体回転角と酸素イオン伝導の活性化エネルギーの相関。実験データの詳細については Li と Benedek (2015) を参照。

**132** ● 5章 拡散とイオン伝導度

＊4 単なる格子間イオンの
ホッピングでないことは，*in
situ* X 線回折測定や理論計算
などから示されている.

＊5 B サイトカチオンと頂
点酸素の共有結合性を考えれ
ば白明である.

(b)〕＊4. そのイオンの移動は，ペロブスカイト層における八面体が大きくひずむことで促進されるが，そのひずみ角は，存在するランタノイドカチオンに依存している. 理論計算により，イオンの移動障壁は八面体のひずみと相関があることが示されている. 母体の $LnNiO_3$ ペロブスカイト相に由来する O－Ni－O 角がまったくひずみのない 180°からずれるほど，移動障壁は減少する〔図 5.3 (c) 参照〕. さらに，八面体のひずみは圧力に対して鋭敏であり，引っ張りひずみによってイオン移動のポテンシャル障壁は減少する一方で圧縮ひずみによって増加することが計算によって示されている＊5. これらの効果はエピタキシャル薄膜を各種デバイスに用いる際にとくに重要になる.

## 5.3　プロトン伝導

　プロトン伝導性をもつペロブスカイト酸化物は現在も数多くの研究がなされているが，それは燃料電池，エレクトロクロミックディスプレイ，水素センサーをはじめとする数多くの電気化学的応用が将来的に可能であるからである. ペロブスカイト酸化物は，点欠陥の化学を利用することにより，より優れたプロトン酸化物にすることができる. 最も研究されているものは，$A^{2+}B^{4+}O_3$ で表される(2, 4)ペロブスカイトである，$BaTiO_3$，$BaCeO_3$，および $BaZrO_3$ の置換体，あるいは $A_2B_2O_5$ で表されるペロブスカイトの類縁体（酸素欠損秩序型ペロブスカイト）である $Ba_2In_2O_5$ である.

　$Ba_2In_2O_5$ 酸化物は，低温ではブラウンミレライト構造をとる（2.4 節参照）. 約 900 ℃においてその構造は無秩序化し，高濃度の酸素欠損が無秩序に分布した立方晶系ペロブスカイト構造をとる. 固体中のプロトン伝導は水分子の導入により引き起こされる. 水蒸気雰囲気にて水分子は高温で酸化物と直接反応し，酸化物表面において次の不均化反応を起こす.

$$H_2O \longrightarrow OH^- + H^+$$

＊6 $BaInO_2(OH)$ の表記が適
切かもしれない.

水酸化物イオン（$OH^-$）は，$OH_O^{\bullet}$ 欠陥として酸素欠損サイトを無秩序に分布して，ペロブスカイト構造の酸素欠損を完全にまたは一部埋める. 一方，$H^+$イオン（すなわちプロトン）もすでに存在する酸化物イオンと結びついてやはり $OH_O^{\bullet}$ を形成しているとも考えられる. 水と完全に反応した形の物質は，$Ba_2In_2O_6H_2$ あるいは $BaInO_3H$ という組成である＊6. それらの構造中の水素イオンはある特定の酸化物イオンと強く結びつくのではなく，水素結合で結びついている. 水素結合はいくぶん弱い結合であるのでこれらの物質は高いプロトン伝導度を示すと考えられる.

　ペロブスカイト化合物の $BaCeO_3$ や $BaZrO_3$ は大気中で合成された場合，イオン伝導性を示さない. これらは，B サイトを三価だけをとりうるカチオン $M^{3+}$（たとえば $In^{3+}$）で元素置換することで，酸素欠損相へと変換することができる. つまり，カチオンの価数変化によって電荷補償を保つことができず，その代わりに酸素欠損が導入されることで電荷補償が保たれるのである. 2 種の三価の置換イオンで 1 個の酸素欠損が導入され電荷の釣り合いが保たれる. 化学式は $BaCe_{1-x}M_xO_{3-x/2}$ または

$BaZr_{1-x}M_xO_{3-x/2}$ と書くことができ，たとえば $BaZr_{1-x}In_xO_{3-x/2}$ は欠損を $2In'_{Zr} : V_O^{\bullet\bullet}$ の比でもっている．典型的には $x = 0.05$ だけ置換したものがよく用いられる．

$Ba_2In_2O_5$ の場合とまったく同様に，プロトン伝導性は水蒸気との反応によって生じる．高温で水蒸気と反応することにより，酸化物の表面で水分子の不均化反応が起こり，その結果生じた $OH^-$ イオンの酸素は構造中の酸素欠損サイトを占める．一方でプロトンは格子酸素に対して水素結合する．その相の化学式は $BaCe_{1-x}M_xO_3H_x$ や $BaZr_{1-x}M_xO_3H_x$ と表すことができる．たとえば $BaZr_{1-x}In_xO_3H_x$ という具合である．

すべてのプロトン伝導性ペロブスカイト化合物における水和反応過程は，次の欠陥反応式で形式的に書くことができる．

$$H_2O(g) + O_O + V_O^{\bullet\bullet} \longrightarrow 2OH_O^{\bullet}$$

伝導可能なプロトンの数は $OH_O^{\bullet}$ 種の数に等しい．この反応の平衡定数 $K$ は次のように書ける．

$$K = [OH_O^{\bullet}]^2 / [V_O^{\bullet\bullet}][O_O] p_{H_2O}$$

ペロブスカイト構造中でイオン伝導度に寄与する伝導可能なプロトンの数は，次式に従い，水蒸気分圧に比例して増加する．

$$[OH_O^{\bullet}]^2 = K[V_O^{\bullet\bullet}][O_O] p_{H_2O}$$

この式から双曲線の水和等温線（図 5.4）が導かれるが，この曲線は置換イオンの濃度に依存する．$[V_O^{\bullet\bullet}]$ の値や平衡定数 $K$ はその水和反応の熱力学によって決定されるものであるが，この曲線から導くことができる．この水蒸気圧とイオン伝導度との間の関係は，湿度センサーへの応用を可能とする．その水和反応は温度に対しても鋭敏であり，低温であるほど，より多くの水が取り込まれ，それに付随して高いプロトン伝導性を示す．

これらの化合物の真の化学量論や化合物中のプロトン位置は，従来の回折法では決定するのが困難であり，平均してその化合物の構造中のかなり広い範囲にプロトンが存在することになる．このことによって，イオン伝導の詳細な機構を明確にす

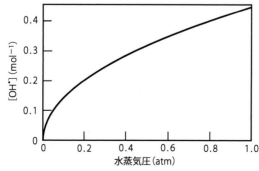

**図 5.4** 欠損濃度 10 mol%，$K = 2.0$ の物質についての $[OH_O^{\bullet}]$（伝導プロトン濃度）の対水蒸気圧プロット（水和等温線）

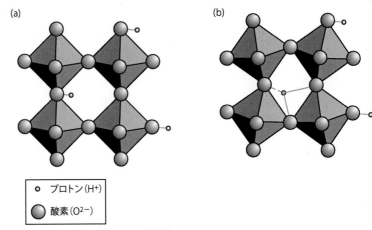

**図 5.5** プロトン伝導
(a) 外部電場によりプロトンが一方向に並ぶ傾向がでる，(b) 適当な熱振動によって水素結合が長くなったり弱くなったりすることで伝導しやすくなる．

ることが困難となっている．電場をかけると，構造中のプロトンは印加した電場に対してある一定の方向に整列する傾向にあるだろう〔図 5.5(a)〕．しかしながら，その構造は静的なものではなく，熱振動がプロトン伝導過程においては重要であると考えられる．格子振動が八面体回転を促進するように働き，それにより酸化物イオン間の距離が短くなる，あるいは水素結合が弱くなると，プロトンは同一あるいは隣接する多面体に位置する隣接の酸化物イオンへと飛び移るであろう〔図 5.5(b)〕．現在，拡散経路を解明するために理論的なアプローチが用いられており，それにより取りうる安定な構造の探索や，起こりうるプロトン移動の伝導経路，あるいは個々のプロトンの飛び移りの詳細が明らかとなっている[*7]．

*7 実験的にも，X 線あるいは中性子回折データの MEM 解析(maximum entropy method, 最大エントロピー法) や PDF 解析(pair distribution function)，NMR などを用いて検討されている．

## 5.4 酸素分圧依存性と電子伝導度

多くのペロブスカイト構造の酸素イオン伝導体の組成は，合成時の周囲の酸素圧に依存し，雰囲気によって酸素過剰にしたり酸素不足にしたりすることができる．カチオンの電荷が変化しない場合，酸素不足の組成はアニオン位置での酸素欠損の形成によって達成される．過剰の酸素は，酸化物イオンが入ることができるような隙間が構造中にあれば，その空間に入り格子間イオンとして存在する．これらの選択肢は，相のイオン伝導率や電子伝導率の変化（きわめて重要である）としばしば関連づけられる．

たとえば，通常の条件で得られる定比の $SrTiO_3$ は電子伝導性を示さない化合物であるが，$SrTiO_3$ を真空下で加熱することにより酸素欠損体の $SrTiO_{3-\delta}$ に変えることができる．この酸素欠損は欠陥を表す項を用いて次のように書ける．

$$O_O \longleftrightarrow \tfrac{1}{2}O_2 + V_O^{\bullet\bullet} + 2e' \tag{5.2}$$

反応平衡定数 $K$ は次のように書ける．

$$K = [V_O^{\bullet\bullet}][e']^2 p_{O_2}^{1/2}[O_O]$$

酸素欠損量は酸素分圧に依存し，次式のように表される．

$$[V_O^{\bullet\bullet}] \propto p_{O_2}^{-\frac{1}{2}}$$

酸素欠損の存在によって，結果的にそれに対して電荷の釣り合いを保とうとして電子が導入されるため〔式(5.2)〕，電子(n型)伝導性を示すようになる．点欠陥平衡モデルの範囲では，電子伝導性は電子の数と酸素分圧に比例し，次のような形で書ける．

$$\sigma \propto [e'] \propto p_{O_2}^{-\frac{1}{4}}$$

（関連物質である $BaTiO_3$ もまた酸素欠損体にすることができ，金属的な伝導体へと変換されるが，金属にするには Sr 系よりもさらに強い還元条件[*8]を要する(8.2 節参照)．

　カチオンの電荷が変化可能の場合，この選択肢は自由な電子やホール(正孔)の導入とみなせることがあり，あるカチオンから別のカチオンへと電子が飛び移るかたちで電子伝導性が現れることになる．これは 5.3 節で述べたプロトン伝導に類似している．たとえば，$n=3$ の Ruddlesden-Popper 相で，$Fe^{4+}$ のみをもっている $Sr_4Fe_3O_{10}$ では，酸素を失って酸素欠損を生じさせることが可能である．低温ではこれらは秩序化し新しい構造となるが(図4.13)，高温では無秩序になる．その無秩序構造では，$Sr_4Fe_3O_{10}$ 結晶から気相へと一部酸素が失われ，酸素欠損が生じる際に必ず電子が生じる〔式(5.2)〕が，その際一つの酸素欠損の生成につき二つの $Fe^{4+}$ $(Fe_{Fe})$ イオンが $Fe^{3+}$ $(Fe'_{Fe})$ になる．

$$O_O + 2Fe_{Fe} \longrightarrow \tfrac{1}{2}O_2 + V_O^{\bullet\bullet} + 2Fe'_{Fe}$$

この反応の平衡定数 $K$ は次のように書ける．

$$K = [V_O^{\bullet\bullet}]\,[Fe'_{Fe}]^2 p_{O_2}^{\frac{1}{2}} / [O_O]\,[Fe_{Fe}]^2$$

この点欠陥平衡が状況を正確に反映する条件下では，$Fe^{3+}$ から $Fe^{4+}$ になるように電子がホッピングすることにより，電子(n型)伝導が可能である．その電子伝導率は存在する $Fe^{3+}$ の量に依存すると考えられる．$Fe^{3+}$ 量は酸素分圧に依存するので，平衡定数の式から次式のように書くことができる．

$$\sigma \propto [Fe'_{Fe}] \propto p_{O_2}^{-\frac{1}{4}}$$

しかしながら，酸素欠損の生成はまた酸素イオン伝導性も高めるため，物質の正味の伝導度は複数の要素によって決まる，すなわち酸化物イオンと電子またはホールの寄与である．このようなより複雑な状況は次節で議論する．

## 5.5　酸素イオン混合伝導体

　一般的に酸化物は，イオン伝導性と電子伝導性の両方を示すため混合伝導体とよばれる．混合伝導体は電気化学セルに応用が可能で，代表的なものが SOFC (5.7 節

[*8] これは Ba 系では少キャリヤー量ではチタンイオンの無秩序な変位によって半導体的な振舞いをするためである．PDF 解析で明らかになった．

**136 ● 5章 拡散とイオン伝導度**

参照）である．SOFC ではイオン伝導と電子伝導の両方が重要である．イオン伝導度はふつう電子伝導度よりも数桁小さいため，イオン伝導度を定量的に求めるのは難しい．

Ruddlesden-Popper 相 $Sr_3Fe_2O_{6+\delta}$ は，前述した $n=3$ の相である $Sr_4Fe_3O_{10}$ と類似している．母体の $Sr_3Fe_2O_7$ は $Fe^{4+}$ だけを含む．空気中で通常の合成を行うと，$Sr_3Fe_2O_{6.73}$ に近い組成の酸化物を得ることができる．つまり，$Sr_3Fe_{0.54}^{3+}Fe_{1.46}^{4+}O_{6.73}$ で表される混合原子価状態をとる．この物質は，空気中では約 400 ℃まで加熱しても組成を変えない．その後は，酸素を失っていき，1000 ℃以上でおよそ $Sr_2Fe_2O_6$ という組成になる．この組成は $Fe^{3+}$ だけを含んだものに対応する．この鉄酸化物において酸素欠損は，二つの八面体層を結ぶ酸素位置に無秩序に分配されているとされる．高酸素分圧下では，Ruddlesden-Popper 相の層状構造は，そのペロブスカイトブロックの層間に格子間イオンとして余分な酸素を取り入れることができるほどの隙間が開いている．したがって，母相の組成は幅広い範囲の酸素組成をとりうる[*9]．その物質の全体の伝導度は，酸化物イオン欠損の移動，層間での格子間酸化物イオンの移動，電子（n 型）伝導，およびホール（p 型）伝導からの（可能なものの）寄与を含んだものになる．これらは低い酸素分圧下，および高い酸素分圧下での系の格子欠陥の化学の点から説明することができる[*10]．

酸素イオン伝導度（$\sigma_1$）は，酸素分圧が低い条件下では酸素欠損をとおして $O^{2-}$ イオンが移動することで生じ，酸素分圧が高い条件下では過剰な $O^{2-}$ イオンの格子間での移動によって生じる．この二つのメカニズムの切り替わりは，測定する温度にのみ依存することがわかっている．イオンの輸率は組成によって変化する．したがって，イオンの輸率は周囲の酸素分圧によって変化し，電気伝導度が最小値を示す場合の酸素分圧に近い値の酸素分圧においてイオンの輸率は最大値をとり，0.4 に近い値をとる．

酸素欠損の伝導度は一般に電子やホールの伝導度に比べてかなり小さい．n 型の電気伝導は温度と周囲の酸素分圧の両方に対して，以下のような依存性を示す．低酸素分圧では，酸素が外界に放出され酸素欠損が生じる．電荷を帯びた酸化物イオンは 2 電子を残して中性の酸素原子として飛びだす．この欠損形成は次式で表される．

$$O_O \longrightarrow \frac{1}{2}O_2 + V_O^{2\bullet} + 2e'$$

また平衡定数は次のように書ける．

$$K = [e']^2 [V_O^{2\bullet}] p_{O_2}^{1/2} / [O_O]$$

（n 型の）電気伝導度は電子密度に比例するので，次式が成り立つ．

$$\sigma_n \propto [e'] \propto p_{O_2}^{-1/4}$$

低酸素分圧下では，電気伝導は n 型で酸素分圧の低下とともに減少する．これは実験結果に一致する（図 5.6 参照）．

---

[*9] $Sr_3Fe_2O_7$ に関しては格子間サイトに酸化物イオンが入っていることは示されていない．

[*10] 通常，$Sr_3Fe_2O_7$ から $Sr_3Fe_2O_6$ の組成（$0 \leq \delta \leq 1$）をとるが，$CaH_2$ を用いたトポケミカル反応によって $Sr_3Fe_2O_5$（$\delta=2$）が得られる．興味深いことに $Sr_3Fe_2O_5$ では，酸素欠損位置がまったく異なることが知られている．

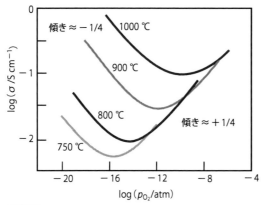

**図5.6** Ruddlesden-Popper相 $Sr_3Fe_2O_{6+\delta}$ の全伝導度
詳細なデータはShilovaら(2002)参照.

高酸素分圧下では，中性の酸素が取り込まれ格子間酸素を形成するためには，2電子を系から奪い取って酸化物イオンが生成する必要があるので，それと同数のホールが生成する．

$$\tfrac{1}{2}O_2 \longrightarrow O_i^{2\prime} + 2h^\bullet$$

平衡定数は次のように書ける．

$$K = [h^\bullet]^2[O_i^{2\prime}]/p_{O_2}^{1/2}$$

ホールの占有はp型伝導を引き起こし，その大きさはホール濃度に比例する．

$$\sigma_p \propto [h^\bullet] \propto p_{O_2}^{-1/4}$$

より高い酸素分圧条件ではこの平衡が主となり，伝導度は酸素分圧の1/4乗に比例して増加する．これは実験結果に一致する（図5.6参照）．全伝導度は次式で表すことができる．

$$\sigma(T, p_{O_2}) = \sigma_i(T) + \sigma_n(T) p_{O_2}^{-1/4} + \sigma_p(T) p_{O_2}^{1/4}$$

伝導度曲線の形状は，試料の温度で決まる極小値に対して，およそ対称な形をとる．

混合原子価カチオンをもつほかの多くのペロブスカイト化合物も同様の振舞いを示し，またこれらの化合物はAサイトやBサイトの組成を変化させることで，物質の安定性と伝導度の両面を向上させることができる．たとえば，ペロブスカイト化合物である $SrFe_{1-x}Sc_xO_{3-\delta}$ は $Sr_3Fe_2O_{6+\delta}$ と同じ伝導度の依存性を示す．

$$\sigma(T, p_{O_2}) = \sigma_i(T) + \sigma_n(T) p_{O_2}^{-1/4} + \sigma_p(T) p_{O_2}^{1/4}$$

高酸素分圧条件下において+1/4の傾きが，低酸素分圧条件下において-1/4の傾きがみられ，先ほど説明したのとまったく同じ格子欠陥の化学に従う．しかし，Bサイトを $Sc^{3+}$ で一部置換することによって，約850℃以下で起こる高温相の酸素欠損が無秩序の立方晶構造から，秩序化したブラウンミレライト構造への転移が抑制される．このことにより無置換の化合物に比べて低温域での伝導度が向上する．

**138** ● 5章 拡散とイオン伝導度

## 5.6 プロトン混合伝導体

実のところ，プロトン伝導度（5.3章参照）はこれまで述べたものよりもう少し複雑なものである．うまく置換された物質は電子的に絶縁体ではなく，前述の方程式が示すように，一般的には弱いp型半導体である．これは高温において少量の酸素が欠損を含んだペロブスカイト化合物と反応して欠損を満たし，ホールを生成しうるからである．

$$V_0^{2\bullet} + \tfrac{1}{2}O_2 \longrightarrow O_0 + 2h^\bullet$$

さらに，酸素欠損の存在は固体中での大きな酸素イオン伝導度を引き起こす．これが意味するところは，水分を含んだ雰囲気においては3種（$H^+$，$O^{2-}$，および$h^\bullet$）のキャリヤー，あるいは電子（$e'$）を含めて四種のキャリヤーが混合してかかわる伝導現象が起こる可能性があるということである．

そのような状況は，Bサイト置換型ペロブスカイトである$SrZr_{1-x}Y_xO_{3-0.5x}$（$x = 0.05 \sim 0.2$）を用いて示すことができる．2個の低原子価$Y^{3+}$カチオンをBサイトに置換すると，電荷補償から1個の酸素イオン欠損が生成し，これにより酸素イオン伝導が起こる．しかし，置換された相は一般的にp型半導体である．これは，雰囲気中の酸素が酸素欠損と反応して欠損が埋められ，同時にホールが生成することで電荷補償が保たれるからである．

$$V_0^{2\bullet} + \tfrac{1}{2}O_2 \longrightarrow O_0 + 2h^\bullet \tag{5.3}$$

水蒸気にさらすと，酸素欠損は反応して$OH^-$を生成する．

$$O_0 + V_0^{2\bullet} + H_2O \longrightarrow 2OH_0^\bullet \tag{5.4}$$

結果生じた相はよいプロトン伝導体である．全伝導度は酸化物イオン，プロトンおよびホールからの寄与の合計で決まる．

$$\sigma(合計) = \sigma(O^{2-}) + \sigma(H^+) + \sigma(h^\bullet)$$

それぞれのキャリヤーの寄与の程度は温度に強く依存する．各キャリヤーの輸率の温度依存性の測定によると，低温域では，プロトン伝導が最大の寄与を示し，$t(H^+)$が1.0に達する．また中温域では，酸素イオン伝導が支配的になり，$t(O^{2-})$が1.0に達する．さらに高温域ではまた主としてホール伝導を示すようになり，再び$t(H^+)$が1.0に達する（図5.7）．それぞれの温度域の中間においては，約350℃では$H^+$と$O^{2-}$の混合伝導を示す一方で，約650℃ではホールと$O^{2-}$の混合伝導を示す．

Bサイト置換ペロブスカイトのBa類縁体であり，プロトン伝導体の$BaZr_{0.8}Y_{0.2}O_{3-\delta}$も同様である．この物質はSOFCや水素センサー・ポンプ，触媒への応用を視野に研究がなされてきた．母相の$Ba^{2+}Zr^{4+}O_3$に三価の$Y^{3+}$イオンを置換することにより酸素欠損が生成し，酸素ガスとの反応によりホールが生成したり，あるいは水蒸気との反応により水酸化物イオンが生成したりすることは，前述のとおりである．水分の多い条件における置換体の欠陥は，$V_0^{2\bullet}$，$OH_0^\bullet$，$h^\bullet$，および

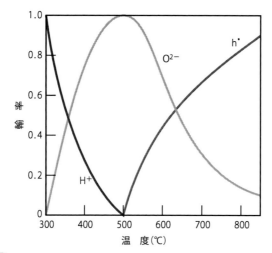

**図 5.7** プロトン混合伝導体 SrZr$_{1-x}$Y$_x$O$_{3-\delta}$ のプロトン，酸化物イオン，ホール伝導の輸率の変化
データは Huang と Petric (1995) より引用．

Y$'_{Zr}$ からなる．全伝導度において，それぞれのキャリヤーが支配的になるような領域は，金属物質と水の腐食反応を簡易的に示す Pourbaix 図と似たような方法によって，酸素分圧と水素分圧に対してプロットした相図の領域として表される．

　支配的な伝導機構を区別して図に描くにはいくつかの方法がある．ここでは，欠陥の対の輸率が等しく 0.5 となるところを結んだ線で領域を分割して表す．酸素イオン伝導が支配的な領域とホール伝導が支配的な領域の境界は式 (5.3) で定義される．この平衡には水蒸気が現れず，それゆえその境界線は水素分圧には依存しない．その結果，境界線は水素分圧の軸に平行となる．一方，酸素分圧の軸とは，伝導度の関係として $t(O^{2-}) = t(h^{\bullet}) = 0.5$ となるような欠陥の濃度をもつような適当な値において交差する．プロトン伝導が支配的な領域とホール伝導が支配的な領域の境界は式 (5.4) で定義される．この平衡には酸素は関係せず，ゆえにその境界線は酸素分圧には依存せず，酸素分圧の軸に平行となる．一方で水素分圧の軸とは，伝導度の関係として $t(H^+) = t(h^{\bullet}) = 0.5$ となるような欠陥の濃度をもつような適当な値において交差する．酸素イオン伝導が支配的な領域とプロトン伝導が支配的な領域の境界は式 (5.3) と (5.4) により決められ，次式のように表される．

$$\tfrac{1}{2}O_2 + 2V_O^{2\bullet} + H_2O \longrightarrow 2OH_O^{\bullet} + 2h^{\bullet}$$

この式は水蒸気と酸素の両方を含むので，各軸に対してある角度で傾く．その境界線は $t(H^+) = t(O^{2-}) = 0.5$ が成り立つようなところに引かれる（図 5.8 参照）．

　この図はある特定の温度における状況を示しているので，その図の温度における特定の作動条件において，どの伝導機構が最も主となっているのかを決めるのに使うことができる．類似の図はほかの温度に対してもつくることができ，それを積み重ねれば，主となる伝導機構が温度によってどう変化するかを三次元的な図で表すことができる．置換イオンの濃度が変われば，また別の図が必要となる．

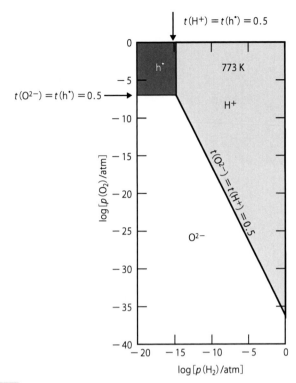

**図 5.8** BaZr$_{0.8}$Y$_{0.2}$O$_{3-\delta}$の電気伝導における主要なキャリヤーを示した二次元マップ
各領域は，伝導においていずれかのキャリヤーがほかのキャリヤーよりも優勢であることを示す．Nomura と Kageyama (2007) を改変．

### 5.7 固体酸化物形燃料電池

固体酸化物形燃料電池 (SOFC) は，電気化学セルに連続的に「燃料」を供給し，それを電気化学的に酸化することで電気を生みだす．一般的に酸素が酸化剤として用いられる．最も一般的な SOFC の形式においては水素あるいは炭化水素が燃料として用いられる．（空気中にある）酸素が正極すなわち**空気極** (air electrode) に供給され，燃料が負極すなわち**燃料極** (fuel electrode) に供給される．反応を進行させるためには，酸素が電解質をとおして燃料極まで輸送される，あるいは燃料が電解質をとおして空気極まで輸送されなければならない．さらに，電解質は大きな電子伝導度を示してはならない．使用されている典型的なセルの形式としては，酸素イオン伝導を示す電解質が用いられる．よって反応生成物が負極側に生じる〔図 5.9 (a) 参照〕．ここで電解質としては通常イットリア安定化ジルコニア (YSZ) ($Y_xZr_{1-x}O_{2-x/2}$．$x/2$ の酸素欠損をもつ) が用いられている．また，プロトン伝導体を電解質として用いることへの関心が高まっているが，その場合には正極側に反応生成物が生じる〔図 5.9 (b) 参照〕．電解質材料は先述と同じである (5.3 節参照)．典型的には，BaCeO$_3$ や BaZrO$_3$ といったものであり，これら両物質に対し B サイトを Y や In，あるいは Ga といった三価カチオンで置換したものが用いられる．最も研究がなされているのが，BaZr$_{1-x}$Y$_x$O$_3$ や BaCe$_{1-x}$Y$_x$O$_3$ ($x = 0.1 \sim 0.2$) である．

酸素イオン伝導体を用いた燃料電池を例にあげる．典型的な電池の構成としては，

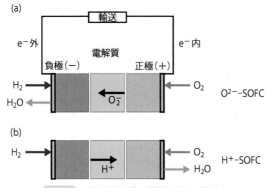

**図 5.9** 固体酸化物形燃料電池の模式図
(a) 酸素イオン伝導性電解質，(b) プロトン伝導性電解質．両者とも水素を燃料として用いた場合である．

厚さ 20 μm の正極，厚さ 3 μm のバリア層（$Sm_2O_3$ をドープした $CeO_2$ がよく用いられる），厚さ 7 μm の YSZ 電解質，そして厚さ 550 μm の Ni-YSZ の負極からなる．水素を燃料として用いた場合の電池の反応式はそれぞれ次のように書くことができる．

負極（燃料極）反応：$H_2(g) + O^{2-}(s) \longrightarrow H_2O(l) + 2e^-$

正極（空気極）反応：$½O_2(g) + 2e^- \longrightarrow O^{2-}(s)$

放電反応式：$H_2(g) + ½O_2(g) \longrightarrow H_2O(l)$

鍵となる正極反応は酸素還元反応であり，気相の酸素分子が酸化物イオンに変換され，電解質をとおして輸送される．

$$½O_2 + 2e' + V_O^{\bullet\bullet} \longrightarrow O_O$$

ペロブスカイト化合物はこの燃料電池において二つの役割を果たす．一つが，先述（5.3節）のペロブスカイト化合物からなるプロトン伝導性電解質としてである．酸素イオン伝導性電解質を用いる燃料電池では，ペロブスカイト化合物はおもに正極に用いられる．正極には電子のみを伝導するペロブスカイト化合物を使うこともできるが，その場合，反応は電解質との境界近傍で起こらせる必要がある．しかし，酸化物イオンと電子の両方の伝導性を示し，また化学反応を手助けする触媒作用をもつ混合伝導体であるペロブスカイト化合物が，より広い条件範囲で反応が起こりうるという点で好ましい．最も広く用いられている正極材料が $La_{0.8}Sr_{0.2}MnO_{3-\delta}$ であるが，ほかにも多数のペロブスカイト化合物がこの用途向けに探索されている．たとえば，$Ln_{1-x}Sr_xMnO_{3-\delta}$（Ln はランタノイドを示す）や $Ln_{1-x}Sr_xFeO_{3-\delta}$，また $Ln_{1-x}Sr_xCoO_{3-\delta}$ といった系があり，とくに $La_{0.6}Sr_{0.4}Co_{0.2}Fe_{0.8}O_{3-\delta}$ や $Sm_{0.6}Sr_{0.4}CoO_{3-\delta}$ の組成が，高い電子伝導性とイオン伝導性を兼ね備えており，また電池の作動条件において比較的高い安定性を示す．しかしながら，これらの材料のどれをとっても完璧なものではなく，たとえば，$Ba_{0.5}Sr_{0.5}Co_{0.8}Fe_{0.2}O_{3-\delta}$ のように，これらのカチオンのよりよい組合せが試されるなど引き続き研究されている．

SOFC での発電における問題点は，電解質の酸素イオン伝導が室温では遅く，電

**142** ● 5章　拡散とイオン伝導度

池として十分に作動させるには電解質を 800 〜 1000 ℃といった高い温度にする必要があることである．このことは多くの不利益を生む．このような高温においては，ペロブスカイトの正極材料は不安定になり，構成成分が表面付近で分離するおそれがある．これによって，酸素還元反応に重要な正極の触媒作用がしばしば著しく阻害される．また，正極が電池のほかの構成要素と反応することで分解されてしまうおそれがある．たとえば，合金製のインターコネクタ[*11]から生じたクロムが正極の表面で反応を起こし，SrCrO$_4$のような相が表面で生成すると正極の性能が落ちる．

＊11 電池のセルとセルの間をつなぎ合わせる導体のこと．

　これらの理由や経済的な理由から，電池の作動温度を 650 ℃かそれ以下にまで下げる方法の探索が引き続き行われている．この探索が，薄膜やナノ構造，あるいはナノチューブといった正極材料設計における革新へとつながっている．

◆ 参 考 文 献 ◆

P. Huang, A. Petric, *J. Mater. Chem.*, **5**, 53–56 (1995).

X. Li, N. A. Benedek, *Chem. Mater.*, **27**, 2647–2652 (2015).

K. Nomura, H. Kageyama, *Solid State Ion.*, **178**, 661–665 (2007).

Y. A. Shilova *et al.*, *J. Solid State Chem.*, **168**, 275–283 (2002).

◆ さらなる理解のために ◆

●本章で述べた物質の格子欠陥の化学の詳細，および拡散と伝導についての導入：

R. J. D. Tilley, Defects in Solids, John Wiley & Sons, Inc., Hoboken (2008).

R. J. D. Tilley, Understanding Solids, 2nd edition, John Wiley & Sons, Inc., Chichester (2013), Chapter 7.

●イオン伝導．Li$_{0.33}$La$_{0.56}$TiO$_3$ 薄膜における Li イオン伝導に関する情報と同物質の文献の導入：

T. Ohnishi *et al.*, *Chem. Mater.*, **27**, 1233–1241 (2015).

●プロトン伝導．この物質の参考文献としてよい：

J. Bielecki *et al.*, *J. Mater. Chem. A*, **2**, 16915–16924 (2014).

T. Norby, *Mater. Res. Soc. Bull.*, **34**, 923–928 (2009).

●固体酸化物形燃料電池の La，Sr，Mn ペロブスカイト負極材料についての総説：

S. P. Jiang, *J. Mater. Sci.*, **43**, 6799–6837 (2008).

●近年の固体酸化物形燃料電池の発展についての一連の総説：

E. Wachsman *et al.* (guest editors), *Mater. Res. Soc. Bull.*, **39**, 773–804, September (2014).

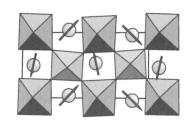

# 6章 誘電性

## 6.1 絶縁体ペロブスカイト

　絶縁体のペロブスカイトは一般的に誘電体（分極性のある絶縁体を特徴づけに使う用語）や圧電体，焦電体，強誘電体として記述される．これらの呼称は（一般的であり，ペロブスカイトに限ったものでない）印加した外部の刺激に対する物質の応答を示しており，ここでの応答はつねに電気分極である．たとえば，誘電体では外部刺激を電界とすると，その応答は物質の電気分極である．応答と刺激は両方とも物質の結晶構造に対してベクトルとして記述されなければならない．したがって誘電体の場合，物質の応答すなわち電気分極はベクトル**P**によって特徴づけられる必要があり，刺激すなわち印加した電界はベクトル**E**として指定される必要がある．この両方のベクトルはペロブスカイトの結晶構造に対する向きとして記述される．立方晶系において，**P**ベクトルは**E**ベクトルと比例し，平行であるが，ほとんどの結晶ではこれは正しくなく，これら二つのベクトルの関係はテンソル記号[*1]で記述される必要がある．

　これらの絶縁的性質と結晶構造との間には見事に確立された階層的な関係がある．すべての絶縁体のペロブスカイトは誘電体として分類される．圧電体は誘電体の一部（部分集合）であり，機械的応力を加えた結果，電気分極が生じる．焦電体と強誘電体は圧電体に含まれ，印加する刺激がなくとも自発分極 $P_s$ とよばれる電気分極を示す．強誘電体は焦電体に含まれる．強誘電体では，自発分極ベクトルの向きを印加した電界によって切り替わることができる（図6.1）．この階層構造は磁性体における階層構造に似ている（7章）．

　本章では，ペロブスカイトの誘電体と強誘電体に重点を置く．強誘電体は焦電体であり，また圧電体でもある．そのため，圧電性や焦電性を示すペロブスカイトの両方への最も重要な応用は強誘電物質を利用して得られることが知られている．

## 6.2 ペロブスカイト誘電体

### 6.2.1 一般的な特徴

　ペロブスカイトは，単純なコンデンサから誘電共振器にわたる数多くの電子工学

[*1] たとえば，$x$ 方向の電界が $y$ や $z$ 方向の電気分極に影響を与えることがある．**P** と **E** の関係を与える分極率は2階のテンソルである．2階のテンソルは3×3行列で与えられる．

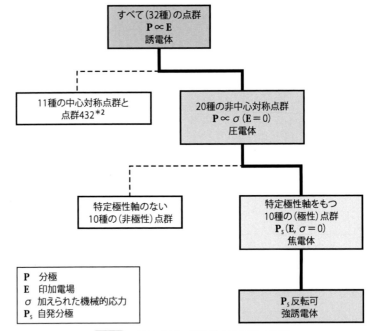

*2 点群432は非中心対称点群で特定極性軸がない.

**図 6.1** 結晶点群の対称性と誘電性の関係

の用途に重要な回路素子であり、携帯電話、衛星通信、TV放送などに使われている. ペロブスカイトのバルクの電気的特性は結晶内に電気分極の成分が存在することから生まれる. その成分には、カチオンの変位や八面体の回転やひずみのほか、粒界や各種の点欠陥といったあらゆる欠陥が含まれる. 比誘電率は誘電体を記述する基本変数である. 静電場中では、これは $\varepsilon_r$ と記されるが（表6.1）、変動する電場中では、印加電場の周波数の関数である複素比誘電率 $\varepsilon'_r - i\varepsilon''_r$ に置き換えられる. 変動する電場中での誘電性のもう一つの重要な尺度はエネルギーの損失であり、通常は誘電正接 $\tan\delta$ と記され、$\varepsilon''_r/\varepsilon'_r$ に等しい. 比誘電率は、分極成分がより動きやすくなると温度とともに上昇する傾向があり、印加電場の周波数の増加につれて低下する傾向にある（図6.2）.

単純なペロブスカイト構造の誘電的な性質は、特定の応用に対して理想的とはいいがたい. ペロブスカイト型誘電材料の特性を改善する一般的な戦略は、$CaTiO_3$, $BaTiO_3$, あるいは $ZrTiO_3$ のような望ましい特性をもつ物質を一つ選び、さらに適した方向へ性質を変化させるためにAサイトやBサイトを置換することである. 結果として得られる誘電応答は、多くの因子に依存し、少量のドーパント（元素置換）によって比誘電率と誘電正接の損失の両方の性質に大きな変化が与えられる. たとえば、少量の $Eu^{3+}$ を $SrSnO_3$ の絶縁相のAサイトに対して置換すると、電荷中性条件によってBサイトの $Sn^{2+}$ とともに酸素欠損が形成される. $Sr^{2+}$ の1%置換は $Sr_{0.99}Eu_{0.01}Sn^{4+}_{0.92}Sn^{2+}_{0.08}O_{2.925}$ の組成を与え、3%置換では $Sr_{0.97}Eu_{0.03}Sn^{4+}_{0.76}Sn^{2+}_{0.24}O_{2.735}$ の組成を与える. この二つの材料は、ドーパント（Eu）の濃度がわずか2%違うだけで誘電性は大きく異なる. とくにより高い温度において顕著な違いがみられる〔図6.3(a), (b)〕.

多結晶セラミックスの測定で得られる特性は、その微細構造に大きく影響する.

## 6.2 ペロブスカイト誘電体

**表6.1** いくつかのペロブスカイト化合物の比誘電率 ($\varepsilon_r$)

| 化合物 | $\varepsilon_r^{a)}$ | 周波数 (Hz) | 温度 (℃) |
|---|---|---|---|
| $BaZrO_3$ | 43 | —— | 25 |
| $BiFeO_3$ | 40 | $9.4 \times 10^9$ | 300 |
| $Ba_4Ti_3O_{12}$ | 112 | $10^3$ | 25 |
| $CaCeO_3$ | 21 | —— | 25 |
| $CaTiO_3$ | 165 | —— | 25 |
| $CaCu_3Ti_4O_{12}$ | ~$10^5$ | —— | 0 から 450 |
| $La_{2/3}Cu_3Ti_4O_{12}$ | ~$10^4$ | $10^2 \sim 10^6$ | 25 |
| $Ba_2CoNbO_6$ | ~$4 \times 10^3$ | $10^2 \sim 10^6$ | $-173$ から 40 |
| $KNbO_3$ | 700 | —— | 25 |
| $KTaO_3$ | 242 | $2 \times 10^5$ | 298 |
| $LiNbO_3^{b)}$ | $\varepsilon_{11} = \varepsilon_{22} = 82$ | $10^5$ | 298 |
|  | $\varepsilon_{33} = 30$ |  |  |
| $LiTaO_3^{b)}$ | $\varepsilon_{11} = \varepsilon_{22} = 53$ | $10^5$ | 25 |
|  | $\varepsilon_{33} = 46$ |  |  |
| $NaNbO_3^{b)}$ | $\varepsilon_{11} = \varepsilon_{22} = 76$ | —— | 25 |
|  | $\varepsilon_{33} = 670$ |  |  |
| $NdAlO_3$ | 17.5 | —— | 25 |
| $NdScO_3$ | 27 | —— | 25 |
| $PbHfO_3$ | 390 | $10^5$ | 300 |
| $PbTiO_3$ | ~200 | $10^5$ | 25 |
| $Pb(Zn_{1/3}Nb_{2/3})O_3$ | 7 | $10^3$ | 300 |
| $PbZrO_3$ | 200 | —— | 400 |
| $SrTiO_3$ | 332 | $10^3$ | 298 |
| $8H-Ba_8Ga_{0.8}Ta_{5.92}O_{24}^{a)}$ | 29 | —— | 25 |
| $8H-Ba_8Mg_{0.75}Ni_{0.28}Ta_6O_{24}$ | 27 | —— | 25 |
| $H-Ba_8Li_2Nb_6O_{24}^{a)}$ | 37 | —— | 25 |
| $8H-Ba_8Li_2Ta_6O_{24}$ | 28 | —— | 25 |
| $8H-Ba_4LiSbTa_2O_{12}$ | 25 | —— | 25 |
| $10H-Ba_{10}Mg_{0.25}Ta_{0.79}O_{30}$ | 28 | —— | 25 |
| $10H-Ba_{10}Ti_{0.45}Sn_{0.75}Ta_{7.04}O_{30}$ | 17.6 | —— | 25 |

a) 一つの値のみが示してある試料は多結晶体である．
b) $\varepsilon_{11} = \varepsilon_{22}$ は (001) 面内の成分であり，$\varepsilon_{33}$ は六方晶の $c$ 軸に平行な成分である．

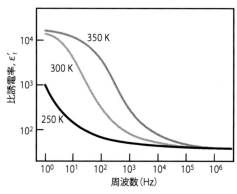

**図6.2** $SrFe_{0.5}Ta_{0.5}O_3$ セラミックスの比誘電率 $\varepsilon_r'$ の温度および周波数依存性
各軸は対数スケールであることに注意．

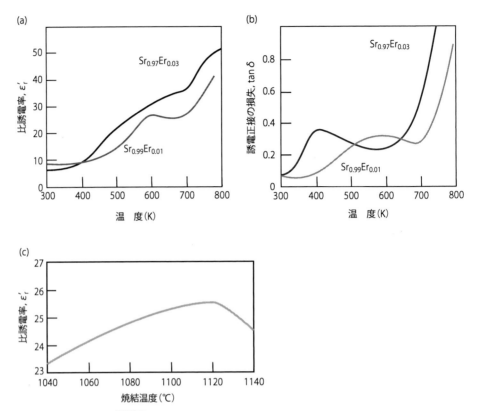

**図6.3** ペロブスカイト型のセラミックス材料の誘電性
$Sr_{0.99}Eu_{0.01}SnO_{2.925}$ と $Sr_{0.93}Eu_{0.03}SnO_{2.735}$ の,（a）比誘電率,（b）誘電正接の温度依存性,（c）六方晶8H型ペロブスカイト $Ba_5Li_2W_3O_{15}$ の比誘電率の焼結温度依存性.

特別に重要なのは，結晶子の粒径や多孔性，セラミックス試料（焼結試料）内の隙間や気泡，および不純物相の存在である．加えて，粒子内に存在する点欠陥や移動電荷担体のような化学欠陥や粒界に存在する物理や化学はすべて測定する特性に影響を与える．このため，セラミックスは注意深く制御された合成ルートを必要とし，焼結温度と時間は測定する特性に大きく影響する〔図6.3（c）〕．

### 6.2.2 巨大誘電率物質

調製条件と微細構造，特性の間の相関は巨大誘電率（colossal dielectric constant：CDC）材料とよばれるようになったセラミックス酸化物によってよく説明できる．これらのなかで最もよく知られているのが立方晶ペロブスカイト相 $CaCu_3Ti_4O_{12}$（CCTO）や，これと密接に関係した化合物 $SrCu_3Ti_4O_{12}$, $La_{2/3}Cu_3Ti_4O_{12}$, $Y_{2/3}Cu_3Ti_4O_{12}$, $Ce_{0.5}Cu_3Ti_4O_{12}$, $Na_{0.5}Bi_{0.5}Cu_3Ti_4O_{12}$ である．これらすべては立方晶ペロブスカイト構造（2.1.3項）をとる[*3]．これらの化合物のセラミックス試料（焼結試料）の比誘電率は低周波数において $10^5$ 程度であり，100〜500Kの幅広い温度範囲にわたってほとんど周波数と温度に依存しない．誘電正接もとても低く，0.017に近い値がセラミックス試料から得られる（図6.4）．

これらの相は小型電子部品やエネルギー貯蔵への応用利用のための理想的な候補である．しかしながら，セラミックス試料の比誘電率は，合成ルートや焼成条件，

[*3] Aサイトが1:3で秩序化している.

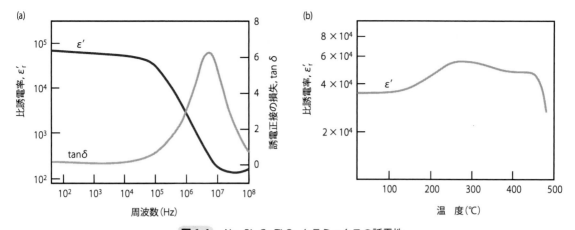

**図 6.4** Na$_{0.5}$Bi$_{0.5}$Cu$_3$Ti$_4$O$_{12}$ セラミックスの誘電性
(a) 室温での比誘電率$\varepsilon'_r$と誘電正接$\delta$の周波数依存性，(b) 周波数1 kHでの比誘電率$\varepsilon'_r$の温度依存性．

最終的な粒径に依存して大きく変化する．高い比誘電率の原因はいまだ完全に解明されているわけではない．現在までにわかっている範囲では，巨大効果はおそらく二つ（もしくはもっと）の成分の和であるということである．少なくとも，可動な正電荷キャリヤーを高濃度で含む半導体か半導体/絶縁体の粒子を囲んでいる薄くて完全に酸化された絶縁体の粒界中で，重要な効果が現れるようにみえる．高い比誘電率の値はたびたび Maxwell-Wagner (Maxwell-Wagner-Sillars) 効果によるものだとされる．これは異なる粒子間の境界で電荷が蓄積するときの二相の物質の挙動を表す．しかしながら，半導体粒子の導電性もまた巨大効果の発現に含まれている．高温焼成中に酸素が失われると酸素欠陥とともに移動電子が生成する．粒界の幾何学の制御と同様に，粒子内部の欠陥化学の制御は，同じ商品を自信をもって届けるために必要である．

## 6.3 強誘電性/圧電性ペロブスカイト

### 6.3.1 自発分極とドメイン

ペロブスカイト強誘電体は，ふつうの誘電体とは違って外部電場の印加によって方向が切り替わる永久自発分極 $P_s$ をもつ．すべての強誘電体は圧電体でもあり，商業的に重要な圧電体の大多数は強誘電性ペロブスカイトである．

ペロブスカイト型酸化物が強誘電性を示す基本的な理由は，小さいBサイトのカチオンがBO$_6$八面体のなかで"ガラガラ"と動き，中心からのずれが構造安定性をもたらすという考えに元もと基づいていた．Bサイトのカチオンの中心からのずれ（変位：オフセンタリング）は各八面体に電気双極子をつくりだす．双極子の方向（あるいは等価なことだがカチオンの位置）は，印加電場の影響のもとである変位（オフセンタリング）位置から別の変位位置へと切り替えることができる．

この状況は，1.5節で述べた典型的な強誘電体材料であるチタン酸バリウム（BaTiO$_3$）を参照しながら要約することができる．BaTiO$_3$の理想的な立方晶（常誘電）相は398 K以上で観測される．Ti$^{4+}$は酸化物イオンがつくる正八面体の中心に

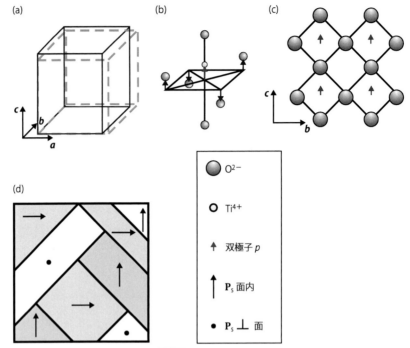

**図 6.5** 正方晶 BaTiO₃
(a) 立方晶単位格子（点線）と比較した正方晶単位格子，(b) 正方晶 BaTiO₃ にみられる変位，(c) 正方晶 BaTiO₃ における双極子の配列，(d) スライスした結晶の分域構造．すべてのひずみはかなり誇張されている．

位置する．398 K から 278 K の間では正方晶である．立方晶格子は正方晶格子へ転移するときに $a$ 軸と $b$ 軸に沿ってわずかに縮み，$c$ 軸に沿ってわずかに伸びる〔図 6.5（a）〕．立方晶から正方晶への転移は，八面体配位の $Ti^{4+}$ が $c$ 軸に沿って中心から変位することを伴う．また，エカトリアル位の 2 個の酸素原子が $+c$ 軸と平行に，残りの 2 個が反対方向へ動くために八面体の形状のわずかな変化を伴う〔図 6.5（b）〕．$c$ 軸と平行な $O^{2-}$ と $Ti^{4+}$ の結合距離は 0.22 nm と 0.18 nm であり，エカトリアル酸素との結合距離は 0.2 nm のままである．これが各八面体中に双極子をもたらし，正味約 26 μC cm$^{-2}$ の双極子モーメントが $c$ 軸に沿って向いている〔図 6.5（c）〕．それゆえに極性軸は $c$ 軸である．$Ti^{4+}$ の変位と八面体の変形は電場で反転させることができる．そのため BaTiO₃ は強誘電体である．

　元の立方晶のどの軸が極性軸になるかは任意であり，そのため $\pm x$，$\pm y$，$\pm z$ 軸に平行は六つの等価な方向のいずれかになる．大きな結晶を冷却すると，すぐにこれらのどの変位も起こすことが可能であるため，結晶の異なる領域内で異なる配向が現れて，各領域内部ですべての双極子が並んだドメイン（分域）構造[*4] が形成される〔図 6.5（d）〕．分域内の分極の方向はマトリックス組織[*5] の結晶学によると隣接する分域の分極の方向と関係している．

　278 K から 183 K の間の温度では正方晶相はさらに変位型の相転移を起こし，単位格子の面の対角線に沿って伸長した結果，直方晶となる．立方晶と比較すると，ここでは双極子の向きには等価な 12 個の方向がある．183 K 以下では，またさらなる変異型の構造相転移が起こり，八つの等価な双極子の方位をもつ菱面体晶相と

[*4] 強磁性体の磁区に相当する．

[*5] 単一の結晶ではなく，（双晶，分域を含む）複数の結晶から構成される組織のこと．

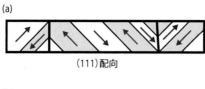

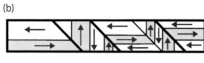

**図 6.6** (a)(111),(b)(100)に配向した Pb(Zr,Ti)O₃ 薄膜の分域構造

なる．

　高温の立方晶相からの格子の変形は比較的小さいため，いろいろな相の結晶学的な単位格子間の構造の関係は，擬立方晶構造を用いることで簡潔に表される．この擬立方晶の単位格子を用いると，BaTiO₃ の分極の方向 $\mathbf{P}_s$ は以下のとおりである．正方晶 $[001]_p$，直方晶 $[011]_p$，菱面体晶 $[111]_p$．

　この B サイトの変位のみに基づくアイデアは簡単すぎるもので大多数の強誘電体の振舞いを説明できない[*6]．反転可能な永久双極子の配列の形成を説明するためにはペロブスカイト構造のほかの特徴を考慮しなければならない．ここで追加すべき観点は，A カチオン(とくに $Pb^{2+}$ や $Bi^{3+}$ のような孤立電子対をもつカチオン)の変位，$BO_6$ 八面体の回転，八面体を構成する酸化物イオンの位置のなんらかの不規則性に起因して発生する双極子である．

　強誘電体の自発分極を発現させるもとになる原因によらず，多くの立方晶系に近いペロブスカイト型の強誘電体は BaTiO₃ と類似した分域構造を示し，自発分極ベクトルは擬立方晶の $[001]_p$，$[011]_p$，あるいは $[111]_p$ 方向に平行である．薄膜試料では，これらの分域構造は配向や，基板とその上の強誘電薄膜の間で格子定数のミスフィット(不整合)に依存する．たとえば，重要な強誘電体である PbZrO₃-PbTiO₃ 系では，強誘電性の正方晶相の(100)配向薄膜は表面に垂直と平行方向に分域構造を，(111)配向薄膜では表面に対し 45°傾いた分域をもつ(図 6.6)．

　対称性の考察から，Ruddlesden-Popper 相や Dion-Jacobson 相，Aurivillius 相のような八面体の層数が偶数である層状ペロブスカイト強誘電体では，ペロブスカイト層に平行な自発分極ベクトルをもつ傾向にある．奇数枚の八面体層からなる相では，自発分極は層に垂直な方向か少なくともこの方向に成分をもつ．したがって，二層($n=2$)の Dion-Jacobson 相 RbBiNb₂O₇ ではペロブスカイト層に平行な自発分極ベクトルをもつ．ここでの分極は，NbO₆ 八面体の回転と，より重要なことにはペロブスカイト層間にある孤立電子対をもつことで変位した $Bi^{3+}$ カチオンに起因する[*7]．

## 6.3.2 強誘電分域(ドメイン)のスイッチング

　強誘電体結晶の通常の状態は，すべての八面体の双極子の向きが揃った分域の集まりからなる微細構造をもっており，それぞれの分域内では電気双極子は平行であ

[*6] Devonshire によると立方晶相で三重に縮退した $\Gamma_{15}$ とよばれるフォノンモードの逐次的なソフト化が三つの相転移の起源とされている．

[*7] 最近の研究では，八面体の回転パターンによっては孤立電子対をもたなくても強誘電体になることが示されている(例：Sr₃Zr₂O₇)．

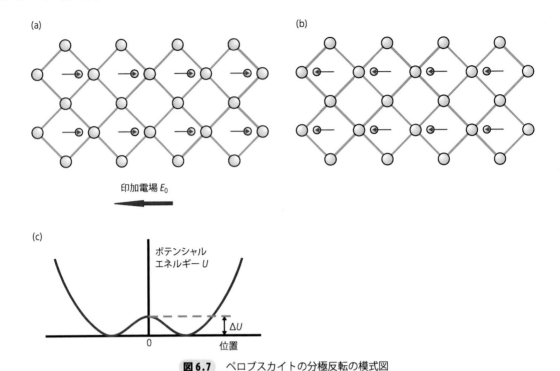

**図 6.7** ペロブスカイトの分極反転の模式図
(a), (b) 反転前後のペロブスカイトの分極の平行配列 (双極子の反転に必要な電場の方向を示してある), (c) 双極子のポテンシャルエネルギー曲線 (vs. 位置).

るが，隣の分域とは平行に配列しない．分域壁は原子レベルではなめらかではないが，0.5〜1 nm の厚さをもつ．分極は分域境界で生じる．単一分域では $1.5 \times 10^{14}$ electrons cm$^{-2}$ オーダーの電荷を表面にもつことができ，これが 300 MV 以上の内部電場をつくりだせる．

八面体カチオンの変位〔図 6.7(a)〕によって生じる内部双極子と反対に印加された電場は最終的にカチオンを反対方向へ動かすのに十分強くなりうる〔図 6.7(b)〕．その状況は結晶のポテンシャルエネルギーの観点から表すことができる．ここでそれぞれの安定な配置は，ポテンシャルエネルギー曲線 (vs. 位置) の極小に見いだされ，それらの間で小さなエネルギー障壁 $\Delta U$ がある〔図 6.7(c)〕．エネルギー障壁を越えるのに十分な強さの電場を与えると，双極子の方向はほかの方向へ切り替わる．

近年，最先端の顕微鏡技術を用いることで，強誘電分域の核生成と成長を直接観察できるようになった．たとえば，BiFeO$_3$ 膜の (001) 配向の単一分域シート中の強誘電分域は金属プローブによって印加した電場に応答して核生成する〔図 6.8(a)〕．分域はより薄い薄膜の表面で鋭い矢が膜へ侵入するように生成していき〔図 6.8(b), (c)〕，電場が増加すると単一分域になる〔図 6.8(d)〕．初期状態の試料で擬立方晶 [111]$_p$ に平行であった分極ベクトルは，電場中で [11$\bar{1}$]$_p$ 方向へと切り替わる〔図 6.8(e)〕．

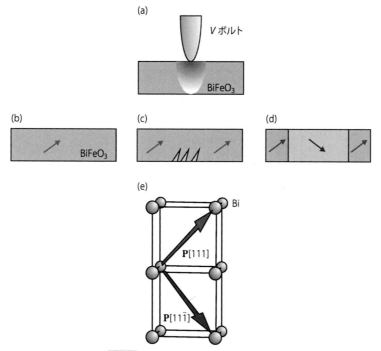

**図 6.8** 強誘電体 BiFeO₃ の分域成長
(a) BiFeO₃ の単結晶膜へ電圧 V を印加するための金属プローブ，(b)～(d) 膜の下面で開始した分域成長，(e) BiFeO₃ の擬立方晶単位格子に対する分極方向の変化．オリジナルデータは Nekon ら (2011)．

### 6.3.3　強誘電履歴曲線

　一般に，強誘電性ペロブスカイトの単結晶は，結晶の対称性によって許される等価なすべての方向に配向したほぼ等しい数の分域から構成される．よって結晶全体の極性はゼロになる．電場を印加することによって分極の向きが切り替わり，典型的な履歴（ヒステリシス）曲線が得られる．ここで重要な値は，電場をゼロへ減少させたときの**残留分極**（remanent polarization あるいは residual polarization）$P_r$ と分極をゼロにするのに必要な逆方向の電場としての**保持力**（coercive field）$E_c$ である．履歴曲線で高磁場側から $E=0$ へ外挿することによって自発分極の値 $P_s$ が与えられる〔図 6.9(a)〕．

　ペロブスカイト化合物の履歴曲線の形状は多くの要因に依存する．"固い" 強誘電体の分極の反転には強い電場が必要であり，強い保持力 $E_c$ によって示される．"柔らかい" 強誘電体は分極の反転が容易であり，低い $E_c$ 値をもつ．したがって，固い強誘電体は幅広い履歴曲線を示す傾向にあり，柔らかい強誘電体は狭い幅の履歴曲線を示す．さらに，履歴曲線の大きさや向きは粒子の大きさによって変わる．単結晶は，角ばった長方形の履歴曲線をもつ傾向がある．粗い粒子のセラミックス強誘電体は回転した丸みを帯びた履歴曲線を形成し，微粒子のセラミックスでは曲線はさらに回転し，非常に履歴の幅は薄くなる〔図 6.9(b)～(d)〕．ほかに微細構造によって履歴曲線が非対称になることがある．

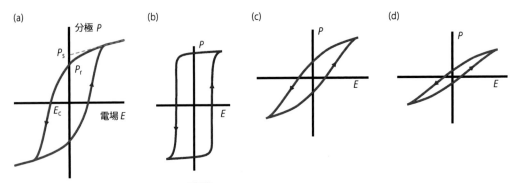

**図 6.9** 強誘電履歴曲線の模式図
(a) $P_s$, $P_r$, $E_c$ を示す典型的な曲線, (b) 単結晶 $ABO_3$, (c) 中程度のセラミックス粒子 $ABO_3$, (d) 微粒子セラミックス $ABO_3$.

### 6.3.4 強誘電体の温度依存性

　温度が上昇するつれ原子の熱運動が増加していき，ついにはこれだけでいろいろな向きの自発分極をわけていたエネルギー障壁を乗り越えることができる．十分に高い温度では，原子の分布は統計的（無秩序）になり，通常の（立方晶の）誘電体として振舞うようになる．この状態は**常誘電状態**(paraelectric state)とよばれる．この変化が起こる温度は転移温度，キュリー温度[*7]もしくはキュリー点 $T_C$ として知られている．キュリー温度に近づくにつれて結晶の自発分極が変化する様子は，強誘電状態から常誘電状態への相転移が一次の場合と二次の場合で分類される[*8]．一次転移のときの自発分極は不連続な変化（$T_C$ にてゼロから有限の値にとぶ）であるのに対し，二次転移での変化は緩やかで連続的（$T_C$ にてゼロから連続的に変化）である〔図 6.10(a)〕．いずれの場合でも，比誘電率は $T_C$ 付近で鋭いピークをもつ〔図 6.10(b)〕．

　**常誘電状態**にある多くの強誘電体の比誘電率の温度依存性は，キュリー・ワイス(Curie-Weiss)の法則によってきわめて正確に記述することができる．

$$\varepsilon_r = \frac{C}{(T-T_C)}$$

ここで $C$ は定数，$T_C$ はキュリー温度，$T$ は温度(K)である．$C$[*9] の値は $1/\varepsilon_r$ を $T$ に対してプロットとすることにより決定される．

$$\frac{1}{\varepsilon_r} = \frac{T}{C} - \frac{T_C}{C}$$

理想的にはこのグラフは $1/C$ の傾きをもつ直線であり，温度軸を $T_C$ で横切る（図6.11）．温度軸の切片 $T_0$ は頻繁に $T_C$ の測定値とわずかに異なるため，キュリー・ワイス式は $T_0$ を外挿されたキュリー温度となるような形式でよく書かれる．

$$\varepsilon_r = \frac{C}{(T-T_0)}$$

キュリー温度とは，強誘電状態から常誘電状態への構造相転移，または常誘電状態から強誘電状態への構造相転移が起こる温度であることに注意されたい．$T_0$（紛らわしいことにキュリー温度ともよばれる）の値は外挿から得られるものであり，相

---

[*7] もともと強磁性転移温度をその発見者ピエール・キュリー(Pierre Curie)に因んでキュリー温度とよんだが，強誘電転移温度に対しても使われている．

[*8] 現象論的にはランダウ理論によって導出される．

[*9] $C = NP^2/\varepsilon_0 k_B$ と与えられる．$N$ は単位体積当たりの双極子数，$P$ は双極子モーメント，$\varepsilon_0$ は真空の誘電率，$k_B$ はボルツマン定数である．

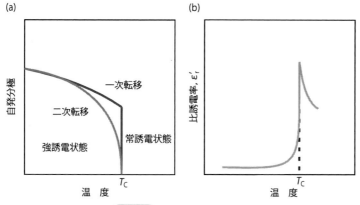

**図 6.10** 周波数の温度変化
(a) 高温常誘電状態への一次転移と二次転移，(b) キュリー温度 $T_C$ 前後での比誘電率変化．

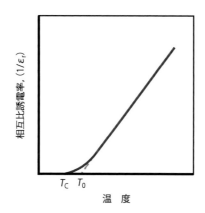

**図 6.11** 強誘電体の常誘電体状態における理想的なキュリー挙動

転移温度とは一致しない．

### 6.3.5 焦電性，圧電性と結晶の対称性

焦電体結晶はつねに永久自発分極 $\mathbf{P}_s$ をもつ（すでに述べたように，強誘電体ではこの方向を切り替えることができる）．対称性の制約により，反転対称性のない10種の点群をもつ結晶のみ自発分極をもつことが許され，分極ベクトルは一般的にある一つの結晶学的方向に沿う．ペロブスカイト化合物中で自発分極を生じさせる八面体の回転やカチオンの変位などはすべて温度に敏感であり，温度変化させると自発分極が変化するが，これは**焦電効果**（pyroelectric effect）として現れる．三斜晶および単斜晶を除くすべての結晶系で，温度に伴う $\mathbf{P}_s$ の値の変化，つまり焦電効果 $\Delta P$ は次の式で与えられる．

$$\Delta P = \pi \Delta T$$

ここで $\pi$ は（単一）焦電係数，$\Delta T$ は温度変化である．

直接圧電効果と逆圧電効果は電気的特性と機械的特性が結合した電気機械（electromechanical）効果である．圧電体ペロブスカイトにおける直接圧電効果は

応力を印加された固体の分極変化と関係している．ここで応力は**刺激**（stimulus）とよばれ，その結果として生じる分極は**応答**（response）とよばれる．応力の印加は八面体回転やカチオン変位などを変化させ，これが分極の変化をもたらす．分極と応力の両方とも方向に依存した性質であるが，焦電性の場合と異なりこれら二つの関係はより複雑である．分極は三成分からなるベクトルである．しかし，応力は九つの成分をもつ2階テンソルで表されなければならない．単結晶では，直接圧電効果は通常以下の行列表記により書かれる．

$$P_i = d_{ij}\sigma_j \quad i=1,2,3; \quad j=1,2,3,4,5,6$$

ここで $i$ は主軸（直方晶かそれよりも高い対称性をもつ結晶の通常の結晶軸に平行な $OX, OY, OZ$ に平行な（応答）ベクトル **P** の成分であり，$j$ は主軸に平行な応力（刺激）成分である．18 の行列係数 $d_{ij}$ が[*10]あるが，高い対称性の結晶ではこれらの多くは0である．それらは無次元数でなく，$C\,N^{-1}$ の単位をもち，おおよそ 100～200 $pC\,N^{-1}$ の値をとる．

逆圧電効果では，圧電体材料に印加された電圧（もしくは電場，**E**，刺激）によって形状変化（ひずみ，$\varepsilon$，応答）が誘発され，これは次の式によって与えられる．

$$\varepsilon_j = d_{ij}E_i \quad i=1,2,3; \quad j=1,2,3,4,5,6$$

係数 $d_{ij}$ の値は直接圧電効果と同じであるが，通常 $m\,V^{-1}$ の単位で与えられる．

### 6.3.6 ひずみ-電場曲線

逆圧電効果は，電場が印加されたときに強誘電体が起こすひずみと電場との関係を表す．印加した電場とひずみを測定するとループを形成する．ループ曲線の形状は前述した通常の強誘電体の履歴曲線（ヒステリシス曲線）の形状と相関がある（図6.9）．典型的な対称的な履歴曲線〔図6.9(a)〕に対して，ひずみ-電場のループ曲線は対称的な蝶の形状をしている〔図6.12(a)〕をもつ．大きな履歴とひずみの負の値は分域壁の反転が原因である．逆圧電の式から，小さい電場での曲線の傾きから適当な圧電係数 $d_{ij}$ の値が得られる．実際には，研究されている試料のほとんどはセラミックス材料（焼結体）である（6.4節）．これらの場合，グラフの傾きはセ

*10 3階テンソルである．

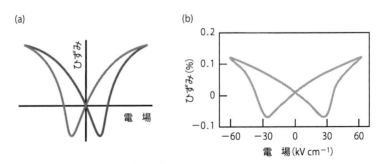

**図6.12** ひずみ-電場曲線
(a) 対称的な P-E 履歴曲線をもつ強誘電体の対称的な"蝶"型の曲線，(b) $0.95Bi_{0.5}Na_{0.5}TiO_3$-$0.05KNbO_3$ 微粒子で実験的に得られたループ曲線．

ラミックス材料の微細構造や異方性の寄与を含むかもしれない．しかしながら，これらの問題はすべてのセラミックス材料に対して影響を与えるのではなく，係数 $d_{33}$（6.4 節参照）は信頼できる値として得ることができる．たとえば，組成 $0.95Bi_{0.5}Na_{0.5}TiO_3$-$0.05KNbO_3$ のセラミックスの対称的なひずみ-電場曲線〔図 6.12 (b)〕から，室温で約 400 pC N$^{-1}$ の係数 $d_{33}$ が得られる．

## 6.4 強誘電体 / 圧電体セラミックスの開発

### 6.4.1 圧電体セラミックス

ペロブスカイト化合物の電子的性質の研究は 1940 年代初期に前面にでるようになり，高い比誘電率をもつ材料の探索が猛烈な勢いで行われた．この結果，ペロブスカイト化合物 $BaTiO_3$[*11] の重要な誘電的特性が発見された．この物質の高い誘電率が構造の強誘電性に起因しており，強誘電転移の近傍で誘電率の最大値をとることがまもなく発見された．しかし，この特性を活用できる単結晶のスライスは大部分の用途の選択肢としてない．これはとりわけ大きな結晶を生産するのが困難であり，コストがかかるためである．産業上必要とされたのは，多くはディスクやチューブ，シリンダーの形状の多結晶である．強誘電性はこれらの材料で保たれる．この多結晶体の固まりはセラミックスと記述され，用語 "セラミックス" は実用上の目的では "多結晶" と同義語である．

ここで重要なポイントがある．それは，圧電，焦電，強誘電効果は反転対称のない結晶に限定されるという必要条件は，これらの物理現象が多結晶固体中で観察されるべきでないということを意味することである．なぜなら，多結晶の固まりのなかの個々の粒子が無秩序な方向に分極するため全体の分極は相殺されるからである．この状況は 1945 年の強誘電性を多結晶セラミックス体に与える方法の発見により変えられた．

分極処理（ポーリング，poling）とよばれるこの過程で，セラミックスは高い電場をかけながら高温から冷却される．これは，それぞれの粒子の自発分極を電場の方向であるポーリング軸に平行に部分的に揃える作用をする．慣例でポーリングの方向は $OZ$ 軸とされている〔図 6.13 (a)〕．ポーリング後，セラミックスはポーリング軸に垂直な方向では等方性を維持するので，物理的には $OX$ と $OY$ はまったく同等であり，（互いと $OZ$ に直角である限り）$OX$ 軸と $OY$ 軸をどこに定義してもよい．

直接圧電効果によって特徴づけられる分極と応力の関係は，ここでは大きく単純化される．もし応力 $\sigma$ がポーリング軸と同じ方向に加え，発現した分極をこの方向で測定するならば〔図 6.13 (b)〕，その関係は次の式で与えられる．

$$P = d_{33}\sigma$$

係数 $d_{33}$ は縦圧電係数とよばれる．もし分極を測定する面を保ちながら，応力を垂直方向に与えたならば〔図 6.13 (c)〕，その関係は以下のとおりである．

$$P = d_{31}\sigma$$

*11 戦時中に，アメリカ，日本，旧ソ連の研究者によって独立に合成されたとされている．

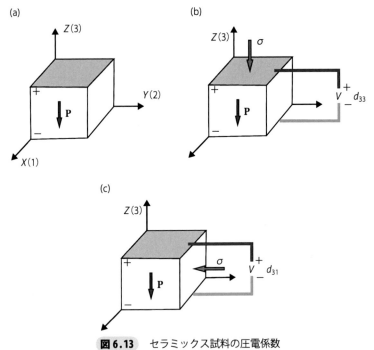

**図 6.13** セラミックス試料の圧電係数
(a) ポーリングの方向，(b) $OZ$ に平行な分極と応力，(c) $OZ$ に沿った分極と $OZ$ に垂直な応力．

係数 $d_{31}$ は横圧電係数とよばれる．同様にして，ひずみ $\varepsilon$ と印加電場 $E$ を関係づける逆圧電効果は，幾何的な配置に依存して

$$\varepsilon = d_{33}E$$

または

$$\varepsilon = d_{31}E$$

と単純化される．

　ポーリングプロセスの開発は，$BaTiO_3$ (BT) よりも優れた特性をもつペロブスカイト型セラミックスの大きな物質群に対して多くの応用の扉を開いた．二十世紀後半に扱われたおもなペロブスカイト材料はジルコン酸鉛 $PbZrO_3$ (PZ) およびチタン酸鉛 $PbTiO_3$ (PT) から派生した鉛含有強誘電体セラミックスである．$PbTiO_3$-$PbZrO_3$ (PZT) 系，ランタンジルコン酸チタン酸鉛 (PLZT)，スズ酸ジルコン酸チタン酸鉛 (PSZT)，ニオブ酸マグネシウム鉛 (PMN)，亜鉛ニオブ酸鉛 (PZN) の相が含まれる．これらの材料は 1960 年代から事実上，圧電体の市場を席巻した．

　ペロブスカイト相の誘電特性に関する研究は現世紀においても，多くの相，とくにリラクサー強誘電体 (6.7 節) の単結晶成長に刺激されてペースを維持している．加えて，$PbZrO_3$-$PbTiO_3$ とその関連材料に代わる鉛の入っていない物質の探索が精力的に行われている．ここではニオブ酸カリウム，$KNbO_3$ (KN)，ニオブ酸ナトリウム $NaNbO_3$ (NN) や $K_{0.5}Na_{0.5}NbO_3$ (KNN) を含む $KNbO_3$-$NaNbO_3$ (これも KNN とよばれる) 系ペロブスカイトが幅広く研究されている．

## 6.4.2 電歪

誘電体への印加電場に応答する試料の大きさの変化である電歪は広く存在する特性であり，電気機械効果のもう一つの例を与える．電場方向に対し薄くなる試料も，厚くなる試料もある．この効果は可逆的でなく，変形は分極を生じない．この効果は，ガラスや液体を含んで反転中心がないすべての材料でみられる．しかし，電歪効果は，強誘電体ペロブスカイト，とくに以下で述べるリラクサー強誘電体（6.7節）を除くと一般に非常に小さい．

電歪は逆圧電効果と関係がある．あまり大きくない電場をかけた場合，前述した圧電の式は適切であり，ひずみと電場には比例関係がある．しかし，電場が強い場合には，これらの式は電場に対する二次の項を含むように拡張する必要がある．ここではひずみは以下の式で与えられる．

$$\varepsilon_j = d_{ij}E_i + \gamma_{ij}E_iE_j \quad i = 1,2,3; \quad j = 1,2,3,4,5,6$$

$\gamma_{ij}$（$M_{ijkl}$ と書かれることもある）は行列形式で書かれる 4 階の電歪テンソルである．明らかに，印加電場を逆転してもひずみの符号は変化しない．

セラミックス試料では，圧電体のときと同様にこの式は単純化できる．接尾の記号の順番は前と同じ意味をもっており，

$$\varepsilon_1 = \gamma_{31}E_3^2$$

と書くことができる．ここで$\gamma_{31}$ は $OX$ 軸に平行な形状変化$\varepsilon_1$ と $OZ$ 軸に平行に印加された電圧の二乗 $E_3^2$ の相関を与えている．同様の式はひずみとセラミックスの分極の相関を与える．

$$\varepsilon_1 = Q_{31}P_3^2$$

$\gamma$（$M$）と $Q$ はともに電歪係数とよばれる．

## 6.5 反強誘電体

強誘電性は以下の二つの因子によって決まる．（ⅰ）短距離力である化学結合，（ⅱ）長距離力である双極子相互作用である．強誘電体結晶のエネルギー計算によると，個々の格子の自発分極が平行（強誘電）配列〔図 6.14（a）〕，もしくは逆平行配列〔図 6.14（b）〕のときに最小エネルギーになることが示される．逆平行配列は反強誘電性の特徴である．強誘電状態と反強誘電状態は微妙なバランスのもとで決まっており，反強誘電体には容易に強誘電体へ転移するもの（あるいはその逆）もある．たとえば，反強誘電体であるジルコン酸鉛 $PbZrO_3$ は，Zr サイトを 5% 程度の Ti 置換（$PbTi_{0.05}Zr_{0.95}O_3$）することによって強誘電体へ変化する．

反強誘電体 $PbZrO_3$ は直方晶であり，空間群は $Pbam$（55），格子定数は $a = 0.58822$ nm，$b = 1.17813$ nm，$c = 0.82293$ nm である．これらの格子定数は，擬立方晶格子（$a_p = 0.416$ nm）と $a = 2a_p\cos 45°$，$b = 4a_p\sin 45°$，$c = 2a_p$ の関連がある．現実の結晶構造は非常に複雑で，温度に敏感な八面体の回転と酸化物イオン

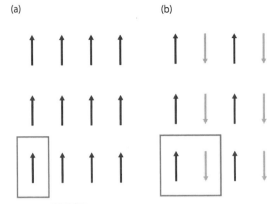

**図 6.14**　反強誘電体の振舞いの模式図
(a) 強誘電体に特徴的な自発分極をもつ双極子の平行配列，(b) 反強誘電体に特徴的な双極子の反平行配列．

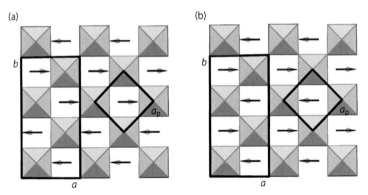

**図 6.15**　(a) 室温における $Pb^{2+}$ の変位に起因する二列おきの反平行双極子($b$ 軸方向)をもつ $PbZrO_3$ の理想構造，(b) 約 235 ℃における $Pb^{2+}$ の変位に起因する一列おきの反平行双極子をもつ $PbZrO_3$ 中間体の理想構造

の変位が存在する．しかし，双極子の反強誘電的な配列は孤立電子対 $Pb^{2+}$ の変位に関連していると思われている．その変位の向きは擬立方晶の [110] 方向の一つ，すなわち直方晶の $a$ 軸に平行である〔図 6.15(a)〕．(001)面で双極子が単一方向に並ぶのではなく，反平行に並ぶ双極子の二つの列 (double rows) があることがわかる ($b$ 軸方向)．これらの双極子とは別に，$c$ 軸に平行な $Pb^{2+}$ の変位もあり，双極子の局所的な強誘電配列をもたらす．

約 232 ℃でもう一つの反強誘電相へと転移する．この中間構造は約 10 ℃の狭い温度範囲で安定である．反強誘電の双極子は再び $Pb^{2+}$ の変位と関連するが，その変位は反平行に並ぶ一列 (single) の双極子を伴う〔図 6.15(b)〕．わずかに高い温度でこの中間体相は立方晶の常誘電相〔250 ℃において空間群 $Pm\bar{3}m$ (221)，$a =$ 0.41597 nm〕に転移する．

$PbZrO_3$ のような反強誘電性ペロブスカイト型酸化物の自発分極は電場なしでは明らかにゼロである．ここで電場を加えると，双極子のセットの一つが反転可能なときでも臨界点 $E_f$ に届くまでほとんど変化はみられない．$E_f$ にて分極は急激に増加し，実効的に強誘電体へと変わる．高電場の状態から電場を減らしていくと，電

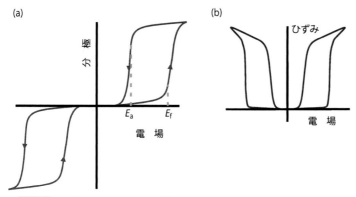

**図 6.16** (a) 反強誘電体ペロブスカイト型セラミックスの典型的な二段の履歴曲線，(b) 反強誘電体ペロブスカイトの典型的な二段のひずみ-電場ループ

場が十分に小さくなるまでほとんど変化はみられない．$E_a$ になってはじめて，反強誘電性の状態が再び安定になる．反対方向に電場を印加する際にも同じことが当てはまるが，この場合にはもう一方の双極子の列が反転する．その結果，二段の履歴曲線が得られる．これは，一般に反強誘電性ペロブスカイト相を想起させるものとみなされている〔図 6.16(a)〕．分極-電場曲線パターンから予想されるように，ひずみ-電場のループも二段になる〔図 6.16(b)〕．

いくつかの材料では，反強誘電状態がかろうじて安定もしくは準安定である．そのような材料で，前述したとおり電場の印加によって強誘電相へ転移するが，そこから電場を除去しても強誘電状態が保たれる．この材料は，そこからは典型的な強誘電体のように振舞い，通常の履歴曲線をみせる．常誘電体構造へと転移させるため材料を高温に加熱し，ついで(ゼロ電場下で)冷却すると，元の反強誘電体状態へと戻すことができる．

競合する短距離力と長距離力があると，従来の回折法によって決定される平均的構造とは異なる局所構造が生じることがある．$Bi_2Mn_{4/3}Ni_{2/3}O_6$ ペロブスカイトはこの複雑な状況がでてくる例である．この物質は室温では，擬立方晶 $[1\bar{1}0]_p$ 方向に平行な $q_1 = 0.4930a^*$ と擬立方晶 $[001]_p$ 方向に平行な $q_2 = 0.4210a^*$ の変調ベクトルをもつ不整合構造(不整合変調構造)である．これらの変調はとくに孤立電子対をもつ $Bi^{3+}$ カチオンに影響を及ぼし，$[110]_p$ 方向の分極ベクトルをもつ局所的な分極構造，すなわち局所的な強誘電分域をつくりだす．しかしながら，長距離の不整合周期によって試料全体の分極が抑えられ，そのかわり通常の反強誘電的な振舞いをする．

## 6.6 フェリ誘電体

フェリ磁性と類似した特徴，つまりフェリ誘電性はダブルペロブスカイト型化合物 $Pb_2MnWO_6$ で発見された(7.8 節も参照)．その単位格子は直方晶であり，空間群 $Pmc2_1 (21)$ で格子定数は $a = 0.80370$ nm, $b = 57857$ nm, $c = 1.16378$ nm である．$BO_6$ 八面体は回転し多少ひずんでいるが，$PbZrO_3$ ですでに記載したとおり，孤立

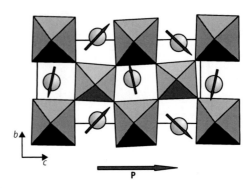

**図 6.17** フェリ誘電性のダブルペロブスカイト型 Pb₂MnWO₆ の極性双極子配列
暗い影のついた部分が MnO₆ で明るい影のついた部分が WO₆, 球は Pb²⁺ である.
オリジナルデータは Orlandi ら(2014).

電子対をもつ Pb²⁺ カチオンの変位によって双極子が生じる. 結晶学的に独立な二つの Pb²⁺ カチオンの変位によって生じた双極子は均衡がとれておらず, 全体として c 軸に平行な自発分極が得られる(図 6.17). これらの双極子は, ごく荒い近似では反平行の反フェリ誘電的な構造を与えるが, 各双極子は厳密に平行な状態から傾いているためその傾いた分だけフェリ誘電性がでる.

## 6.7 リラクサー強誘電体

### 6.7.1 リラクサー強誘電体のマクロな性質

リラクサー強誘体は, $Pb(B_1B_2)O_3$ の一般式からなる強誘電体ペロブスカイト型化合物の大きな物質群であり, $B_1$ は一般に $Mg^{2+}$, $Zn^{2+}$, $Ni^{2+}$, $Fe^{3+}$, $Sc^{3+}$, $In^{3+}$ が入り, $B_2$ は一般に $Nb^{5+}$, $Ta^{5+}$, $W^{6+}$ が入る. 代表例としては, $Pb(Mg_{1/3}Nb_{2/3})O_3$ (PMN), $Pb(Zn_{1/3}Nb_{2/3})O_3$ (PZN), $Pb(Mg_{1/3}Ta_{2/3})O_3$ (PMT), $Pb(W_{1/3}Fe_{2/3})O_3$ (PFW), $Pb(Sc_{1/2}Nb_{1/2})O_3$ (PSN), $Pb(Sc_{1/2}Ta_{1/2})O_3$ (PST), $Pb(In_{1/2}Nb_{1/2})O_3$ (PIN), および $Pb(Fe_{1/2}Nb_{1/2})O_3$ (PFN) があるが, それらはすべて B サイトが異価数のカチオンからなる. 加えて, リラクサー的な挙動が数多くの固溶体で発見されている. これには $(1-x)Pb(Mg_{1/3}Nb_{2/3})O_3$-$xPbTiO_3$ (PMN-PT) や $(1-x)Pb(Zn_{1/3}Nb_{2/3})O_3$-$xPbTiO_3$ (PZN-PT), Ba を含むペロブスカイト $Ba(Ti_{1-x}Zr_x)O_3$ や $Ba(Ti_{1-x}Sn_x)O_3$ が含まれる.

リラクサー強誘電体は, 多くの点ですでに述べた強誘電体とは異なる. 基本的に重要性なことは, 比誘電率が広く散漫なピークをもち, その絶対値が通常の強誘電体のそれとほとんど同じであるという事実である. 図 6.18(a), (b)に示すように広い散漫なピークは比較的温度に鈍感で, 最大値 $T_m$ での転移は周波数に依存するが, これは $T_c$ で鋭い転移を示す通常の強誘電体とは対照的である. 同図の点線の領域は, エルゴード的リラクサー(ergodic relaxor: ER) 状態*¹² とよばれる状態である(以下の文章参照).

周波数と $T_m$ の関係は経験的な Vogel-Fulcher-Tammann 則(単に Vogel-Fulcher 則とよばれることが多く, 通常は非晶質液体とガラスの粘性流動に関して議論される)がしばしば用いられ, リラクサーに対して

*12 長時間の緩和現象をもつ. ゼロ電場冷却後に電場を与えると, 比誘電率の値は時間(実験室レベルでの)をかけて, 電場冷却した場合の値に近づいていく.

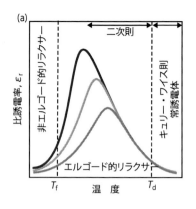
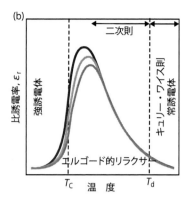
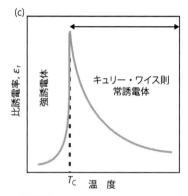

**図 6.18** 比誘電率-温度曲線の振舞い
(a) カノニカルリラクサー，(b) 非カノニカルリラクサー，(c) 通常の強誘電体．

$$f = \left[\frac{1}{(2\pi\tau_0)}\right] \exp\left[\frac{-E_a}{(T_m - T_{VF})}\right]$$

と表される．$\tau_0$，$E_a$，$T_{VF}$ は経験的な変数である．

$T_m$ の直上ではキュリー・ワイス的な挙動はみられず，それよりもずっと高温のバーンズ(Burns)温度(脱分極温度)[*13] $T_d$ 以上でのみみられる．$T_m$ と $T_d$ の間の温度で，比誘電率と温度の関係はいつも二乗則によって次式で表される．

$$\varepsilon_r = \frac{C'}{(T - T_0')^2}$$

さらに，通常の強誘電体では転移点にて X 線回折で容易にわかる対称性の重要な変化があるが，リラクサー強誘電体の結晶構造は $T_m$ でほとんど変わらない．

冷却すると，リラクサー強誘電体は大きく二つのグループに分かれる傾向にある．一つ目のグループはカノニカルリラクサー[*14] とよばれ，エルゴード状態は "凍結温度" $T_f$ ($T_m$ よりも数百度低い)以下で "凍った" 非エルゴード状態に転移する[図 6.18(a)]．この状態は強誘電状態でなく，結晶構造は立方晶のままである．この低温の非強誘電体状態を加熱していくと凍結温度 $T_f$ 以上で再びエルゴード状態に移る．

二つ目のグループは，比誘電率の広いピークがカノニカルリラクサーと比較して低温側でより急であり，$T_C$ (カノニカルリラクサーの $T_f$ の値におおむね近い温度)

[*13] リラクサー現象の原因である極性ナノ領域(polar nano region：PNR)が発現する温度($T_d > T_f$ である)．

[*14] 最も典型的なリラクサーで，低温でも強誘電体にはならない．

以下の温度で強誘電体となる〔図6.18(b)〕．この低温の強誘電体状態を加熱していくとキュリー温度 $T_\mathrm{C}$ 以上で再びエルゴード状態に移る．

図6.18(a)，(b)の間で起こる誘電率のピークの先鋭化は，図6.18(c)のような典型的な強誘電体の挙動へと連続的につながる過程の一部を表しているとみなすことができる．この傾向は，ペロブスカイト相の固溶体を調べると明らかである．たとえば，BaTiO₃ とリラクサー強誘電体 BiFeO₃ の固溶体は，BiFeO₃ 含有量の増加に伴い BaTiO₃ の古典的な鋭いピークから，$T_\mathrm{C}$ 近傍で急勾配な立ち上がりを伴う特徴的なリラクサー的なピークへと連続的に変化していき，最も高い濃度で幅広いピークが現れる．

リラクサー材料では，BaTiO₃ などの単純な物質のように鋭いキュリー温度を定義することが不可能なことは明確である．これを考慮して，分極が部分的もしくは完全に消失する温度を圧電性能が低下する温度として扱う．図6.18(b)と似た比誘電率の挙動を伴う材料では，$T_\mathrm{d}$ はキュリー温度 $T_\mathrm{C}$ よりも低いことが多く，この温度よりずっと低温にもなりうる．図6.18(c)に示す典型的な物質では $T_\mathrm{d}$ は $T_\mathrm{C}$ と一致する．

リラクサー強誘電体の比誘電率とその他の誘電的性質は，試料の高温からの冷却が電場中（FC：field cooling）か無電場中（ZFC：zero field cooling）かによってその温度依存性が異なることが多い．たとえば，非強誘電性の低温のカノニカルリラクサー状態は，十分に高い電場を印加するか，もしくは電場の存在下で試料を冷却すると，強誘電体状態へと不可逆的に転移する．非カノニカルリラクサーと同様に，この状態は $T_\mathrm{f}$ 以上の温度でエルゴード状態へと転移する．

最後に，リラクサーの強誘電体状態は，きわめて狭い履歴曲線をもち非常に小さい残留分極をもつという特徴があることを指摘しておきたい〔図6.19(a)〕．このタイプの履歴曲線は前に述べた強誘電体と連続的につながっていくと考えることができ（図6.9），したがって，この相の微細構造は微粒子のセラミックス材料よりもずっと小さいスケールであることが示唆される．実際に，外部電場の存在下で試料を冷却（FC）するか，ゼロ電場で冷却（ZFC）したときに示す挙動もまた複雑な微細構造の存在を示唆している．ひずみ-電場のループ曲線は，反強誘電体のひずみ曲線の中心部に似た U 字型をしている〔図6.19(b)〕．

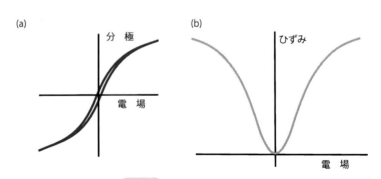

**図6.19** リラクサー強誘電体
(a) 特徴的な狭い履歴曲線，(b) U 型のひずみ-電場ループ．

### 6.7.2 リラクサー強誘電体の微細構造

すでに示唆したように，リラクサー強誘電体の典型的な特徴は複雑な微細構造に起因する．一般的な物質では強誘電体の分域のサイズは大きい．通常はセラミックス試料の粒子の大きさと同じであり，各分域は均一である．リラクサー強誘電体のBサイトは2種類のカチオン $B_1$ と $B_2$ によって占められている．これらは均一に分布しておらず，通常の強誘電分域とは違い $B_1$ と $B_2$ の量はわずかに異なるマイクロ領域で構成されているかもしれない．これが，逆サイト欠陥に似た原子スケールで組成の無秩序化をもたらす．これらの不均一性がある試料部は**ナノドメイン**（nanodomain），**マイクロドメイン**（microdomain），**極性マイクロ領域**（polar microregion：PMR），**極性ナノ領域**（polar nanoregion：PNR）として知られている．実際に，これらは長距離秩序を破壊し，各マイクロ領域はわずかに異なる強誘電体として振舞う．それぞれのマイクロ領域は隣り合うマイクロ領域とわずかに異なる $T_C$ をもち，これは一般的な強誘電体にみられる急な転移を不鮮明にし，$T_m$（下付きの m は maximum 意）を中心とする幅広い最大値を与える．同様にマイクロドメインを横切って $T_C$ 値が広がりをもつため，リラクサー強誘電体中の $T_m$ より高温側でもある程度自発分極が保たれる．

極性ナノ領域の実際の性質はまだわかっておらず重要な問題である．$T_m$ よりはるかに高い高温では，カチオンは可動性であり，この場合，PNR はほんの一瞬現れ，絶えず溶解と再形成を繰り返しているものだと考えるのが最善である．このような

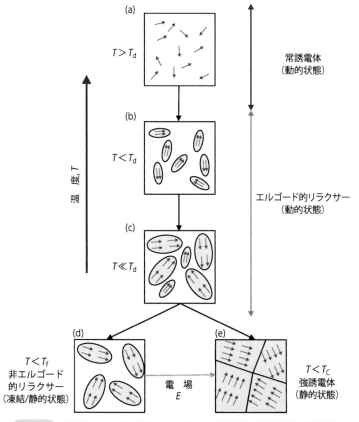

**図6.20** 温度とともに形成されるリラクサー強誘電体の微細構造の模式図

物質の分極のない常誘電状態の挙動は典型的な強誘電体のそれと似ており，キュリー・ワイス則に従う〔図6.20(a)〕．

バーンズ温度 $T_d$ では，安定な極性ナノ領域の核生成と成長が起こる．この状態はエルゴード的リラクサー（ergodic relaxor：ER）状態とよばれ，PNR がまだ形成，再形成中であるが，準平衡状態を形成するため，測定した特性は同じままであることを意味する．その系は非常に動的な状態としてみなすべきであり，それぞれの PNR は極性双極子を示し，結晶の対称性に関連した方向を向くが，全体の巨視的な対称性は立方晶のままである〔図6.20(b)〕．統計力学からは，ドメイン（分域）の大きさは温度に敏感に分布しており，より高温になるとより小さな体積のマイクロドメインの数が増加することが示唆されている．温度の低下は動的挙動が遅くなる原因となり，平衡が成り立つほど時間が経過するとマイクロドメインの数がより少なく，サイズがより大きくなる傾向にある〔図6.20(c)〕．$T_m$ では，PNR は豊富に存在し，約 $0.1 \sim 0.2$ nm の大きさをもち，寿命は $10^{-4} \sim 10^{-5}$ s と見積もられている．

さらに冷却していくとさまざまな振舞いをみせる．一つのグループ，すなわちカノニカルリラクサーでは，エルゴード状態は $T_m$ より数百度低い凍結温度 $T_f$ 以下で"凍った"非エルゴード状態へ転移する．非エルゴード状態では，PNR は静止しており，強誘電的な特性を示さない〔図6.20(d)〕．この場合の結晶構造は立方晶のままであり，磁性におけるスピングラス状態[*15]に似ていると考えられている（7.6節）．しかし，この凍った状態に十分に高い電場を与えることによって非可逆的に強誘電体状態へ変えることができる．同様の結果は，電場の存在下で試料を冷却することによっても得られる．

二つ目のグループでは，カノニカルリラクサーと比較して比誘電率の幅広いピークが低温側で急勾配になり，一般的にカノニカルリラクサーでの $T_f$ と似た温度である $T_C$ において，PNR が合併して一つの分域となり，強誘電状態を形成する〔図6.20(c)〕．これらの物質では，非エルゴード状態は形成されない．

リラクサーの挙動は処理温度や冷却速度，組成を変えることである程度調整する

*15 磁性体においてスピンが乱雑なままで固まった状態．

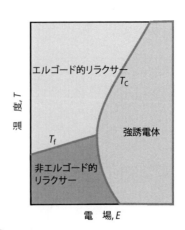

**図6.21** 典型的なリラクサー強誘電体の温度-電場相図
$T_C$ はキュリー温度，$T_f$ は凍結温度．

ことができる．さらに，電場を加えることによってもPNRや潜在的な強誘電秩序に明らかな影響が及ぼされる．このため，カノニカルリラクサーの相図は，完璧に状況を指定するために，組成，温度，電場の三つの変数（座標）を必要とする．最も頻繁に使われる図は温度-電場の相図で，これはある単一の固定した組成に対して用いられる．これには電場誘起の強誘電状態やエルゴード状態，非エルゴード状態が含まれるかもしれない（図6.21）．これらの相の境界位置は，電場を上昇または減少させる際に温度が一定かどうか，もしくは温度を上昇または減少させる際に電場が一定かどうかに依存して大きく変化する．また，相の境界位置は，相境界を交差するときに電場もしくは温度を増加させているか減少させているかにも依存する．さらに，異なる実験法が使われたとき，たとえば誘電体測定のかわりにX線回折が使われたとき，相図が違ってみえることがある．図6.21は多くの実験から得られた理想的な図である．

## 6.8 間接型強誘電体

強誘電性は，結晶の対称性が許せば，結晶内で生じた双極子が合わさって自発分極を与えるという，前述した機構とは異なる多くの機構で生じる．これらは間接型強誘電性とよばれている〔おそらく**外因性強誘電性**（extrinsic ferroelectricity）と書くほうがよい．LinesとGlass（2001）をみよ〕．本質的に，間接型強誘電性は通常の構造に由来した分極でなくほかの相互作用に起因する強誘電性である．間接型強誘電性はバルク材料では稀であると考えられており，効果は弱く，通常は検出がむしろ難しい．しかし，人工超格子の作製および層状ペロブスカイト型化合物の研究がこの状況を変え，いまでは間接型強誘電体は広く研究されるようになった．

　誘電体超格子は交替する層からなっており，2枚か3枚のペロブスカイトブロックからなるいくつかの単位格子が完全な結晶ブロックを形成するように順次成長し

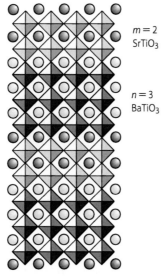

**図6.22** SrTiO$_3$の単位格子2個（$m=2$）とBaTiO$_3$単位格子3個（$n=3$）で構成される強誘電性の超格子

ている．これを達成するために層は原子ごとに形成される．したがって，厚さとともに組成と原子の並びを制御できる．予想されるように，層の化学組成を変化させること（$ABO_3$，$A'B'O_3$）や，各層の相対組成比（$ABO_3$ 単位格子 $m$ 個や $A'B'O_3$ の単位格子 $n$ 個のように）を変えることでこれらの超格子の強誘電体特性を変えることができる〔図 6.22〕．しかし，ひずみを用いて変化させることも可能である．この可能性が生じるのは，ペロブスカイト単位格子の格子定数が近いとはいえまったく同じではないので，境界層の二つの格子定数の差に関連したひずみが存在するためである．この界面でのひずみはこのような超格子の特性に重要な役割を果たし，多くの独特の効果がこの原因に起因する．たとえば，非強誘電体ペロブスカイト型酸化物の $SrTiO_3$ もしくは $CaTiO_3$ に挟まれた強誘電体 $BaTiO_3$ 薄層の超格子は，$BaTiO_3$ 単体よりもずっと高い分極を示す．このことは，強誘電体-非強誘電体間の界面のひずみによって $BaTiO_3$ 中の $TiO_6$ 八面体の分極が増強されることに起因する．

　強誘電体 $PbTiO_3$ の $m$ 単位格子と常誘電体 $StTiO_3$ の $n$ 単位格子からなる超格子の界面のひずみも珍しい挙動を生みだす．層が比較的薄いときの通常の強誘電的な挙動はみられる．層の厚さが減少するにつれて強誘電的挙動は低下していくが，驚くことに最低値では強誘電性が回復する．$PbTiO_3$ のバルクでは，八面体のひずみが抑制されており，$SrTiO_3$ では八面体の回転が抑制される．しかし，超格子をつくることによってこれらの両方が可能となり，これが二つのペロブスカイト層間でひずみをもたらす．

　層が薄くなるほど界面のひずみ成分は大きくなっていき，究極的に最も薄くなると分極が誘発され，強誘電的応答が増加する．この現象は，たとえば 1：1 の超格子からなる $LaGaO_3/YGaO_3$ や $LaAlO_3/YAlO_3$ において発見されている．これらペロブスカイト酸化物はバルクにおいては，わずかに回転した $GaO_6$ 八面体や $AlO_6$ 八面体が存在するが，この八面体回転は永久双極子をもたらさないため，単に常誘電体である．しかし，薄層超格子構造をつくることによってバルクではあった制約が緩和され，界面領域では回転の効果が永久双極子が導入されるほど不均衡となり，結果として測定可能な強誘電性がもたらされる．

　層状構造の Ruddlesden-Popper 相や Dion-Jacobson 相では，間接型強誘電性が**ハイブリッド間接型強誘電性**（hybrid improper ferroelectricity）とよばれる形で生じることもある．ここで強誘電性は，単独では無極性にしかならない $BO_6$ 八面体回転を二つ組み合わせることで極性構造が生みだされる．同様の効果は，Aurivillius 相においてもみられることが期待されるが，いまだ証明されていない．マルチフェロイックな特性[*16]を示すペロブスカイト化合物の磁気相互作用に起因した間接型強誘電性分極の発生は 7.10 節に記述されている．

**＊16** ここでは強磁性と強誘電性の両方を示す．

## 6.9　ドーピングと特性制御

　単純な強誘電体は興味深く有用な特性を示すものの，これらを改善し，既存の材料では不可能な温度・応力領域へ拡張したいとつねに望むものである．性質を変えるために概念的に最も容易で古い確立された方法は A サイトもしくは B サイト成

分を一つかそれ以上の元素で置換することである．たとえば，強誘電ペロブスカイト酸化物は高い比誘電率をもつためにキャパシタ材料[*17]として興味をもたれているが，通常キュリー温度で急峻に立ち上がる比誘電率は，もっと鈍らせて室温領域へ広げなければならない．たとえば，$BaTiO_3$ は高い比誘電率をもっており，キュリー温度は393 Kである．Aサイトの $Ba^{2+}$ を $Pb^{2+}$ に部分置換することでキュリー温度を高めることができる．これらのイオンは孤立電子対をもつため，$Ba^{2+}$ よりも"柔らかい"（すなわちより分極が容易）．そのため電場による影響が大きくなる．$Ba_{0.6}Pb_{0.4}TiO_3$ 相は約573 Kのキュリー温度をもっており，純粋な $BaTiO_3$ よりも $T_C$ が200 K増加する．同様の方法で，$Ba^{2+}$ を $Sr^{2+}$ へと置換することでキュリー温度を下げることができる．これらのイオンは $Ba^{2+}$ よりも小さいため，"より硬く"なり，分極することが困難になると考えられる．化合物 $Ba_{0.6}Sr_{0.4}TiO_3$ のキュリー温度は0 ℃である．同様の変化はBサイトの置換によっても起こる．

　化学置換の研究の多くは状態図を用いると非常に理解が容易になる．この点で，重要な系は図6.23に示す $PbZrO_3$-$PbTiO_3$（PZT）系である．この図には二相共存領域がなく，組成と温度によって単にペロブスカイト相の対称性が変化している．最も興味深い相領域は強誘電性の三方（菱面体）晶の $R3m$ 相とそれに隣接する正方晶の $P4mm$ 相である．前者の相は，擬立方晶 $[111]_p$ 方向に平行な自発分極をもち，後者の相は隣の擬立方晶 $[001]_p$ 方向に平行な自発分極をもつ．これらのいずれの相にも八面体の回転の証拠がない．

　異なる対称性をもつ二つの相境界付近では構造的にやや不安定であり，その結果，圧電性と強誘電性が増強される．これらの対称性に敏感な相境界は組成に大きく依存するが，相対的に温度にそれほど敏感でない．この領域は，一般的に**多形相境界**（morphotropic phase boundary：MPB）として知られていたが，近年その用語はより専門的になり，現在では正方晶格子と菱面体晶格子の間の境界のみを指す傾向にある．たとえば，$PbZrO_3$-$PbTiO_3$（PZT）系における菱面体晶相と正方晶相の間の相

*17 誘電性を利用して電荷を蓄えたり放出することができる電子部品．コンデンサともいう．

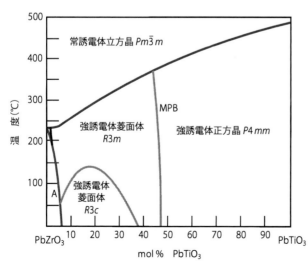

**図6.23**　菱面体晶相と立方晶相を分ける多形相境界（MPB）を示す $PbZrO_3$-$PbTiO_3$ の相図
領域Aは反強誘電相であり，直方晶で空間群は $Pbam$ である．

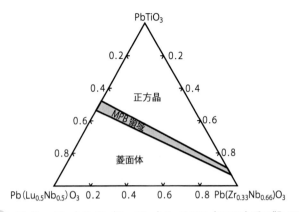

**図 6.24** Pb(Lu$_{1/2}$Nb$_{1/2}$)O$_3$-Pb(Zn$_{1/3}$Nb$_{2/3}$)O$_3$-PbTiO$_3$(PLZNT)系の擬三元系相図
正方晶相と菱面体晶相の間の領域はMPB領域である．データはLiとLong(2014)(©Elsevier)．

境界は約 0.48 mol％の PbTiO$_3$ を含む組成であるが，これは MPB であるとみなされている．

　圧電性と強誘電性を向上させるための戦略は，MPB が含まれる，二つもしくはそれ以上の相の固溶体を形成することであり，これにより優れた特性が生じるより広い組成領域を決定していく．リラクサー強誘電体の代表例としては，Pb-(Mg$_{1/3}$Nb$_{2/3}$)O$_3$-PbTiO$_3$(PMN-PT)系，Pb(Mg$_{1/3}$Nb$_{2/3}$)O$_3$-PbZrO$_3$(PMN-PZ)系，Pb-(Zn$_{1/3}$Nb$_{2/3}$)O$_3$-PbTiO$_3$(PMN-PT)系がある．複雑な擬三元系としては，Pb-(Mg$_{1/3}$Nb$_{2/3}$)O$_3$-PbZrO$_3$-PbTiO$_3$(PMN-PZT)，Pb(Y$_{1/2}$Nb$_{1/2}$)O$_3$-PbZrO$_3$-PbTiO$_3$(PYN-PZT)，Pb(In$_{1/2}$Nb$_{1/2}$)O$_3$-Pb(Mg$_{1/3}$Nb$_{2/3}$)O$_3$-PbTiO$_3$(PIN-PMN-PT)，Pb-(Lu$_{1/2}$Nb$_{1/2}$)O$_3$-Pb(Zn$_{1/3}$Nb$_{2/3}$)O$_3$-PbTiO$_3$(PLZNT)がある．たとえば，この後者の系において MPB が存在するのは，Pb(Lu$_{1/2}$Nb$_{1/2}$)O$_3$-PbTiO$_3$ 系で PbTiO$_3$ が約 50 mol％のときや，Pb(Zn$_{1/3}$Nb$_{2/3}$)O$_3$-PbTiO$_3$ 系で PbTiO$_3$ が 10 mol％のときである．これらの二つの MPB の中間の三元系は，魅力的なリラクサー特性の探索に値する潜在的に優れた領域であると考えられる（図 6.24）．

　ジルコン酸チタン酸鉛(PZT)ベースのセラミックスは圧電体デバイスとして広く用いられているが，鉛の毒性の観点から現在は類似した鉛フリーのペロブスカイト相を発見するための探索研究やこれらの鉛ベース相の特性の改善に力が注がれている．現在研究中の系には，Bi$_{0.5}$Na$_{0.5}$TiO$_3$ や NaNbO$_3$，KNbO$_3$，とくに(K$_x$Na$_{1-x}$)NbO$_3$(KNN)固溶体と典型的な BaTiO$_3$ が含まれる(K$_{0.5}$Na$_{0.5}$NbO$_3$相もまたKNNとよばれる)．

　KNbO$_3$ の対称性は BaTiO$_3$ の対称性を反映したものであり三つの強誘電体相がある．約 −10 ℃以下では菱面体晶になる．この温度より上では直方晶で室温の構造である．約 225 ℃で正方晶となり，約 435 ℃以上で立方晶になる．これらすべては一次転移であり，おもに B サイトのカチオンの変位に起因する．立方晶相では擬立方晶の [001]$_p$ 方向，直方晶相では [011]$_p$ 方向，菱面体晶では [111]$_p$ 方向に平行に変位する．NaNbO$_3$ ペロブスカイトは大きな八面体の回転に起因してさらに複雑な対称性変化が起こるが，構造はまだ完全に明らかになっていない．640 ℃の高温では同物質の構造は立方晶である．温度を下げていくと，575, 520, 480, 370, および −100 ℃において転移が起こる．最低温の相は直方晶系の強誘電体である．室

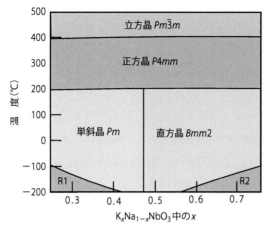

**図 6.25** NaNbO$_3$-KNbO$_3$（KNN）系の部分的な相図の概要
相 R1 は菱面体格子で空間群 $R3c$ であり，相 R2 は菱面体格子で空間群は $R3m$ である．

温でも直方晶であるが反強誘電体である．反強誘電体相は，高電場の印加によって強誘電体の直方晶へと転移させることができる．

　NaNbO$_3$-KNbO$_3$ 系の相図はかなり複雑であるが，おもに単一のペロブスカイト相からなっており，それぞれの相は対称性の違いによって隣と区別されている．最高温の領域では立方晶相が現れる．K$_{0.5}$Na$_{0.5}$NbO$_3$ は 401 ℃で空間群が $Pm\bar{3}m$（221）で格子定数は $a = 0.39928$ nm である（図 6.25）．約 200 ℃以上では正方晶相が広く存在する．K$_{0.5}$Na$_{0.5}$NbO$_3$ は 201 ℃で空間群 $P4mm$（94）で格子定数は $a = 0.39767$ nm，$c = 0.40190$ nm である．しかし，立方晶相と正方晶相の間の相転移，さらに正方晶相より低温安定相の間の相転移の転移温度は，試料が冷却されるか加熱されるかどうかに依存しており，図 6.25 に描かれている境界位置は近似にすぎない．立方晶領域以下で形成する構造はすべて非常に類似しており，八面体の回転と B サイトカチオンの変位によって区別されるため，相境界の位置の不確かさがいまだにある．これらの相の最も特徴的なものは直方晶相〔22 ℃で K$_{0.5}$Na$_{0.5}$NbO$_3$ は空間群 $Bmm2$（38），$a = 0.56573$ nm，$b = 0.39551$ nm，$c = 0.56717$ nm〕と単斜晶相〔0 ℃で K$_{0.3}$Na$_{0.7}$NbO$_3$ は空間群 $Pm$（6），$a = 0.564304$ nm，$b = 0.393187$ nm，$c = 0.561260$ nm，$\beta = 89.91°$〕である．これらの二つの構造の境界は K$_{0.475}$Na$_{0.525}$NbO$_3$ に近い．この相境界に近い領域での圧電ピークとこの組成に近い材料は現在，最も活発に研究されている．

　KNbO$_3$-NaNbO$_3$ 系の性質は前述した古典的な方法，すなわち A サイトと B サイトのドーピング（元素置換），および BaTiO$_3$ と Ba(Zr, Ti)O$_3$ のようなほかのペロブスカイトとの固溶体をつくることにより制御することができる．A サイトと B サイトのドーピングは相境界の位置（組成）にかなりの影響を与える．たとえば，A サイトを Li で 5% 置換すると直方晶相から正方晶相への相転移の転移温度が 200 ℃付近から室温へと大きく降下する．Ba(Ti, Zr)O$_3$ のようなほかのペロブスカイト相におけるドーピングも同様であり，転移温度だけでなく自発分極や圧電係数も変えることができる．

**170** ● 6章 誘電性

## 6.10 ナノ粒子と薄膜

例外（6.8節）を除く前節では，ほぼバルク特性を議論した．超格子や薄膜，露出した表面やナノ粒子の場合，もとのバルク特性がしばしば大きく修正される．たとえば，表面組成は決まってバルクと異なっており，カチオンの配位状態も同様である．さらに，バルクでは八面体の回転のようなひずみが起こらない場合でも，表面では許容されることがあり，これが表面の張力に大きな変化をもたらす．

ここで重要な疑問は，小さい粒子サイズでは（強誘電）秩序を生みだす長距離力がもはやないために，強誘電性の自発分極が消えてしまうかどうかである．一部では，この疑問は電子回路を小型化するにつれて必要となる，さらに小さい部品を得るための動機となる．この点において，チタン酸バリウムはおそらく強誘電体ペロブスカイトのなかで最も研究されている．現在，バルク材料の高エネルギー粉砕によって調製された微粒子では強誘電性が存続することを示唆する結果が提示されている．100 μm の $BaTiO_3$ 粒子はマルチ分域であり，粒径が 30 μm オーダーになると単一分域になる．しかし，ナノ粒子を調製する別の方法では $BaTiO_3$ の多少異なったモルフォロジー[*18]と結晶構造を与える．一般的に，ナノ粒子化すると正方晶となる傾向にあるが，実験によると粒径が小さくなるにつれて $c/a$ 比が下がっていくため，望ましい強誘電性からは離れてしまうといわれている．さらに，正方晶から立方晶への急激な転移がたびたび失われる．これらの特徴は，イオンの変位は変わらないにもかかわらず，構造の乱れの原因となる表面の緩和がこの観測に大きくかかわっている．一方で，バルク材料と関連する粒子の中心の寄与は比較的小さい．この不確かさにもかかわらず，チタン酸バリウム試料は約 10 個の単位格子，つまりおよそ直径 5 nm の大きさまでは自発分極とその切り替えを示す．これより寸法が短くなると，$T_C$ の値が下がり，分極が消え始める．5 nm オーダーでこの材料の強誘電現象の臨界サイズを示し始めるようである．

類似した現象はほかのナノ粒子でも出現するようである．この点で，約 54 nm の $BiFeO_3$ のナノ粒子は明らかに強誘電体であり，$Bi_{0.9}In_{0.1}FeO_3$（A サイト置換），$BiFe_{0.95}Ti_{0.05}O_3$（B サイト置換），$Bi_{0.9}In_{0.1}Fe_{0.95}Ti_{0.05}O_3$（A, B サイト置換）もそうである．後者の三物質は 14 nm の大きさの粒子でも履歴曲線を示す．同様に，$(KNbO_3)_{0.8}$-$(PbTiO_3)_{0.2}$ 組成で大きさ 50 nm の均一な正方晶ペロブスカイトナノ粒子も室温では強誘電体であり，500 K で正方晶から立方晶の常誘電相への転移を示す．

強誘電性と分域構造が非常に薄い薄膜でも保存されうるのかどうか疑問が生じる．チタン酸鉛の薄膜は厚さ 1，2 個の単位格子（0.4 ～ 1 nm）まで強誘電体のままであるが，この最も薄い薄膜になるまでキュリー温度は徐々に下がり始める．これは臨界サイズ以下で性質が変わることを示す．多くの薄膜は単結晶よりも電気的特性に劣るようにみえるが，これは薄膜堆積の際に導入された極性欠陥に起因する．たとえば，電子数とのバランスによって $BiFeO_3$ 薄膜の堆積間に酸素欠陥が生じることがある．この場合，一つの酸素欠陥（$V_O^{\bullet\bullet}$）は二つの電子（$2\,e'$）の形成によってバランスがとられる．いくつかもしくはすべての電子は $Fe^{3+}$ に存在し，形式上の電荷状態は $Fe^{2+}$ と変化する（$Fe'_{Fe}$）．これらは次に（$Fe'_{Fe}$-$V_O^{\bullet\bullet}$）を与えるように酸素欠

---

[*18] 結晶の形状のことを指す．たとえばペロブスカイトの場合，〈100〉方向に結晶成長すると（100）面が表面にでたサイコロ状の結晶が得られる．

陥と会合し，電気双極子が形成される．$(Bi_{0.9}La_{0.1})(Fe_{0.97}Co_{0.03})O_3$のようなより複雑な組成では，酸素欠陥によって生じた電子は$Fe^{3+}$もしくは$Co^{3+}$上に存在できる．この後者の場合，双極子を伴う欠陥（$Co'_{Fe}-V_O^{\cdot\cdot}$）も形成される．これらの追加された双極子は，バルクの応答と比較して薄膜の特性を低下させる原因になっているようである．

　機械的応力は固体を変形させるが，ここで応力によって強誘電体の分極が切り替えできるかという疑問が生じる．ひずみと分極の結合を記述するこれら物理量の関係はフレクソエレクトリック効果（flexoelectric effect）*19 とよばれ，応用上重要であると考えられている．なぜならもし強誘電体薄膜の分極状態を機械的に変化できるのであれば，このプロセスは，機械的に書き，電気的に読み取ったり，消去したりすることができる記録材として機能するからである．すなわち，不揮発分域配列をつくることが可能である．とくに，もし反転する分域がナノメートルオーダーであれば，記録可能なデータ量は膨大となろう．

　計算によると，機械的切り替えを可能とするための重要な特徴は強誘電体中に格子ひずみの勾配（strain gradient）をつくることである．応力が試料にわたって均一な場合，強誘電性に関連するダブルポテンシャル曲線の形状を変えることなく，単に高さをシフトさせる〔図6.7(c)〕．これに対し，ひずみ勾配があると曲線の形状が変わり，一方の分極状態が他方よりエネルギー的に好ましくなる〔図6.26(a)〕．もし薄膜表面上のある点に力が加えられると，分極方向の切り替えが起こると想定される．これは薄膜中ではひずみ勾配が十分に薄膜内部へ入り込んでいき，それゆえひずんだ部分が完全に反転するからである（バルク試料では，ひずみは結晶表面近くで少し入り込むだけなので，ひずみを取り除くと周囲の分極は元の方向へと強制的に戻される）．約4.8 nm（単位格子12個分）の厚さの$BaTiO_3$薄膜（表面に垂直に分極ベクトルが配向）で，フレクソエレクトリック分域の書き込みが達成されている．走査型プローブ顕微鏡のプローブを使うことで結晶表面の初期分極は反転し，30 nmオーダーの寸法の分域が生まれる〔図6.26(b)〕．分域パターンが機械的に書き込まれた内容を電気的な読み取ること，消去することが可能であり，このように機械的に記録可能な不揮発性メモリーができる．

*19 圧電（ピエゾ）効果と似ているがフレクソエレクトリック効果ではひずみの勾配がある．この勾配は反転対称を破るため，もともと反転対称のある構造に対しても電気分極を発現させることが可能である．

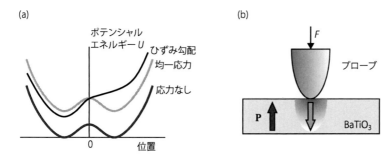

**図6.26**　$BaTiO_3$のフレクソエレクトリック効果
(a)均一応力下と勾配応力下でのポテンシャルエネルギー曲線の変化，(b)プローブによって加えられた機械的応力による分域の反転．オリジナルデータはLuら(2012)．

## 172 ● 6章 誘 電 性

### ◆ 参 考 文 献 ◆

T. Li, X. Long, *Mater. Res. Bull.*, **51**, 251-257 (2014).

M. E. Lines, A. M. Glass, Principles and Applications of Ferroelectrics and Related Materials, Oxford Classics, Oxford University Press, Oxford (2001).

H. Lu *et al., Science*, **336**, 59-61 (2012).

X. Lv *et al., J. Am. Ceram. Soc.*, **96**, 1188-1192 (2013).

C. T. Nekon *et al., Science*, **334**, 968-971 (2011).

F. Orlandi *et al., Inorg. Chem.*, **53**, 10283-10290 (2014).

### ◆ さらなる理解のために ◆

●誘電物性の入門と結晶構造との関係は以下を参照：

R. J. D. Tilley, Understanding Solids, 2nd edition, John Wiley & Sons, Ltd, Chichester (2013)，とくに Chapter 11.

R. J. D. Tilley, Crystals and Crystal Structures, John Wiley & Sons, Ltd, Chichester (2006)，とくに Chapter 4.

●結晶の誘電物性のテンソル表記は以下を参照：

J. F. Nye, Physical Properties of Crystals, Oxford Science Publications, Oxford (1985).

●強誘電体物質の先行研究は以下を参照：

M. E. Lines, A. M. Glass, Principles and Applications of Ferroelectrics and Related Materials, Oxford Classics, Oxford University Press, Oxford (2001).

●ペロブスカイト型セラミックスの数多くの情報（特性に関する値を多く含む）は製造元のウェブサイトを参照した.

　ペロブスカイト型セラミック物質の数多くの論文への入門は，*J. Am. Ceram. Soc.* の最近の発行物をいくつか調べるのが便利である．ここで示した論文は，引用された参考文献とともに，すぐに役に立ち包括的なデータのもとを提供する.

　以下のレビュー論文は広範囲にわたっている強誘電体ペロブスカイト関連の論文の入り口を提供する：

G. H. Haertling, *J. Am. Ceram. Soc.*, **82**, 797-818 (1999).

J.-F. Li *et al., J. Am. Ceram. Soc.*, **96**, 3677-3698 (2013).

L. Ji, F. Li, S. Zhang, *J. Am. Ceram. Soc.*, **97**, 1-27 (2014).

A. A. Heitmann, G. A. Rossetti, Jr., *J. Am. Ceram. Soc.*, **97**, 1661-1683 (2014).

L. Li, J. R. Jokisaari, X. Pan, *Mater. Res. Soc. Bull.*, **40**, 53-61 (2015).

● Maxwell-Wagner 効果は以下で詳細に記載されている：

M. Iwamoto, The Maxwell-Wagner Effect, in: Encyclopedia of Nanoscience and Technology, ed. by B. Bhushan, Encyclopedia of Nanoscience and Technology, Springer Reference, (2013).

● $BiFeO_3$ のドメインの切り替えは以下に記載されている：

C. T. Nekon *et al., Science*, **334**, 968-971 (2011).

● $PbZrO_3$ の種々の形態の結晶構造は以下に記載されている：

S. Teslic, T. Egami, *Acta Crystallogr.*, **B54**, 750-765 (1998).

N. Zhang *et al., Acta Crystallogr.*, **B67**, 461-466 (2011).

● *J. Mater. Sci.* の1月号〔*J. Mater. Sci.*, **41** [1] (2006)〕は "強誘電性の最前線" を特集し，リラクサー強誘電体の記述も含まれている：

A. A. Bokov, Z.-G. Ze, *J. Mater. Sci.*, **41**, 31-52 (2006).

●ペロブスカイトの層間の界面での特性は以下で議論されている：

H. Y. Hwang *et al., Nat. Mater.*, **11**, 103-113 (2012).

●ハイブリット間接型強誘電性は以下で定義されている：

N. A. Benedek, C. J. Fennie, *Phys. Rev. Lett.*, **106**, 107204 (2011).

N. A. Benedek, *Inorg. Chem.*, **53**, 3769-3777 (2014).

# 7章

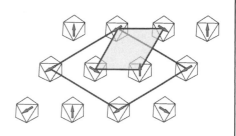

## 磁性

## 7.1 ペロブスカイト化合物の磁性

　磁性体は，自由電子模型の立場から，あるいは馴染みのあるイオン模型を修正することによって扱うことが可能である．自由電子模型によって取り扱い可能なペロブスカイト化合物は，単体の金属磁石に似通った金属相を形成する．電子のスピン間相互作用は，通常は低温でしか重要にならないが[*1]，各スピンが平行に並ぶ（強磁性的な）配列を導くほど十分強くなることがある．高温では，磁化率が温度にほとんど依存しないパウリ常磁性金属相へと転移する[*2]．

　しかし，多くのペロブスカイト化合物は，磁性カチオンをペロブスカイト構造に含むことから磁性をもつ．つまり，カチオン自身が磁気モーメントをもつ．これらの物質の性質はしばしばイオン模型の観点から取り扱うことができる．ここで最も重要な磁性カチオンは，d軌道，f軌道が閉殻構造をとらない遷移金属，ランタノイドに属するカチオンである．これらのカチオンが占有する結晶学的サイトの局所構造（対称性）は，結晶場相互作用（あるいは配位子場相互作用）によってd軌道またはf軌道のエネルギー準位を決定するので重要である．とくに3d遷移金属カチオンでは，磁気モーメントは主として電子スピン〔ラッセル・サンダース（Russell-Saunders）項記号における量子数 $S$〕のみから生じる[*3]ことが知られているため，単に「スピン」とだけ称されることが多い．各イオンの全スピン量子数は，結晶場相互作用の大きさに応じて，高スピン（high-spin：HS），中間スピン（intermediate-spin：IS），低スピン（low-spin：LS）などのいくつかの状態をとることができる．これらのカチオンにおける磁気モーメント（スピン）どうしが集団としてどう振舞うかによってその物質の磁性が決まる．高温では，磁気モーメントが無秩序である常磁性体となり，磁化率の温度依存性はキュリー則（Curie law）またはキュリー・ワイス則（Curie-Weiss law）に従う[*4]（7.2節で詳述する）．しかし，磁気モーメント間の相互作用が無視できなくなる低温になると，隣り合う磁気モーメントが反平行に並ぶ反強磁性構造，平行に並ぶ強磁性構造，あるいはその他のさまざまな磁気構造[*5]をとる．

　反強磁性秩序を説明するために提案されている磁性イオン間の相互作用は，**超交**

[*1] 強いスピン間相互作用をもつ物質も数多く知られている．

[*2] 温度変化するものも多い．また，低温までパウリ常磁性（Pauli paramagnetism）であるものも多い．

[*3] 軌道角運動量の消失とよばれる．角運動量の影響が若干残る場合もある．最近では，5dのIr酸化物などで強いスピン軌道相互作用に基づく物理機能が研究されている．

[*4] d電子が局在している場合．

[*5] フェリ磁性構造など．

換（superexchange）とよばれる機構による．超交換相互作用は，磁性カチオンの間に位置するアニオンを介在して働く磁気相互作用である．超交換相互作用に基づくカチオン間の磁気相互作用の機構は，この二つのカチオンの軌道と介在するアニオンの軌道の重なりの程度と密接に関連している．しかし，二つのカチオンと介在するアニオンの間で実際に電子の交換が起こるわけではなく，この交換は仮想的なものであると考えられている[*6]．詳細はあとで述べるが，超交換相互作用の機構として180°型と90°型の二つの場合がある．超交換機構によってつながっている2個の磁性イオンが，どのような磁気相互作用をもちうるかは，d軌道の占有電子数[*7]に依存するグッドイナフ・金森・アンダーソン則（Goodenough-Kanamori-Anderson rule：GKA則[*8]）によって予言することができる．d軌道の占有電子数は，周期表の一連の遷移金属にわたって変化し，結晶場（配位子場）分裂の大きさにもかかわる．180°型の超交換相互作用は，カチオン-アニオン-カチオンがおおむね直線的につながっているときに現れるが，ペロブスカイト構造では八面体回転やひずみの度合いによってこの角度を（よって相互作用を）変えることができる．GKA則によると，このとき二つのカチオン間には反強磁性的な相互作用がある傾向にある[*9]．一方，90°型の超交換相互作用は，カチオン-アニオン-カチオンの結合角がおおむね直角の場合に相当する．このとき，GKA則より磁気モーメント間の相互作用は強磁性的になる．しかし，磁気相互作用の大きさは180°型の場合よりはるかに弱い．

繰返しになるが，超交換の過程では実際の電子の移動が起こっていないという事実を強調したい．また，超交換相互作用は八面体サイトでも，四面体サイトでも，ピラミッド配位（四角錐配位）のようなほかの多面体配位のカチオン間でも生じる．この事実は，ブラウンミレライト構造のように，通常のペロブスカイト構造にみられる八面体配位から大きく変形した場合でも反強磁性秩序が起こりうることを示している（直接の電子交換が含まれる相互作用ではこのような状況は起こらない）．

これらのさまざまなスピン配列（磁気構造）間のエネルギー差は，微妙なバランスの上で成り立っており，組成や温度の関数としても変化しうる．また，カチオン置換によって，ある磁性相から別の磁性相へと容易に転移させることができる．た

[*6] 三次の摂動過程で説明される．詳しくは，磁性の教科書を参考にされたい．摂動論とパウリの排他律（Pauli exclusion principle）がわかれば理解できる．

[*7] かかわる二つのカチオンd軌道の種類にも依存する．

[*8] より一般には，グッドイナフ・金森則．

[*9] 同じカチオンのとき，より一般には二つのカチオンのd電子数がともに半分（5個）以下，またはともに半分以上のときに反強磁性的，一方が半分以下他方が半分以上のときに強磁性的である．

[*10] G型とは隣り合うスピンがすべて反平行にスピン構造，A型とは面内のスピン配列が強磁性，面間が反強磁性の場合，C型とは面内のスピン配列が反強磁性，面間が強磁性の場合である（図7.5参照）．

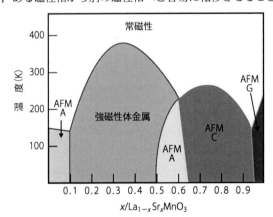

**図7.1** $La_{1-x}Sr_xMnO_3$ペロブスカイトの磁気相図の概略

ここで，A, C, Gは異なる磁気構造をもつ反強磁性（AFM：antiferromagnetic）絶縁体相を示す[*10]（7.3節）．

とえば，$La_{1-x}Sr_xMnO_3$ では強磁性的金属相が，四つの異なる反強磁性絶縁体相とともに観測されている．これらの相間の相転移は，Sr量($x$)の関数として引き起こされる（図7.1）．

## 7.2 常磁性ペロブスカイト

磁性カチオンをもつペロブスカイトにおける磁気モーメントは高温領域では無秩序に分布している．この無秩序な配列は動的なもので，磁気モーメントの向きは熱的な効果により時間とともに連続的に変化する．この状態が常磁性状態である．磁場中においてこれらの磁気モーメントは，固体中の磁束密度と平行になるように揃おうとするが，熱的効果により妨げられる．したがって，常磁性磁化率 $\chi$ は温度とともに変化する．単純な常磁性体（磁気モーメント間の相互作用が無視できる場合）では，磁化率の温度依存性は以下のキュリー則に従う．

$$\chi = \frac{C}{T}$$

ここで $C$ はキュリー定数で $T$ は温度である〔図7.2(a)，(b)〕．一方，強磁性相のペロブスカイトはキュリー温度 $T_C$ 以上で常磁性相に転移し，反強磁性相のペロブスカイトはネール(Néel)温度[*11] $T_N$ 以上で常磁性相に転移する．これらの常磁性相では，転移温度より十分高温になると以下のキュリー・ワイス則に従う．

[*11] 反強磁性体の転移温度のこと．フェリ磁性体や弱磁性体に対しても用いることがある．反強磁性体の理論に貢献したルイ・ネール(Louis E. F. Néel)に因む．

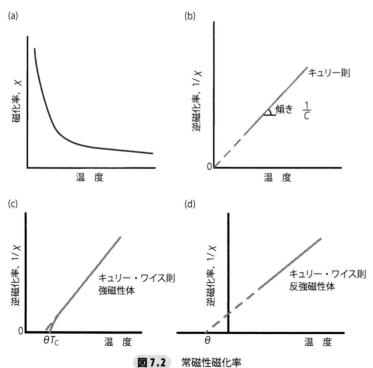

**図7.2** 常磁性磁化率
(a) 磁化率 $\chi$ の温度変化，(b) 逆磁化率 $1/\chi$ の温度変化(キュリー則)，(c) 強磁性体の磁化率の温度変化(キュリー・ワイス則)，(d) 反強磁性体の磁化率の温度変化(キュリー・ワイス則)．

$$\chi = \frac{C}{(T-\theta)}$$

ここで$\theta$はキュリー・ワイス定数である〔図7.2(c), (d)〕. 強磁性体では, キュリー・ワイス定数は正でありキュリー温度に近く, 反強磁性体では, キュリー・ワイス定数は負である[*12].

*12 その絶対値はネール温度に近い.

モル当たりのキュリー定数の絶対値は磁性カチオン上の磁気モーメントの二乗に比例する. キュリー定数は以下のように表すことができる.

$$C_{\text{molar}} = \frac{[N_A \mu_0 g_J^2 \mu_B^2 J(J+1)]}{3k_B} = \left[\frac{N_A \mu_0 \mu_B^2}{3k_B}\right] \boldsymbol{m}^2$$

ここで$C_{\text{molar}}$はモル当たりのキュリー定数, $N_A$はアボガドロ定数, $\mu_0$は真空の透磁率, $\mu_B$はボーア磁子, $\boldsymbol{m}$は磁性イオンの磁気モーメントである. 各定数を代入すると, 次式となる.

$$C_{\text{molar}} = 1.572 \times 10^{-6} \, \boldsymbol{m}^2 \, \text{mol}^{-1}$$

常磁性磁化率の逆数(逆磁化率あるいは逆帯磁率)を温度に対してプロットすることによって, 物質の磁性の元になる磁気モーメントの値$\boldsymbol{m}$を求めることができる. これは磁性イオンにおける磁気的状態を確認するために用いられる. たとえば, ペロブスカイト構造の$EuTiO_3$と$EuTiO_{2.7}H_{0.3}$について逆帯磁率($1/\chi$)の温度依存性(図7.3)からキュリー定数はそれぞれ$8.37 \times 10^{-5}$ K mol$^{-1}$, $9.21 \times 10^{-5}$ K mol$^{-1}$が得られる. このとき磁性イオンの有効磁気モーメントは$7.3 \, \mu_B$($EuTiO_3$)と$7.65 \, \mu_B$($EuTiO_{2.7}H_{0.3}$)となる. これらの値は$Eu^{2+}$($f^7$)に対応[*13]し, 両物質に$Eu^{2+}$があり, Tiが非磁性の$Ti^{4+}$の状態にあることを意味する[*14].

*13 理論値は$7.94 \mu_B$である. 有効磁気モーメントは$g_J\sqrt{J(J+1)}$と書けることを覚えておくとよい. 軌道角運動量が消失する遷移金属では$2\sqrt{S(S+1)}$となる.

*14 後者については$Ti^{3+}$である. ただし, Tiの3d電子はパウリ常磁性的振舞いをするため, この寄与は$Eu^{2+}$に比べかなり小さい.

この手法は(常)磁性材料における磁性イオンの形式価数に関する情報を得るために広く用いられている. 高温, 高圧条件下(75 kbar, 1073 K)で合成される$SrCrO_3$は立方晶ペロブスカイト相を形成する(空間群:$Pm\bar{3}m$, $a = 0.38198$ nm). 同物質の逆磁化率を150 K以上で温度に対してプロットするとカチオンの有効磁気モーメント$2.98 \, \mu_B$が得られる[*15]. この値は$d^2$の$Cr^{4+}$のスピンのみから予想され

*15 理論値は$2.83 \mu_B$である.

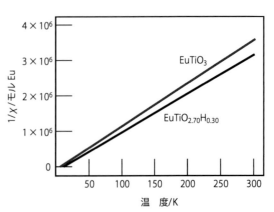

**図7.3** ペロブスカイト構造$EuTiO_3$と$EuTiO_{2.70}H_{0.30}$の逆磁化率の温度依存性
元データはYamamoto *et al.* (2015)を参照.

る値と一致する．AA'$_3$B$_4$O$_{12}$構造(2.1.3項)をとるMn$_2$O$_3$では，逆磁化率のプロットからMnイオン(形式電荷はMn$^{3+}$)の有効磁気モーメントを求めると5.51 $\mu_B$が得られる．これらに対し，高スピン状態のMn$^{3+}$の有効磁気モーメントの理論値は4.90 $\mu_B$である．Mn$^{2+}$(d$^5$)のスピンのみの有効磁気モーメントが5.92 $\mu_B$であることから，この実験値と理論値の差は，Mn$^{3+}$の一部がMn$^{2+}$とMn$^{4+}$に不均化したことを示唆する．

逆磁化率の温度依存性から，より低温での強磁性または反強磁性状態の性質をある程度予見することができるとはいっても，ほかの物理的パラメータに着目することによっても同様のことが調べられる．たとえば，磁気秩序は別の測定手段[*16]によって確認されるべきである．たとえば，ダブルペロブスカイト構造[*17]のCs$_2$NaYbCl$_6$，Sr$_2$YbNbO$_6$，Sr$_2$YbTaO$_6$，およびSr$_2$YbSbO$_6$はキュリー・ワイス定数が負であることから，より低温で反強磁性相に転移することが示唆される．しかし，これらの物質の磁気的性質は八面体配位のランタノイドYb$^{3+}$に由来する．このカチオンの基底状態は$^2$F$_{7/2}$[*18]であるが，周辺に存在するアニオンの結晶場により分裂する．一般に4f電子の軌道はよく遮蔽されているためランタノイドにおける結晶場分裂は3d遷移金属のカチオンの場合と比較するとかなり小さいが，基底状態は，近いエネルギー準位をもつ二つの状態へと分裂することで依然十分にみることができる．温度を低温から上昇するにつれて，上のエネルギー準位の占有率が熱励起により上昇する．その結果として，同物質は決して反強磁性スピン秩序を起こさないものの[*19]，反強磁性体に期待されるキュリー・ワイス的な磁化率に似た温度依存性を示す．

伝導帯に非局在化した電子という描像で最も適切に表現できる磁性ペロブスカイトは，(それがどのような磁気秩序だったとしても)転移温度よりも高温でパウリ常磁性的な挙動を示す．このような系では，上向きスピンと下向きスピンの総数はわずかに異なるため，上で概説した状況(局在系)とは異なり，温度にごくわずかに依存する常磁性状態になる．

## 7.3 反強磁性ペロブスカイト

### 7.3.1 立方晶ペロブスカイト関連構造

これらの相では，Bサイトのカチオンは頂点共有した八面体の中心に位置してお

[*16] 核磁気共鳴(NMR)，中性子回折など．

[*17] ここではBサイトが1:1で岩塩型に秩序化している．

[*18] $S=\frac{1}{2}$，$L=3$でmore than halfにつき$J=S+L=\frac{7}{2}$となる．

[*19] Bサイトは岩塩型秩序するため，磁性イオンYb$^{3+}$どうしは孤立している．

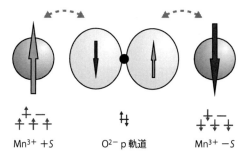

**図7.4** 酸化物イオンの閉殻p軌道を介した二つの磁性カチオン間の180°型超交換相互作用(Mn$^{3+}$を例に図示)

# 178 ● 7章 磁 性

**表7.1** ペロブスカイト反強磁性体と関連相

| ペロブスカイト | ネール温度（K） | コメント |
|---|---|---|
| $NaOsO_3$ | 410 | 金属 |
| $LaTiO_3$ | 146 | G型 |
| $CeTiO_3$ | 136 | G型 |
| $PrTiO_3$ | 115 | G型 |
| $NdTiO_3$ | 94 | G型 |
| $SmTiO_3$ | 54 | G型 |
| $EuTiO_3$ | 5.5 | —— |
| $LaCrO_3$ | 290 | —— |
| $LaMnO_3$ | 140 | A型 |
| $CaMnO_3$ | —— | G型 |
| $LaFeO_3$ | 750 | —— |
| $BiCoO_3$ | 470 | C型 |
| $Ca_2Fe_2O_5$ | —— | $G_x$型 |
| $Ca_2FeMnO_5$ | —— | $G_y$型 |
| $Ca_2GaMnO_5$ | —— | $G_y$型 |
| $Ca_2Fe_{1.5}Mn_{0.5}O_5$ | —— | $G_y$型→$G_x$型 |
| $CaSrFe_{1.5}Mn_{0.5}O_5$ | —— | $G_y$型→$G_x$型 |
| $Sr_2MgOsO_6$ | 110 | —— |
| $SrCrO_2H$ | 380 | G型 |
| $CaMn_3V_4O_{12}$ | 54 | —— |
| $LaMn_3V_4O_{12}$ | 44 | —— |
| $CaCu_3Ti_4O_{12}$ | 25 | G型 |
| $Ce_{0.5}Cu_3Ti_4O_{12}$ | 24 | G型 |
| $Ba_2MnWO_6$ | 45 | —— |
| $Ba_2FeWO_6$ | 40 | —— |
| $Ba_2CoReO_6$ | 40 | —— |
| $Ba_2MnWO_6$ | 45 | —— |
| $Ba_2CoWO_6$ | 18 | —— |
| $Sr_2MnMoO_6$ | 12 | —— |
| $Sr_2MnWO_6$ | 13 | —— |
| $Sr_2FeWO_6$ | 40 | —— |
| $Sr_2CoReO_6$ | 65 | —— |
| $Sr_2NiWO_6$ | 54 | —— |
| $Ca_2MnWO_6$ | 16 | —— |
| $Ca_2CoReO_6$ | 130 | —— |
| $Sr_2FeOsO_6$ | 108 と 70 | —— |
| $La_2NaRuO_6$ | 30 | —— |
| $LaFe_{0.5}V_{0.5}O_3$ | 299 | G型 |
| $NdFe_{0.5}V_{0.5}O_3$ | 304 | G型 |
| $EuFe_{0.5}V_{0.5}O_3$ | 304 | G型 |
| $YFe_{0.5}V_{0.5}O_3$ | 335 | G型 |
| $YBa_2Fe_3O_{8+\delta}$ | 660 | G型 |
| $NaFeF_3$ | 90 | G型 |

り，Aサイトのカチオンはこれらの八面体で囲われたケージのなかにある．Bカチオン-アニオン-Bカチオンは直線的に並んでいるため，超交換機構によって，磁気モーメントが反強磁性的（反平行）に配列することが期待される．その様子を図7.4に模式的に示す．図中の一方のカチオンの上向きの全スピンは，酸素の閉殻p軌道の下向きスピンの電子と相互作用をすることができる．その結果として酸素のp軌道にあるもう一つの電子（下向きスピン）が，隣のカチオンの全スピンが下向きになることが有利な交換相互作用を誘発することになる．

この結果は，とくに $LaFeO_3$ のような1種類の磁性カチオンのみからなるペロブスカイトにおいておおむね正しい（表7.1）．これらの化合物は通常絶縁体か電気抵抗がかなり大きい半導体である．すべてではないが多くの場合において，反強磁性的なスピン整列をした秩序相からスピン秩序のない常磁性相への相転移がネール温度 $T_N$ で起こる．いくつかのペロブスカイト反強磁性体では，反強磁性長距離秩序相から常磁性相への転移が，部分的な短距離秩序を伴い，異常な磁化率の挙動を示す中間相への転移を伴うことがある．この場合，反強磁性秩序が最終的に消える温度は $T_M$，$T_m$ または $T_c$[*20] と表される臨界温度で特徴づけることができる（強磁性相におけるキュリー温度 $T_C$ と混同しないように）．

反強磁性体における秩序エネルギーは微妙なバランスのもとで決まるものであり，いろいろな異なるスピン秩序構造が知られている．A型秩序では，（理想的ペロブスカイトの単位格子における）各 $(001)_p$ 平面で強磁性的な秩序をもつのに対し，面間方向には反強磁性的に並んでいる〔図7.5(a)〕．各カチオンは平行スピンの四つのカチオンと反平行スピンの二つのカチオンと隣接する．C型の配列は類似しており，各カチオンは反平行スピンの四つのカチオンと平行スピンの二つのカチオンと隣接するが，$(110)_p$ 平面で強磁性的に並んでいる〔図7.5(b)〕．G型の配列

*20 下付きのM, m は magnetic の意味，c は critical（臨界）の意味．

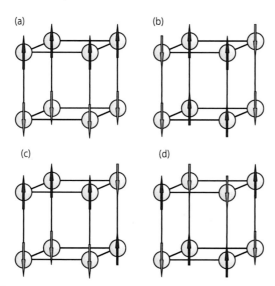

**図7.5** 反強磁性スピン秩序構造（理想的な立方晶ペロブスカイトの単位格子を用いて記述）
(a) A型 $(001)_p$ 配列，(b) C型 $(110)_p$ 配列，(c) E型，(d) G型 $(111)_p$ 配列．

では，$(111)_p$ 平面でスピンが強磁性的に並んでおり〔図7.5(d)〕，各カチオンは反平行スピンの六つのカチオンと隣接する．E型〔図7.5(c)〕のスピン秩序はより複雑である．ここでは各カチオンは反平行スピンの四つのカチオンと平行スピンの二つのカチオンと隣接する．A，C，E，G型の磁気秩序には，しばしば $x, y, z$ の添字をつけられるが，これは単位格子のそれぞれ $a, b, c$ 軸に沿ってスピンが配向していることを示す．CE秩序[*21]とよばれるより複雑な反強磁性秩序は，混合原子価のマンガン酸化物で発見されており，組成は $La_{0.5}A_{0.5}MnO_3$（A：アルカリ土類金属のカチオン）に近い．CE秩序を起こすマンガン酸化物の決定的な要素は $Mn^{3+}$ と $Mn^{4+}$ のカチオンである．これらの異価数カチオン間の相互作用は，C型，E型の規則配列から構成される複雑な反強磁性スピン秩序のみならず，電荷と軌道の秩序化も引き起こす（8.6節）．

ペロブスカイト構造 $LaCrO_3$ は $T_N$ が約300 KのG型の反強磁性体である．また，$SrCrO_2H$ と $BaFeO_2F$ も同スピン構造をとり，$T_N$ はそれぞれ〜380 K，〜645 Kである．$BiCoO_3$ はC型の反強磁性体（$T_N = 470$ K）であり，$Bi^{3+}$ と四角錐配位（ピラミッド配位）で高スピン（$S = 2$）の $Co^{3+}$ からなる[*22]．ネール温度より高温では，単位格子は正方晶，空間群は $P4mm$ (99)，$a = 0.372937$ nm，$c = 0.472382$ nm である．$Co^{3+}$ イオンのスピンによる低温でのC型反強磁性秩序によって，磁気構造の $a$ 軸，$b$ 軸長は結晶構造のそれの2倍（$a = b \approx 0.7459$ nm, $c \approx 0.4724$ nm）になる．磁気モーメントは正方晶の $c$ 軸に平行に向く（図7.6）．逆磁化率の温度依存性によって見積もられた $Co^{3+}$ イオンの有効磁気モーメントは，$3.24\ \mu_B$ である．この値は，スピンのみから期待できる理論値 $4.9\ \mu_B$ よりいくらか低い．このことは，ほかの相互作用が無視できないことを示している（7.2節参照）[*23]．

ダブルペロブスカイトにおいてBサイトの一方のみが磁性イオンをもつ場合には，似たような振舞いを示すが[*24]，二つのBサイトに逆サイト効果による無秩序 (antisite disorder) が存在するときはより複雑になる．$Sr_2MgOsO_6$ はネール温度が110 Kの反強磁性体である．二つ（またはそれ以上）の磁性イオンが存在するとき，

[*21] $La_{0.5}A_{0.5}MnO_3$ の例では，電荷は1:1の $Mn^{3+}$ と $Mn^{4+}$ が交互に並ぶ．軌道に関しては $Mn^{3+}$ の $d_{z^2}$ 軌道がジグザグの鎖をつくるように並ぶ．これにより単位格子は $\sqrt{2}a_p \times 2\sqrt{2}b_p \times 2c_p$ となる．

[*22] Coが四角錐配位（ピラミッド配位）をとるのは $Bi^{3+}$ の6s電子（孤立電子対）の効果による．

[*23] $Co^{3+}$ ($d^6$) では $t_{2g}$ 軌道の縮退により一部軌道角運動量が復活するため，スピンのみから期待される値よりもずれることはしばしばある．

[*24] 磁性イオン間の相互作用は次近接になり，相互作用が反強磁性的な場合には，磁気転移温度が大きく抑制されるなど幾何学的フラストレーションの効果が生じるため，多くの研究がなされている．

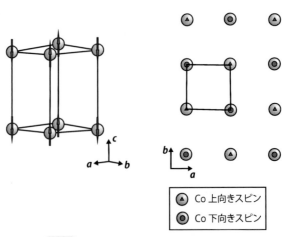

**図7.6** $BiCoO_3$ におけるC型反強磁性秩序
$Co^{3+}$ カチオンのみ示してある．

秩序化する可能性は上がるが，多くの場合，2種の磁気副格子は独立した配列を保つ．ダブルペロブスカイト相 $Sr_2CoOsO_6$ では，2種類の反強磁性秩序相が観測されており，最初の転移は108 K，2番目の転移は70 K で起こる．最初の転移では，$Co^{2+}$ ($d^7$, $S = 3/2$) と $Os^{6+}$ ($5d^2$, $S = 1$) の両方の磁気モーメントは時間とともに動的に揺らいだ状態ではあるが，長距離反強磁性秩序をもつ．低温側での転移では，$Co^{2+}$ のスピンのみが完全に秩序化するが Os のスピンとは平行でない（7.7節）[*25]．これらの物質において，反強磁性秩序は三つのカチオンの間の [Os-O-Co-O-Os]，または [Co-O-Os-O-Co] を介した超交換相互作用により生じる．

ブラウンミレライト相では最短軸（通常 $a$ 軸）に沿ってスピンが配向する $G_x$ 型反強磁性構造か最長軸（通常 $b$ 軸）[*26] に沿ってスピンが配向する $G_y$ 型反強磁性構造のどちらかをとる．これらの秩序構造の安定エネルギーのバランスは微妙に保たれている．ブラウンミレライト構造で，1種の磁性イオン（$Fe^{3+}$）のみからなる $Ca_2Fe_2O_5$ は，磁気転移温度以下でつねに $G_x$ 型のスピン秩序を示す．密接に関連するブラウンミレライト構造の $Ca_2FeMnO_5$ は，2種の磁性イオンをもつこの物質では臨界温度（約 407 K）以下で $G_y$ 型のスピン秩序を示す（図 7.7）．この臨界温度を超えても，500 K に達するまでは発達した短距離秩序の影響がみられる．それ以上の温度では典型的な常磁性的な挙動を示す．これら両物質の混合相である $Ca_2Fe_{1.5}Mn_{0.5}O_5$（直方晶，空間群 $Pmna$ (62)，$a = 0.536319$ nm，$b = 1.50508$ nm，$c = 0.552838$ nm）は約 400 K 以下では $G_y$ 型秩序を示すが，465 K 以上では $G_x$ 型秩序へと変化する．この相において $Mn^{3+}$ イオンは八面体配位を好むことから，四面体位置には $Fe^{3+}$ イオンのみが含まれる．反強磁性秩序には両カチオンがかかわる．$Ca_2Fe_{1.33}Mn_{0.67}O_5$ では $G_y$ 型構造のみを示す．$SrCaFe_{1.5}Mn_{0.5}O_5$ も $Ca_2Fe_{1.5}Mn_{0.5}O_5$ と同

[*25] 108 K では先に Os のスピンのみが秩序化，70 K にて Co のスピンが秩序化するという研究もある．

[*26] 八面体層，四面体層の積層方向．

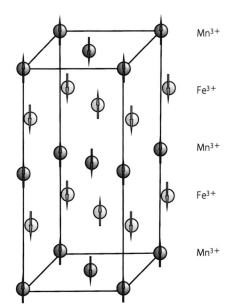

**図 7.7** ブラウンミレライト構造 $Ca_2FeMnO_5$ における $G_y$ 型秩序
B サイトのカチオンのみ示してある．各カチオン層は 1 種類のカチオンのみ，つまり Mn（八面体層）または Fe を（四面体層）からなる．

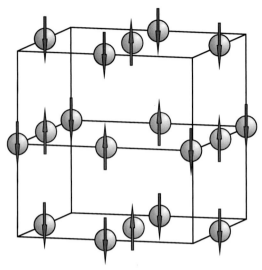

**図 7.8** CaCu$_3$Ti$_4$O$_{12}$($T_N \sim 25$ K) を含む多くの立方晶 AA$'_3$B$_4$O$_{12}$ でみられる A′カチオンの G 型反強磁性秩序

様な傾向，つまり低温相の G$_y$ 型構造から高温相の G$_x$ 型構造の転移を約 400 K で起こす．

立方晶の秩序型ペロブスカイト AA$'_3$B$_4$O$_{12}$ は，A′サイトの磁性イオンに由来する反強磁性的な挙動を示すため，たとえほかのサイトに磁性イオンが存在する場合でも興味をもたれている（図 7.8）．Ca$_2$Mn$_3^{2+}$V$_4^{4+}$O$_{12}$ と LaMn$_3^{2+}$V$_4^{3.75+}$O$_{12}$ の二相は，キュリー・ワイス的な振舞いを示すが，約 54 K 以下では反強磁性秩序を示唆する挙動がみられる（表 7.1）．両相とも反強磁性秩序は Mn$^{2+}$ カチオンのみに起因する．V$^{4+}$ カチオンの電子は非局在化しており，Mn$^{2+}$ の局在電子（スピン）とまったく相関しない．このためこの相は金属的で低い電気抵抗値をもつ．類似の振舞いは LaMn$_3^{3+}$Mn$_4^{3+}$O$_{12}$ や LaMn$_3^{3+}$Cr$_4^{3+}$O$_{12}$ においてもみられる．しかし，これらの両物質における反強磁性的な性質は A′サイトと B サイトで独立に起こる．つまり，各副格子のスピン間には相関はない．LaMn$_3$Mn$_4$O$_{12}$ では，B サイトを占める Mn$^{3+}$ のスピンが 78 K で反強磁性秩序するのに対し，A′サイトを占める Mn$^{3+}$ カチオンのスピンは 21 K で独立に反強磁性秩序を起こす．LaMn$_3$Cr$_4$O$_{12}$ では，B サイトの Cr$^{3+}$ カチオンは 150 K で，A′サイトの Mn$^{3+}$ カチオンは 50 K でそれぞれ反強磁性秩序する．$T_N$ が約 25 K の CaCu$_3$Ti$_4$O$_{12}$ は G 型の反強磁性秩序を示す．Ln$_{2/3}$Cu$_3$Ti$_4$O$_{12}$ も同じ磁気秩序を示すが，これらの $T_N$ はより低い．この物質群のうち Ce を含むものは Ce が +4 の価数をとるためやや異質であり Ce$_{0.5}$Cu$_3$Ti$_4$O$_{12}$ の組成を与える．これらの銅を含む相のすべてで Cu$^{2+}$ カチオンは G 型の反強磁性秩序を示す（図 7.8）．この物質では，A カチオン（つまり Ce$^{4+}$）と酸素欠損は秩序整列または無秩序に配列する場合の二つをつくり分けることができる．秩序整列する場合では，ネール温度以下で二つの Cu$^{2+}$ 副格子の磁化が若干異なるため，10〜24 K の温度範囲で弱いフェリ磁性を示す．これを L 型フェリ磁性とよぶ．AA$'_3$B$_4$O$_{12}$ 相でフェリ磁性を示すものについては 7.5 節で説明する．

ランタノイド系チタン酸化物はすべて GdFeO$_3$ 構造をとり，より大きいカチオン

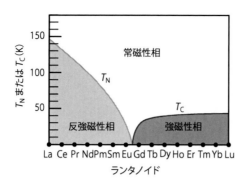

**図 7.9** ランタノイド系チタン酸化物 LnTiO$_3$ の磁気相図
キュリー温度 $T_C$ およびネール温度 $T_N$ の値は，Ln の関数である程度変化するが，試料の化学量論比や微細構造にも依存する．

（La から Sm まで）の場合の $G_x$ 型の反強磁性秩序から，Gd～Yb まで，および Y の場合の $c$ 軸にスピン配向した強磁性秩序（7.4 節）へと変化する一連の系を形成する（図 7.9）．これらの相のほとんどについて 2 種の磁性カチオンが存在するという事実にもかかわらず，磁性の効果はおもに $3d^1$ をもつ Ti$^{3+}$ カチオンに由来する．というのは，ランタノイドイオンの磁気モーメントは Ti$^{3+}$ イオンよりはるかに低温でのみ秩序化するからである．このことは，これらの相に二つの $T_N$ 値があり，低い方は Ln のスピン，高い方は Ti のスピンの秩序と関連づけられることを意味する．

### 7.3.2 六方晶ペロブスカイト

六方晶ペロブスカイトの構造は，面共有した八面体のカラム（柱），または面共有した八面体と三角プリズムの柱によって構成され，通常これらの柱は，八面体または四面体と点共有することによりつながっている．加えて，カチオン-アニオン-カチオンの結合は立方晶ペロブスカイト関連構造とは異なっており，90°型と180°型の超交換相互作用を同時にもたせることが可能である．あらゆる型の磁気秩序が，柱内部のカチオン，柱間のカチオン，または柱と連結する多面体のカチオン間で起こる．これらの新たなパラメータによって秩序温度は大きく異なりうる．したがって，ある温度で柱内のスピンは秩序化するが，柱間は長距離秩序を起こさず，より低温でのみ秩序化することがありえる．つまり試料を冷やすと二つの温度で磁気異常が現れる可能性がある．たとえば，4H の SrMnO$_3$ は二つの反強磁性転移を示す．一つ目は $T_{N1}$ = 350 K で面共有した八面体の二量体間の磁気モーメントが揃う．二つ目の $T_{N2}$ = 270 K ではこの面共有の構造単位が，点共有した八面体をとおして秩序化する三次元秩序である[*27]．

六方晶 ABX$_3$ の多形のなかでは，2H 構造が最も単純である．2H 構造の BaCoO$_3$ では，柱内の磁気モーメントは 90°型の超交換相互作用から予想されるように強磁性整列するが，隣接した柱どうしは反強磁性配列するため全体として反強磁性構造を与える〔図 7.10（a）〕．しかし，この磁気構造以外の磁気構造もみられる．室温での 2H-BaMnO$_3$ の構造は 2H-SrCoO$_3$ のそれと同じであるにもかかわらず，Mn$^{4+}$ カチオンの磁気モーメントの秩序は Co$^{4+}$ カチオンの場合とまったく異なる．反強

[*27] 磁気転移に関して主張が異なる二つの論文がある．低温の転移のみを主張するグループは，$T_N$ = 270 K 以上では常磁性相であり 350 K 付近にみられる磁化率のブロードな拡大は面共有した八面体の二量体間の磁気モーメントの短距離秩序によるものとの見解を示している．

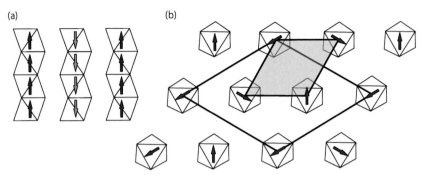

**図 7.10** (a) 2H-BaCoO$_3$, (b) 2H-BaMnO$_3$ の磁気モーメントの反強磁性配列

(b) では，磁気モーメントは $z=0$ の (001) 面内を向いている．$z=1/2$ のカチオンの磁気モーメントは $z=0$ のそれと反平行に配列している．室温での 2H 構造の単位格子には影がつけてあり，低温での反強磁性相の単位格子は中抜きにしてある．

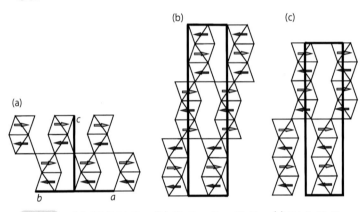

**図 7.11** (a) 4H-BaMnO$_3$, (b) 9R-Ba$_{0.875}$Sr$_{0.125}$MnO$_3$, (c) 8H-BaMnO$_{2.95}$ の反強磁性秩序

磁性秩序に対応した低温での単位格子は室温のそれより大きく，磁気モーメントは (001) 面内にある．各柱の一次元柱において磁気モーメントは反強磁性配列しており，各柱間のスピンの方向は 120°回転している[*28]〔図 7.10 (b)〕．

[*28] 120°構造とよばれる．

面共有した八面体の短い柱を含んだ ABX$_3$ の多形は柱内部および柱間で反強磁性的に整列しやすい．例としては，面共有した一対の八面体柱をもつ 4H-BaMnO$_3$〔図 7.11 (a)〕，面共有した三つの八面体柱をもつ 9R-Ba$_{0.875}$Sr$_{0.125}$MnO$_3$〔図 7.11 (b)〕，面共有した四つの八面体柱をもつ 8H-BaMnO$_{2.95}$〔図 7.11 (c)〕がある．まったく同様の反強磁性秩序が，面共有した柱どうしが点共有した八面体により結合している六方晶ペロブスカイトでも起こる．例としては，面共有した一対の八面体柱をもつ 6H-BaFeO$_2$F〔図 7.12 (a)〕や面共有した二対の面共有の八面体柱をもつ 15R-BaFeO$_2$F〔図 7.12 (b)〕がある．これらの化合物において磁気モーメントが向く方向は (001) 面に平行であるようにみえるが，これを確認するためにさらなる研究が求められる．これらの相の $T_N$ は 300〜700 K と高い．

同様に，面共有した八面体柱を四面体やその他のより大きい空間を占める構造ユニットによって連結した六方晶ペロブスカイト構造は多種多様である．化学量論または組成比のちょっとした違いが磁気秩序をいとも簡単に変わる．この様子は

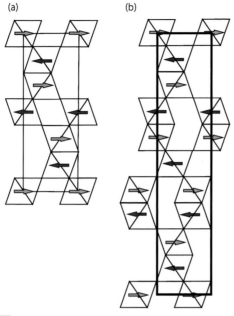

**図 7.12** (a) 6H-BaFeO$_2$F, (b) 15R-BaFeO$_2$F の反強磁性秩序

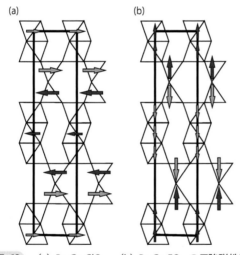

**図 7.13** (a) Ba$_5$Co$_5$ClO$_{13}$, (b) Ba$_5$Co$_5$FO$_{13}$ の反強磁性秩序

10H-Ba$_5$Co$_5$FO$_{13}$ と 10H-Ba$_5$Co$_5$ClO$_{13}$ により示すことができる（図 7.13）．これらの構造では，Co は八面体および四面体位置を占有することができる．F を含む相では磁気モーメントは $c$ 軸に垂直を向いており，磁性のおもな寄与は四面体位置の Co からくる．これらは磁気モーメント $2.50\ \mu_B$（実験値）の中間スピン状態の Co$^{4+}$ カチオンを含む．面共有した三つの八面体のうち中央の八面体は低スピンの Co$^{3+}$ カチオンを含み，磁気モーメント約 $0.24\ \mu_B$（実験値）である．一方，外側の八面体の二つは低スピンの Co$^{3+}$ カチオンをもつため磁気モーメントはゼロである．X サイトとして Cl を含む相は，磁気モーメントが $c$ 軸に沿って配向するまったく異なる磁気秩序を示す．すべての遷移金属イオンが磁気構造に寄与する．四面体は中間スピンの Co$^{4+}$ を含み，磁気モーメントの測定値は $2.27\ \mu_B$ である．面共有した三

**186** ● 7章 磁 性

つの八面体柱のうち中央の八面体は低スピンの $Co^{3+}$ カチオンをもち，磁気モーメントの測定値は約 $0.38\,\mu_B$ である．柱の外側の八面体対は高スピンの $Co^{3+}$ カチオンを含み，磁気モーメントの測定値は $0.61\,\mu_B$ である．四つの面共有した八面体柱をもつ $Ba_6Co_6ClO_{15.5}$ は，柱内側の二つの八面体に低スピンの $Co^{3+}$ カチオンをとっている意味で類似しているが，Br を含有する類縁体はまったく反強磁性秩序を示さない．

### 7.4 強磁性ペロブスカイト

ペロブスカイト強磁性体は，磁化曲線に履歴曲線（ヒステリシス曲線）を示す．これらは強誘電体（図 6.9）に類似しているが，電場が磁場に電気分極が磁束密度に置き換えられている点で異なる．多くのペロブスカイト強磁性体は，金属のバンド理論によって記述される強磁性を示す．ペロブスカイト $SrRuO_3$ はこの物質群に属し，キュリー温度 $T_C = 150\,K$ 以下で伝導帯に伝導電子をもつ金属強磁性体である．この温度以上ではパウリ常磁性体になり，磁化率はほとんど温度依存性を示さない． $CaRuO_3$ と $LaNiO_3$ もパウリ常磁性的な金属であるが，低温でも強磁性相に転移しない（しかし 7.8 節参照）． $Sr_2FeMoO_6$ は，より複雑な強磁性相であるが，むしろハーフメタルとして表現されるフェリ磁性相とよぶべきかもしれない． $T_C$ は約 $415\,K$ である．ここで "上向きスピン" 電子のバンド構造は "下向きスピン" 電子のものとわずかに異なり，フェルミ準位ではこのどちらか一方のバンドのみが存在するため完全にスピン偏極している．

強磁性金属として最初に報告されたペロブスカイトは混合原子価の $La_{1-x}A_xMnO_3$ 相である．ここで，A はアルカリ土類金属，とくに $Ca^{2+}$ である． $La_{0.7}Sr_{0.3}MnO_3$ （$T_C$ 約 $370\,K$）や $La_{0.7}Sr_{0.3}CoO_3$ （$T_C$ 約 $220\,K$）が強磁性金属の典型例であり，それぞれ $Mn^{3+}/Mn^{4+}$ および $Co^{3+}/Co^{4+}$ のカチオン対を含む． $LaMnO_3$ 自身は，高スピン状態の $Mn^{3+}$ （$t_{2g}^3\ e_g^1$）のみからなる反強磁性絶縁体である． $La^{3+}$ を $Ca^{2+}$ で置換した元素置換体では，電気的中性を維持するために $Mn^{4+}$ が生成することで電荷補償がとれている．この必要性は酸素過剰[*29]の $LaMnO_{3.12}$ のキュリー温度 $T_C$ が約 $170\,K$ の強磁性体である事実から確かめられる．アルカリ土類金属の置換体においても同様に，1 個の過剰な酸素を加えるごと[*30]に二つの $Mn^{4+}$ カチオンが導入されることで電荷補償がとれ，形式上の組成は $LaMn_{1-x}^{3+}Mn_{2x}^{4+}O_{3+x}$ である．

強磁性金属という頭を悩ます現象は，1951 年に Zener による**二重交換機構**（double exchange mechanism）によって説明された．超交換相互作用と同様に，二重交換相互作用の鍵となるのは介在する酸化物アニオンである．ここで酸化物アニオンは，異価数からなる二つのカチオン〔典型的には高スピン状態の $Mn^{3+}$ （$3d^4$, $t_{2g}^4$）と $Mn^{4+}$ （$3d^3$, $t_{2g}^3$）〕の間に存在する．二重交換機構では，一つの $Mn^{3+}$ イオンは隣接する $O^{2-}$ イオンに 1 電子を**渡そう**とするが，酸素は閉殻 p 軌道をもつため，これを可能にするため $O^{2-}$ イオンは同時に 1 電子を隣の $Mn^{4+}$ イオンに渡す．本質的には，電子は中間の酸化物イオンを介して $Mn^{3+}$ から $Mn^{4+}$ へホッピングする（図7.14）．その過程で，Mn イオンの電荷は逆転する．酸化物イオンのすべての軌道

＊29 実際にはカチオンが欠損する．

＊30 実際にはカチオンが欠損する．

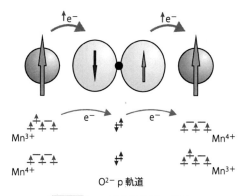

**図 7.14** 二重交換機構の模式図

左のカチオンは上向きスピン電子を酸素の p 軌道に中央の矢印のように渡し，同時に上向きスピン電子を右の矢印のように受け取るカチオンの空軌道に渡すことで強制的にスピンを強磁性的に配列させる．高スピンの $Mn^{3+}$ ($3d^4$, $t_{2g}^3$, $e_g^1$) イオンと $Mn^{4+}$ ($3d^3$, $t_{2g}^3$) イオンを例に描かれている．

は満たされて電子のスピン対を形成しているため，$Mn^{3+}$ から移動する上向きスピン電子は，$O^{2-}$ の上向きスピンの電子を $O^{2-}$ から隣の $Mn^{4+}$ へと移す．この二重交換は二つのカチオン間のスピンが平行である場合にのみ有利であり，その結果，強磁性体的なスピン配列が安定となる．二重交換機構では，あるカチオンから別のカチオンへの電子移動は実際に起こり（これは超交換相互作用の状況とまったく異なる），それによってつねに強磁性状態が導かれる．

一般的に，二重交換は二つの原子価状態のカチオンをもつ化合物において可能である．多くの結晶構造では，すでに述べたイオン対（$Mn^{4+}/Mn^{3+}$ と $Co^{2+}/Co^{3+}$）を含みこれらの要求が潜在的に満されている．しかし，カチオン対は強磁性秩序への十分な処方箋ではない．たとえば，アルカリ土類金属をドープ（置換）したマンガン酸化物において，組成が $Ln_{0.5}A_{0.5}MnO_3$（ここで Ln はランタノイド，A はアルカリ土類金属）に達すると，$Mn^{3+}$ と $Mn^{4+}$ が電荷秩序化する．この電荷秩序（charge order：CO）状態は，一般にひずみのない $Mn^{4+}$ の八面体とヤーン・テラー効果により伸びた $Mn^{3+}$ の八面体がチェス盤状に秩序化した反強磁性絶縁体として観測される．この電荷秩序をもたらす相互作用は温度に対して敏感であり，CO 状態は電荷秩序温度を超えると消失する．

二重交換は，かかわっているカチオン間でエネルギーが近いことが必要である．そのため，四面体位置と八面体位置内のカチオン間ではこの機構が作用しないことがわかっている．このエネルギー差ができる理由は，結晶場分裂により制御される d 軌道エネルギーにある．八面体位置を占めるカチオンの d 軌道エネルギーは四面体位置を占めるカチオンと大きく異なるため，この差が二重交換機構による電子移動を妨害する．しかし，反強磁性秩序と強磁性秩序は微妙なバランスの上で決まっており，$LnTiO_3$ 酸化物においてランタノイドのイオン半径が小さいときは強磁性金属相が，大きいときは反強磁性絶縁体相を与える（図 7.9）．しかし，これらの反強磁性相の磁気的秩序は簡単に乱すことができる．これは，低温で反強磁性絶縁体相である $EuTiO_3$ によって見事に表現されている[*31]．$EuTiO_{3-x}H_x$ において $O^{2-}$ を $H^-$

---

\* 31 Eu は特別である．ただし，磁性を担うのは $Eu^{2+}$ であり，$Ti^{4+}$ は非磁性である．

**188** ● 7章　磁　性

**表7.2**　ペロブスカイト強磁性体と関連相

| ペロブスカイト | キュリー温度(K) [a] |
|---|---|
| $GdTiO_3$ | 36 |
| $YTiO_3$ | 29 |
| $La_{0.667}Sr_{0.333}CoO_3$ | 227 |
| $La_{0.8}Ca_{0.2}MnO_3$ | 230 |
| $La_{0.7}Ca_{0.3}MnO_3$ | 220 |
| $La_{0.7}Sr_{0.3}MnO_3$ | 370 |
| $SrCoO_3$ | 266 |
| $Sr_{0.8}Ca_{0.2}CoO_3$ | 286 |
| $SrRuO_3$ | 165 |
| $Ba_2MnReO_6$ | 110 |
| $Ba_2FeMoO_6$ | 308 |
| $Ba_2FeReO_6$ | 303 |
| $Sr_2CrMoO_6$ | 420 |
| $Sr_2CrReO_6$ | 620 |
| $Sr_2CrWO_6$ | 458 |
| $Sr_2FeMoO_6$ | 420 |
| $Sr_2FeReO_6$ | 400 |
| $Ca_2CrMoO_6$ | 148 |
| $Ca_2CrReO_6$ | 360 |
| $Ca_2CrWO_6$ | 160 |
| $Ca_2MnReO_6$ | 110 |
| $Ca_2FeMoO_6$ | 365 |
| $Ca_2FeReO_6$ | 522 |

a) キュリー温度の測定値は，正確な組成，欠陥濃度，および試料の微細構造に
　　依存，文献によって値は大きく変動することがある．

＊32 酸素位置のH⁻置換により電気的中性を満たすように，空のTiの3d軌道に電子が注入される．

＊33 RKKY相互作用という．理論的にこの機構を示した．Ruderman, Kittel, Kasuya, Yosidaの頭文字をとっている．

で置換することによる電子ドープ[*32]は，同物質を金属かつ $T_C$ がおよそ 12K の強磁性体にする．同様の効果は，A サイトの異価数カチオン置換系 $Eu_{1-x}La_xTiO_3$ や酸素欠損系 $EuTiO_{3-\delta}$（ともに電子ドープである）でも観測されている．強磁性金属への転移は，Ti の 3d 伝導電子により媒介される最近接 $Eu^{2+}$ イオンのスピン相互作用[*33] によるものとみられる．

　多くのダブルペロブスカイト強磁性体はきわめて高いキュリー温度をもつ．ここで磁気相互作用は中間の $O^{2-}$ アニオンを介した二つの B および B′サイトのカチオン間によるものであるが，二重交換および超交換相互作用の機構はこの特徴を完全には説明しない．ダブルペロブスカイトの $Sr_2FeMoO_6$ では，スピン分極したバンド構造によって，$Fe^{3+}$（$3d^5$，高スピン）$-$酸素$-Mo^{5+}$（$4d^1$）$-$酸素$-Fe^{3+}$ 間で電子がホッピングすることによってすべてのスピンが平行に揃えられた結果，強磁性金属になると提案されている（8章も参照）．しかし，これらの相互作用は微妙なバランスの上で成り立っているため，多くの 3d 遷移金属を含むダブルペロブスカイトは強磁性体とはならず，常磁性体または反強磁性体である（表7.2）．

＊34 フェリ磁性体とは，反強磁性体のように反平行のスピンが存在するが，上向きのスピンの磁化の大きさと下向きスピンの磁化の大きさが異なるため，全体として有限の磁化をもつ磁性体のことである．

## 7.5　ペロブスカイトフェリ磁性体[*34]

　多くのペロブスカイトではより複雑なフェリ磁性秩序がみられる．この秩序は，

反強磁性秩序に類似しているが磁気モーメントの大きさが各方向で釣り合っていない．このような秩序様式はAサイトがアルカリ土類金属のカチオンの多くのACu$_3$Fe$_4$O$_{12}$型ペロブスカイトで顕著にみられる．CaCu$_3$Fe$_4$O$_{12}$の高温（金属）相では形式価数はCu$^{2+}$とFe$^{4+}$である．キュリー温度（210 K）以下まで冷却すると，Fe$^{4+}$からFe$^{3+}$/Fe$^{5+}$への電荷不均化が起こり，スピン配列が[Cu$_3^{2+}$(↓)Fe$_2^{3+}$(↑)Fe$_2^{5+}$(↑)]と表される半導体フェリ磁性相となる．類似のフェリ磁性構造はCaCu$_3$Mn$_4$O$_{12}$においても報告されている．

ランタノイドペロブスカイトLnCu$_3$Fe$_4$O$_{12}$もこれらと類似しているが，ランタノイドのカチオンサイズに依存して違いが現れる．およそ250 K以上の高温では，すべて常磁性金属であり，遷移金属カチオンの形式電荷はCu$^{2+}$とFe$^{3.75+}$である．しかし，低温にすると，大きいランタノイド（La, Pr, Nd, Sm, Eu, Gb, およびTb）を含む化合物はすべて反強磁性秩序を示し，$T_N$の値は約370 K（La）から約240 K（Gd）へと急激に減少する．この変化は，以下に示す遷移金属カチオン間のサイト間電荷移動による．

$$3\text{Cu}^{2+} + 4\text{Fe}^{3.75+} \longrightarrow 3\text{Cu}^{3+} + 4\text{Fe}^{3+}$$

一方，小さいランタノイド（Dy, Ho, Er, Tm, Yb, およびLu）を含む相は，低温でフェリ磁性状態に転移し，すべての化合物で$T_C$は約240 Kである．これは以下に示す遷移金属カチオンの電荷不均化による．

$$8\text{Fe}^{3.75+} \longrightarrow 5\text{Fe}^{3+} + 3\text{Fe}^{5+}$$

提案されているフェリ磁性秩序はCu$^{2+}$(↓)，Fe$^{5+}$(↑)，Fe$_1^{3+}$(↑)，Fe$_2^{3+}$(↓)である．この秩序様式はYCu$_3$Fe$_4$O$_{12}$でも観測されている．同物質は，250 Kで類似の電荷不均化を起こし，同じくフェリ磁性になるとともに金属から絶縁体へと転移する．これらの物質の磁性は，磁性ランタノイドの存在により複雑になるが，一連のLnCu$_3$Fe$_4$O$_{12}$の電子磁気相図からは明確なLn（おそらくサイズ）依存性がある（図7.15）．CaCu$_3$Fe$_2$Nb$_2$O$_{12}$のようにBサイトが1：1で秩序化した相も低温で強磁性

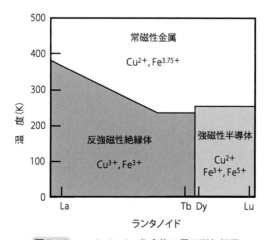

**図7.15** LnCu$_3$Fe$_4$O$_{12}$化合物の電子磁気相図

**190** ● 7章 磁 性

的な振舞いを示す．これは，$Ce_{0.5}Cu_3Ti_4O_{12}$ のような同構造のほかの多くの物質と同様である．

多くのダブルペロブスカイトはフェリ磁性体であるが，これは B サイトに 2 種の磁性カチオンが存在するときに現れる特徴である．たとえば，ハーフメタルである $Sr_2FeMoO_6$ は $T_C$ が約 415 K（強磁性的でもある．7.4 節参照）であり，$Sr_2CrWO_6$ は $T_C = 450 \sim 500$ K，$Sr_2CrReO_6$ は $T_C \approx 625$ K，絶縁体である $Sr_2CrOsO_6$ は $T_C \approx 725$ K，$Ca_2FeOsO_6$ は $T_C \approx 320$ K である．

### 7.6 スピングラス的振舞い

常磁性体のペロブスカイトでは，磁性イオンの磁気モーメントは動的観点から無秩序な配置をしており，あらゆる磁気モーメントの向きは空間的時間的につねに変化している．このように動的にスピンが動き，向きを変えようとする傾向と磁気相互作用により秩序化しようとする傾向はときに微妙なバランスの上に成り立っており，多くの系において，この両者が競合した結果[*35]，スピングラス状態（6 章参照）となる．スピングラス状態では，磁性イオン上の磁気モーメントは常磁性の相の場合と同様で無秩序である．しかし，これらの磁気モーメントは，凍結温度（$T_f$）またはグラス形成（スピングラス転移）温度（$T_g$）とよばれる温度以下では，もはや時間とともに変化せず凍結している．もし，微細構造が均一でなく，小体積のスピングラス的構造の集まりからなっていれば，その状態はクラスターグラスまたはスピンクラスターグラスとよばれる[*36]．つまり，クラスターグラスでは凍結した無秩序な磁気モーメントが完全に結晶内に分配しているわけではなく，多かれ少なかれ離散的なクラスターを形成する．

＊35 磁気相互作用の競合の結果．

＊36 向きの揃った小体積のスピンが一つの大きなモーメントを形成し，これらが無秩序に凍結した状態のことを示すこともある．

低い電気抵抗をもち，ほとんど金属的である $NaMn_3^{2.33+}V_4^{4+}O_{12}$ は低温でスピングラス的な挙動をする．高温で逆磁率はキュリー・ワイス的な振舞いをするが，複数の価数の A′ サイトイオン（$Mn^{2+}$，$Mn^{3+}$，$Mn^{4+}$）による複雑な磁気的相互作用が競合するため低温ではスピングラス状態になる．二つの価数のみが存在するとき，二重交換相互作用による強磁性秩序，または超交換相互作用による反強磁性秩序の可能性がある．しかし，三つの価数が競合するときには，この二つのスピン秩序の選択では解決できなくなり，スピングラスが形成されやすくなる．類似のスピングラス的な振舞いは，Mn カチオンが $Mn^{2+}$，$Mn^{3+}$，$Mn^{4+}$ の電荷をとるよう強制されている $LaMn_3Ti_4O_{12}$ においてもみられる．ここで，スピングラス状態を発現させるのは A′ サイトのカチオン間の相互作用であり，A′ サイトと B サイト間にはなんら相関がないことに注意されたい．

ダブルペロブスカイトの $Sr_2MgOsO_6$ はネール温度 110 K で反強磁性秩序を示す．興味深いことに，類似の $Ca_2MgOsO_6$ は磁気秩序をせず，19 K でスピングラス状態となる．ペロブスカイト $SrFe_{0.9}Ti_{0.1}O_3$ では約 48 K 以下でクラスターグラス状態となる．ここで母体である $SrFeO_3$ はヘリカル型のスピン構造をもつ（7.7 節）．$Fe^{4+}$ を $Ti^{4+}$ で置換することによって $Fe^{4+}$ イオン間のスピン秩序を導く相互作用が妨げられることとなり，結果として低温では長距離磁気秩序をもたないクラスターグラ

スになる．

　スピングラス的な振舞いはしばしば複数の磁性イオンの無秩序（disorder）に由来するが，MnとRuを含有するペロブスカイトにおいて頻繁にみられる．たとえば，六方晶6H-BaRuO$_3$は全温度域で常磁性であるが，固溶体の6H-BaRu$_{1-x}$Mn$_x$O$_3$（$x$＝0.1〜0.5）はスピングラス的な振舞いを示し，凍結温度$T_f$は$x$とともに上昇し，$x$＝0.5で最大値の約50Kとなる．

## 7.7　傾角反強磁性とほかの磁気秩序

　ほかの磁気秩序構造も数多く知られている．いくつかの反強磁性相においては，磁気モーメントの共線性〔すべての磁気モーメントが（反）平行に向いている状態〕は低温まで持続できず，スピンは1°程度わずかにずれた傾角反強磁性秩序（canted antiferromagnetic order）[*37]を与える．反強磁性ダブルペロブスカイトSr$_2$CoOsO$_6$は二つの低温のネール温度を示す．最初に約108Kでは磁気モーメントが平均として（部分的に）反強磁性秩序を示し，次に約67KでCo$^{2+}$の磁気モーメントが完全に秩序化するが，このとき傾角反強磁性相になる[*38]．低温での傾角反強磁性相では，この磁気モーメントの傾斜のために弱強磁性[*39]を示す．

　ペロブスカイトTbCoO$_3$とDyCoO$_3$はランタノイドのTb$^{3+}$（4f$^8$）およびDy$^{3+}$（4f$^9$）による反強磁性秩序を示す．これらのペロブスカイトはともに全温度領域でGdFeO$_3$構造をとる．極低温，つまりTbCoO$_3$では$T_N$＝3.3K，DyCoO$_3$では3.6K以下でA型およびG型の両方の反強磁性秩序の組合せとみなせるような複雑な傾角反強磁性秩序をもつ．磁気モーメントは（001）平面内で寝ており$a$軸および$b$軸に対して傾いている（図7.16）．

　このように傾いたスピン配列は酸化物に限定されない．ペロブスカイトフッ素化物NaMnF$_3$，NaFeF$_3$，NaCoF$_3$，NaNiF$_3$はすべてG型の反強磁性スピン秩序を示す．

[*37] 上向きスピンと下向きスピンが完全に反平行ではなく，若干傾いている状態．この磁気構造が生じる理由として最もよく知られているのは，ジャロシンスキー・守谷相互作用による機構である．

[*38] この物質は二つの異なる磁気モーメントが別々の向きで反強磁性秩序を起こすので特殊である．

[*39] 傾角反強磁性と同義である．

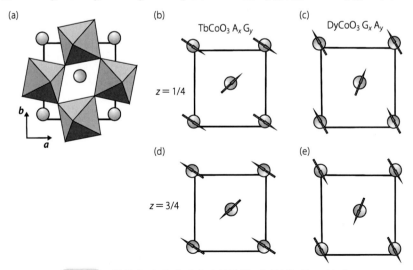

**図7.16**　TbCoO$_3$とDyCoO$_3$における傾いたスピンモーメント
(a)〔001〕方向から投影した構造，(b)，(d) $z$＝1/4, 3/4でのTb$^{3+}$のスピン傾角した配列，(c)，(e) $z$＝1/4, 3/4でのDy$^{3+}$のスピン傾角した配列．データはKnizekら（2014）．

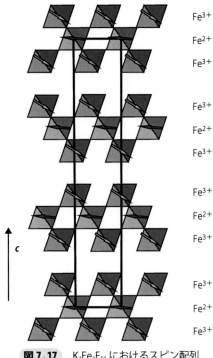

**図 7.17** $K_4Fe_3F_{12}$ におけるスピン配列

しかし，低温では磁気モーメントが傾いた結果，弱強磁性を示す．$La_4Ti_3O_{12}$ 構造〔図 3.17(a)〕をとる六方晶ペロブスカイト $K_4Fe_3F_{12}$ は，$Fe^{2+}$ カチオンと $Fe^{3+}$ カチオンによるスピン配向がずれた二つの副格子からなる．これらの副格子は，磁気転移温度（約 120 K）以下で独立した二つの強磁性配列を形成する．この秩序は擬フェリ磁性と表現される（図 7.17）．有機無機ペロブスカイト $(C_2H_5NH_3)_2FeCl_4$ も $T_N = 98.9$ K でスピンが $c$ 軸に対して $0.6°$ 傾いた傾角反強磁性構造をもつ．

もし，スピンの向きが各磁性イオンで異なっているが，規則的に変化する場合，ヘリカル (helical)，ヘリコイダル (helicoidal)，サイクロイダル (cycloidal)，サイン波 (sinusoidal) 形を含む多くの整合，不整合スピン構造が現れる．ヘリコイダルおよびサイン波形の秩序様式は $TbMnO_3$ の磁気構造にみられる（7.10 節）．

## 7.8 薄 膜

さまざまな磁気構造を導くためにかかわる各種相互作用は絶妙なバランスの上に成り立っているため，いろいろなやり方である磁気構造を別のものに対して不安定化させることができる．薄膜においては膜厚，基板，膜と基板の界面，多層膜では層数と距離に依存して相を変化させることができる．薄膜界面が精密に制御できる場合には，その界面は多くの潜在的に実用可能性をもつ（かつしばしば予想しない）性質を与えるよう操作することができる．とくに，エピタキシャル成長[40]したペロブスカイトの単結晶薄膜の性質は界面における格子の不整合に強く影響され，エピタキシャルなひずみをもたらす．このひずみは膜厚および基板の両方を変えることで操作できる．いくつかの例を以下に示す．

[40] 基板の結晶面に合わせて薄膜を成長させること．

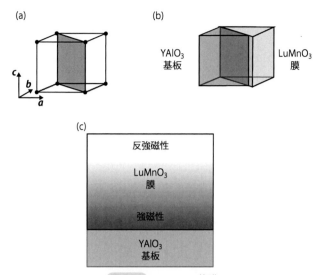

**図 7.18** LuMnO$_3$ 薄膜
(a) LuMnO$_3$ と YAlO$_3$ の(110)面，(b) LuMnO$_3$ と YAlO$_3$ の(110)面に沿った格子不整合，(c) YAlO$_3$ 上の LuMnO$_3$ 膜の磁性．

直方晶の GdFeO$_3$ 型構造のペロブスカイト LuMnO$_3$ は E 型の反強磁性秩序を示す．しかし，非磁性ペロブスカイト YAlO$_3$ 基板上にエピタキシャル成長した LuMnO$_3$ 薄膜では強磁性相と反強磁性相が共存する．この理由は YAlO$_3$ と LuMnO$_3$ の界面における格子ひずみにある．基板の(110)面上に成長させた膜〔図7.18(a)〕では，YAlO$_3$ の格子定数が LuMnO$_3$ のそれよりも小さい．YAlO$_3$ 格子の対角線長は 0.742 nm であるのに対し，LuMnO$_3$ では 0.774 nm である〔図7.18(b)〕．したがって LuMnO$_3$ 膜は，両物質が整合することを強いられた場合に，YAlO$_3$ 基板の界面から圧縮応力を受けることになる．圧縮応力は LuMnO$_3$ 格子に対し単斜晶的なひずみを誘導する効果をもち，基板に最も近い領域において Mn−O 結合長，Mn 軌道の秩序化，MoO$_6$ 八面体の回転を変化させる．この結果，薄い強磁性領域が 10 nm 程度の深さでできるが，接合部から離れるにつれ連続的に反強磁性領域へと変化する〔図7.18(c)〕．

類似の状況は La$_{0.67}$Ca$_{0.33}$MnO$_3$ 膜でも存在する．バルク[*41]では，この相はキュリー温度が約 370 K の強磁性金属である．しかし，薄膜では基板に依存して異なる性質をもつ．LaAlO$_3$ 上に成長させた薄膜は圧縮応力の下にあり，低温で CO（電荷秩序）型絶縁体になる．この薄膜に数テスラの磁場を印加すると再び強磁性金属相へと戻る．この相転移は試料の CO 型絶縁体のマトリックス中に，金属相（の島）が分散されることにより引き起こされる．つまり，強い応力を受ける領域は絶縁体のままであるのに対し，応力が弱い領域は磁場により強磁性金属になる．同物質を約 4 nm 以下の膜厚で SrTiO$_3$ 基板上に製膜した場合には，傾角スピン構造（弱強磁性）が現れる．キュリー温度 $T_C$ は約 540 K である．一方，BaTiO$_3$ 上に成長させるとより大きな引っ張り応力を受けることになる．その結果，キュリー温度は 650 K に上昇する．

多くのペロブスカイト膜は基板との界面で強磁性を示すことが知られている．ペ

*41 通常の物質そのもののこと．薄膜やナノ粒子と対比する際によく用いられる．

ロブスカイト $CaRuO_3$ はバルクでは常磁性金属であるが，$SrTiO_3$ の (100) 面上に成長させたエピタキシャル薄膜は引っ張り応力の効果で強磁性となる．磁気モーメントは応力が強くなるにつれ大きくなる．$SrTiO_3$ の (001) 面上にエピタキシャル成長させた (001) $TbMnO_3$ 反強磁性膜は界面から応力を受ける．この場合，応力は強磁性磁壁の形成により緩和される．膜の正味の磁気モーメントは，これらの磁壁の存在により膜厚を厚くすると減少する．

反強磁性絶縁体 $CaMnO_3$ 基板上に堆積させた $CaRuO_3$ 膜，$LaCrO_3$ 基板上に堆積させた反強磁性絶縁体 $LaMnO_3$，$LaFeO_3$ ペロブスカイト膜，反磁性 $SrTiO_3$ 基板上に堆積させた反強磁性 $LaMnO_3$ 膜は，すべて基板との界面近くで強磁性を示す．この現象の原因は，界面応力よりはむしろ境界におけるカチオン間の超交換相互作用や境界をまたぐ電荷移動であると考えられている．

それよりもっと驚くべきことは，$SrTiO_3$ 上に堆積させた $LaAlO_3$ に代表されるように，2種類の非磁性のペロブスカイト酸化物薄膜の界面に磁性が誘発されることである．$SrTiO_3$ を構成する $SrO$ 層と $TiO_2$ 層は電荷をもたないが，$LaAlO_3$ を構成する同等な面は $LaO^+$ 層と $AlO_2^-$ 層で表されるように電荷をもつ．この不均衡は $LaAlO_3$ から $SrTiO_3$ の $Ti$ 3d 準位への電荷移動（ペロブスカイトの単位格子当たり 0.5 個）を引き起こす．この電荷移動により界面に強磁性が現れるが，二次元電子ガスとも関連づけられる．つまり，界面は強磁性であると同時に電気伝導性をもつ[*42]．いくぶん似た効果は，絶縁体 $SrTiO_3$ の表面層の酸素欠損によっても引き起こされる．$TiO_2$ 層が末端の薄膜の表面近くに酸素が欠損すると $Ti^{3+}$ ($S = 1/2$) が近傍につくられる．生じたスピンは，隣の酸素アニオンとアニオン欠損を介した超交換相互作用によって表面において反強磁性的に配向する．

異なるペロブスカイト酸化物からなる超格子では，これらの効果は頻繁に増強される．層の厚さに依存してさまざまな磁気秩序構造が発現する．

## 7.9 ナノ粒子

前節で述べたように，物質を低次元化することで磁性に重要な変化がもたらされる．ナノ粒子の場合には，粒子径が小さくなるにつれて表面の効果がバルクの性質を凌駕し始める．粒子の表面は，カチオン多面体の配位環境が変化するという意味で中心核（コア）とは異なる．しばしば表面近傍に組成勾配があり，また欠陥は頻繁に存在する．これらのすべての因子は磁気秩序に不可欠な交換相互作用を著しく弱める．バルクに比べ，ナノ粒子は大きな保持力，低い飽和磁化をもち，キュリー温度は低下する．これにより粒子はしばしば二つの領域，つまり中心核と外殻（シェル）によって構成されているとみなせる．外殻の磁気構造は必然的に中心核の磁気構造とは異なり，磁気無秩序状態，スピングラス，超常磁性を示すほか，磁気モーメントが比較的よく配列することがある．合成技術の進歩によって粒子の外殻領域における磁気秩序もかなりの影響を受けることは明かにされている．

バルク強磁性である $La_{0.6}Sr_{0.4}MnO_3$ をナノ化していき，粒子径を 40 nm 以下になると外殻の厚さが（粒径の減少ともに）増加するような中心核-外殻構造が形成され

＊42 常磁性金属と主張する報告もある．

る．ナノ粒子の中心核と外殻の両方とも 60％の $Mn^{3+}$ ($t_{2g}^4$, 高スピン) と 40％の $Mn^{4+}$ ($t_{2g}^3$, 高スピン) を含む．すべてがバルクと同じように単一分域の強磁性中心核構造をもつようにみえるが，表面の〝外殻〟は反強磁性配列をもつ．粒子径が小さくなるにつれて相対的な外殻の厚さ，したがって反強磁性相の割合は増加する．密接に関連した $La_{0.8}Sr_{0.2}MnO_3$ では，ナノ粒子の中心核部分は強磁性であるが，この場合は外殻のスピンは無秩序であるようにみえる．(hchc) の積層様式をもつ六方晶ペロブスカイト $4H\text{-}SrMnO_3$ をナノ粒子化すると，酸素の欠損が生じるために余分な $c$ 層が増加することが見いだされている．バルクにおけるするどい磁気転移は，ナノ粒子ではブロードになる．また中心核四面体に比べ，外殻八面体は異なった温度で磁気秩序する．

## 7.10 ペロブスカイトとマルチフェロイクス

フェロイック (強的) とは，ある適当な方向に沿って適切な〝駆動力〟を与えることによってある安定な揃った状態から別のエネルギー的に等価な揃った状態に変化させることのできる内部構造をもつ結晶に対して用いられる一般用語である[*43]．マルチフェロイック物質とは同時に二つ以上のフェロイックな性質をもつ単一の化合物のことである．さまざまなペロブスカイト，とくに $BiFeO_3$，$BiMnO_3$，$TbMnO_3$，および $HoMnO_3$ はマルチフェロイック物質である．これらは，おおむね強誘電 / 強磁性の性質をもつ物質として最も研究されており，磁場により自発的な電気分極が反転し，また電場により自発磁化が反転する．実際，この現象は磁気電気効果の一例であり，より一般的には電場の印加により物質内部に磁化が誘起し，または磁場の印加により物質内部に強誘電的な電気分極が誘起する．

一見すると，マルチフェロイックな性質には互いに互換性がないように思える．一般的に，強誘電的な分極は (しばしば) ひずんだ八面体の中心カチオンの変位と関連づけられ，$BaTiO_3$ や $PbTiO_3$ にみられるように，$Ti^{4+}$ のような d 軌道が空のカチオンでよく起こる現象である．これに対して，強磁性は部分的に電子が占有された d 軌道が必要であり，その典型が $SrCoO_3$ のような $Co^{4+}$ である．単一相の化合物においてこれらの本質的に異なる性質を〝結婚〟(両立) させる一般的な解は，二つの異なるカチオンをそれぞれの役割に用いることである．したがって，$BiFeO_3$ では，孤立電子対をもった $Bi^{3+}$ が強誘電性を与える因子となり，$Fe^{3+}$ は磁気モーメントを担う．たとえこの戦略が便利な指針であったとしても，実際の相互作用ははるかに複雑である．この状況はペロブスカイト構造のマルチフェロイック物質 $TbMnO_3$ によって明確に示すことができる．

ペロブスカイト $TbMnO_3$ は $GdFeO_3$ 構造をとり，$a \approx 0.5302$ nm, $b \approx 0.5856$ nm, $c \approx 0.7400$ nm である〔図 7.19 (a)〕．この物質は約 42 K で常磁性状態から磁気秩序状態に転移する．この磁性相では，$Mn^{3+}$ ($3d^4$) の磁気モーメントが $b$ 軸に沿って不整合なサイン波状に並んでいる〔図 7.19 (b)〕．ただし，磁気モーメントは [100] と [010] 方向の両方に成分をもつ．温度を約 28 K まで下げると，$Mn^{3+}$ のスピンはサイクロイダル状のスピン構造をとり，スピンは [100] のまわりを回転する〔図 7.19

[*43] たとえば，〝強〟磁性とはスピンが同じ向きに揃った状態である．磁場によって磁化を $M$ から $-M$ に反転することができる．

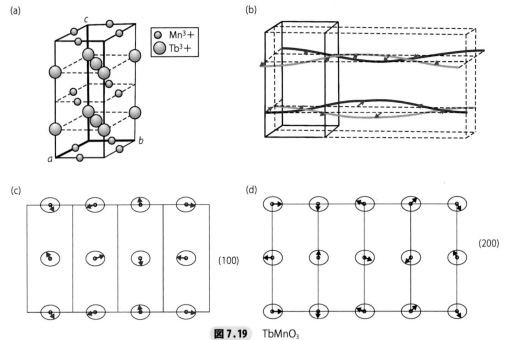

**図 7.19** TbMnO₃
(a) 結晶構造，(b) 約 42 K 以下での (100) および (200) に横たわった $Mn^{3+}$ の不整合なサイン波形のスピン秩序の模式図，(c), (d) (100) および (200) 方向へ投影した $Mn^{3+}$ のサイクロイダル磁気構造の模式図.

(c), (d)］．同じ温度で，[001] 方向に自発的な電気分極 $E$ が現れる．

ペロブスカイト $BiFeO_3$ は $Bi^{3+}$ の非共有電子対に起因した $\langle 111 \rangle$ に沿った電気分極をもち，$T_C$ が約 1100 K 以上の強誘電体である．また，この物質は $T_N \sim 640$ K で G 型の反強磁性体になる．しかし，磁気モーメントは厳密に反平行になっているのではなく，$TbMnO_3$ と同じように不整合なサイクロイダル磁気構造をとる．密接に関連した物質である $BiMnO_3$ は 450 K 以下で強誘電体になり，105 K 以下で強磁性体になる．ペロブスカイト $BiCoO_3$ における低温の磁性相は，自発的な電気分極が発生するものの，電気分極の方向を変えられないためマルチフェロイック物質とはいえない．したがって，同物質は焦電体に分類される（6 章）．

マルチフェロイック物質は単純なペロブスカイト構造だけに限られているのではない．Aurivillius 相由来の複雑な層状ペロブスカイト強誘電薄膜 $Bi_6Ti_{2.8}Fe_{1.52}Mn_{0.68}O_{18}$ もマルチフェロイックな性質を示し，室温で磁場を印加することで強誘電ドメインを切り替えることができる．この相における強磁性の要素は $Fe^{3+}$ イオンよりむしろ $Mn^{4+}$ 種にあるようにみえる．Aurivillius 相 $Sr_{0.25}Bi_{6.75}Fe_{1.5}Co_{1.5}Ti_3O_{12}$ もマルチフェロイック物質であり，室温で強磁性と強誘電性を示す．

さらなる理解のために ● **197**

## ◆ 参 考 文 献 ◆

K. Knizek *et al., Solid State Sci.*, **28**, 26-30（2014）.

T. Yamamoto *et al., Inorg. Chem.*, **54**, 1501-1507（2015）.


## ◆ さらなる理解のために ◆

●磁気材料に関する簡潔な入門書は以下を参照：

R. J. D. Tilley, Understanding Solids, 2nd edition, John Wiley & Sons, Ltd, Chichester（2013）,
Chapter 12.

●より詳細については以下を参照：

J. M. D. Coey, Magnetism and Magnetic Materials, Cambridge University Press, Cambridge（2010）.

N. Spaldin, Magnetic Materials, Cambridge University Press, Cambridge（2003）.

●磁気化学の入門書として，および固体中における常磁性カチオンの磁気モーメントを得る手法に
ついては以下を参照：

A. F. Orchard, Magnetochemistry: Oxford Chemistry Primers, Oxford University Press, Oxford
（2003）.

●室温以上で強磁性状態となるダブルペロブスカイトのレビューについては以下を参照：

D. Serrate, J. M. de Teresa, M. R. Ibarra, *J. Phys. Condens. Matter*, **19**, 023201（2003）.

●薄膜の磁性における界面の効果については以下を参照：

H. Y. Hwang *et al.*, Emergent phenomena at oxide interfaces, *Nat. Mater.*, **11**, 103-113（2012）.

Materials Research Society Bulletin, **38**, December（2013）の執筆者ら.

S. Farokhipoor *et al., Nature*, **515**, 379-383（2014）.

●ペロブスカイトにおけるマルチフェロイクスについては以下を参照：

N. Hill, *J. Phys. Chem.*, **B104**, 6694-6700（2000）.

L. Keeney *et al., J. Am. Ceram. Soc.*, **96**, 2339-2357（2013）.

Y. Tokura, *Science*, **312**, 1481-1482（2006）.

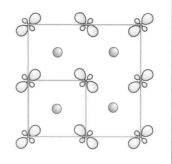

# 8章 電子伝導

本章ではペロブスカイト物質の電子伝導性に注目する．ペロブスカイト物質内の電子には強い相関があると考えられている．つまり，同物質の電子は古典的な相互作用のない電子ガスとして振舞うのではなく電子間相互作用をもつ環境にさらされている．この電子相関によって伝導電子の集団的電子挙動は大きく修正され，結果として金属-絶縁体転移や高温超伝導，ハーフメタル[*1]，および巨大磁気抵抗（colossal magnetoresistance：CMR）などが現れる．強い電子相関の影響は3d，4d，および4f元素をもつ物質にとって重要である．ここで述べられるトピックスはいろいろな面で前章の磁性ペロブスカイトとつながっており，実際のところ二つの領域をはっきりと即座に分けることはできない．

\*1 一方のスピンの価電子帯が電子で完全に満たされ，他方のスピンでは完全に満たされていない状態のこと．フェルミ準位では一方のスピン状態しかとることができない．

## 8.1 ペロブスカイトのバンド構造：ペロブスカイト金属相

最も初期の固体論では，電子は束縛されず相互作用ももたない，つまり電子ガスとみなされてきた．この模型において物質を構成する原子の原子軌道は，エネルギーバンドとして広がっており，バンド構造の詳細は物質の結晶構造に依存する．電子が部分的に占められた上方のエネルギーバンドによって，遍歴し（自由に動ける）相互作用がない電子によって金属相が特徴づけられる．

ペロブスカイトに関する研究のほとんどがd電子を含む酸化物に焦点が当てられているため，ここでおもに取りあげるのもこれらの化合物である．これらの化合物のバンド構造は，固体物理の基本的な手段，とくに密度汎関数理論（density functional theory：DFT）計算を用いて求められる．計算して得られるバンド構造は複雑になることが多いが，単純化された一般的なバンド構造を使うことで大雑把な形で伝導性をおおまかに解釈することができる．

この見方で，図8.1(a)に示した絶縁体の立方晶$SrTiO_3$のバンド構造を考える．価電子帯を占めているバンド構造の下部は，おもに単位格子中の三つのO原子の2p軌道に由来する9成分からなっている．フェルミ準位はちょうどこのエネルギーバンドの頂点にある．その上にあるバンドは，八面体配位をとるTi原子の3d軌道によるもので伝導帯の底を形成する．そのなかでより低いエネルギーバンドはおも

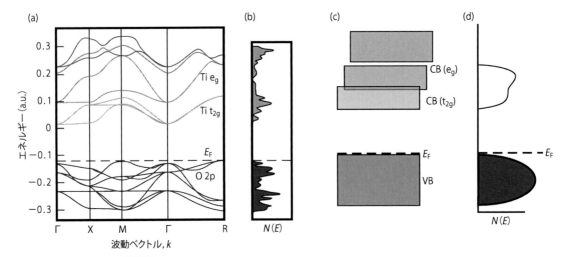

**図 8.1** (a) 立方晶 SrTiO₃ の(大雑把な) バンド構造，(b) (a) に相当する状態密度 $N(E)$，(c) バンド構造の"フラットバンド"表現(ここで CB は伝導帯，VB は価電子帯を示す)，(d) (c) をもとに簡略化された状態密度 $N(E)$
すべての図は同じエネルギースケールで描かれており，フェルミ準位は価電子帯のすぐ上の破線で表されている[*2]．より完全な情報については Piskunov ら (2004) を参照．

[*2] VB の上端と CB の下端の中央にとることもある．

に 3d $t_{2g}$ 軌道からなる三重縮退のセットからなる．それに重複しながら上方に広がっているのはおもに 3d $e_g$ 軌道からなる二重縮退である．価電子帯の上端と伝導帯の下端の間にはバンドギャップがある．最後に，よりエネルギーが高いのは Sr の 5s，5p 軌道からなるバンドである．また，この図ではみえないが Ti 原子の 4s，4p 軌道に由来するバンドもある．電子物性の点から断然重要なのは酸素原子由来の価電子帯とチタンの 3d 軌道由来の伝導帯である．SrTiO₃ では価電子帯は埋まっているのに対し，伝導帯の $t_{2g}$ と $e_g$ 成分は $Ti^{4+}$ が $d^0$ イオンであるので空になっている．

図 8.1(b) に示すように，エネルギーの関数として与えられる状態密度 $N(E)$ によって，さまざまなバンドのエネルギー準位がいかに広がっているかが評価できる．これはバンド構造や状態密度をより簡素に"フラットバンド"[*3]近似により図 8.1(c), (d) のように変換することができる[*4]．この表記は，半導体元素の議論でよくみられる．

[*3] フラットバンドは，一般には $k$(波動ベクトル)依存性のないバンドを表すことに注意されたい．

[*4] (c) は状態の数(状態密度) を無視した図であり，(d) は状態密度の詳細 (b) を無視して，価電子帯については O 2p 軌道が広がってバンドをつくっている，伝導帯については Ti $t_{2g}$ 軌道からなるバンドと Ti $e_g$ 軌道からなるバンドが重なっていることを表している．

SrTiO₃ では，埋まった価電子帯と空の伝導帯，そしてそれらを分ける大きいバンドギャップにより絶縁相が生じる．この描像は BaTiO₃ や PbTiO₃ のような関連相にも適用できる．しかし，B サイトのカチオンの d 軌道がある程度電子によって占められるときは，電子が遍歴性(電子伝導性)をもつため金属相になりうる．ここで，d 電子が $t_{2g}$ と $e_g$ の伝導帯の一部を占めることになる．この状況は，実際多くのペロブスカイト物質に当てはまることである．たとえば，$V^{4+}(3d^1)$ の CaVO₃，SrVO₃，CdVO₃，MnVO₃，$Fe^{4+}(3d^4)$ の SrFeO₃，$Ni^{3+}(3d^7)$ の LaNiO₃，$Os^{5+}(5d^3)$ の NaOsO₃，$Ir^{4+}(5d^5)$ の CaCu₃Ir₄O₁₂，および多くの $Co^{2+}(3d^7)$, $Co^{3+}(3d^6)$, $Co^{4+}(3d^5)$ を含むコバルト酸化物や $Mn^{2+}(3d^5)$, $Mn^{3+}(3d^4)$, $Mn^{4+}(3d^3)$ を含むマンガン酸化

物などがある.

　層状ペロブスカイトでは,この描像に修正を加える必要がある.層状化合物では,たとえば,Ruddlesden-Popper型の$A_2BO_4$組成のように一層の二次元面をもつ構造から,三次元の理想的ペロブスカイトへと,層が厚くなるにつれてバンド構造が徐々に変わっていく.しかしこの場合においても,多くの層状化合物のバンド構造はペロブスカイト層内における八面体$BX_6$の結合によって決まってしまうため,この簡単な模型は依然有用である.

　この簡単な描像は一定の成功を得ているものの,d軌道の一部が電子で占有されたカチオンをBサイトにもつペロブスカイトがすべて金属的になるわけではなく,多くは反強磁性絶縁体(antiferromagnetic:AFM)になる.このジレンマは20世紀中ごろになって,遷移金属の酸化物において電子のクーロン反発の表式で表される電子相関[*5]を考慮することによって解決をみることになる.この電子相関は,部分的に充填されていた3dバンドを完全充填のサブバンドと空のサブバンドに分裂させ,その二つの間にバンドギャップが生じる.このバンドギャップはハバード(Hubbard)もしくはモット・ハバード(Mott-Hubbard)ギャップとよばれ,$U$を用いて表される.このような振舞いをみせる物質をモット絶縁体とよぶ[*6].

　電子伝導の喪失が起こる機構としてはクーロン反発以外にもありうる.ペロブスカイトでは,金属的なバンド構造が崩れる条件として,八面体回転,八面体ひずみ(とくにヤーン・テラーひずみ),カチオンの秩序,カチオン軌道の協力的秩序,強的構造をもたらすカチオン変位の秩序,異なる結合長の秩序,スピン偏極とよばれる異なる軌道間のスピン分布の秩序などがある(Goodenough 2014を参照).

## 8.2　金属-絶縁体遷移

　もともと予想されていた金属的挙動の妨げになっているペロブスカイトの構造上の特徴は,かなり繊細なバランスのもとに成り立っており,金属相と非金属相の境目に多くの相があることが知られている.ペロブスカイトではA,BそしてXサイトを簡単に置換することができるため,金属から半導体,絶縁体にわたってのスピン状態や電子伝導性の操作が可能であり,よって金属-絶縁体遷移(metal-insulator transition:MIT)について調べることができる.金属伝導を妨げる相関の性質に依存して,絶縁相と比較して金属相がどの温度領域(高温または低温)で観測されるかが決まることが知られている.たとえば,ヤーン・テラーひずみが金属的な伝導を妨げる主要因であれば,このひずみが抑制される傾向のある高温で金属状態が安定化される.逆に,磁気相互作用が金属状態をもたらすのであれば,高温では磁気相互作用が掻き乱されてしまうため,この場合は低温での金属状態が基準となるだろう[*7].

### 8.2.1　チタン酸化物と関連相

　典型的なアルカリ土類金属チタン酸化物($CaTiO_3$,$SrTiO_3$,および$BaTiO_3$)のようなペロブスカイト絶縁体に電子伝導をもたらせる最も単純なコンセプトは,もと

*5 3d 移金属酸化物では電子相関が強く(強相関電子系とよばれる),単純なバンド理論では表せないことがある.

*6 たとえば,高温超伝導体の母体$La_2CuO_4$はモット絶縁体である.

*7 ほとんどの場合,高温の金属相から低温の絶縁体相へと転移する.

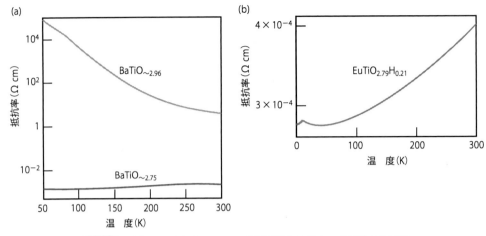

**図 8.2** (a) 還元された BaTiO$_{~2.97}$（絶縁体）と BaTiO$_{~2.75}$（金属）の抵抗率，
(b) エピタキシャル薄膜 EuTiO$_{2.79}$H$_{0.21}$ の金属的な抵抗率

もと空だった Ti$^{4+}$ カチオンの 3d t$_{2g}$ バンドに電子を導入することである．こうするためには，異価数のイオンを適切にドープ（元素置換）したり，あるいは化合物を化学的に還元すればよい．

BaTiO$_3$ が一部の酸素を失ったとき，電気抵抗は著しく減少する．この還元相は BaTiO$_{2.75}$ になるまでの組成では半導体的または絶縁体的な振舞いをみせる．BaTiO$_{2.75}$ に達すると金属的な振舞いを示し，さらに低くなった電気抵抗値は温度上昇とともに増加するようになる〔図8.2(a)〕†．この変化をもたらす要因は二つある．還元がかなり進んだ状態では，導入された酸素欠損によって，完全に酸化された強誘電相（BaTiO$_3$）に存在する構造ひずみが取り除かれる．つまり，Ti–O 結合が等価となり，かつ Ti–O–Ti の角度が 180°の立方晶構造をとるため，もともと潜在的に可能であった金属的な伝導帯が最終的に形成することが可能となる．完全に酸化された相（BaTi$^{IV}$O$_3$）では，この伝導帯は空である．しかし，酸素欠損が生成すると電荷補償のために 1 個の酸素欠損につき 2 個の Ti$^{3+}$（Ti$'_{Ti}$）カチオンが生じる．

$$2\text{Ti}_{Ti} + \text{O}_\text{O} \longrightarrow V_\text{O}^{\bullet\bullet} + 2\text{Ti}'_{Ti} + \tfrac{1}{2}\text{O}_2(g)$$

Ti$^{3+}$（d$^1$）カチオン上の電子は伝導帯に位置するため，金属的な電子伝導がもたらされる．

似たような状況は，SrTiO$_3$ や BaTiO$_3$ の Ti$^{4+}$ の一部を Nb$^{5+}$ に置換し，SrNb$_x$Ti$_{1-x}$O$_3$ や BaNb$_x$Ti$_{1-x}$O$_3$ にしたときにも起こる．SrNb$_{0.01}$Ti$_{0.99}$O$_3$ は金属相である．ここで，加えられた各 Nb$^{5+}$ カチオンは Ti$^{3+}$（3d$^1$）カチオンをつくることで電荷のバランスがとられ，結果として BaTiO$_{3-\delta}$ へと還元するときと同様に電子伝導性が生じる．加えて，ドープ後のこれらの試料における Ti–O 結合長は一定であり，金属にする条件は満たされている．しかしながら，BaNb$_{0.01}$Ti$_{0.99}$O$_3$ は絶縁体のままである．電荷補償のために Ti$^{3+}$ イオンは生じるものの，非ドープ相の BaTiO$_3$ と同様に Ti–O 結合長が非等価のままで，Ti–O–Ti の角度も 180°からずれているため[*8]，部分的に占められた伝導帯の形成が妨げられてしまう．

† 金属の抵抗率は，温度の上昇とともに増す．一方，半導体の抵抗率は，温度の上昇とともに減少する．

[*8] ただし BaTiO$_3$ とは異なり，Ti の変位は無秩序である．

$Eu^{2+}$ と $Ti^{4+}$ を含むチタン酸化物である $EuTiO_3$ は,空の $3d\,t_{2g}$ バンドをもつ反強磁性絶縁体である[*9].アルカリ土類金属を含むチタン酸化物と同様に,$EuTiO_3$ も予想どおり $Eu_{1-x}La_xTiO_3$ のように A サイトを異価数の原子の置換,あるいは $EuTiO_{3-\delta}$ の形になるよう還元処理を施すことで,空の 3d バンドに電子を導入し,金属へと変えることができる.絶縁体を金属に変える代わりの方法として $O^{2-}$ を異価数のアニオンである $H^-$ で置き換え,酸水素化物 $EuTiO_{3-\delta}H_\delta$ にすることもできる[*10].$O^{2-}$ から $H^-$ への置換によって強磁性金属となる[*11]〔図 8.2(b)〕.似たような金属-絶縁体転移(クロスオーバー)は $CaTiO_{3-\delta}H_\delta$,$SrTiO_{3-\delta}H_\delta$,および $BaTiO_{3-\delta}H_\delta$ などの酸水素化物でも H のドープ量が増加するとみられるが,〔$Eu^{2+}$($f^7$)による強磁性がない〕これらの物質はパウリ常磁性[*12] を示す.

## 8.2.2　$LnNiO_3$

$Ni^{3+}$ カチオンを B サイトにもつ $LaNiO_3$ は,$LaAlO_3$ 型の菱面対称性の構造をもち,典型的なパウリ常磁性金属である.低スピン(low-spin:LS)の $d^7$ イオンは形式的に $(t_{2g})^6(e_g)^1$ の電子状態をとり,$e_g$ 軌道の一つの d 電子で部分的に埋まっている $e_g$ バンドが金属的伝導をもたらす.La カチオンを,より小さなランタノイドに,つまり La から Lu まで順に変えていくと金属的挙動から半導体 / 絶縁体的挙動へと変化する.このカチオンサイズの減少に伴って結晶構造は $LaAlO_3$ 型の三方晶から $GdFeO_3$ 型の直方晶へと変わるが,これに同時に $BO_6$ 八面体が回転(1 章参照)することことで A サイトの配位数が減少する.その結果,ランタノイドイオンのサイズが減少するにつれ Ni-O-Ni の結合角は 180° に近い値から減少していく.加えて,O-Ni-O 結合長は長短のボンドが交替し,低スピン状態の $Ni^{3+}$ が占めているより大きい八面体にはヤーン・テラーひずみがみられる.これらすべてが合わさることで d バンドの形成が抑制され,d 電子を $Ni^{3+}$ カチオン上に局在させてしまう結果となる.温度が上昇すると,これらの局所的なひずみは減っていく.八面体回転の程度が最も小さい,より大きなランタノイドの場合には,この構造ひずみの減少は室温での絶縁状態から高温での金属状態へと変換させるのに十分である.この金属-絶縁体転移は $EuNiO_3$ ではおよそ 460 K で,$SmNiO_3$ では 400 K で起きる.$Eu_xLa_{1-x}NiO_3$ のような系では以下のように転移温度 $T$ は $x$ に比例して増加する.$x=0.4$,$T=125$ K,$x=0.5$,$T=190$ K,$x=0.6$,$T=260$ K,$x=0.8$,$T=380$ K.八面体回転がより大きなより小さいランタノイドイオンの場合には,室温での絶縁状態が高温になっても維持される.

## 8.2.3　ランタノイド含有マンガン酸化物

ランタノイドを含むマンガン酸化物の $LnMnO_3$ の組成は,形式的に $Ln^{3+}Mn^{3+}O_3$ と表され,$Mn^{3+}$ カチオン〔$3d^4$,$t_{2g}^3\ e_g^1$,高スピン(high-spin:HS)〕をもっている.この $Mn^{3+}$ カチオンはヤーン・テラーイオンとしてよく知られており,$MnO_6$ 八面体は引き伸ばされる.これによってひずんだペロブスカイト構造となる.$Mn^{3+}$ カチオンと結合した酸素原子の p 軌道との超交換相互作用によって一般に反強磁性

[*9] マルチフェロイクスの観点から薄膜化などの研究が行われている.

[*10] $CaH_2$ を用いた $EuTiO_3$ の低温トポケミカル反応によって合成される.

[*11] 強磁性は Ti の 3d バンドの伝導電子を介する Eu 4f モーメントの RKKY 相互作用による.

[*12] フェルミエネルギー付近の自由電子に基づく常磁性.値は小さく,温度変化はほとんどしない.

**204** ● 8章 電子伝導

絶縁体となる(7.3節参照).

A(Ln)サイトを$Ca^{2+}$, $Sr^{2+}$, あるいは$Ba^{2+}$ようなアルカリ土類金属カチオン, もしくは$Pb^{2+}$で置換すると, 1個の置換につき1個の$Mn^{4+}$($3d^3$ $t_{2g}^3$)カチオンが生じる. 研究が進んでいる$LaMnO_3$を例にとると, Ca置換相の組成は, 酸素量に変化がないと仮定すると$La_{1-x}Ca_xMn_{1-x}^{3+}Mn_x^{4+}O_3$と与えられる. ここで生成した$Mn^{4+}$は, 同イオンがヤーン・テラー効果を受けにくいため, ヤーン・テラーひずみを和らげる効果を与える. このひずみが部分的に取り除かれると, 二重交換機構[*13]によって電子があるMnサイトから別のMnサイトに移ることができるようになる. 臨界組成($La_{1-x}Sr_xMnO_3$では$x \approx 0.16 \sim 0.5$の間, $La_{1-x}Ca_xMnO_3$では$x \approx 0.2 \sim 0.5$の間)では, 電子を非局在化し, 金属的伝導性をもたらすのに十分な$Mn^{4+}$カチオンが存在する. ここで注意したいのは, この模型のもとでは伝導電子のスピンはすべて平行に揃っている, すなわちスピン偏極(分極)されていることである(8.5節参照).

高温では, 二重交換機構に含まれる強磁性秩序へ導く力が熱運動によって掻き乱されるようになる. さらに温度をあげるとついにはこの熱の影響が二重交換相互作用を上回り, 常磁性状態に戻る. $LaMnO_3$の場合, 高温では絶縁状態をとる[*14]. $La_{0.7}A_{0.3}MnO_3$のおよその金属-絶縁体転移温度はA = $Ca^{2+}$のとき250K, $Sr^{2+}$のとき350K, $Ba^{2+}$のとき320Kとなる.

関連のランタノイド含有マンガン酸化物の金属-絶縁体転移はランタノイド元素の種類に依存している. 最も決定的な要素は, Mn-O-Mn結合角を変化させる八面体回転の度合いである. 二重交換機構は, 軌道間の重なりが最大のときに最もよく働くが[*15], これが実現する180°の結合角はより大きなランタノイドを含むときにみられる. ランタノイドの半径が小さくなるにつれて, 八面体の傾きが増していき, Mn-O-Mnの結合角は小さくなる. この結果, 金属相における電気抵抗が増加し, 金属-絶縁体転移温度が下がる[*16].

### 8.2.4 ランタノイド含有コバルト酸化物

ランタノイド元素を含むコバルト酸化物$LnCoO_3$には, $Co^{3+}$に可能ないろいろなスピン状態(HS, IS, あるいはLS)において強いスピン相関がある. $LaCoO_3$はそれ自体, きわめて低い転移温度をもつ反磁性絶縁体であるが, およそ100Kで常磁性に, さらに約500Kで金属相になることが報告されている. 明らかに$Co^{3+}$イオンのスピン状態がこの転移に関与しているとされているが, スピン状態自体がいまだに解明されていない. いまのところこの系の基底状態は低スピン状態(LS, $t_{2g}^6$)であり, 金属相への転移は高スピン状態(HS, $t_{2g}^4 e_g^2$)よりもむしろ中間スピン状態(IS, $t_{2g}^5 e_g^1$)への変化に伴うとみられている.

このような複数のスピン状態間の転移は$Pr_{0.5}Ca_{0.5}CoO_3$や$Pr_{0.5}Sr_{0.5}CoO_3$のような混合原子価の化合物で徹底的に調べられている. これらの化合物には$Co^{3+}$と$Co^{4+}$が1:1で含まれており, 二重交換機構により強磁性の発現が期待される. これと符合して, $Pr_{0.5}Sr_{0.5}CoO_3$は低温では金属的であり, およそ230Kのキュリー温度$T_C$

---

[*13] 隣り合うMnのスピンが平行の場合, $e_g$電子はとび移ることによって運動エネルギーの利得をかせぐことができる. このようにして伝導電子が局在スピンを強磁性的に揃えながら動きまわる機構のこと.

[*14] 低温でも絶縁体である.

[*15] トランスファーエネルギーが大きくなるからである.

[*16] Aサイト秩序型の$LnBaMn_2O_6$では, 化学的な無秩序がないため, 転移温度が大きく向上することが知られている.

以下で強磁性金属となる（この温度以下でさらに二つの磁気転移も起こる）．$Pr_{0.5}Ca_{0.5}CoO_3$ についても室温では金属であるが，約75 K付近の（低温）絶縁相が形成されたことを示す電気抵抗の急激な上昇がみられる．この転移に伴ってみられる諸々の変化は複雑でありいまだ不明瞭なことも多い．はっきりとわかっているのは，$Co^{3+}$ が低スピン状態（LS，$t_{2g}^6$）から中間スピン状態（IS，$t_{2g}^5 e_g^1$），あるいは高スピン状態（HS，$t_{2g}^4 e_g^2$）へ転移していることである．しかし，状況を複雑化しているのは，$Pr^{3+}$ の一部が $Pr^{4+}$ となることであり，その結果 $Co^{3+}$ に電子が供給される．$Co^{4+}$ イオンはスピン転移に関与せず，低スピン状態（LS，$t_{2g}^5$）のままである．絶縁体状態の物質にレーザー光を照射すると，再び $Co^{3+}$ のスピン状態の変化を媒介して，絶縁相のマトリックスの海の中に小さな金属相の島々が誘起されることが示されている[*17]．

[*17] このようなミクロ相分離現象はマンガン酸化物でしばしばみられる．

### 8.2.5 $(Sr, Ca)_2RuO_4$ と $Ca_2Ru_{1-x}Cr_xO_4$

Ruddlesden-Popper 相 $Sr_2RuO_4$ は超伝導体である．後に記述される銅酸化物の $(Sr, La)_2CuO_4$ や $(Ba, La)_2CuO_4$ と同一構造をとる非銅酸化物では唯一超伝導を示す．簡単に述べると，$Ru^{4+}$（$4d^4$）の d 電子が $t_{2g}$ d バンドを部分的に満たしており，その結果，金属的挙動を期待される〔図8.3(a)〕．しかし，同様の構造の $Ca_2RuO_4$ がモット絶縁体[*18]になるのは，$Sr_2RuO_4$ に比べて $RuO_6$ 八面体が回転しており，Ru−O−Ru の結合角が180°から大きく離れるからである．この八面体回転により $t_{2g}$ d バンドが狭くなり，さらにモット・ハバードクーロン相互作用によって，$t_{2g}$ d バンドは完全充填バンドと空バンドの二つに分裂する〔図8.3(b)〕．$Sr_2RuO_4$ では $t_{2g}$ バンドのなかにあったフェルミ準位が，$Ca_2RuO_4$ ではバンドギャップのなかに位置しており，その結果絶縁状態が基底状態となる[*19]．これらの八面体回転は高温になると小さくなるため，$Ca_2RuO_4$ はおよそ350 K で金属に変わる．$Ca_{2-x}Sr_xRuO_4$ 固溶系は組成に伴い絶縁体相から金属相へと連続的に変化する．$Ca_2RuO_4$ から $Ca_{1.8}Sr_{0.2}RuO_4$ までの相では温度の関数として金属-絶縁体転移がみら

[*18] 電子相関（クーロン反発）によって，絶縁体状態が実現すること．電子相関が弱いあるいは無視できるときには金属状態となる．

[*19] このようにギャップがひらくのには $t_{2g}$ 軌道の秩序がかかわっている．

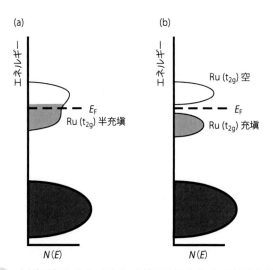

**図8.3** (a)金属相 $Sr_2RuO_4$，(b)モット絶縁体相 $Ca_2RuO_4$ の状態密度の概要

れ，転移温度は $x$ の増加につれて下がっていく．$Ca_{1.8}Sr_{0.2}RuO_4$-$Sr_2RuO_4$ の範囲では構造のひずみが十分に抑えられるため金属となる．

Bサイトへのドーピング，たとえば $Ca_2Ru_{1-x}Cr_xO_4$，により似たような効果が得られる．わずかな量の $Cr^{3+}$ が含まれるだけで八面体のひずみや Ru−O−Ru 結合角の非直線性が減少し，金属-絶縁体転移温度は $Ca_2Ru_{0.968}Cr_{0.032}O_4$ で 284 K, $Ca_2Ru_{0.908}Cr_{0.092}O_4$ で 81 K と下がっていく．

### 8.2.6 NaOsO₃

ペロブスカイト構造の $NaOsO_3$ にはBサイトに $Os^{5+}$ ($5d^3$) が含まれている．この酸化物は室温では反強磁性絶縁体であるが，410 K で金属相へと転移する．この金属-絶縁体転移の前後でともに $GdFeO_3$ 構造をとっているため，構造のひずみが相転移の原因にはなりえない．しかし，相転移点の近傍で明らかに磁性に大きな変化がみられる．この相転移は 1/2 充填の $Os^{5+}$ $t_{2g}^3$ ($5d^3$) バンド上のスピンが，完全充填バンドと空バンドの二つに分裂したときに起こり，この分裂によって $SrRuO_4$ や $Ca_2RuO_4$ のように高温相の伝導帯にバンドギャップをつくりだす．注意深く調べるとこのバンド分裂は，$Os^{5+}$ 上のスピンの反強磁性秩序によって誘起されることが証明された[20]．同物質の Os スピンは最近接スピンが逆向きに並んだ G 型反強磁性構造をとり，$c$ 軸方向（空間群 Pnma をとった）に配向する．その結果，磁気構造の単位格子は理想的ペロブスカイトの2倍になる（図 8.4）．このバンド分裂は，磁気スピン秩序によって起こる金属-絶縁体転移，すなわちスレーター(Slater)転移[21]の最初の実証例である．

*20 ギャップは連続的にひらくことが示された．つまり，転移は二次的である．

*21 磁気秩序による金属から絶縁体への転移．

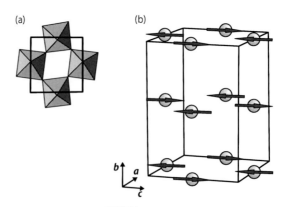

**図 8.4** NaOsO₃
(a) 構造の [010] 方向からの投影，(b) 金属-絶縁体転移温度以下でのG型反強磁性秩序（空間群 Pnma）．

## 8.3 ペロブスカイト超伝導体

銅酸化物超伝導体は最も大きな注目を集めたが，これらの銅酸化物が研究されるようになる前から，ペロブスカイト関連物質の超伝導現象はよく観測されていた．$SrTiO_3$ において 1965 年に発見された超伝導は，その転移温度 $T_c$ がたった 300 mK ではあるけれどもその発現機構がいまだに関心を集めている[22]．もともと絶縁体

*22 たとえば，強誘電相との関連は注目されている．

である母相（$SrTiO_3$）は，Aサイトのドープ（一般的には $La^{3+}$），Bサイトへのドープ（一般的には $Nb^{5+}$），あるいは酸素欠陥をもたらす還元処理（8.2.1項参照）によって，電子伝導をもつ相へと変えることができる．また，超伝導発現に必要なクーパー（Cooper）対[*23]とよばれる電子の対が，$T_c$ よりずっと高い温度ですでに形成されていることも示されている．

　より高温での超伝導，つまり合金系の超伝導体に匹敵する転移温度をもつ超伝導，は1975年に $BaBiO_3$ の置換系ではじめて観測された．$BaBiO_3$ は半導体ではあるが，Bi カチオンはペロブスカイトの組成に適切な＋4の電荷をとらずに半数が＋3に近く，もう半数が＋5に近い（電荷不均化）．その結果，Bi に囲まれた酸素の八面体は，$Bi^{3+}$ に囲まれた大きい八面体と $Bi^{5+}$ に囲まれた小さい八面体の2種類があり，これらが秩序化している．単位格子は八面体回転により単斜晶である．さらに，先に述べたように，2種類の大きさの八面体の存在により電子のホッピングは妨げられ，$BaBiO_3$ は半導体となる．しかし，これらのひずみはドーピングによって抑えることができ，組成範囲によっては電荷秩序が不安定化され金属伝導や超伝導が見いだされる．

　この系で超伝導が最初に発見されたのは $BaBiO_3$-$BaPbO_3$ 固溶系である．$BaTiO_3$ に対し $BaPbO_3$ を加える，すなわち $Pb^{4+}$ を Bi と置き換えることで固溶体 $BaPb_xBi_{1-x}O_3$[*24] ができる．この固溶体は，$x < 0.4$ まではずっと半導体であるが，$BaPb_{0.6}Bi_{0.4}O_3$ で金属に変わり，それ以降は $BaPbO_3$ まで金属状態を保つ．超伝導は，$BaPb_{0.75}Bi_{0.25}O_3$ 付近のごく狭い範囲でのみ表れ，転移温度 $T_c$ はおよそ13 Kである．別の $BaBiO_3$ 由来の超伝導体はペロブスカイトのAサイトの $Ba^{2+}$ を $K^+$ に置換することで得られる．この相が超伝導を示すのは $Ba_{0.6}K_{0.4}BiO_3$[*25] 付近の狭い組成範囲であり，その転移温度 $T_c$ はおよそ30 Kである $BaBiO_3$ ペロブスカイトはAサイト，Bサイトどちらの副格子のカチオン置換をしても超伝導にできるという点で，現在でも特徴的な系といえるだろう．

　Aサイト秩序型ダブルペロブスカイト化合物 $(Na_{0.25}K_{0.45})Ba_3Bi_4O_{12}$ はおよそ27 Kで超伝導を示す．この物質の構造は立方晶で，空間群 $Im\bar{3}m$ (229) に属し，格子定数が $a = 0.8550$ nm，Aサイトの (Na, K) と Ba が規則配列したダブルペロブスカイト型の単位格子を形成する．組成式が示すように，Aサイトの一つ (A1) は部分的に占有されており，$Na^+$，$K^+$ そしてアルカリ金属欠損から構成されている．$Ba^{2+}$ が占めるのはAサイトのもう一方のサイト (A2) で，Bサイトは Bi により完全に占められている．転移温度は Bi イオンの価数によって決まっており，形式価数が4.35〜4.40のときに $T_c$ が最大値をとる．

## 8.4　銅酸化物高温超伝導体

### 8.4.1　はじめに

　銅酸化物高温超伝導体とは銅を含んだペロブスカイト関連構造をとる酸化物のことである．表8.1からわかるように，これらの物質の多くは液体窒素の沸点よりも高い温度まで超伝導状態を維持することができる．この超伝導体の構造は，ペロブ

---

**[*23]** 超伝導状態では，もともとフェルミ粒子である電子が対をつくってボゾンとなり，ボーズ凝縮する．

**[*24]** BPBOとよく略される．

**[*25]** BKBOとよく略される．

**208** ● 8章　電子伝導

**表8.1**　銅酸化物高温超伝導体の例

| 化合物[a] | $T_c(K)$ |
|---|---|
| $La_{1.84}Sr_{0.16}CuO_4$ | 38 |
| $Nd_{2-x}Ce_xCuO_4$ | 20 |
| $YBa_2Cu_3O_{6.95}$ | 93 |
| **$Bi_2O_2/Tl_2O_2$ 層** | |
| $Bi_2Sr_2CuO_6$ | 10 |
| $Bi_2Sr_2CaCu_2O_8$ | 92 |
| $Bi_2Sr_2Ca_2Cu_3O_{10}$ | 110 |
| $Tl_2Ba_2CuO_6$ | 92 |
| $Tl_2Ba_2CaCu_2O_8$ | 119 |
| $Tl_2Ba_2Ca_2Cu_3O_{10}$ | 128 |
| $Tl_2Ba_2Ca_3Cu_4O_{12}$ | 119 |
| **TlO/HgO 層** | |
| $TlBa_2CuO_5$ | —— |
| $TlBa_2CaCu_2O_7$ | 103 |
| $TlBa_2Ca_2Cu_3O_9$ | 110 |
| $HgBa_2CuO_4$ | 94 |
| $HgBa_2CaCu_2O_6$ | 127 |
| $HgBa_2Ca_2Cu_3O_8$ | 133 |
| $Hg_{0.8}Tl_{0.2}Ba_2Ca_2Cu_3O_{8.33}$ | 138 |
| $HgBa_2Ca_3Cu_4O_{10}$ | 126 |

a) 式は代表的なものである．また，ここで示した $T_c$ の最適値と，酸素量論比は完全に対応しているわけではない．

スカイト型構造を薄く切り取ったブロック層により構築されており，このブロック層が（おもに）岩塩（NaCl）型構造あるいは蛍石（$CaF_2$）型構造のブロック層によって連結されている（4.6節）．これらのほとんどの物質において，銅の形式価数は $Cu^{2+}$ と $Cu^{3+}$ の間の値をとる．

　超伝導を示さないペロブスカイト関連の銅酸化物も多数存在する．代表的なものは $La_4BaCu_5O_{13}$ で，頂点共有した $CuO_5$ 四角錐（ピラミッド配位）と $CuO_6$ 八面体からなる．これらの物質と超伝導体とを比較すると，銅酸化物の超伝導性は $CuO_2$ 面による二次元層状構造によるものだということがはっきりとわかる．銅酸化物における超伝導の発現にはスピンと電荷に大きな相関があると考えられている．

　超伝導発現の有無とその転移温度は，化学組成とも密接に関係する．銅酸化物は非量論比的な固体といえ，すべての系で酸素含有量が大きく変わりうる．また，超伝導転移温度は外部圧力や結晶の弾性応力などの外的因子にも影響される．

### 8.4.2　ランタン銅酸化物，$La_2CuO_4$

　$La_2CuO_4$ の構造は，$K_2NiF_4$ 構造（図4.8）をヤーン・テラー効果によってひずませたものである．化学量論比の CuO と $La_2O_3$ を空気中で焼成すると，酸素が4.00の量論比[*26] の化合物ができる．$La_2CuO_4$ は反強磁性絶縁体である．$La_2CuO_4$ に対してAサイトの置換，すなわち $La^{3+}$ の一部をアルカリ土類カチオン $A^{2+}$（$Ba^{2+}$, $Sr^{2+}$, あるいは $Ca^{2+}$）に置換することで超伝導化できる．この置換に伴って酸素量のわずかな変化も起こりうるが，以下の議論では取り扱わないこととする．

＊26　実際にはわずかにずれる．

Cu³⁺イオンは，いくつかのCu²⁺イオン上に存在するホール（正孔）からなると一般的に考えられている．ホールはCuO₂層に$(Cu^{\bullet}_{Cu})$欠陥として生成する．ただし，ホールはCuO₂層のO²⁻上に存在し，O⁻種を形成[*27]するという証拠もだされている．Cu³⁺はトラップされたホールを伴ったCu²⁺とみなせるため，この元素置換のことをホールドーピングあるいはアクセプタードーピングとよぶのがしばしば好都合である．ホールは，一般に電荷貯蔵層としても知られているLaO層内にまずつくられ，その後，超伝導層（8.4.5項参照）として知られるCuO₂平面内に移動し，いくらかのCu²⁺上に位置してCu³⁺欠陥をつくるとみなせる[*28]．〔ホールドーピングは，銅酸化物超伝導体を超伝導状態へと導く一般的な方法である．唯一の例外はNd₂CuO₄であり[*29]，電子ドーピングによって絶縁体相から超伝導相へと変化する（8.4.3項参照）〕．電荷補償のもう一つの方法は，$La_{2-x}A_xCu^{2+}O_{4-x/2}$になるよう酸素欠陥を生じさせる，すなわち2個の$A^{2+}$に対して1個の酸素欠損をつくることである[*30]．ここでの主要な欠陥は$V_O^{\bullet\bullet}$である．

ホールと欠陥生成は微妙なバランスで釣り合っている．その過程は，最も研究されている$La_{1-x}Sr_xCuO_4$で示すことができる．Srのドーピングをわずかするだけで$La_2CuO_4$の反強磁性絶縁体相は急激に不安定になると同時に，擬ギャップ[*31]をもつ異常金属相が現れる．さらなるドーピングで$Sr^{2+}$濃度がおよそ0.07を過ぎるとホール濃度が十分大きくなり，低温で超伝導を示すようになる．$Cu^{3+}$濃度が上昇し，$x$がおよそ0.16で超伝導転移温度はピークを迎え，最大値38 Kを$La_{1.84}Sr_{0.16}CuO_4$の組成で示す．

さらなる置換を行うと，電荷補償の機構は欠陥の生成へとって変わり，酸素含有量は母相の4.0より小さくなる．$Cu^{3+}$イオンの数は酸素欠陥が生じるにつれて減少し，$Sr^{2+}$濃度がおよそ0.27に達すると，電荷補償はすべて酸素欠陥の生成により達成されるため，物質はもはや超伝導体ではなくなる[*32]．超伝導相は，相図上で"超伝導ドーム"として知られる，限られた温度-組成の範囲内で発現する（図8.5）．酸素分圧を高くすることでドームの位置は変化し，$Sr^{2+}$濃度がおよそ0.32になるまで超伝導を保てるようになる．それ以上のSr濃度ではキャリヤー量が多すぎるため（オーバードープ）通常の金属相となる．

[*27] リガンドホールとよばれる．

[*28] これはあくまで思考実験であり，実際に起こっていることではない．

[*29] いくつかの例はある．

[*30] したがって，この場合にはキャリヤーは注入されない．

[*31] 低ドープ領域でNMR，中性子散乱などからギャップが生じていることを示す結果が得られており，クーパー対形成のゆらぎとの関係が議論されている．つまり，高温超伝導の発現の前駆現象と考えられている．

[*32] 高ドープ領域では酸素欠損は生じやすくなるが，ホールはまったく増えないわけではないと考えられている．

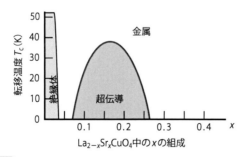

**図 8.5** $La_{2-x}Sr_xCuO_4$の反強磁性絶縁体相領域と超伝導相領域

## 8.4.3 ネオジム銅酸化物，Nd₂CuO₄

Nd₂CuO₄の構造はLa₂CuO₄の構造ととてもよく似ている．図4.3に示すように，

210 ● 8章 電子伝導

*33 ブロック層をみるとT
は岩塩型, T′は蛍石型である.

*34 実際に頂点酸素の微量
な存在が超伝導の有無に影響
を与えることが知られている.

*35 これはあくまで思考実
験であり, 実際に起こってい
ることではない.

二つの構造におけるカチオンはどちらもほぼ同じ位置にあるため, おもな違いは酸素原子の配置にある. 超伝導に関する文献でこの構造は T′ と分類されている[*33]. $La_2CuO_4$ と $Nd_2CuO_4$ が構造的にも化学的にも類似していることから, $Nd_2CuO_4$ もアクセプタードーピングによって金属になることが示唆されるが, $Nd^{3+}$ を $Ca^{2+}$, $Sr^{2+}$, あるいは $Ba^{2+}$ に置き換えてもホールドープ型の超伝導は発現しない. しかし, $Nd_2CuO_4$ のランタノイドサイトをより高い電荷をもつカチオンに置換, たとえば $Ce^{4+}$ により $Nd_{1-x}Ce_xCuO_4$ とすることで金属化し, さらに超伝導にすることができる. $La_2CuO_4$ と同様に酸素量のわずかな変化が起こりうるが[*34], 以下の議論では無視することとする.

$Ce^{4+}$ 置換後の系の電荷的中性を保つために考えられるのは, 3 個の $Ce^{4+}$ 置換ごとに $Nd^{3+}$ 副格子に 1 個の欠損の形成, 2 個の $Ce^{4+}$ 置換ごとに 1 個の酸素の間隙位置への導入, $Nd_{1-x}Ce_xCu^{2+}_{1-x}Cu^+_xO_4$ になるよう 1 個の $Ce^{4+}$ に対して 1 個の $Cu^{2+}$ を $Cu^+$ に還元するかのいずれかである. 超伝導状態をつくりだせるのは三つ目のプロセスである. $Cu^+$ はトラップされた電子をまとった $Cu^{2+}$ とみなすことができるため, この置換を電子ドープまたはドナードーピングとよぶのがしばしば好都合である. ホールの場合と同様, 電子は LaO 層(電荷貯蓄層)内で生じたのち $CuO_2$ 平面(超伝導層)に移動し[*35], $Cu^{2+}$ 欠陥をつくるためいくつかの $Cu^{2+}$ 上に位置する. この場合は**電子ドープ型超伝導体**(electron-doped superconductor)である. ホールドープのときと同様, はじめのうちのドーピングは反強磁性絶縁体を不安定化するが, その後金属相を経ずに反強磁性相から超伝導相へと転移する. 超伝導は $x$ がおよそ 0.12 ～ 0.18 のドーム内で現れ, 転移温度 $T_c$ が最大値である, およそ 24 K に達するのは $Nd_{1.85}Ce_{0.15}CuO_4$ のときである.

### 8.4.4 イットリウムバリウム銅酸化物, YBa₂Cu₃O₇

*36 オーバードープ領域に
ある金属と考えられている.

*37 特別に安定であれば,
たとえば熱重量測定でプラ
トー(平坦部)が現れるはず
である.

$YBa_2Cu_3O_7$ は, $T_c$ が液体窒素の沸点を超えたはじめて超伝導体として発見されたため, 精力的に研究されている. $YBa_2Cu_3O_7$ の結晶構造は, 三つのペロブスカイト様の構造ユニットの積層からなっている〔図 4.9(a)〕. かりに $Y^{3+}$, $Ba^{2+}$, および $O^{2-}$ の形式電荷を割り振ると, Cu は +2.33 の平均電荷をもつ. よって一つの単位格子当たり形式的には二つの $Cu^{2+}$ イオンと一つの $Cu^{3+}$ イオンが存在することになる.

化学量論の $YBa_2Cu_3O_7$ は絶縁体であるが[*36], 少量の酸素を失うことで超伝導性が発現する. 実際, 酸素量はほとんど場合で 7.0 以下であり, 熱処理温度や酸素分圧によって変わってくる〔図 8.6(a)〕. この相には幅広い酸素不定比性がみられる. 組成上では $Cu^{2+}$ のみの相である $YBa_2Cu_3O_{6.5}$ 付近でプラトーが現れない[*37]. これはこの組成が特別に安定でないことを意味しており, Cu には配位の異なる二つのサイトがあることと関係している. $T_c$ の最大値は 93 K 付近であり, $YBa_2Cu_3O_{6.95}$ の組成でみられる. ここから酸素を取り除いていくと, $T_c$ は減少していき, $YBa_2Cu_3O_{6.7}$ と $YBa_2Cu_3O_{6.5}$ の間の組成領域で約 60 K の一定値をとる〔図 8.6(b)〕. この曲線の形から, おそらく二つの超伝導相があることが示唆される. 一つは $YBa_2Cu_3O_{6.95}$ に

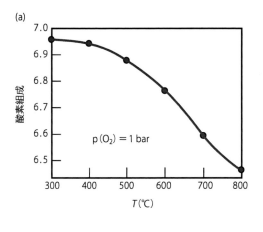
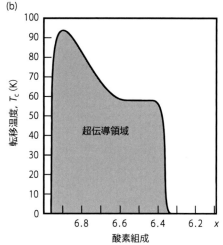

**図 8.6** $YBa_2Cu_3O_{6+\delta}$における酸素不定比性
(a) 酸素分圧 1 bar のもと，300～800 ℃で焼結処理した試料の組成，
(b) 超伝導転移温度の酸素量依存性．

近い組成をもつ相，もう一つは $YBa_2Cu_3O_{6.50}$ に近い組成をもつ相である．さらに酸素を取り除いていくと，超伝導性はすみやかに失われ，$YBa_2Cu_3O_{6.35}$ を越えると絶縁体のセラミックスになる．$YBa_2Cu_3O_{6+\delta}$ では，$CuO_5$ 四角錐（ピラミッド配位）からなる二層のブロック層が超伝導を担っている．一方，もう一つの Cu 位置では，酸素量とともに $\delta=0$ の $CuO_2$ 直線配位から $\delta=1$ の $CuO_4$ 平面四配位まで変化する．この間の組成で酸素欠損の秩序が正方晶から直方晶への転移を伴って起こる．このような酸素欠損の秩序や共存状態がキャリヤー量とともに二つの超伝導相が観測されている原因になっている可能性があり，多くの研究が行われている．

### 8.4.5 ペロブスカイト関連構造と系列

銅酸化物超伝導体で最高の転移温度は，形式的に $ACuO_3$ ペロブスカイトの八面体層を $n$ 枚積層させたホモロガス系列によって実現されている（4.6.2 項の図 4.10）．これらすべての相において，超伝導性の有無や転移温度 $T_c$ は相の酸素組成（すなわち酸素欠損）に大きく依存している．$La_2CuO_4$ と $YBa_2Cu_3O_7$ のところで述べたように，酸素組成が変化するにつれ一般的に超伝導転移温度は最大値まで上昇し，その後下降していく．たとえば，超伝導体 $Bi_2Sr_2CaCu_2O_{8+\delta}$ の $T_c$ は $Bi_2Sr_2CaCu_2O_{8.19}$ に近い組成で最大値の 95 K となる．また，転移温度は $CuO_2$ 層の数（$n$）にも依存し，三層（$n=3$）で最大値をとり，それ以上でも以下でも $T_c$ は下がる．

これらすべての化合物で，超伝導を導く構造上の部分は，$CuO_2$ 層からなるブロック層であり，ペロブスカイト構造における八面体 $CuO_6$ 層の頂点酸素を取り除いた構造に相当する．複数の $CuO_2$ 層（$n \geq 2$）が存在するとき，それらはカチオン層 Q（たいていは Ca もしくは Y）によって隔てられており，**超伝導層**（superconducting layer）として $CuO_2$-$(Q$-$CuO_2)_{n-1}$ の積層様式を形成する．ここで指数 $n$ は相のなかの $CuO_2$ 層の合計であり，一般には化学式の Cu 原子の数と等しい[*38]．

ホールの導入は，母体の絶縁相から超伝導相への転移をもたらすのに不可欠であ

[*38] 有名な例外として $YBa_2Cu_3O_7$ がある．

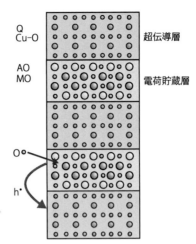

**図 8.7** 電荷貯蔵層への酸素のドーピングにより CuO₂ を含む超伝導層へのホールの移動を示す概要図

る．実際のホールの導入は，各超伝導 CuO₂-(Q-CuO₂)$_{n-1}$ を分割している**電荷貯蔵層**(change reservoir) 内の酸素組成を変化させることで達成される．電荷貯蔵層は一般に AO-[MO$_x$]$_m$-AO の構造をもち，A には La のようなランタノイドや Sr，あるいは Ba のようなアルカリ土類金属が入る．M には Bi, Pb, Tl, または Hg のような金属が入り，酸素に不定比性がある．$x$ は通常 0 か 1.0 に近い値をもち，$m$ は 0, 1, 2…の値をとる．電荷貯蔵層へ過剰酸素が入ることでホールがドープされることになるが，そのホールが CuO₂ ブロック層に位置し，金属的および超伝導的性質にかかわる（図 8.7）．この際の反応を欠陥に関して表すと以下のようになる．

$$\tfrac{1}{2}O_2 \longrightarrow O''_i + 2h^{\bullet}$$

$$2Cu_{Cu} + 2h^{\bullet} \longrightarrow 2Cu^{\bullet}$$

### 8.4.6 一般的な超伝導体の相図

銅酸化物超伝導体の大多数は La₂CuO₄ と似た振舞いを示すため，ほとんどの物質について適用される"一般的な相図"が提案されている（図 8.8）．一般的に化学量論組成の母体は，La₂CuO₄ と同様に反強磁性モット絶縁体である．ホールを適度な組成になるようにドープすると相図上で超伝導ドームの下に位置する超伝導相が現れる．超伝導相はかなり狭い組成範囲で表れ，超伝導転移温度 $T_c$ は CuO₂ 層当たりおよそ 0.15〜0.20 のホール濃度でピークに達する．

この相図における絶縁相，超伝導相の領域はおおむね描写されているが，超伝導ドームよりも上の温度領域についてはいまだ議論の余地があり，継続的に研究されている．現状では，反強磁性絶縁体より高ドープの領域では，擬ギャップ相として知られる一種の金属になると考えられている．この領域ではフェルミ準位付近の状態密度が非常に小さい．擬ギャップの起源はいまだ明らかでなく，また擬ギャップが超伝導の発現の有無に関係しているのかどうかもはっきりしていない．擬ギャップ相に隣接した領域は金属相である．この金属相についてもあまりわかっておらず，

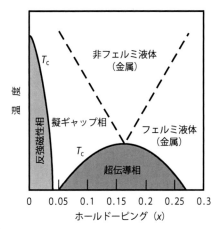

**図 8.8** ペロブスカイト関連銅酸化物超伝導体の一般的な相図

現状ではフェルミ液体の領域と，非フェルミ液体あるいは異常金属の領域と名付けられ区別されている．フェルミ液体とは，伝導帯内の電子が低温で互いに相互作用する金属相であり，ほとんどの金属の低温状態を正確に記述すると考えられている（これは電子が相互作用しないフェルミ気体として挙動する高温領域とは区別される）[*39]．相図上での非フェルミ液体領域での性質は，通常のフェルミ液体で期待される性質とは異なる．

[*39] より正確な記述は，固体物理の教科書を参考にされたい．

### 8.4.7 欠陥と伝導性

過剰酸素や酸素欠損によって構造に広範の欠陥が導入される．それらの欠陥はすべて，電子伝導性やしたがってデバイスの動作に重要な影響を及ぼすことがある．$CuO_2$ 層を含むブロック層の厚さが異なることによる積層欠陥は，一般的に超伝導銅酸化物のすべての系列で共通して起こる（4.6.2 項参照）．超伝導転移温度は，$CuO_2$ 層が 3 枚存在するときピークに達するとされているため，これよりも層数が多いあるいは少ない欠陥が入ると超伝導性を劣化させる効果を与えることになる．

双晶境界は結晶構造を分断するため，決まって抵抗率を増加させる．そのような欠陥は，高温構造から低温構造へ対称性の変化を伴う場合に共通して観測される現象であり，双晶変形として知られている．たとえば，$La_2CuO_4$ は 260 ℃ では対称性は $a=b$ の正方晶であるが，室温では格子定数が $a=0.5363$ nm，$b=0.5409$ nm，$c=1.317$ nm の直方晶をとる．よって同物質を冷却すると，高温では等価な $a$ 軸と $b$ 軸のいずれも低温の直方晶では $a$ 軸にも $b$ 軸にもなりうるため数多くの双晶が生じる．これらの欠陥は $\{110\}$ 双晶面をもつ（図 8.9）．

$YBa_2Cu_3O_7$ 関係物質でも双晶変形は起こることが知られており，およその組成が $YBa_2Cu_3O_{6.25}$ から $YBa_2Cu_3O_{6.6}$ の間で観測される．この組成では高温で正方晶をとるが，室温まで冷却すると直方晶への構造相転移が起きる．室温で直方晶である点では室温で正方晶の $La_2CuO_4$ とは逆である．しかし，高温の正方晶が低温の直方晶に変化し，したがって低温では双晶面を $\{110\}$ とする大きな双晶がつくられるため，結果は同じである[*40]．

[*40] ただし，$YBa_2Cu_3O_{6+x}$ では高温の正方晶では $CuO_2$ の酸素が $ab$ 面で無秩序に分布する．

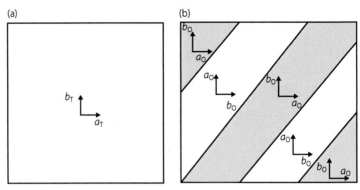

**図 8.9** 格子定数 $a_T = b_T$ をもつ正方晶の高温相から，複数の {110} 双晶面をもつ直方晶低温相（格子定数 $a_O$, $b_O$, $c_O$）への変化

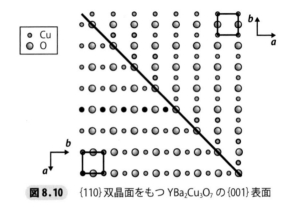

**図 8.10** {110} 双晶面をもつ $YBa_2Cu_3O_7$ の {001} 表面

$YBa_2Cu_3O_7$ を含む，より酸素の多い組成領域では冷却による対称性の変化はない（直方晶）ため，双晶変形は起こりえない．それにもかかわらず，たいていの結晶には室温で {110} 面に大きな双晶がみられる（図 8.10）．この場合，これらの欠陥は成長双晶によるものと思われる．ここでドーパントである鎖サイトの酸素原子は結晶が生成する際に二方向のいずれかに沿って並ぶことができる．いま，酸素が並んだ方向を $b$ 軸として定義する．結晶生成時に酸素が並ぶ方向は無秩序に選ばれるため，その系で結晶学的に許された対称性のなかで異なる結晶核は異なる $b$ 軸配向をもつ．核成長が進行し，核どうしが互いに接すると双晶が形成される．

## 8.5 スピン分極（偏極）とハーフメタル

立方晶ペロブスカイトは比較的単純なバンド構造をもつが，電子がもつスピンを考慮に入れたとたんに複雑になる．これを考慮に入れた計算によって，おもに $t_{2g}$ と $e_g$ からなるバンドが二つに分裂し，一つは"上向き"スピンの電子から構成されるバンド，もう一つは"下向き"スピンの電子から構成されるバンドになることが示される．つまり，もともとは二つだったバンドが四つになる．一つの例は，$Mn^{4+}$ ($d^3 t_{2g}^3$) を含んだペロブスカイト $CaMnO_3$ によって与えられる．同物質は反強磁性の半導体である．低エネルギー側の $t_{2g}$ バンドには，スピンの向きが平行な三つの電子が含まれるはずである．$t_{2g}$ 状態は六つまで電子を収容することができるため，$CaMnO_3$ ではその半分しか埋められていないことになり，したがって，金属

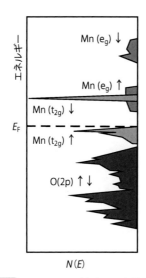

**図8.11** CaMnO$_3$の簡略化した状態密度

的な伝導率を示すと予言できる．しかし，電子相関〔電子間のフント(Hund)結合．これにより同種の軌道に電子を埋めていくときのフント則が与えられる〕によって，$t_{2g}$と$e_g$軌道それぞれのバンドはいずれも二つのサブバンド，"上向き"スピン(↑)のバンドと"下向き"スピン(↓)のバンド，に分裂する．図8.11の簡略化した状態密度をみればわかるように，おもにOの2p軌道に由来する価電子帯は，上向きスピンと下向きスピンの両方の電子(↑↓)を含む．$t_{2g}$バンドは低エネルギーの上向きスピン(↑)と高エネルギーの下向きスピン(↓)のサブバンドに分裂する．空の$e_g$バンドも同様に分裂する．最低エネルギーの$t_{2g}$上向きスピンバンドは，おもに酸素からなる2pバンドのちょうど上にあり，Mn$^{4+}$の$t_{2g}^3$電子で満たされている．一方，上側の$t_{2g}$の下向きスピンバンドは空である．したがって，この物質は絶縁体/半導体であることが期待される．

この状況は，一つのスピン状態のみが金属の伝導に寄与する可能性を与える．金属相のフェルミ準位が，単一のスピン状態の(またはスピン偏極した)$t_{2g}$電子を含むバンド内にある場合，これは電流を単一のスピン状態の電子のみが担うことを示唆する．このような物質をハーフメタルとよぶ．すなわち，ハーフメタル相とは一方のスピン配向，たとえば上向きスピンの電子に対しては金属であり，他方のスピン配向(下向きスピン)の電子に対しては絶縁体である．ハーフメタル伝導は，Aサイト置換の金属相La$_{1-x}$Ca$_x$MnO$_3$(組成範囲La$_{0.8}$Ca$_{0.2}$MnO$_3$–La$_{0.6}$Ca$_{0.4}$MnO$_3$)やLa$_{0.7}$Sr$_{0.3}$MnO$_3$においてみられる．電子スピンの厳密な分配は変えられないものではなく，温度やその他の要因に依存する．ハーフメタル強磁性相であるペロブスカイトLa$_{0.7}$Sr$_{0.3}$MnO$_3$はキュリー温度$T_C$以上の常磁性相で，電子スピンの区別がなくなり，その結果単一のスピン流が失われる．

ハーフメタルの性質に関するより最近の研究では，ダブルペロブスカイト型化合物のCa$_2$FeMoO$_6$やBa$_2$FeMoO$_6$，そしてとくにSr$_2$FeMoO$_6$が盛んである．図8.12に示すように，バンド構造はFe$^{3+}$(3d$^5$　$t_{2g}^5$)，Mo$^{5+}$(4d$^1$　$t_{2g}^1$)そしてOの2p軌道

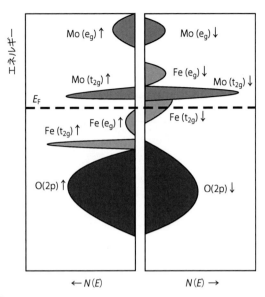

**図 8.12** ダブルペロブスカイト型 $Sr_2MoFeO_6$ における上向きスピンと下向きスピンからなる電子の状態密度

の混成から成り立っている．上向きスピンバンドはフェルミ準位を横切っておらず，よってこれらの電子キャリヤーに対しては絶縁体である．下向きスピンの電子では，バンドはおもに Fe の $t_{2g}$ 軌道と Mo の $t_{2g}$ 軌道からなっており，フェルミ準位を横切っているため，金属的な伝導を担う．大まかにいうと，$Mo^{5+}$ イオンに由来する d 電子がおもに伝導性にかかわっており，基底状態において電流は完全にスピン偏極した"下向きスピン"の電子のみによって運ばれる．ここでスピン偏極の程度は，$La_{0.7}Sr_{0.3}MnO_3$ に対して記述されたのとある意味似ているが，Fe サイトと Mo サイトの無秩序の導入によってある程度は抑えられる．とくに，逆サイト欠陥 (anti-site disorder) (Fe が Mo 位置の一部を占有することとその逆を表す) はこの系のハーフメタル的な挙動に重要な影響を与える．逆サイト欠陥を最小化し，特性を最適化するには注意深く物質を合成する必要がある．

## 8.6 電荷秩序と軌道秩序

カチオンの電荷秩序は，二つの異なる電荷状態をとりうるカチオンを含むペロブスカイトにおいても起こることがあり，これは期待される金属相の形成を阻害する助けとなる．この状況は，A サイト置換のランタノイド含有マンガン酸化物において見事に実証されている．母相である $LnMnO_3$ は $Mn^{3+}$ イオン ($3d^4$, $t_{2g}^3 e_g^1$, HS) をもつ．この $Mn^{3+}$ イオンはヤーン・テラーイオンとして知られており，$MnO_6$ 八面体が上下に引き伸ばされ，ペロブスカイト構造は全体としてひずむ．ここで $Ca^{2+}$ による A サイト置換を施すことによって，電子的中性を維持するため各 $Ca^{2+}$ について一つの $Mn^{4+}$ ($3d^3$ $t_{2g}^3$ HS) がつくりだされる．$La_{0.5}Ca_{0.5}MnO_3$ の組成では，等しい数の $Mn^{3+}$ と $Mn^{4+}$ が存在する．このとき $Mn^{4+}$ を含む八面体にはひずみがないが，$Mn^{3+}$ を含む八面体はヤーン・テラー効果によりひずんでいる．これら 2 種類の八面体が秩序化した構造をとることによってよりエネルギーは低くなり，電荷秩序

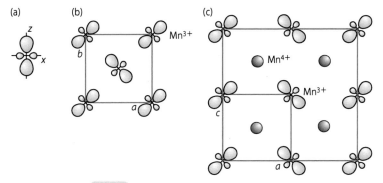

**図 8.13** マンガン酸化物の電荷・軌道秩序
(a) $d_{z^2}$ 軌道，(b) $LaMnO_3$ の軌道秩序（$Pbnm$ セッティング[*41] を使用），
(c) $La_{0.5}Ca_{0.5}MnO_3$ の電荷・軌道秩序（$Pnma$ セッティングを使用）．
(b)，(c) ではマンガンイオンのみを図示した．

[*41] 軸の取り方が違うだけでともに空間群は No.62 である．$Pnma$ は標準セッティングである．

(CO) 状態が得られる．$Mn^{3+}$ と $Mn^{4+}$ 間の電子移動は八面体のひずみによって妨げられるため，$t_{2g}$ 電子は局在し，結果，$La_{0.5}Ca_{0.5}MnO_3$ は（$CaMnO_3$ に対して電子ドープしたにもかかわらず）絶縁体のままである．

ヤーン・テラーひずみは別の結果ももたらす．八面体の結晶場によってエネルギー的に $t_{2g}$，$e_g$ の組に分裂していた d 状態は，図 1.8 に示すようにヤーン・テラー環境下においてさらなる分裂を起こす．上下に引き伸ばされた八面体の場合，三重に縮退した $t_{2g}$ 軌道の分裂がわずかであるのに対して，二重に縮退した $e_g$ 軌道の分裂がずっと大きく，$d_{z^2}$ 軌道のエネルギーが $d_{z^2-y^2}$ のそれよりもかなり低くなるのが最も一般的な状況である．これは $e_g$ 軌道のうち選択的に占有される軌道が $d_{z^2}$ であり，この軌道が軌道秩序を示すことを意味する．この状況は，$La_{1-x}Ca_xMnO_3$（図 8.13）のような混合原子価マンガン酸化物で最もよく現れる[*42]が，ほかの電荷・軌道秩序の配置様式は種々の混合原子価ペロブスカイトで観測されている．

[*42] この秩序様式は CE 型とよばれる．

## 8.7 磁気抵抗

### 8.7.1 マンガン酸化物の超巨大磁気抵抗

磁気抵抗とは固体に磁場を印加したとき起きる抵抗の変化のことである．磁気抵抗（magnetoresistive：MR）比はゼロ磁場におかれた固体に磁場を印加したときの抵抗の変化によって定義される．

$$MR 比 = \frac{(R_H - R_0)}{R_0} = \frac{\Delta R}{R_0}$$

ここで $R_H$ は磁場中の抵抗を，$R_0$ は磁場が存在しないときの抵抗を表す．磁気抵抗は正の値も負の値もとり得る．また，物質に固有の内因性（intrinsic）の性質である場合もあれば，結晶粒界や転位，磁壁のような外因的（extrinsic）要因に起因することもある．磁気抵抗への関心は高まったのは，ペロブスカイト型マンガン化合物が非常に大きな負の磁気抵抗比を示すことが発見されたときである．ここで磁気抵抗比は，十分に高い磁場において（一般に低温で）非常に高い値からほぼゼロまで急落する．この極端な振舞いのことを超巨大磁気抵抗（colossal magnetoresistance：CMR）とよぶ[*43]．一般に，電気抵抗を大きく変化させるには

[*43] 磁性多層膜で見いだされた巨大磁気抵抗（giant magnetoresistance：GMR）は数十％程度である．CMR はこれよりはるかに大きい．

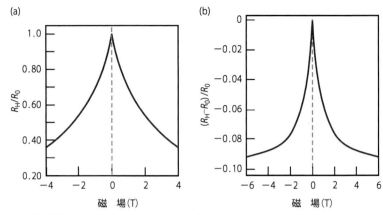

**図8.14** (a) $La_{0.7}A_{0.3}MnO_3$ ($A=Ca^{2+}$, $Sr^{2+}$) の磁気キュリー温度近傍での典型的な磁気抵抗曲線 (磁気抵抗曲線の細部は温度や $A^{2+}$ の濃度に依存する), (b) $Sr_2FeMoO_6$ の低磁場での磁気抵抗

たいてい数テスラほどのかなり強い磁場が必要となる.

内因性のCMRは $La_{1-x}A_xMnO_3$ 相ではじめてみつかった. これで $La_{1-x}A_xMnO_3$ は, $LaMnO_3$ のAサイトにCa, Sr, あるいはBaのようなアルカリ土類元素や $Pb^{2+}$ をドナーとしてドープした相のことであり, したがって $Mn^{3+}$, $Mn^{4+}$ のどちらも含む. 重要なCMRがでる組成は $La_{0.7}Ca_{0.3}MnO_3$ あるいは $La_{0.7}Sr_{0.3}MnO_3$ に近い領域である. この組成では, 二重交換相互作用によって強磁性金属相となる. キュリー温度 $T_C$ (マンガン酸化物ではおよそ375 K) で金属相は常磁性絶縁体となる. この転移点の近く, および直上では電子スピンは無秩序ではあるが, この二つの状態間の反転にほとんどエネルギーを必要としない. 反強磁性絶縁体相に十分に強い磁場を印加するとスピンが強制的に再配向し, 強磁性金属となる. 結果として抵抗は急落し, 磁気抵抗 (MR) の変化は金属−絶縁体転移に相当し 〔図8.14(a)〕, 大きな変化をもたらすにはかなり大きな磁場 (1 T以上) が必要となる.

Mnの一部を $Ti^{4+}$, $Sn^{4+}$, $Fe^{3+}$, $Cr^{3+}$, $Al^{3+}$, $Ga^{3+}$, $In^{3+}$, $Mg^{2+}$, および $Ni^{2+}$ を含めた磁性, 非磁性両方のイオンで置換するとCMR効果は大きく増加する. $Pr_{0.7}Ca_{0.2}Sr_{0.1}MnO_3$ では $R_0/R_H$ はおよそ230になる. これが適切に元素置換された $Pr_{0.7}Ca_{0.2}Sr_{0.1}Mn_{0.98}Mg_{0.02}O_3$ になると $4\times10^5$ まで急増する.

内因性CMRの物理的要因はまだはっきりしていない[*44]. かつては超交換相互作用または二重交換相互作用によるものだと考えられていたが, 現在では優勢スピンによる電子伝導に基づく強磁性ハーフメタル相の存在の重要性が指摘されている. この現象はまた, 半経験的な方法でこれらの物質を強磁性金属と常磁性絶縁体の二相共存状態であるとして扱われてきた. このとき, 全体の抵抗値 $R$ (合計) は二成分の抵抗値の和として与えられる.

$$R(\text{合計}) = vR(\text{ferro}) + (1-v)R(\text{para})$$

ここで $v$ は強磁性成分の体積分率, $R$(ferro) は強磁性成分の抵抗, $R$(para) は常磁性絶縁体成分の抵抗を表している.

[*44] 有力なのは, 相図上で強磁性金属相と隣接する反強磁性絶縁体相の競合である. この2相のミクロな相分離現象が, CMRの本質という研究結果はある.

### 8.7.2　低磁場の磁気抵抗

　低磁場の磁気抵抗（low-field magnetoresistance：LFMR）は，ペロブスカイト型セラミックスの多くが示す外因性の物性である．単結晶あるいは単結晶薄膜でCMR効果をだすためには5～6T程度の高い磁場が必要になるが，ここでは磁場は通常0.5T未満である．LFMRを示す代表的な物質には規則的な秩序型ダブルペロブスカイト$Sr_2FeMoO_6$がある〔図8.14（b）〕．この物質は，およそ415Kと高いキュリー温度をもち，約400Kで磁気抵抗を示すハーフメタルである．同物質では，Feイオンが上向きスピンにより完全占有されたバンドのみにかかわるため，磁気抵抗はMoイオン由来の下向きスピンをもつ電子によるトンネリング[*45]に起因する（8.5節参照）．

> *45 トンネル磁気抵抗効果は，絶縁体膜を8枚の強磁性膜ではさんだときに現れる．

　セラミックス試料におけるこの機構は，スピン偏極した電子が結晶粒界や磁壁を横切るトンネリングと関係していると考えられている．そのため，粒径を小さくしたりナノ粒子の使用などを含め，結晶粒界を変化させることに多くの努力が費やされている．セラミックス試料の微細（ミクロ）構造もまた重要である．また，$TiO_2$や$SrTiO_3$のような粒界付近に優先的に析出させることができる絶縁体の第二相の導入も有効である．抵抗の変化の大きさは化学的無秩序（chemical disorder）（ダブルペロブスカイトまたは秩序型ペロブスカイトの逆サイト欠陥を含む）によって変化させることができる．CMRと同様にLFMRの効果も低温で最も顕著になる．

## 8.8　ペロブスカイトの半導体的特性

　"絶縁体"の状態にあるペロブスカイト化合物の多くは実際には半導体である．電荷輸送の機構にはいくつかの模型があるが，それらは一般的に試料の伝導率あるいは抵抗率の温度変化を調べることで区別することができる．もしも伝導率が半導体元素と似て，熱エネルギーによって伝導帯に励起された電子や価電子帯にできたホールによるとみなせるならば，抵抗率は次のような簡単な活性化エネルギー則に従う．

$$\rho = A \exp\left(\frac{E}{2k_BT}\right) \tag{8.1}$$

ここで$A$は実験で決められる定数，$E$は伝導過程にかかわる熱活性化エネルギー（単体元素の半導体のバンドギャップと等しい）である．多くのペロブスカイトでは，一方の電荷キャリヤーのみが重要であり，その場合熱活性型の抵抗率は式（8.1）で与えられる．絶縁体のダブルペロブスカイト$Pb_2MnWO_6$は，高温領域で低い伝導率をもつ．抵抗率はこの法則に従っており，$E$は0.53Vである．立方晶の有機無機ハイブリッドペロブスカイト$CH_3NH_3SnI_3$も似た振舞いを示すが，この物質はホールが電気伝導の担体である．同物質のバンド計算によると，$Sn^{2+}$の5s軌道のいくらかの寄与とIの5p軌道からの主たる寄与がある価電子帯が，おもに$Sn^{2+}$ 5p軌道からなる空の価電子帯からおよそ0.4eV離れている．実験的に得られるバンドギャップの値はずっと大きいが，ホールドープ型の元素半導体（$10^{18}$ cm$^{-1}$程度のホール濃度をもつas-grown[*46]の単結晶）と$CH_3NH_3SnI_3$は確かに似た振舞いをする．

> *46 結晶成長後に何の処理もほどこしていないこと．

**220** ● 8章　電子伝導

　実際，ペロブスカイト半導体に対して行われた伝導率測定の結果の多くは，電子があるカチオンから別のカチオンにホッピングする拡散タイプのプロセスに基づく電子伝導が起こるとすると最も簡単に説明できる．したがって，適切な A サイト置換を施した $Mn^{3+}$ と $Mn^{4+}$ を含むマンガン酸化物，あるいは $Co^{2+}$ と $Co^{3+}$ を含むコバルト酸化物の伝導性はこのような機構から生じると考えることができる．電子やホールはおもに B サイトカチオンに局在化していると考えられている．多くの場合，電子のホッピングは格子ひずみを伴うと考えられている．格子ひずみの影響を受けた伝導電子は，ポーラロンとよばれる準粒子とみることができる．多くのペロブスカイトにおける伝導はこのポーラロンのホッピングによるものだと考えられ，以下のような一般式で書き表すことができる．

$$\rho(T) = AT^m \exp\left[\left(\frac{T_0}{T}\right)^p\right]$$

ここで $\rho(T)$ は抵抗率，$A$ は定数，$T$ は温度，$T_0$ は物質に固有の温度を示す．$m$ と $p$ は互いに相関があり，ホッピングの厳密な機構に依存する．$T_0$ の値は電荷移動について特定の模型を考えることで計算することができる．一般に，このホッピングが最近接カチオン間のみで起こるとすると $m = p = 1$ であり，式は次のように書ける．

$$\rho(T) = AT \exp\left(\frac{T_0}{T}\right)$$

　この式に従う抵抗率は，しばしば高温でみられる．$T_0$ の値が小さく，$T_0/T \ll 1$ ならば，指数関数の部分は近似により展開することができる．

$$\rho(T) = AT + \rho_0$$

ここで $\rho_0$ は温度に依存しない項である．より低温で，ペロブスカイトはホッピング領域が不変であるかのような振舞いをする．もし，移動する電荷キャリヤー間に長距離クーロン相互作用が働かない場合には，モットの可変領域ホッピング（Mott variable-range hopping）則に従う[*47]．

$$\rho(T) = AT \exp\left[\left(\frac{T_0}{T}\right)^{0.25}\right]$$

　もし，移動する電子が移動元のカチオン上に残ったホールからクーロン引力を受けるならば Efros-Shklovskii の可変領域ホッピング則が適用される．

$$\rho(T) = AT \exp\left[\left(\frac{T_0}{T}\right)^{0.5}\right]$$

　モットの可変領域ホッピング則はよく中間温度で，Efros-Shklovskii の可変領域ホッピング則は低温でよく合うことがわかっている．

　これらの相がどちらの機構に従っているかを決めるのはつねに簡単というわけではなく，動くことのできる電荷キャリヤーが濃度変化するにつれ機構が変わることもありうる．一般的に，$\ln(\rho/T)$ を $(1/T)$ に対してプロットすること，あるいはその類似のプロットによって明らかにすることができる．たとえば，ペロブスカイト

[*47] 局在した電荷担体をもつ乱れた系によく現れる伝導機構である．単に variable-range hopping 則ともいう．次式は三次元の場合であり，$d$ 次元のとき，指数項は $\frac{1}{d+1}$ となる．

ブロンズ $Ca_xWO_3$ では組成 ($x$) が変わるにつれ，熱活性型ホッピングも可変領域ホッピングも示す．$WO_3$ の構造はペロブスカイトに密接に関連[48] しており（2.3 節参照），バンド構造は $SrTiO_3$ に類似している．$W^{6+}$ が $5d^0$ イオンであるため d バンドは空になっている．Ca が $WO_3$ 格子の空隙に挿入され，いわゆるペロブスカイトブロンズ相となると，$Ca^{2+}$ の 4s 電子が W の空の d バンドに導入される．Ca の量 $x$ が 0.08 以下のとき，抵抗対温度のプロットはモットの可変領域ホッピング則を満たす．一方で $x$ が 0.12 以上だと最近接（B サイトカチオン間の）ホッピング機構が働いているようにみえる．

多くのペロブスカイトでは，ヤーン・テラー効果や孤立電子対の影響としてみられるように，ひずみもかなり大きくなりうる．このような場合，ひずみによって電荷キャリヤーの移動が完全に妨げられ，半導体的挙動は抑制される．元素置換によってひずみの程度を変えることで，逆の効果を与えることもできる．

**＊48** A サイトが欠損したペロブスカイト構造である．

## 8.9 薄膜および表面伝導

ペロブスカイト結晶の界面では興味深い性質が数多くみられる．最も意外な性質の一つは，純粋な（ドープされていない）$SrTiO_3$ 結晶の表面に形成される金属伝導層である．先にも述べたように $SrTiO_3$ は，透明，非磁性で大きなバンドギャップをもつ典型的な絶縁体である．$TiO_2$ 層による (001) 表面が二次元電子ガスの舞台となっており，電子は，もう一つの次元方向（$TiO_2$ 層に垂直）へは運動に制約を受けるが，表面上を自由に動き回ることができる．先に述べたいくつかの三次元的な物質と同様に，電子は 2 種のスピンで区別されたサブバンドを占有していると考えられている．これらのバンド内では電子スピンは表面に対してともに平行に並んでいるが，回転対称はなく，キラリティーは反対である．一つのバンドでは，スピンが時計回りに回転するのに対し，もう一方のバンドのスピンは反時計回りに回転する．これらのサブバンドは $t_{2g}$ 伝導帯に含まれる電子で形成されており（図 8.1），およそ 90 meV のバンドギャップで隔てられている．

同じように直観に反する発見としては，二つのバンド絶縁体のペロブスカイト酸化物 $LaAlO_3$ と $SrTiO_3$ の間の界面に現れる超伝導があげられる．ここでは界面が電子ガスとしての場を与え，超伝導となるのはこの電子ガスそのものである．境界面の厚さが 10 nm 程度の場合，転移温度はおよそ 200 mK である．

**222** ● 8章　電子伝導

## ◆ 参 考 文 献 ◆

J. B. Goodenough, *Chem. Mater.*, **26**, 820-829（2014）.

S. Piskunov, E. Heifets, R. Eglitis, G. Borstel, *Comput. Mater. Sci.*, **29**, 165-178（2004）.

## ◆ さらなる理解のために ◆

●ペロブスカイトに関する遷移金属酸化物の電子伝導に関する展望について：

J. B. Goodenough, *Chem. Mater.*, **26**, 820-829（2014）.

J.-G. Zhou, J. B. Goodenough, B. Dabrowsky, *Phys. Rev.*, **B67**, 020404（R）（2003）.

●マンガン酸化物の初期の研究に関する包括的なレビューに関して：

J. M. D. Coey, M. Viret, S. von Molnar, *Adv. Phys.*, **48**, 167-293（1999）.

M. B. Salamon, M. Jaime, *Rev. Mod. Phys.*, **73**, 583-628（2001）.

● $NaOsO_3$ のスレーター転移に関する詳細について：

S. Calder *et al.*, *Phys. Rev. Lett.*, **108**, 257209（2012）.

●ペロブスカイト相に関連した超伝導に関するレビュー：

R. J. Cava, *J. Am. Ceram. Soc.*, **83**, 5-28（2000）.

P. M. Grant, *Nature*, **476**, 37-39（2011）.

W. Grochala, *J. Mater. Chem.*, **19**, 6949-6968（2009）.

B. Keimer *et al.*, *Nature*, **518**, 179-186（2015）.

A. Mann, *Nature*, **475**, 280-282（2011）.

●ペロブスカイトを含むハーフメタル物質はここに議論されている：

C. Y. Fong, J. E. Pask, L. H. Yang, Half-Metallic Materials and Their Properties, World Scientific, Singapore（2013）.

●ペロブスカイト超伝導，超巨大磁気抵抗を示すマンガン酸化物，コバルト酸化物を含む強相関電子系のレビュー：

B. Raveau, *Angew. Chem. Int. Ed.*, **52**, 167-175（2013）.

● $SrTiO_3$ の界面に関する伝導性や超伝導に関して：

N. C. Plumb *et al.*, *Phys. Rev. Lett.*, **113**, 086801（2014）.

N. Reynan *et al.*, *Science*, **317**, 1196-1199（2007）.

A. F. Santander-Syro *et al.*, *Nat. Mater.*, **13**, 1085-1090（2014）.

# 9 章

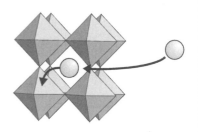

# 熱・光学特性

本章では熱・光特性のうち，ペロブスカイトだからこそ発現するようなある種特徴的な性質あるいは強調すべき事象についてのみ述べる．したがって，ペロブスカイトが単なる不活性なマトリックスとしての役割しかないような，固体全般にまつわる一般的な特性〔格子ダイナミクスが主となる熱容量，ドープ（元素置換）したイオンが主となる発光特性など〕については省いた．

## 9.1 熱膨張

### 9.1.1 通常の熱膨張

高温での応用で使用されるペロブスカイト〔800 ℃以上で作動する固体酸化物形燃料電池（solid oxide fuel cell：SOFC）など〕において，熱膨張は重要な性質である．なぜなら，熱膨張によって正極・電極・負極セルの各成分に不整合が起これば早期の故障につながりうるからである．多くのペロブスカイトにおいて，熱膨張の度合いは $BX_6$ 八面体の熱的性質に由来する．つまり，八面体の回転やひずみ，B カチオンとそのまわりのアニオンとの結合とかかわってくる．これらはいずれも温度の上昇に伴う変形の影響を受けるとともに，熱膨張特性の異常とも密接にかかわっている．

非等価な結合による影響は，多くの $K_2NiF_4$ 型構造の物質の熱膨張をみることにより明らかになる．$Sr_2TiO_4$ と $Sr_2SnO_4$ はともに等方的な熱膨張を示すのに対し，$La_2NiO_4$ や A サイト固溶の $SrLaAlO_4$，$CaErAlO_4$，$CaYAlO_4$ などその他多くの物質では，異方的な熱膨張を示す．とくに $Sr_2TiO_4$ と $SrLaAlO_4$ の違いは際立っている．$Sr_2TiO_4$ において，$TiO_6$ 八面体の結合は均整がとれており（正八面体に近く），チタンとエクアトリアル位にある酸素（O1）との結合距離はアピカル位にある酸素（O2）との距離とおよそ等しい〔図 9.1（a）〕．各酸素からの結合価数和（bond valence sum：BVS）はほぼ等しく，その結果，結合力も同程度の強さをもつ．$T_0$ から $T$ までの温度領域における $a$ 軸と $c$ 軸の相対的膨張および熱的膨張 $\alpha a$，$\alpha c$ は以下のように定義されている．

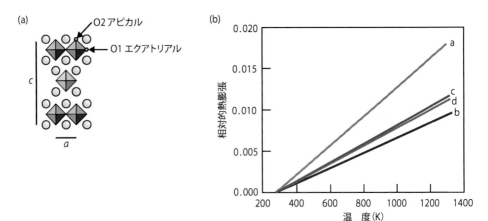

**図 9.1** $Sr_2TiO_4$ と $SrLaAlO_4$ の熱膨張
(a) 両物質の理想的な $K_2NiF_4$ 構造，(b) 相対的な熱膨張．プロット a：$\Delta c/c_0$ ($SrLaAlO_4$)，プロット b：$\Delta a/a_0$ ($SrLaAlO_4$)，プロット c：$\Delta c/c_0$ ($Sr_2TiO_4$)，プロット d：$\Delta a/a_0$ ($Sr_2TiO_4$)．

$$\Delta a/a_0 = [a(T) - a(T_0)]/a(T_0) \;;\; \Delta a/a_0 = \Delta b/b_0, \text{ 同様に定義}$$
$$\alpha a = (\Delta a/a_0)/(T - T_0) = 1.225 \times 10^{-5} \text{ K}^{-1} (298-1273 \text{ K}) \;;\; \alpha b = \alpha a$$
$$\Delta c/c_0 [c(T) - c(T_0)]/c(T_0)$$
$$\alpha c = (\Delta c/c_0)/(T - T_0) = 1.270 \times 10^{-5} \text{ K}^{-1} (298-1273 \text{ K})$$

これらの値はいずれもおよそ等しい値である〔図9.1(b)〕．さらに，その値はエクアトリアル位とアピカル位のTi-O距離の相対的な熱膨張と非常に類似している．

$SrLaAlO_4$ の場合，Alとアピカル位の酸素O2の結合距離はエクアトリアル位の酸素O1との距離よりも長い．結合価数和(BVS)計算からはアピカル位とのAl-O結合はエクアトリアル位とのAl-O結合よりも弱いことを示している．このことは（すでに定義した）相対的な熱膨張指数と軸方向の熱膨張からもわかる．すなわち，$c$ 軸方向への膨張は $a$（または $b$）軸方向へのものよりも大きい〔図9.1(b)〕．

$$\alpha a = 0.943 \times 10^{-5} \text{ K}^{-1} (298-1273 \text{ K})$$
$$\alpha c = 1.775 \times 10^{-5} \text{ K}^{-1} (298-1273 \text{ K})$$

この相対的な熱膨張もまた，同じ温度領域でのアピカル位およびエクアトリアル位の結合距離の変化と対応している．

ペロブスカイトの熱膨張は磁気秩序のような効果によって影響を受けることもある．ペロブスカイトが反強磁性から常磁性というような磁気転移を起こした場合，熱膨張に異常が生じる[*1]．このような傾向はよく知られた $LnTiO_3$ においても観測されている．同物質は反強磁性および強磁性の両方の領域がある．

よく似たことが $LaCoO_3$ においても起こる．この物質では熱膨張に異常なピークが約250℃でみえる（図9.2）．$LaCoO_3$ は形式的には $Co^{3+}$ のみを含むが，低温では次式に示すような電荷不均化が起こる．

$$2Co^{3+} \longrightarrow Co^{4+} + Co^{2+}$$

*1 強磁性金属では，インバー効果とよばれる転移温度以下で，磁気モーメントの成長に伴う負の熱膨張効果（9.1.2参照）が知られている．合金では有名な現象であるが，酸化物では $SrRuO_3$ においてはじめて観測された．

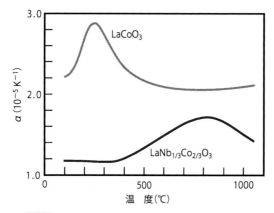

**図 9.2** LaCoO$_3$ と LaNb$_{1/3}$Co$_{2/3}$O$_3$ の異常な熱膨張

温度が上がると，逆反応が進む．

$$Co^{4+} + Co^{2+} \longrightarrow 2Co^{3+}\left(IS, t_{2g}^5 e_g^1\right)$$

Co$^{3+}$イオンの最低エネルギー状態は低スピン状態 (low-spin：LS, $t_{2g}^6$) である．しかし，中間スピン (intermediate-spin：IS, $t_{2g}^5 e_g^1$) および高スピン状態 (high-spin：HS, $t_{2g}^4 e_g^2$) もエネルギー的に近いため，室温から温度を上げると，二つの変化が起こる．すなわち，Co$^{3+}$イオンの生成と低スピン状態から中間スピン状態への変換である．熱膨張の極大はこの二つの変化の累積に由来する．より高温では，すべてのカチオンは中間スピンにあると考えられ，熱膨張率はなだらかに上昇する．容易に予想されるように，Co$^{3+}$の割合が変わるとこの効果にも影響がでる．Bサイトを Nb$^{5+}$で置換することによって (LaNb$_{0.333}$Co$_{0.667}$O$_3$)，二価のコバルトの数は変化する．というのも 1 個の Nb$^{5+}$が置換すると電荷補償により 2 個の Co$^{3+}$が Co$^{2+}$にならないといけないからである．この置換によって，Co$^{3+}$を生成する不均化反応がより高温で起こるようになり，その結果，熱膨張曲線のピークも同じ方向にシフトする (図 9.2)[*2]．

[*2] 価数が変わるので比較は，簡単ではないが，中間スピン状態の Co$^{3+}$では四つの d 軌道が使われるので，体積を小さくする効果があると考えてよい．

多くのペロブスカイトにおける熱膨張は A, B, X サイトの置換を施すことによって適合させることができる．これはセラミックス材料のきわめて重要な特徴である．たとえば，前に示した LaCo$_{1/3}$Nb$_{2/3}$O$_3$ は Nb$^{5+}$の置換によって（熱膨張の異常の移動はともかく）母体の LaCoO$_3$ よりも小さな熱膨張を示す (図 9.2)．

### 9.1.2 熱収縮

ペロブスカイトのなかには温度を上昇するにつれて，少なくともある温度領域で，格子体積が収縮する物質の数がどんどん増えてきている．この効果は（多少婉曲な表現ではあるが）**負の熱膨張** (negative thermal expansion：NTE) としてよく知られている．熱収縮は決して一つのメカニズムによって起こるものではない．ここでは二つの例について述べよう．

多くのペロブスカイトにみられるこの収縮は理想的な立方晶相からの対称性の低下と関連している．温度が上がると，このようなひずみは小さくなる．もしこのひ

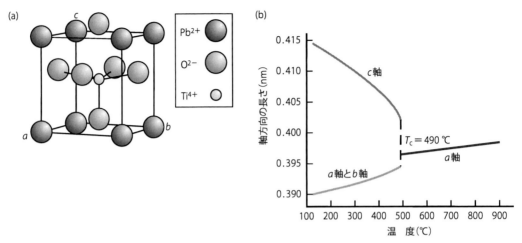

**図 9.3** PbTiO₃ の熱膨張
(a) Ti⁴⁺ が中心から変位した TiO₆ 八面体，(b) 格子定数の熱膨張 / 熱収縮の温度依存性．

ずみの減少が，同時に起こる通常の熱膨張を上回ると全体としては構造が収縮する．一つの典型的な例が PbTiO₃ である．低温では，Ti⁴⁺ が TiO₆ 八面体の中心から $c$ 軸方向へ変位することによってこの物質は正方晶を示す〔図 9.3 (a)〕[*3]．温度が上がると，振動エネルギーの変化とアニオン-アニオン反発の抑制のため，このひずみは減少する傾向を示す．八面体の長い対角線は収縮し，$c$ 軸は短くなる．同時にひずみのない方向の対角線は伸びる，すなわち $a$ 軸と $b$ 軸は通常どおり伸びる〔図 9.3 (b)〕．キュリー温度 490 ℃ まではこの収縮が膨張を上回っているため，単位格子体積は減少し続ける．粉末体の平均熱膨張係数 $\alpha$ はおおよそ $-1.99 \times 10^{-5}$ K$^{-1}$ である．転移温度では理想的な立方晶構造に転移[*4]し，温度の上昇につれて通常の熱膨張が観測され，熱膨張係数の値は $3.72 \times 10^{-5}$ K$^{-1}$ である．

PbTiO₃ の A サイトに La³⁺ をドープ（元素置換）すると，正方晶から立方晶への転移温度が下がり，熱収縮は徐々に抑制される．およそ Pb₀.₈La₀.₂TiO₃ の組成において室温から 130 ℃ の粉末試料の平均熱膨張係数は $\alpha = -0.11 \times 10^{-5}$ K$^{-1}$ となる．この温度以上で，この立方晶の多形はドープなしの物質に相当する熱膨張係数の値（$3.82 \times 10^{-5}$ K$^{-1}$）をもつ．すなわち，元素置換はほかの要因よりも低温でのひずみに対して影響を与えている．A サイトを少量 Cd²⁺ で置換した系ではこれとは逆の効果が起こり，Pb₀.₉₄Cd₀.₀₆TiO₃ 粉末において $\alpha = -2.40 \times 10^{-5}$ K$^{-1}$ となる．

LaMnO₃，NdMnO₃，GdMnO₃ といったランタノイドを含む Mn ペロブスカイトは固体酸化物形燃料電池（SOFC）の正極材料としての可能性をもっている．しかし，これらの多くは高温で Mn³⁺ のヤーン・テラーひずみが消失していくことに起因した熱収縮を示す．このような熱収縮の問題は電池材料としての実用化を難しくするが，PbTiO₃ 系に対してなされたように，A サイトか B サイトを置換することにより問題を改善することができる．

巨大な熱収縮を示すペロブスカイトとして AA′₃B₄O₁₂ の組成で表される正方晶ペロブスカイト SrCu₃Fe₄O₁₂（2.1.3 項）が知られている．同物質は 170 K から 270 K で

*3 この変位は二次ヤーン・テラー効果による．代表的な強誘電体である．

*4 最近の研究では，転移温度以上でも理想的な構造とは異なることを示す効果が得られている．

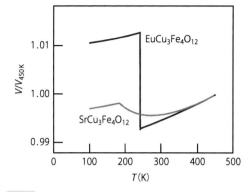

**図 9.4** $SrCu_3Fe_4O_{12}$ と $EuCu_3Fe_4O_{12}$ の熱膨張 / 熱収縮

熱収縮を示す（図 9.4）．この領域における熱膨張係数は $\alpha = -2.26 \times 10^{-5}\,\mathrm{K^{-1}}$ である．この領域外（つまり 170 K 以下，あるいは 270 K 以上）では通常の熱膨張を示す．収縮は A′ サイトの Cu と B サイトの Fe との間で連続的に電荷が移動するためである．低温での価数の分布は $Sr^{2+}Cu_3^{\sim 2.8+}Fe_4^{\sim 3.4+}O_{12}$ と表される．よって形式的な Cu の電荷は $Cu_{0.6}^{2+}Cu_{2.4}^{3+}$，Fe の電荷は $Fe_{2.4}^{3+}Fe_{1.6}^{4+}$ となる．高温では電荷は $Sr^{2+}Cu_3^{\sim 2.4+}Fe_4^{\sim 3.7+}O_{12}$，すなわち形式的に Cu は $Cu_{1.8}^{2+}Cu_{1.2}^{3+}$ で，Fe は $Fe_{1.2}^{3+}Fe_{2.8}^{4+}$ となる（ちなみに最低温では Fe の電荷不均化が起こるため価数は突然 $Fe_{3.2}^{3+}Fe_{0.8}^{5+}$ へと変化する）．この電荷移動によりカチオンまわりの配位状況が実効的に連続的に変化する．温度が 170～270 K まで上がるにつれ，Fe−O および Sr−O 結合長は徐々に短くなるのに対し，Cu−O 結合は徐々に伸びていき，傾いていた八面体間の Fe−O−Fe 結合角 $\psi$ は大きくなる．この物質の単位格子の大きさは，Fe−O 結合長 $d$ と Fe−O−Fe 結合角 $\psi$ を用いて以下のように簡単な関係で表される．

$$a = 4d \sin\left(\frac{\psi}{2}\right)$$

ペロブスカイトの膨張あるいは収縮はこのように Fe−O−Fe 結合角の増加に対していかに Fe−O 結合長が減少するかの度合いによって決定される．異常な熱収縮を示す温度領域では，Fe−O 結合長が最も重要である．この温度範囲の外では電荷の不均化は起こらず，温度の上昇とともに通常の（熱膨張をする）固体のように振る舞う．

このような振舞いはランタノイドを含んだ類似物質 $LaCu_3Fe_4O_{12}$ や $EuCu_3Fe_4O_{12}$ のものとは異なるといっておく必要がある．常温では $LaCu_3Fe_4O_{12}$ は理想的な価数 $La^{3+}Cu_3^{3+}Fe_4^{3+}O_{12}$ で表され，昇温により通常の熱膨張を示す．393 K（120 ℃）で A′ サイトの Cu から B サイトの Fe へ電荷移動が起こり価数は $LaCu_3^{2+}Fe_4^{3.75+}O_{12}$ となる．ここで，Fe の状態は $Fe^{3+}Fe_3^{4+}$ と表される．この電荷移動によって急激な体積の減少が起こるが，その後は通常の熱膨張が観測される．同じことが $EuCu_3Fe_4O_{12}$ でも起こり，その転移温度は 245 K である（図 9.4）．

### 9.1.3 ゼロ熱膨張材料

温度上昇によりまったく熱膨張を示さない物質のことを**ゼロ熱膨張**（zero

**228** ● 9章 熱・光学特性

thermal expansion：ZTE) **材料**とよぶ．ゼロ熱膨張材料は多様な目的，とくにエネルギー消費によって発熱するマイクロエレクトロニクス材料として重要である．この理由から，ゼロ熱膨張を示す物質の探索は活発に行われている．過去には，二つの物質の複合化，すなわち熱膨張を示す物質と熱収縮を示す物質を組み合わせることによってゼロ熱膨張材料が実現されていた．しかし，複合材料には使用するに当たって複合化したことに由来する欠点がしばしばあることから，現在は温度の上昇により実質的に熱膨張を示さない物質が数多く作製されている．

前の二つの節で，いくつかのペロブスカイト酸化物は，顕著な熱収縮を示し，かつこの特性が元素置換（ペロブスカイト構造では広く適用可能）など伝統的なセラミック的手法によって改善することのできることを示した．この代表的な例は，すでに述べた $PbTiO_3$ である．$0.7PbTiO_3$-$0.3Bi(Zn_{0.5}Ti_{0.5})O_3$ に近い組成をもつ複合セラミックスは，常温から 400 ℃まで実質的にゼロ熱膨張を示す．$0.6PbTi_3$-$0.3Bi$-$(Zn_{0.5}Ti_{0.5})O_3$-$0.1BiFeO_3$ ではこの温度範囲がさらに約 700 ℃まで拡大する．

ゼロ熱膨張を示す金属相の探索にはこれまでに多大な努力が払われてきた．そのうちとくに注目すべき物質は窒化物 $(Cu,Sn)NMn_3$，$(Zn,Sn)NMn_3$ および $(Cu,Ge)NMn_3$（例として $Ge_{0.5}Cu_{0.5}NMn_3$）である．これらの窒化物はアンチペロブスカイト型構造（1.10 節）をとり，Cu と Ge が $ABO_3$ 構造の A サイト，N が八面体配位された B サイト，Mn が酸素位置を占める．これらの物質においてゼロ熱膨張は，通常の熱膨張と Mn の磁気秩序に起因した熱収縮が組み合わさることにより起こる[*5]．これが意味することは，物質の収縮および膨張の度合いを Mn 位置に欠損を入れて Mn の磁性をコントロールすることによって操作できるということである．

＊5 強磁性形状記憶合金の一種として理解されている．

## 9.2 熱電特性

電気伝導と熱伝導には強い相関があり，それらの関係は三つの熱電係数〔ゼーベック係数（Seebeck coefficient），ペルティエ係数（Peltier coefficient），トムソン係数（Thomson coefficient）〕で表され，これらはいずれも熱電エネルギー変換および冷却と関係する．ペロブスカイトではゼーベック係数に関する報告が最も多い．ゼーベック係数の大きさおよび符号（正か負か）は存在する伝導キャリヤーの濃度とタイプに依存している．バンド模型で記述できるペロブスカイトの場合，ゼーベック係数の大きさはフェルミエネルギーでの状態密度（電子伝導の場合には伝導バンドにおける，ホール伝導の場合には価電子バンドにおける）に比例する．

有機無機ハイブリッドペロブスカイト $CH_3NH_3SnI_3$ はこのような物質の例である．この物質は常温以下での三つの結晶系（直方晶，正方晶，立方晶）すべてにわたってバンド的な p 型半導体に典型的な振舞いをする．ゼーベック係数 $S$ は正であることから（図 9.5），ホール（正孔）がおもな伝導を担うことを示している．相転移近傍のわずかな不連続を除いてゼーベック係数が広い温度領域で直線的に増加していることは，バンド的な伝導をしていることを示すものである．この p 型のホール伝導は構造中の $Sn^{2+}$ 位置に酸化された $Sn^{4+}$ が少量混入することによると信じられている．というのは，$Sn^{4+}$ が一つできると，価電子バンドの上端に二つのホール

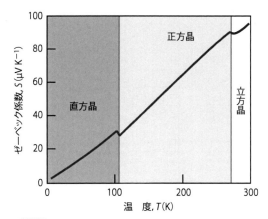

**図 9.5** CH$_3$NH$_3$SnI$_3$のゼーベック係数の温度依存性

が導入されるからである.

電荷キャリヤーがカチオンからカチオンへジャンプするようなイオン的な描像で扱われるペロブスカイトにとって，ゼーベック係数は構造中の欠陥化学によって議論される．欠陥の数とゼーベック係数のおよその関係として以下の簡単な式がよく与えられる．

$$\alpha = \pm \left(\frac{k}{e}\right)\left[\ln\left(\frac{n_0}{n_d}\right)\right]$$

ここで $n_0$ は欠陥を含むサイトの数，$n_d$ は伝導電子あるいはホールを生成する欠陥の数，そして $k/e = 86.17\,\mu\mathrm{V\,K^{-1}}$ である．符号が正のものは p 型，負のものは n 型の物質をそれぞれ述べる．ここで欠陥の数が減ると $n_0/n_d$ は増える．そのため欠陥濃度が最小のところで $\alpha$ の値が最大となることが期待できる．

この式は Heikes の式と形式的に等価である．

$$\alpha = \pm \left(\frac{k}{e}\right)\ln\left[\frac{(1-c)}{c}\right]$$

ここで $c$ は欠陥（あるいは電荷）の濃度である．この式は，$c$ の値が試料の組成と直接関係しているため有用である．

この種の振舞いは多くのコバルト酸化物においてみられる．高スピン，低スピン，あるいは中間スピン間のスピン転移のような複雑なことが無視できる低温では，ゼーベック係数は上記の関係式によく対応している．母相である La$^{3+}$Co$^{3+}$O$_3$ ではしばしば Co が一部酸化され，Co$^{4+}$ イオンが少量生成する．各 Co$^{4+}$ イオンは Co$^{3+}$ に一つホールがトラップされたもの Co$^{\bullet}_{\mathrm{Co}}$ とみなすことができる．このとき電気伝導はホールが Co$^{4+}$ イオンから隣接する Co$^{3+}$ イオンへ移動することによって起こるとみなすことができる．

$$(\mathrm{Co}^{3+} + \mathrm{h}^{\bullet}) + \mathrm{Co}^{3+} \longrightarrow \mathrm{Co}^{3+} + (\mathrm{Co}^{3+} + \mathrm{h}^{\bullet})$$
$$\mathrm{Co}^{\bullet}_{\mathrm{Co}} + \mathrm{Co}_{\mathrm{Co}} \longrightarrow \mathrm{Co}_{\mathrm{Co}} + \mathrm{Co}^{\bullet}_{\mathrm{Co}}$$

これら内因性の欠陥はたいてい全 Co$^{3+}$ の $10^{-4}$ 程度とごく少量である．しかし，この欠陥はとても大きな正のゼーベック係数を与える（温度とともに若干減少する）．

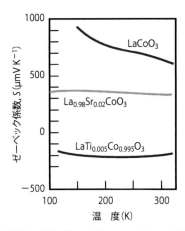

**図 9.6** 化学量論比からわずかにずれた LaCoO$_3$, A サイトを置換した La$_{0.98}$Sr$_{0.02}$CoO$_3$ と B サイトを置換した LaTi$_{0.005}$Co$_{0.995}$O$_3$ のゼーベック係数の温度依存性

　ゼーベック係数は A サイトまたは B サイトの置換によって大きく変えることができる．たとえば，LaCoO$_3$ に対し A サイトの Sr 置換によって得られる固溶体 La$_{1-x}$Sr$_x$CoO$_3$ では，電気的中性を保つために Sr 置換分だけ Co$^{3+}$ が Co$^{4+}$ にならないといけない．ゼーベック係数の値は正のままであり，ゼーベック電流の寄与がまだ大きいことを示している．しかし，電荷欠陥 Co$^{•}_{Co}$ は Sr ドープ量に応じて直線的に増加するはずである．ここで欠陥の数はドープした Sr$^{2+}$ 量と等しい（母体に存在していた Co$^{•}_{Co}$ [*6] は無視している）．そのため Heikes の式にある $c$ の値は La$_{1-x}$Sr$_x$CoO$_3$ の $x$ に等しく，結果としてゼーベック係数の値は下落する（図 9.6）．

*6 これは，たとえば Co 欠陥により生じる．

　類似のことが B サイトの置換によっても起こる．たとえば，LaCoO$_3$ において Co$^{3+}$ を Ti$^{4+}$ に置換すると，電荷中性条件を満たすために 1 個の Ti$^{4+}$ につき 2 個の Co$^{3+}$ が Co$^{2+}$ へ変化する．各 Co$^{2+}$ は Co$^{3+}$ に電子が一つトラップされたもの Co$'_{Co}$ とみなすことができる．このとき LaTi$_x$Co$_{1-x}$O$_3$ の電子伝導は電子が Co$^{2+}$ から Co$^{3+}$ へと移動することにより起こるとみなすことができる．

$$Co^{2+} + Co^{3+} \longrightarrow Co^{3+} + Co^{2+}$$
$$Co'_{Co} + Co_{Co} \longrightarrow Co_{Co} + Co'_{Co}$$

Heikes の式における $c$ は LaTi$_x$Co$_{1-x}$O$_3$ 中の $x$ に等しく，その結果ゼーベック係数の値は母体に比べて小さくなる．そして電子伝導が支配的になるため，ゼーベック係数の符号は負になる（図 9.6）．

### 9.3 磁気熱量効果

　磁気的および熱的な性質は磁気熱量効果（magnetocaloric effect：MCE）によって結びつけられる．磁気熱量効果は，通常の磁性体が磁場中に置かれたとき発熱し，磁場が取り除かれると吸熱する現象のことである．逆磁気熱量効果は，磁場中に置かれたとき吸熱し，磁場が取り除かれると発熱する物質に対して適用される．室温での MCE は，温和な冷却法として注目されている．MCE が起こる原因は，磁場を

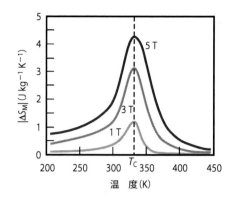

**図 9.7** $La_{0.8}Ca_{0.18}Na_{0.02}MnO_3$ の磁気エントロピー変化 $|\Delta S_M|$ の温度および磁場依存性

印加することによって磁気モーメントが秩序・無秩序転移を起こすことによる．要するに，磁気モーメントが無秩序である状態は磁場を印加することによって秩序化させることができる．この（磁場中で）磁気モーメントが揃った状態は，磁場を取り除くことで再び無秩序になる．この変化に要するエネルギーは固体の格子エネルギーによってもたらされており，断熱過程では，物質全体を冷却することになる．この効果は，しばしば $|\Delta S_M|$ で表される等温磁気エントロピー変化によって定量化される．大きな $|\Delta S_M|$ の値は，大きなスピン磁化（通常は強磁性）の値に由来している．降磁場によって磁気整列が喪失（通常は常磁性）し，磁化は急激に減少する．実験室で 1 K 以下の温度を得るために用いる断熱冷却は，MCE の重要な応用例である．

MCE は $La_{0.7}Ca_{0.3}MnO_3$ や $La_{0.7}Sr_{0.3}MnO_3$ など多くのペロブスカイトでみられる．$La_{0.7}Ca_{0.3}MnO_3$ と $La_{0.7}Sr_{0.3}MnO_3$ は，それぞれキュリー温度 $T_C = 220$ K および $T_C = 370$ K 以下で強磁性を示すため，磁気熱量物質としてのポテンシャルをもっているが，残念ながらこれらの物質の磁気熱量効果はいずれも小さい．しかしながら，ペロブスカイトが A サイト，B サイト，X サイトの置換に対し柔軟であることを考えれば，この機能を向上させることが可能であると考えられる．この考えを基に金属サイトを置換させた物質には，A サイト置換系 $La_{0.8}Ca_{0.2-x}Na_xMnO_3$，B サイト置換系 $La_{0.7}Sr_{0.3}Mn_{0.9}Cr_{0.1}O_3$ および $La_{0.7}Sr_{0.3}Mn_{1-x}Co_xO_3$，両方のサイトを置換した系 $La_{0.6}Pr_{0.1}Sr_{0.3}Mn_{0.9}Fe_{0.1}O_3$，$La_{0.67}Ba_{0.33}Mn_{1-x}Fe_xO_3$，$La_{0.67}Sr_{0.33}Mn_{1-x}V_xO_3$ がある．

これらのいずれの物質においても，等温磁気エントロピー変化 $|\Delta S_M|$ はキュリー温度近傍で極大を示す．極大の高さは，印加した磁場の値に依存する．理想的な 1 回の冷却サイクルにおいて，熱源から冷媒へ移動する潜在的な熱量の程度は相対的冷却指数（relative cooling power：RCP）もしくは，冷却容量は以下の式で定義される．

$$RCP = |\Delta S_M| \times \delta T$$

ここで，$\delta T$ は半値幅である．$La_{0.8}Ca_{0.18}Na_{0.02}MnO_3$ の相対的冷却指数は 2 T の印加磁場のもとで 89 J kg$^{-1}$ K$^{-1}$ である（図 9.7）．

**232** ● 9章　熱・光学特性

## 9.4　焦電効果および電気熱量効果

　焦電効果はこれを用いたエネルギー利用に使われているのに対し，電気熱量効果はいまのところ冷却材料としての研究が行われている．焦電性を示すペロブスカイト結晶は特定の極性軸をもっており，この軸方向に自発的電気分極 $P_s$ をもつ．すべての強誘電体は同時に焦電効果も示すため（6章），ほとんどの研究がペロブスカイト強誘電体を参考にしている．焦電効果を示す物質では，温度変化によって観測される自発分極が変化し，それに伴い表面電荷が変化し，結晶を横切って生じる電場勾配（すなわち電圧）が生まれる〔焦電効果には二つの成分がある．制限された（一定の）サイズの結晶によって測定される純粋な効果と，制限されない結晶上で測定される二次的な効果[*7]である．したがって，後者は熱勾配に応じて自由に膨張・収縮が可能となる．実用的な問題からは，これら二つの効果は通常同じものとして考えられている〕．電気熱量効果は焦電効果の逆の効果である．ここでは電場を極性軸方向に印加することによって結晶の温度が変化する．

> [*7] 温度による熱膨張により，素子内で熱応力が発生し，これが電圧効果を介して電気分極を与える効果．

　焦電・電気熱量効果の応用の候補として研究されている主要なペロブスカイト強誘電体としては，$PbTiO_3$（キュリー温度 $T_c \sim 490\,℃$）や $LiTaO_3$（$T_c \sim 618\,℃$），リラクサー強誘電体の $Pb(Mg_{1/3}Nb_{2/3})O_3$，$Pb(Sc_{0.5}Ti_{0.5})O_3$，$PbSc_{0.5}Sb_{0.5}O_3$ がある．これらの物理的現象について理論的枠組みの構築は現在でも続けられているが，電気熱量効果から期待される温度変化 $\Delta T$ と基本的な物理的性質には下式のような相関があると提唱されている．

$$\Delta T = (T \ln \varphi)\, P_s^2 / (3 \varepsilon_0 \Theta C)$$

ここで，$T$ は絶対温度，$\varphi$ は可能な極性状態の数，$P_s$ は飽和分極，$\varepsilon_0$ は真空の誘電率，$\Theta$ はキュリー温度，$C$ は比熱容量である．可能な極性状態の数 $\varphi$ の値はリラクサー強誘電体で最も多く，熱的あるいは化学的方法によって微細構造あるいはナノ構造を制御可能である．この結果，リラクサーはデバイス応用に向けての研究が現在盛んに行われている．

　電気または磁気転移がかかわる多くの現象と同様，この効果は固体の転移点近傍において最も顕著となる．例として，$PbZr_{0.95}Ti_{0.05}O_3$ の $350\,nm$ 薄膜は，$120\,℃$ からキュリー温度 $225\,℃$ にかけては菱面体晶の強誘電体であることが知られているが，温度変化 $\Delta T$ にピークみられるのは，$226\,℃$ であり，電場 $\Delta E = 480\,V\,cm^{-1}$ のもとで $\Delta T = 12\,K$ をとる．

## 9.5　透　過　度

　ペロブスカイトには，単結晶が用いられる多くの応用がある．しかし，多結晶試料は，もししかるべき状態，とくに透明な状態に加工することができればより好ましいことも多い．透明なセラミックスをつくることの困難さは，ペロブスカイト酸化物であれほかの酸化物であれ，よく理解されている．空隙や不純物がとくに粒界に一切入りこむ余地のないように原料をよく焼結することが不可欠である．なぜなら，セラミックス内部の粒界における散乱は透光性や不透明さの原因となるためで

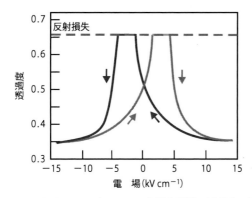

**図 9.8** 40 ℃における PLZT (7.45/71/29) 粉末試料の透過度の電場依存性
ここで電場は光線に平行に，0.35 nm の厚さのディスクに交差して印加されている．元のデータは Zhang ら (2014)．

ある．

ペロブスカイトのセラミックスは外部電場を印加し，電場誘起散乱を起こすことで透明度を操作できる点でいまのところ稀である．このような効果を起こす物質は複合ペロブスカイト $Pb_{1-x}La_x(Zr_{1-y}Ti_y)_{1-x/4}O_3$ であり，通常は PLZT $[x/(1-y)/y]$，たとえば，PLZT (8/70/30) のように書かれる．これが意味することは，偏光子を付加的に用いることなしに軽いモジュレーターや減衰器として応用できる可能性があることである．透明セラミックスは従来のセラミック製造プロセスで合成することができる．これらの物質は組成に依存した高い透明性と高い表面反射率を示す．たとえば，屈折率がおよそ 2.5 とすると空気中にて表面の反射率 $R$ は以下の式で与えられる．

$$R = \left[\frac{(n-1)}{(n+1)}\right]^2 = \left[\frac{1.5}{3.5}\right]^2 = 0.184$$

両表面の反射からくる損失はおおよそ 0.37 となる．

電場を印加すると，履歴曲線（ヒステリシス曲線）を示すが，その正確な形は温度や組成に敏感である．同時に，物質が透明性を失うか得られる上限は表面反射率によって決定される（図 9.8）．このような光学的な変化は物質中のマクロドメインや極性のナノドメインの生成や破壊により生じるとされている．ドメイン（分域）どうしが異なる極性方向をもっているため，光が境界を横切ることにより屈折率が著しく変化し，顕著な光の散乱が起こる．この振舞いは組成と温度に強く依存し，ドメインの生成やドメイン壁の動きやすさや破壊されやすさを変えてしまう．

## 9.6 エレクトロクロミック膜

エレクトロクロミック材料，すなわち電場により色を変える材料は，反射・透過する光の量を制御する"スマートウインドウ"の応用に向けて広く研究されている．色の生成は，さもなければ色のない母体に形成される欠陥と関連している．そのようなデバイスとして最も広い研究の対象となっている物質はタングステンブロンズ $WO_3$ である．同物質は基本的に淡い黄色の絶縁体である．しかし，薄膜は透明である．エレクトロクロミック膜は，いわゆるペロブスカイト型タングステンブロン

*8 Mの種類xによってペロブスカイト構造以外にもいくつかの構造をとることが知られている.

*9 Na$_x$WO$_3$ ($x \sim 1$) が黄金色を呈することからタングステン"ブロンズ"とよばれている.

ズ相 M$_x$WO$_3$ (2.3節) を形成*8 し，ここで H$^+$，Li$^+$，Na$^+$，K$^+$ といったカチオンは母体の点共有 WO$_6$ 八面体ネットワークの間隙にある大きな A サイトに入る〔図 9.9(a)〕*9. 取り込まれたイオン濃度が少ない領域では，タングステンの二つの電荷対間（W$^{5+}$−W$^{6+}$または W$^{4+}$−W$^{6+}$）の電荷移動によって着色すると考えられている.

エレクトロクロミック素子において，WO$_3$ 薄膜への Li の挿入は電圧を印加して Li 金属を還元することにより起きる．この反応で Li 金属は電子を失って Li$^+$ が生成する．ここで解放された電子は，電荷移動を起こしながら W$^{6+}$ の一部を W$^{5+}$ や W$^{4+}$ へ還元する〔図 9.9(b)〕．結果として透明な WO$_3$ 薄膜は黒青色（のペロブスカイト型タングステンブロンズ）へと変化する．電圧を逆転させることによって，挿入された金属種が取り除かれ，透明薄膜へと戻る．この過程は漂白とよばれる．この反応は模式的に次のように書かれる．

$$\text{WO}_3(\text{酸化される，透明}) + x\text{M} \longrightarrow \text{M}_x\text{WO}_3(\text{還元される，黒青色})$$

原則として，デバイスは一連のガラス上の薄膜として構築される．透明伝導性電極，おもにスズ酸インジウム (indium tin oxide：ITO) は，WO$_3$ 薄膜を挟んだ電極，イオン伝導性電解質，金属イオンのソース／シンク (source/sink) として働く〔図 9.9(c)〕．実際には，これ以外にも多くのデバイス設計が試されている．

エレクトロクロミック電極の際立った応用は車窓であり，これにより明るい光からのまぶしい反射を電気的に遮断することが可能となる．ここには Li$^+$ を用いる代わりに，空気中の水蒸気が分解されることで発生した H$^+$ によって水素含有タングステンブロンズ相 H$_x$WO$_3$ が生成する．分解反応は外部の ITO 電極で起こる．

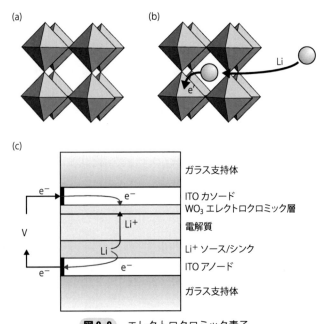

**図 9.9** エレクトロクロミック素子
(a) 理想的な WO$_3$ 構造，(b) 電場下での A サイトへの Li 挿入，(c) Li$^+$ を用いたエレクトロクロミック素子の模式図.

$$2H_2O \longrightarrow O_2(g) + 4H^+ + 4e^-$$

この電気化学的な分解反応は電極表面において 1 V の電圧を必要とする．プロトンを $WO_3$ 薄膜に移動させるため，プロトン伝導を示す電解質，おもに $HUO_2PO_4 \cdot 4H_2O$（HUP）が使用されている．生成された $H^+$ はほかの電極の電子を利用することで，水素含有タングステンブロンズを形成するためにプロトン伝導性電極をとおり過ぎることが可能である．もし不都合な反射が起こった場合，電源が入り $WO_3$ 層にプロトンが入り込んで $H_xWO_3$ が形成され黒くなる．これによりまぶしい光を遮断することができる．この問題が起こらなくなった場合，電圧は逆方向にかかる．$H^+$ はブロンズ薄膜から追いだされ，再度透明に戻る．もし光電池を回路に取り込むことができれば，全デバイスは自動化される．この場合，$H^+$ の貯蔵層は装置まわりの空気である．

## 9.7　電気光学特性

### 9.7.1　屈折率の変化

電気光学効果とは電場をかけることによる光学的特性の変化を示す．この効果には，エレクトロクロミック材料における色，光の吸収や特性の変化（9.6 節），もしくは屈折率の変化を含む．ペロブスカイトでは，この後者の効果（屈折率の変化）が重要である．これらの結晶は電気光学デバイスにおいて，媒体を伝播する光ビームの位相や振幅，偏光を変調させることで，シャッターやほかの光学・電気回路の構成要素として機能する．

電気光学効果は以下のようにして生じる．静的，あるいはゆっくりと変化する電場が固体に印加されたとき，核と電子が変位することによって物質の屈折率が変化する．この変化は下式で記述される．

$$n(E) = n - \tfrac{1}{2}rn^3E - \tfrac{1}{2}Rn^3E^2 \cdots$$

あるいは

$$\frac{1}{n(E)^2} = \frac{1}{n^2} + rE + RE^2 + \cdots$$

ここで $n(E)$ は電場中の物質の屈折率，$n$ は通常の屈折率，$r$ と $R$ は電気光学係数である．この効果は通常小さく，高次の項は無視することができる．すべての立方晶ペロブスカイトを含む反転対称のある物質では初項 $rE$ はゼロとなる．それゆえ屈折率の変化は電場の二乗に比例する．これは二次効果，あるいはカー効果[10] とよばれ，係数 $R$ はカー定数（または係数）とよばれる．カー効果を用いるデバイスは通常カーセル（Kerr cell）とよばれる．反転中心のない物質では初項の寄与が無視できない．この項により電場に比例して屈折率は変化する．この効果はポッケルス効果[11] とよばれる．このとき係数 $r$ は，ポッケルス定数（または係数）とよばれる．ポッケルス効果を用いるデバイスは通常ポッケルスセル（Pockels cell）とよばれる．カー係数またはポッケルス係数は結晶の対称性に依存しており，係数 $r_{ij}$ や $R_{ij}$ は行

\* 10　ジョン・カー（John Kerr）によって発見された二次の電気光学効果．

\* 11　フリードリッヒ・ポッケルス（Friedrich C. A. Pockels）によって発見された一次の電気光学効果．

列形式で記述される．したがって，両効果の大きさは結晶軸に対する電場の大きさと方向に依存している．

ペロブスカイト物質の多くの応用に際しては，直線成分のみに着目し，より小さな二次成分は無視することが可能である．この点において，現在のところ最も重要な電気光学ペロブスカイト結晶は $LiNbO_3$ である．$LiNbO_3$ の単位格子は三方晶である（実際，構造を表すには菱面体でなく六方晶の単位格子を用いるほうが便利である）．結晶の光学的性質をみてみると，この物質は一軸で負であり，六方晶格子の $c$ 軸が光学軸となり，532 nm において屈折率は $n_o = 2.3149$ および $n_e = 2.2265$ である．偏極していない光線が任意の角度で $LiNbO_3$ 結晶に照射されたとき，光は互いに直交した二つの偏極光に分裂する．一方の光は屈折率 $n_o$ を与え，もう一方は照射方向に応じて $n_o$ と $n_e$ の間の値の屈折率を与える[*12]．電場を結晶に印加した場合，これらの屈折率は変化する．比較的簡単な場合は，電場 $E_3$ を $c$ 軸に平行にかけたときである．この場合，屈折率の変化は下式で与えられる．

*12 $n_o$ は常光線屈折率，$n_e$ は異常光線屈折率を表す．

$$n_o(E) = n_o - \frac{1}{2}n_o^3 r_{13} E_3$$
$$n_e(E) = n_e - \frac{1}{2}n_e^3 r_{33} E_3$$

ここで，適当なポッケルス係数は $n_o$ について $r_{13}(9.6 \times 10^{-12}\,\mathrm{mV^{-1}})$ であり，$n_e$ について $r_{33}(30.9 \times 10^{-12}\,\mathrm{mV^{-1}})$ である．電場で誘起された屈折率の変化は非常に小さい．たとえば，1 cm の結晶に 10 kV の電圧を印加したとき，$n_e$ の変化は以下の式で与えられる．

$$\Delta n_e = \frac{1}{2} \times (2.2265)^3 \times 30.9 \times 10^{-12} \times 10^6 = 1.71 \times 10^{-4}$$

この効果は小さいものの，さまざまな電気・光学効果の要素として広く用いられている．

デバイスとして動作させるにあたって重要なポイントが多くある．結晶は結晶軸に対してさまざまな方向に分割することができる．すなわち，電場は光軸に平行，垂直，あるいはある適当な角度に印加することができる．さらには光も光軸に平行，垂直，あるいはある角度の方向にかけることができる（5.1 節，図 5.1）．デバイスにおいてはじょうぶかつ容易に扱えるようこれらすべての可能性から最適なものを選んでいる．

### 9.7.2 電気光学変調器

ペロブスカイト $LiNbO_3$ は変調器として広く用いられている．変調器は，光線が結晶内に入ったとき空気（あるいは真空）中よりも進行速度が低下し，結晶中からの光の位相が結晶を迂回してきた光の位相とずれることを利用している．簡単のため，光は光軸方向に照射するものとする．このとき，光は一つの屈折率 $n_o$ のみを与える．位相変化は下式で与えられる．

$$\theta_0 = \frac{2\pi L n_0}{\lambda_0}$$

ここで $L$ は結晶の長さ，$\lambda_0$ は光の真空中での波長である．電場下では，$n_o$ は下式に置き換わる．

$$n_o(E) = n_o - \tfrac{1}{2} n_o^3 r_{13} E_3$$

そのため，電場下での位相変化は，次のようになる．

$$\begin{aligned}\theta &= \left(\frac{2\pi L}{\lambda_0}\right)[n_o - \tfrac{1}{2} n_o^3 r_{13} E_3] \\ &= 2\pi L n_o/\lambda_0 - \pi L n_o^3 r_{13} E_3/\lambda_0 \\ &= \theta_0 - \pi L n_o^3 r_{13} E_3/\lambda_0 = \theta_0 - \Delta\theta\end{aligned}$$

出ていく光の位相を $\pi$ 変化させるために必要な電圧 $V_\pi$ を定義しておくと便利である．電場 $E_3$ を $V/d$（$V$ は電圧，$d$ は結晶の厚さ）と書くと，

$$\theta = \theta_0 - \pi V/V_\pi$$

ここで

$$V_\pi = d\lambda_0 / L n_o^3 r_{13}$$

典型的な $LiNbO_3$ 変調器は，電場が光軸（$c$ 軸または $z$ 方向）に平行になり光が $x$ または $y$ 軸に平行になるように並べられている〔図 9.10（a）〕．通常の環境では，偏極していない光は常光線・異常光線に分裂してしまうが，結晶中を伝播する光が異常光のみになるように変調器を光軸に平行に配置することによって防ぐことができる．屈折率の適切な値は $n_e$ であり，適切なポッケルス係数の値は $r_{33}$ である．したがって 550 nm の光の下では $V_\pi$ は下式で与えられる．

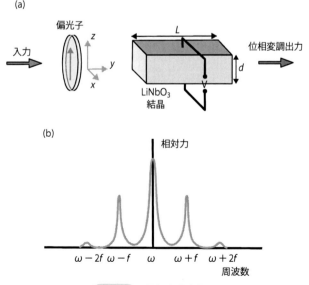

**図 9.10** 電気光学変調器
（a）実験装置の模式図，（b）正弦波的に変化する電圧下での出力．

$$V_\pi = \frac{d \times 550 \times 10^{-9}}{(L \times 2.2265^3 \times 30.9 \times 10^{-12})} = \frac{1613d}{L}$$

結晶の形を $L = 1\,\text{cm}$, $d = 1\,\text{mm}$ とすると，

$$V_\pi = 161\,V$$

位相変化は周波数 $\omega$ の単色レーザー光線に別の周波数を加えるために用いられる．このためには，固定した電圧 $V$ の代わりに正弦的に振動する周波数 $f$ を用いる．変調後の信号は主要信号（周波数 $\omega$）に加えて $\omega \pm f$，$\omega \pm 2f \cdots$ の側波帯を含んでいる〔図 9.10（b）〕．

### 9.7.3 電気光学強度変調器

LiNbO$_3$ のような電気光学結晶を用いて，光の強度を変化させる方法はたくさんある．概念的に最も簡単に強度を変化させる方法はマッハ・ツェンダー（Mach-Zehnder）干渉計[*13]と同じ配置を用いることである．光源は，一部を電気光学結晶に通過させ，一部を通過させないように分割する〔図 9.11（a）〕．結晶をセットする際に考慮しなければならない点は，一般に常光と異常光のいずれも生成されるという事実であるが，これはいくつかの方法によって克服できる．たとえば，位相変調器〔図 9.10（a）〕と同様の幾何配置を採用することで常光線のみを通過させることが可能である．これにより結晶に印加する電圧の大きさに応じて，透過する光を空気中に比べて遅くすることができる．この光は，もとの光（電場ゼロの場合の光）と再び合わさるが，結晶を通過することで生じた位相変化に応じて強め合う，あるいは弱め合う干渉が発生する．この配置は，二つの光の位相差が反射鏡よりも印加電場によって操作されることを除きマッハ・ツェンダー干渉計と似ている．透過率 $T$ は二つの光の位相差 $\phi$ の関数であり，下式で書かれる．

$$T = \cos^2\left(\frac{\phi}{2}\right)$$

変調させる結晶は二つの分岐の位相差を $\pi V/V_\pi$ によって変える．ここで透過度は以下のように表される．

[*13] 一つの光源からわけた二つの平行光間の位相差を測定する光学機器のこと．

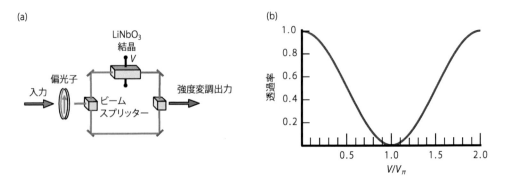

**図 9.11** 電気光学強度変調器
（a）実験装置の模式図，（b）透過率の出力の $V/V_\pi$ 依存性．

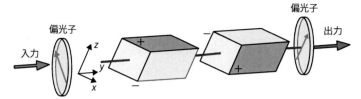

**図 9.12** 対で配置された LiNbO₃ 結晶を用いた電気光学強度変調器

$$T = \cos^2\left(\frac{\phi_0}{2} - \frac{\pi V}{2V_\pi}\right)$$

ここで$\phi_0$はデバイスの構成に応じた一定の位相差であり，実際上ゼロとされる．透過度はそれゆえに典型的な$\cos^2$の形式〔図9.11(b)〕で書かれる．外部電圧が0から$V_\pi$($V/V_\pi=1$)の間で変化するとき，変調器はオン・オフスイッチとして機能する．$\frac{1}{2}V_\pi$($V/V_\pi=0.5$)に近づけると，およそ直線的な変調を与える．場合によっては，その他の電圧をかけることによって非直線的に挙動させることもできる．

より一般的な強度変調の方法は二つのLiNbO₃をタンデムで用いることである．この結晶は強度変調器と同様に配置され，外部電場は光軸に平行に光は垂直になるようにする．しかし，$x$軸と$y$軸は互いに45°になるように設置する．入射した光は$x$軸と$y$軸方向に正確に等分するために，正確に縦方向に偏極する(図9.12)．これにより，最初の結晶に光が入るとき互いに垂直に偏光した常光と異常光に分割することができる．2番目の結晶は，相対偏極で定義される最初の結晶内の常光・異常光が2番目の結晶内で入れ替わるように配置される．このように，常光と異常光は同じ光学経路をとおる．結晶からでてくる際，常光と異常光は外部電場の影響により位相差を生じており，互いに直交するように偏光している．

互いに直交する二つの偏光は干渉を起こしたり干渉パターンを形成したりしないが，平行な二つの偏光では干渉が起こりうる．最後の偏光子に入るに際し，$x$軸・$y$軸方向に分割されるときに，まず互いに垂直になるが，許容された方向に平行な常光・異常光の電場成分が通過する．このとき位相差による干渉が起こる．なぜなら電場ベクトルはこの際，互いに平行であり，干渉の条件を満たすからである．前述のように，位相差は$\cos^2(\pi V/2V_\pi)$に比例した伝達機能をもたらす．変調器は線形または非線形強度変調器，あるいは上に述べたオン・オフスイッチとして機能する．

### 9.7.4 セラミック変調器

セラミックス材料は多結晶でありさまざまな形態に成型することができる．ただし，ディスク状が最も多い．セラミック状(多結晶)のペロブスカイトは，じょうぶである，安い，よい特性がでる，特別な方向に注意深くスライスする必要がないなど，単結晶よりも優れた点が数多くある．しかし，透明材料として用いる場合には注意して作製する必要がある(9.5節)．この目的のために多くの物質が徹底的に探索されている．その例として$Pb_{1-x}La_x(Zr_yTi_{1-y})_{1-x/4}O_3$(PLZT)，$Pb(Mg_{1/3}Nb_{2/3})O_3$-$PbTiO_3$(PMN-PT)，$Pb(Zn_{1/3}Nb_{2/3})O_3$-$PbTiO_3$(PZN-PT)，最近では鉛の入らない

$K_{0.5}Na_{0.5}NbO_3$（KNN）関連の材料がある．

PLZT は組成に応じて多くの結晶構造をとることが知られており，強誘電の菱面体相と正方晶相ではポッケルス（線形）電気光学効果を，立方晶の常誘電相ではカー（二乗）効果を示す．セラミック（多結晶）であることにより，非立方晶の構造は合成されたままの状態では複屈折を示さず，有用な電気光学材料となるためには分極反転する必要がある（6.4.1項）．PMN-PT と PZN-PT はリラクサー強誘電体である．これらは電場がないときは等方的な構造であるが，電場印加によって複屈折電気・光学材料へと容易に変えることができる．これらすべての相は，最適な組成のもとで，$LiNbO_3$ よりも高い電気光学係数を示すため，デバイス応用に向けて盛んに研究されている．

## 9.8 ペロブスカイト太陽電池

近年（2014，2015 年），ペロブスカイト物質を用いた光起電性の太陽電池に関する研究が爆発的に展開されている．光起電力効果とは物質に光が当たったときに電圧が誘起される効果のことである．太陽電池としてはもともと色素増感太陽電池（dye-sensitised solar cell：DSSC）が研究されていた．この電気化学セルの主要なステップは光を吸収するための増感剤（もともとは染料用の分子）であり，光吸収によって電子・ホール対が生成する．電池のその他の部分は電子とホールが分離するように設計されており，電子を外部回路に移動させ，また染料分子を元の状態に戻すことで何度もサイクルを繰り返すことが可能となる．この種の（メゾスコピック[*14]な）DSSC の重要な構成要素は $TiO_2$ の多形の一つであるアナターゼのメソポーラス薄膜[*15]であり，電子伝導体として作用する．この膜はガラスに上に載った透明伝導酸化物（transparent conducting oxide：TCO）のアノードの薄膜上に塗布されている．それに加えて電池は，ホール輸送媒介と対極セルから構成されており，これらによって回路が出来上がる．さまざまな種類の染料が増感剤としてテストされてきたが，染料を有機無機ハイブリッドペロブスカイト $CH_3NH_3PbI_3$ 膜に置き換えた 2009 年にブレークスルーが訪れた〔図 9.13（a）〕．当初，この電池の変換効率は 4％に過ぎなかったが，すぐにこの数字はデバイスの改良により大幅に向上することが明らかになった．それ以来，それ以外の類似のペロブスカイト $CH_3NH_3PbBr_3$，$CH_3NH_3PbI_2Cl$，$CH_3NH_3Pb(I_{1-x}Br_x)_3$ も試されるようになった．

これらのペロブスカイト増感太陽電池の効率は染料の場合と比して高いだけでなく，ほかにも多くの利点をもっている．これらの利点のうち主要なのは電子・ホール伝導能がメソポーラスな $TiO_2$ 層を省略できるほど高いことであり，これにより伝統的な太陽電池の設計が可能となる〔図 9.13（b）〕．それに加え，動作する薄膜は水溶液に浸すことで，比較的安価に作製可能である．2014 年には変換効率 20％が達成された．

ペロブスカイト構造がもつ柔軟さを考慮すると，さまざまな変形が可能である．これらの相のバンドギャップと吸収スペクトル，光・電気発生効率は有機物およびハロゲンサイトを置換することで制御可能である．$CH_3NH_3Pb(I_{1-x}Br_x)_3$ のバンド

[*14] 5 ～ 100 nm の領域．

[*15] アナターゼは正方晶でバンドギャップは 3.2 eV．メソポーラスとは 1 ～ 数十 nm の大きさの孔をいう．

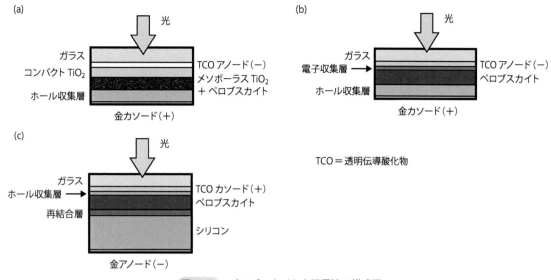

**図9.13** ペロブスカイト太陽電池の模式図
(a) $CH_3NH_3PbI_3$ を用いた DSSC の構成，(b) 従来の太陽電池の構成，(c) ケイ素/ペロブスカイトタンデムの構成.

ギャップは下式で与えられる．

$$E_g = 1.57 + 0.39x + 0.33x^2$$

その結果，バンドギャップを $1.57\,(x=0)$ から $2.29\,(x=1)\,\mathrm{eV}$ まで，したがって吸収スペクトルをなだらかに変化させることが可能である．これらの値は赤外から青色までの領域に対応する．同様にメチルアンモニウム $(CH_3NH_3)^+$ とホルムアミジニウム $(HN=CHNH_3)^+$ の混合物から構成されるペロブスカイト $(CH_3NH_3)_x(HN=CHNH_3)_{1-x}PbI_3$ は，ホルムアミジニウムの量が増すごとに赤色の光の利用を抑制することができる．

しかし重要な点は，現段階ではこれらの物質が実際の電池内で動作する微細構造についてはまだはっきりとわかっていないということである．とくに，ペロブスカイト層は水蒸気に敏感であり，湿気によって特性・効率が顕著に悪くなる．その結果，商用化に耐えるほどの耐久性をもたせるためにはこれらの電池は大気中の水蒸気から遮断される必要がある．それにもかかわらず，さらなる研究により特定の波長変換に向けた電池の最適化が進んでいくことは疑いもない事実であろう．さらに，電池材料の積み重ね方を変えることによっても性能は向上するであろう．現在，最も研究されているのはペロブスカイト・シリコン太陽電池のタンデム〔図9.13(c)〕であるが，この電池の変換効率は 33～35％程度になると予測されている．

ペロブスカイト太陽電池に関する研究は現在猛烈な勢いで進行している．章末にある「さらなる理解のために」の参考書がこの急激に発展している研究分野の背景の理解に役立つであろう．

**242** ● 9章　熱・光学特性

## ◆ 参 考 文 献 ◆

X. Zhang *et al.*, *J. Am. Ceram. Soc.*, **97**, 1389–1392（2014）.

## ◆ さらなる理解のために ◆

●結晶の光学物性については以下に記載されている：

B. E. A. Saleh, M. C. Teich, Fundamentals of Photonics, John Wiley & Sons, Inc., New York（1991）, Chapter 6.

R. J. D. Tilley, Colour and the Optical Properties of Materials, 2nd edition, John Wiley & Sons, Ltd, Chichester（2011）, Chapter 4.

●電気熱量効果については以下にまとめられている：

S. P. Alpay *et al.*, *Mater. Res. Soc. Bull.*, **39**, 1099–1109（2014）.

J. F. Scott, *Annu. Rev. Mater. Res.*, **41**, 229–240（2011）.

●電気光学材料については以下を参照：

B. E. A. Saleh, M. C. Teich, Fundamentals of Photonics, John Wiley & Sons, Inc., New York（1991）, Chapter 18.

●電気光学定数については以下を参照：

G. W. C. Kaye, T. H. Laby, Tables of Physical and Chemical Constants, 16th edition, Longman, Harlow（1995）; http://www.kayelaby.npl.co.ik/toc/

●近年のペロブスカイト太陽電池に関する総説は以下のとおりである：

M. A. Green, A. Ho-Baillie, H. J. Snaith, *Nat. Photonics*, **8**, 506–514（2014）.

Materials Research Society Bulletin, **40**, August（2015）の執筆者ら.

S. Kazim *et al.*, *Angew. Chem. Int. Ed.*, **53**, 2812–2824（2014）.

S. D. Shranks, H. J. Snaith, *Nat. Nanotechnol.*, **10**, 391–412（2015）.

S. D. Stranks *et al.*, *Angew. Chem. Int. Ed.*, **54**, 3240–3248（2015）.

## 付　録

### 付録 A：ペロブスカイトにおける結合価数（ボンドバレンス）模型

　ペロブスカイト構造材料において，通常の回折法を用いてカチオン分布と価数状態を確かめることは，しばしば困難を伴う．そのような場合には，結合価数（ボンドバレンス）模型[†1]という経験的に求められたコンセプトが有用である．その模型は，価数と二つのイオン間の化学結合の相対的な強さ，および結合長を関連づけたものである．短い結合は長い結合より強く，高い結合価数値をもつはずである．長い結合は短い結合より弱く，低い結合価数をもつ．結晶構造の決定により正確な原子間距離がわかるので，正確な結合価数値あるいは結合の相対的な強さを導出できる．

[†1] 結合価数模型を，原子価結合（バレンスボンド）模型とよばれる化学結合の量子力学模型と混同しないこと．後者は化合物中の共有結合を記述するものである．

　あるカチオン i の形式価数 $V_i$ は，カチオン上の形式電荷に等しい．したがって，$Fe^{3+}$ イオンの $V_i$ の値は＋3 であり，$Nb^{5+}$ イオンでは＋5 のようになる．この $V_i$ の値はカチオン i の第一近接アニオン j の結合価数 $v_{ij}$ の総和とも等しいはずである．すなわち，

$$\sum_j v_{ij} = V_i = カオチン上の形式電荷 = 結合価数和（BVS）[*1] \qquad (A.1)$$

[*1] BVS：bond valence sum.

　この概念を使うには，実験的に観測されるカチオン i とアニオン j 間の結合長 $r_{ij}$ と，その結合価数 $v_{ij}$ を関連づける必要がある．そのために，経験的な式（A.2）が採用される．

$$v_{ij} = e^{(r_0 - r_{ij})/B} \qquad (A.2)$$

　ここで $r_0$ と $B$ は，結晶構造に起因する経験的なパラメータ[†2]である．一般に，$B$ の値は結合の種類によらず 0.037 nm（0.37 Å）が用いられるため，この式は実際には以下のようになる．

[†2] ここで $r_{ij}$, $r_0$, $B$ の単位は nm（ナノメートル）を使う．たいていの結晶学者はオングストローム（1 nm = 10 Å）を好んで使う．

$$v_{ij} = e^{(r_0 - r_{ij})/0.037} \qquad (A.3)$$

　この方法は，結晶構造の決定に際して生じる二つの相補的な疑問を解明するのに適用できる．すなわち，価数がわかっているカチオンに対して占有サイトを求めたり，原子位置がわかっている場合にカチオンの価数を求めることができる[*2]．その実際を二つの例をもって示そう．

[*2] アニオンに関してもできる．

**244** ● 付　録

**表 A.1**　12R-Ba$_4$Ti$_2$Mn$_2$O$_{12}$ の結合価数データ

| 元素の組合せ | $r_{ij}$ (nm) | 結合数 | 結合当たりの結合価数 | 結合価数和 (BVS) |
|---|---|---|---|---|
| Ti1-O1 | 0.19051 | 6 | 0.784 | 4.704 |
| Ti2-O1 | 0.19888 | 3 | 0.625 | 1.876 |
| Ti2-O2 | 0.19206 | 3 | 0.752 | 2.255 |
| Ti2-O |  |  |  | 4.131 |
| Ti3-O3 | 0.19815 | 6 | 0.638 | 3.828 |
| Mn1-O1 | 0.19051 | 6 | 0.663 | 3.978 |
| Mn2-O1 | 0.19888 | 3 | 0.529 | 1.587 |
| Mn2-O2 | 0.19206 | 3 | 0.636 | 1.908 |
| Mn2-O |  |  |  | 3.495 |
| Mn3-O3 | 0.19815 | 6 | 0.539 | 3.234 |

データは，Keith ら（2004）のものを使用．$r_0$ の値は，Mn$^{4+}$－O：0.1753 nm，Ti$^{4+}$－O：0.1815 nm 〔Breese と O' Keeffe（1991）より〕．

## A.1　六方晶 12R-Ba$_4$Ti$_2$Mn$_2$O$_{12}$ におけるカチオン位置

　　六方晶ペロブスカイト 12R-Ba$_4$Ti$_2$Mn$_2$O$_{12}$ は三方晶で，空間群 $R3m$（166），格子定数 $a = 0.56914$ nm，$c = 2.79186$ nm である．この構造は，頂点共有八面体の層に隔てられた，三連の面共有八面体ブロックにより構成される〔3.6.1 項，図 3.15（a）〕．B サイトには三つの選択肢があり，M1 は三連面共有八面体の中心の八面体位置に，M2 は三連体の外側の八面体位置に，M3 は頂点共有の八面体位置にある．

　　M1 から最近接の酸化物イオン（O1）に伸びる六つの結合は等しく，0.19051 nm である．Ti$^{4+}$－O$^{2-}$ 結合は 0.185 nm なので，

$$v_{ij} = \exp\left[\frac{(0.1815 - 0.19051)}{0.037}\right] = 0.784$$
$$V_i = 6 \times 0.784 = 4.704$$

　　M2 から最近接の酸化物イオンに伸びる結合は結合長が M2－O1 = 0.19888 nm と M2－O2 = 0.19206 nm の二つのグループに分けられる．Ti$^{4+}$ を考えると，

$$v_{ij}(\text{M2} - \text{O1}) = \exp\left[\frac{(0.1815 - 0.19888)}{0.037}\right] = 0.625$$
$$v_{ij}(\text{M2} - \text{O2}) = \exp\left[\frac{(0.1815 - 0.19206)}{0.037}\right] = 0.752$$
$$V_i = 3 \times 0.625 + 3 \times 0.752 = 4.131$$

が得られる．

　　これを M3 に対して，Ti$^{4+}$ を当てはめて繰り返す．ついで三つの全サイトにおいて Mn$^{4+}$－O$^{2-}$ 結合を考えると，表 A.1 のようになる．この結果は，Ti$^{4+}$ を当てはめた結合価数和は M1 で 4.70，M2 で 4.13，M3 で 3.83 となり，Mn$^{4+}$ では M1 で 3.98，M2 で 3.49，および M3 で 3.24 であることを示している．これらは Ti$^{4+}$ イオンは好んで M2 サイトを，続いて M3 サイトを占めることが，それらのサイトで算出された Ti$^{4+}$ の価数が 4 に近いことからわかる．同様に，Mn$^{4+}$ は優先的に M1 サイトを占めることが，そのサイトで算出された Mn$^{4+}$ の価数が 4 に最も近いことからわかる．このようにして，起こりうるカチオン分布を決定することができる．

**表 A.2** 9R-BaIrO$_{2.96}$ の結合価数データ

| 元素の組合せ | $r_{ij}$ (nm) | 結合数 | 結合当たりの結合価数 | 結合価数和 (BVS) |
|---|---|---|---|---|
| Ir1-O1 | 0.211 | 1 | 0.523 | |
| Ir1-O2 | 0.207 | 2 | 1.165 | |
| Ir1-O3 | 0.214 | 1 | 0.482 | |
| Ir1-O4 | 0.224 | 2 | 0.736 | |
| Ir1-O | | | | 2.91 |
| Ir2-O3 | 0.214 | 2 | 0.964 | |
| Ir2-O4 | 0.217 | 4 | 1.778 | |
| Ir2-O | | | | 2.74 |
| Ir3-O1 | 0.191 | 1 | 0.898 | |
| Ir3-O2 | 0.195 | 2 | 1.611 | |
| Ir3-O5 | 0.213 | 2 | 0.991 | |
| Ir3-O6 | 0.220 | 1 | 0.410 | |
| Ir3-O | | | | 3.91 |
| Ir4-O5 | 0.214 | 4 | 1.928 | |
| Ir4-O6 | 0.219 | 2 | 0.842 | |
| Ir4-O | | | | 2.77 |

データは, Cheng ら (2009) のものを使用. $r_0$ の値は, In$^{4+}$－O：0.1870 nm〔Breese と O'Keeffe (1991) より〕.

## A.2 六方晶 9R-BaIrO$_{2.96}$ におけるカチオン価数

わずかな酸素欠損を含む BaIrO$_{2.96}$ は, ひずんだ 9R-BaRuO$_3$ 構造をとる〔3.5.1 項, 図 3.9(a)〕. 9R-BaRuO$_3$ 構造における積層様式は (chh)$_3$ であり, 面共有で三つが連なった八面体ブロックが点共有でつながっている. BaIrO$_{2.96}$ の構造は傾いており, 単斜晶系の空間群 $C2/m$ (12) をとる ($a$ = 1.00046 nm, $b$ = 0.57536 nm, $c$ = 1.51839 nm, $\beta$ = 103.27°).

単位格子中には四つの独立な Ir サイトがある. Ir1 と Ir3 は三連した面共有八面体の両端において, 面共有および点共有しており, Ir2 と Ir4 は三連体の中心にある. 先述のような結合価数和計算を O$^{2-}$ と結合した Ir に適用してみよう. その結果は表 A.2 にまとめてあり, 結合価数和の値は, それぞれ 2.91 (Ir1), 2.74 (Ir2), 3.91 (Ir3), 2.77 (Ir4) となる. これは Ir3 のみが予想される Ir$^{4+}$ 状態に近いことを示している. ほかのカチオンは Ir$^{3+}$ とみなすことができるが, これはかなりの Ir－Ir 結合が生じていることを示唆している. これは, 面共有八面体ブロックの中心カチオンである Ir2 と Ir4 においてとくに顕著である.

### ◆ 参考文献 ◆

N. E. Breese, M. O'Keeffe, *Acta Crystallogr.*, **B47**, 192-197 (1991).

J.-G. Cheng *et al.*, *J. Am. Chem. Soc.*, **131**, 7461-7469 (2009).

G. M. Keith *et al.*, *Chem. Mater.*, **16**, 2007-2015 (2004).

### ◆ さらなる理解のために ◆

I. D. Brown, Chapter 14, in M. O'Keeffe, A. Navrotsky (Eds.), Structure and Bonding in Crystals, Vol **II**, Academic Press, New York (1981).

N. Brese, M. O'Keeffe, *Acta Crystallogr.*, **B47**, 192–197 (1991).

A. Santoro, I. N. Sora, Q. Huang, *J. Solid State Chem.*, **151**, 245–252 (2000).

M. W. Lufaso, P. M. Woodward, *Acta Crystallogr.*, **B57**, 725–738 (2001).

I. D. Brown, The Chemical Bond in Inorganic Chemistry, International Union of Crystallography Monographs on Crystallography No. **12**, Oxford University Press, Oxford (2002).

H. Zhang, N. Li, K. Li, D. Xue, *Acta Crystallogr.*, **B53**, 812–818 (2007).

## 付録 B：Kröger–Vink 欠陥表記のまとめ

　クレーガー・ビンク (Kröger-Vink) 表記は主として結晶中の点欠陥を表すのに用いられる．要点は以下のとおりである．

1. 空隙位置は通常，欠陥（または欠損）とよばれる"元素"で占められ，これを $V$（イタリック体）で表し，バナジウム元素の化学記号 V（ローマン体）と区別する．通常占められるサイトが欠損する場合，下付き文字で占有するはずの元素記号を付記する．たとえば $SrTiO_3$ では，$V_{Sr}$ という記号はストロンチウムの欠陥を表す．

2. 元素置換を表す場合には通常の化学記号を使用し，置換される（元から存在する）種を下付き文字で記載する．たとえば，$SrTiO_3$ に置いて Sr サイトを Ba で置換する場合は，$Ba_{Sr}$ と表記する．

3. 格子間位置とよばれる，結晶中において通常元素で占められない位置は，下付き文字 i で表される．たとえば，$O_i$ を用いることで，$La_2CuO_{4+\delta}$ の格子間位置の酸素を表すことができる．

4. 会合した格子欠陥は，そのようなクラスターの要素をかっこで閉じて表す．

5. 欠陥上の電荷は有効電荷として扱われる．その欠陥がもつ電荷は，完全な（欠陥のない）結晶中でそのサイトにあるものと同じとみなす．上付き記号′を使って有効負電荷の単位を，上付き「˙」を使って有効正電荷の単位を表す．たとえば，Sr サイトを La で置換した $SrTiO_3$ は，＋1 の有効電荷をもち，$La_{Sr}^{\cdot}$ と表される．電荷のバランスは $Ti^{4+}$ カチオン位置に $Ti^{3+}$ をつくることで補償され，$Ti'_{Ti}$ と表される．

6. 結晶中を動き回ることができる電子とホール（正孔）は，それぞれ $e'$ と $h^{\cdot}$ で表す．

7. 元素もしくはアニオンが格子間サイトを占めるとき，有効電荷はその真の電荷と同じとみなす．たとえば，$O_i''$ を用いることで，$La_2CuO_{4+\delta}$ の格子間 $O^{2-}$ アニオンを表すことができる．

| 表 B.1 | 結晶中欠陥のクレーガー・ビンク (Kröger-Vink) 表記 |

| 欠陥の種類 | 表記 | 欠陥の種類 | 表記 |
|---|---|---|---|
| 金属 (M) サイトにおける金属欠陥 | $V_M$ | 非金属 (Y) サイトにおける非金属欠陥 | $V_Y$ |
| 金属 (M) サイトにおける金属不純物 (A) | $A_M$ | 非金属 (Y) サイトにおける非金属不純物 (Z) | $Z_Y$ |
| 格子間金属 (M) | $M_i$ | 格子間非金属 (Y) | $Y_i$ |
| 電荷をもたない金属 (M) 欠陥 | $V_M^x$ | 電荷をもたない非金属 (Y) 欠陥 | $V_Y^x$ |
| 有効負電荷をもつ金属 (M) 欠陥 | $V_M'$ | 有効正電荷をもつ非金属 (Y) 欠陥 | $V_Y^{\bullet}$ |
| $n$ 個の有効正電荷をもつ格子間金属 (M) | $M_i^{n\bullet}$ | $n$ 個の有効負電荷をもつ格子間非金属 (Y) | $Y_i^{n'}$ |
| 自由電子 | $e'$ | 自由ホール | $h^{\bullet}$ |
| 電荷をもたない欠陥会合 (欠陥対) | $(V_M V_Y)$ | 有効正電荷をもつ欠陥会合 | $(V_M V_Y)^{\bullet}$ |

8. 有効電荷をもたない欠陥は，その状態を強調するために上付き文字 $x$ が用いられることがある．

各表記のおもな特徴は表 B.1 にまとめてある．この体系はどんな構造にも適用できるため，本用法でペロブスカイトならびにペロブスカイト関連物質全体にわたって用いることができて便利である．

◆ さらなる理解のために ◆

The definitions of this nomenclature and further examples are to be found in the IUPAC Red Book on the Nomenclature of Inorganic Chemistry, Recommendations 2005, International Union of Pure and Applied Chemistry, RSC Publishing, Cambridge, UK (2005).

# 索　引

## 数　字

2C-$SrTiO_3$ ペロブスカイト構造の
積層様式　　78
2H 構造　　65, 67
2H-$BaCoO_3$　　184
2H-$BaMnO_3$　　184
2H-$BaNiO_3$ 型　　81
　　——構造　　72, 76
2H-$BaNiO_3$ 構造　65, 66, 67, 71, 77, 78
　　——の積層様式　　78
　　——をとる相　　66
3C-$SrTiO_3$　　78
3d 遷移金属を含むダブル
ペロブスカイト　　188
4H-$BaMnO_{2.65}$　　78, 80, 85, 87
　　——構造　　81
　　——の積層順序　　78
4H-$BaMnO_3$　　184
　　——構造　　77
4H-$SrMnO_3$　　195
$(4_15_1)$ インターグロース構造　　91
5H-$BaIrO_3$　　85
　　——の理想化された (chcch) 構造
　　　　86
5H-$Ba_5Co_5CoO_{14}$ の $(cc'chh)_2$ 構造　　94
5H-$Ba_5IrCo_4O_{14.5}$　　88
$(5_16_1)$ インターグロース構造　　91
6H-$BaFeO_2F$　　185
6H'-$BaMnO_{2.92}$ (chchhh)　　86
6H-$BaTiO_3$　　85
　　——構造　　81
6H-$Ba_3BiIr_2O_9$ 相　　98
6H-$Ba_6Co_6FO_{16-\delta}$　　96
8H-$BaMnO_{2.875}$　　81
8H-$BaMnO_{2.95}$　　184
8H-$Ba_4LiNb_3O_{12}$　　82
8H-$Ba_4LiTa_2SbO_{12}$ 相　　83
8H-$Ba_4LiTa_3O_{12}$　　82
8H-$Ba_8Ca_2Mn_6ClO_{22}$　　96
8H-$Ba_8Ti_3Nb_4O_{24}$　　83
8H-$Ba_8Ti_3Ta_4O_{24}$　　84
9R-$Ba_{0.875}Sr_{0.125}MnO_3$　　184
9R-$BaInO_{2.96}$ におけるカチオン価数
　　　　245
9R-$BaIrO_3$　　85
9R-$BaRuO_3$　　81, 85, 97

10H 構造　　84
10H 相　　96
10H-$BaIr_{0.3}Co_{0.7}O_{2.84}$　　85
　　——(chchh)　　86
10H-$Ba_5Co_5FO_{13-\delta}$　　96
10H-$Ba_5Ru_3Na_2O_{14}$　　85
10H-$(ccch)_2$ 構造　　84
12H の多形　　81
12H-$BaCoO_{2.60}$ の $(cc'chh)_2$ 構造　　95
12R-$Ba_4LnRu_3O_{12}$　　88
　　——におけるカチオン位置　　244
12H-$Ba_6Ru_2Na_2M_2O_{17}$　　93
　　——の $(ccc'cch)_2$ 構造　　93
14H-$Ba_7Co_6BrO_{17}$　　98
15R-$BaFeO_2F$　　185
15R-$BaMnO_{2.90}$　　97
15R-$BaMnO_{2.99}$　　81
15R-$SrMn_{0.915}Fe_{0.085}O_{2.979}$　　86
　　——相　　85
16H-$Ba_7Ca_{0.85}Mn_{2.65}Cr_{0.5}O_{11.5}$　　95
　　——の $(ccc'cchhh)_2$ 構造　　95
16H-$Ba_7Ca_{0.9}Mn_{3.1}O_{11.3}$　　95
18R-$Ba_6Co_5BrO_{14}$　　98
21R-$BaMnO_{2.928}$　　81
21R-$Ba_7Ca_2Mn_5O_{20}$ の $(ccc'cchh)_3$
構造　　94
90° 型の超交換相互作用　　174
[110] 面欠陥　　112
180° 型超交換相互作用　　174, 177

## 【A】

A サイトカチオン　　129, 130
A サイト欠損　　130
　　——型チタン酸化物　　45, 46
　　——型ペロブスカイト構造　　43〜46
A サイト秩序　　27, 38
A サイトのイオン伝導度　　130
$AA'_3B_4O_{12}$　　38
　　——型ペロブスカイト相　　70
　　——関連構造　　38〜41
　　——構造　　39
$AAlO_3$ アルミ酸化物　　8
ABC 層の積層様式　　77
$ABO_2F$　　43
$ABO_3$　　2

　　——構造と $r_A$, $r_B$ の相関図　　29
$ABX_3$　　1, 76
　　——型ペロブスカイトの構造
　　　　1〜31
　　——関連構造　　33
　　——相　　3, 102
　　——ペロブスカイトの構造の変型
　　　　9, 10
$ACu_3Fe_4O_{12}$　　40
$AO_3$ 層　　86
$A'O_6$ 三角プリズム　　69
$ATiO_3$ チタン酸化物　　8
$AX_3$ 層　　65, 77, 78
　　——の最密充填構造　　76
$A_2B_2O_5$　　46
　　——ブラウンミレライト構造　　48
$A_2(BB')O_6$　　33, 34
$A_3A'BO_6$　　72
　　——相　　76
　　——$(K_4CdCl_6)$ 型構造　　70〜72
$A_3O_9$ 層の六方最密積層　　69
$A_4A'B_2O_9$　　71, 72
　　——相　　74
$A_4B_4O_{12}$　　83
$A_5A'B_3O_{12}$　　73
$A_6A'B_4O_{15}$ 型構造　　71〜73
$A_7A'B_5O_{18}$　　73
$A_9A'_2B_5O_{21}$ 型構造　　71〜73
$A_nB_{n-1}O_{3n}$　　88, 89
$A_nB_nO_{3n-1}$ ホモロガス系列　　54
AFM (antiferromagnetic)　　174, 201
$AlO_6$ 八面体　　19
$AuCu_3$ 構造　　5
Aurivillius 相
　　105, 109〜111, 123, 149, 196
　　——の理想構造　　110

## 【B】

B カチオンの変位　　9, 10
B サイトカチオン　　13, 14, 128, 129
　　——が変位することによって
　　　　派生する部分群　　24
　　——伝導経路　　128
　　——の伝導　　127
B サイト置換型ペロブスカイト　　138
B サイト置換と酸素圧　　52, 53

**B サイト秩序型ダブルペロブスカイト** 36
$BaBiO_3$ 207
$BaFeO_{2.5}$ 58
$BaIrO_3$-$BaMnO_3$ の圧力-組成相図 99
$BaLa_8Ti_7O_{27}$ 91
$BaMnO_{2.5}$ 76
$BaMnO_{2.65}$ 78
$BaMnO_3$ 76
　——の構造 31
$BaNiO_3$ 65
　——構造 51, 65~67, 77
$BaO_2$ ($c'$) 層を含むアニオン欠損相 92~95
$BaO_3$ 層 65
$BaOX$ 層 97
　——をもつアニオン欠損相 95~97
$BaTiO_3$ 2, 10~13, 147, 165, 166, 202
　——におけるカチオン変位 12
　——の温度-圧力相図 12, 13
　——の対称性 168
　——薄膜 171
$BaZr_{0.8}Y_{0.2}O_{3-\delta}$ の電気伝導 140
$Ba_2BiIrO_6$ 35
$Ba_2FeMoO_6$ 34
$Ba_2GaInO_5$ 51
$Ba_2InCoO_{5+\delta}$ 51
$Ba_2In_2O_5$ 46, 51
　——酸化物 132
$Ba_2In_{2-2x}Ti_{2x}O_{5+x}$ 52
$Ba_4Cr_2US_9$ 72
$Ba_5Co_5ClO_{13}$ 185
$Ba_5Co_5FO_{13}$ 185
$Ba_5Co_5O_{14}$ ($BaCoO_{2.74}$) 93
$Ba_5PdMn_3O_{12}$ 73
$Ba_6Co_6O_{18-\delta}$ 94
$Ba_6CuIr_4O_{15}$ 71
$Ba_6MgMn_4O_{15}$ 71, 73
$Ba_6Mn_5O_{16}$ 97, 98
$Ba_7PdMn_5O_{18}$ 73
$BiCoO_3$ における C 型反強磁性秩序 180
$BiFeO_3$ 薄膜 170
$BiNBa_3$ の 2H-$BaNiO_3$ 型構造 28
$BiNSr_{3-x}Ba_x$ 29
$Bi_2Ca_2Sr_2Cu_3O_{10+\delta}$ 2
　——における変調 118
$Bi_3TiNbO_9$ 110
$Bi_5TiNbWO_{15}$ 110
$BO_5$ 四角錐 55
$BX_6$ 八面体 15, 66, 223
　——のカチオン変位 11
　——の傾斜/回転 9, 10
　——のひずみ 9

## 【C】

C 型希土類 $Ln_2O_3$ 構造 8
$c$ 軸長 73, 74
$Ca_{0.01}WO_3$ 44
$Ca_{0.03}WO_3$ 45
$Ca_{0.12}WO_3$ 45
$CaCu_3Fe_4O_{12}$ 41
$CaCu_3Ti_4O_{12}$ 39, 146, 182
$CaF_2$ 109
$CaFeTi_2O_6$ 38
$CaMnO_3$ 66
　——の簡略化した状態密度 215
　——の構造 31
$CaMnTi_2O_6$ 38
$CaSrFe_{1.5}Mn_{0.5}O_5$ 53
$CaSrFeMnO_5$ 50
$CaTiO_3$ 1, 15, 20, 21
$Ca_2FeAlO_5$ 46
$Ca_2FeCoO_5$ 51
$Ca_2FeMnO_5$ 50
$Ca_2Fe_2O_5$ 50, 54
$Ca_2LaFe_3O_8$ 54
$Ca_2MgOsO_6$ 35
$Ca_2Nb_2O_7$ ($Ca_4Nb_4O_{14}$) 相 112
$Ca_2Nb_2O_7$ 関連相 111, 112
$Ca_2RuO_4$ 金属-絶縁体転移 205
$Ca_3CuIrO_6$ 70
$Ca_3CuRhO_6$ 70
$Ca_3NiMnO_6$ ($K_4CdCl_6$) 72
$Ca_4Fe_2Mn_{0.5}Ti_{0.5}O_9$ の平均構造 54
($c'c'$) 層 97
($c\cdots c'\cdots ch$) 構造 93
($cc\cdots ch$) $A_nB_{n-1}O_{3n}$ シフト相・双晶相 92
($cc\cdots chh$) 構造 87
($cc\cdots chh$) $A_nB_{n-1}O_{3n}$ 構造 88, 89
($cc\cdots chh$) $A_nB_nO_{3n}$ 構造 87, 88
($ccchh$)$_2$ の $A_5B_5O_{15}$ 相 94
($c\cdots c'\cdots chhh$) 構造 94
($c\cdots cc'\cdots chh$) 構造 93
($cccccch$)$_2$ の $A_6B_6O_{18}$ 相 93
CCTO 146
CDC 146
$Ce_{1/3}NbO_3$ 45
　——の構造 46
$c_ph_q$ インターグロース構造 85, 86
($c_ph$) 構造 81~85
$c_ph_q$ 積層様式における $c$ 軸長の
　およその値 80
$c_ph_q$ 層の積層様式 79
$c_ph$, $ch_q$ 積層の六方晶
　ペロブスカイト 80~86
$c_phh$ 積層の六方晶ペロブスカイト
　86~92

($CH_3NH_3$) $PbCl_3$ ($MAPbCl_3$) の構造 25
$CH_3NH_3PbI_3$ 膜 240
($CH_3NH_3$) $PbX_3$ 2
$CH_3NH_3SnI_3$ 219, 228
　——のゼーベック係数の
　　温度依存性 229
CMR 199, 217
colossal dielectric constant 146
colossal magnetoresistance 199, 217
Count Lev Aleksevich von Petrovski 1
Co 上向きスピン 180
Co 下向きスピン 180
$CsCa_2Ta_3O_{10}$ 108
Cu (Al, fcc) 構造 5
$CuF_6$ 八面体 14
$CuNMn_3$ 27
　——の立方晶アンチペロブス
　　カイト構造 28
$CuO_4$ 平面四配位 40
$CuO_6$ 八面体のヤーン・テラーひずみ
　102
$Cu_{2.5}Ta_4O_{12+\delta}$ 46
Curie-Weiss law 173

## 【D】～【I】

density functional theory 199
DFT 199
Dion-Jacobson 相 105, 124, 149, 166
　——および関連相 107~109, 122
　——の理想構造 108
DSSC 240
$DyCoO_3$ 191
dye-sensitised solar cell 240
Efros-Shklovskii の可変領域
　ホッピング則 220
$EuCu_3Fe_4O_{12}$ 227
$EuTiO_{2.70}H_{0.30}$ 176
$EuTiO_3$ 176
(Fe, Mg) $SiO_3$ 1
$FeO_6$ 八面体 40
$Fe_3PtN$ 27
G 型反強磁性構造 206
G 型反強磁性秩序 182
$G_y$ 型のスピン秩序 181
$GdFeO_3$ 20, 21
　——(型) 構造 20, 42, 43, 59
　——(型) 構造の $CaTiO_3$ 23
giant magnetoresistance 217
GKA 則 174
Glazer 16
　——傾斜表記 17
GMR 217
Goodenough-Kanamori-Anderson
　rule 174

| | | |
|---|---|---|
| Grenier 相 | 53 | |
| Gustav Rose | 1 | |
| (h´) 層 | 95 | |
| Heikes の式 | 229, 230 | |
| (hhcc…chhcc…c) インターグロース | | |
| 構造 | 89 | |
| indium tin oxide | 234 | |
| ip | 75 | |
| ITO | 234 | |

## 【K】，【L】

| | |
|---|---|
| $K_{0.5}Na_{0.5}NbO_3$ | 169 |
| $KCuF_3$ | 13～15, 25 |
| ——構造 | 15 |
| $KLaNb_2O_7$ | 107 |
| $KNbO_3$ の対称性 | 168 |
| $K_2NiF_4$（T または T/O）構造 | |
| | 54, 101～104, 114 |
| $K_4CaU_3O_{12}$ | 36 |
| $K_4CdCl_6$ 構造 | 69 |
| $K_4Fe_3F_{12}$ におけるスピン配列 | 192 |
| $K_4SrU_3O_{12}$ | 36 |
| Kröger-Vink の表記法 | 33, 40, 246 |
| L 配列 | 49 |
| $La_{0.8}Ca_{0.18}Na_{0.02}MnO_3$ | 231 |
| $La_{1-x}A_xMnO_3$ | 53 |
| $La_{1-x}Sr_xMnO_3$ ペロブスカイトの磁気 | |
| 相図 | 174 |
| $LaAlO_3$ | 18～20, 194 |
| ——型構造 | 19 |
| $LaCoO_3$ | 225 |
| $LaCu_{2.5}(Mn_{3.9}Fe_{0.6})O_{11.4}$ | 39 |
| $LaCu_3Fe_4O_{12}$ | 40 |
| $LaCu_3Mn_4O_{12}$ | 39 |
| $LaFeO_3$ | 43, 54 |
| —— -$CaFeO_{2.5}$ の簡略した相図 | 54 |
| $LaInO_3$ ペロブスカイト置換体 | 129 |
| $LaNb_{1/3}Co_{2/3}O_3$ | 225 |
| $LaTiO_2N$ | 42 |
| $LaWO_{0.6}N_{2.4}$ | 42 |
| $La_2CuO_4$ | 102, 113～115, 208 |
| ——の構造 | 114 |
| $La_{2-x}Sr_xCuO_4$ の反強磁性 | |
| 絶縁体相領域 | 209 |
| $La_4Ti_3O_{12}$ | 54 |
| LFMR | 219 |
| Li イオン電池材料 | 130 |
| Li イオン伝導 | 130 |
| ——性 | 130 |
| $Li^+$ イオン伝導度 | 131 |
| $LiCa_2Ta_3O_{10}$ | 109 |
| $LiNbO_3$ | 127, 236 |
| ——結晶を用いた電気光学強度 | |
| 変調器 | 239 |

| | |
|---|---|
| ——変調器 | 237 |
| $LnBaCo_2O_{5.50}$ 相 | 59 |
| $LnBaCo_2O_{5.50+\delta}$ | 58 |
| $LnCoO_3$ | 204 |
| $LnCu_3Fe_4O_{12}$ 化合物の電子磁気相図 | |
| | 189 |
| $LnMnO_3$ | 203 |
| $LnNiO_3$ | 203 |
| $Ln_2NiO_{4+\delta}$ | 131 |
| ——における格子間酸素イオン | |
| 伝導 | 131 |
| $Ln_3Ba_2Mn_2Cu_2O_{12}$ | 122 |
| low-field magnetoresistance | |
| | 219 |
| $LuMnO_3$ 薄膜 | 193 |

## 【M】，【N】

| | |
|---|---|
| magnetocaloric effect | 230 |
| magnetoresistive | 217 |
| Maxwell-Wagner 効果 | 147 |
| MCE | 230 |
| metal-insulator transition | 201 |
| $MgO_6$ | 37 |
| MIT | 201 |
| $Mn_4N$ | 27 |
| MPB | 167 |
| MR | 217 |
| $M_xWO_3$ | 233 |
| n 型の電気伝導 | 136 |
| $(Na_{0.25}K_{0.45})Ba_3Bi_4O_{12}$ | 38 |
| $Na_{0.5}Bi_{0.5}Cu_3Ti_4O_{12}$ セラミックス | 147 |
| $NaCa_2Ta_2O_{10}$ | 109 |
| $NaLaMgWO_6$ | 37 |
| $NaLnTiO_4$ 系 | 104 |
| $NaNbO_3$ | 111 |
| —— -$KNbO_3$（KNN）系の | |
| 部分的な相図 | 169 |
| $NaOsO_3$ | 206 |
| $Na_3AlF_6$ | 38 |
| $NbO_2F$ | 43 |
| $NbO_6$ | 46 |
| $NdTiO_2N$ | 41 |
| $Nd_2CuO_4$ | 113～115, 209 |
| ——（T´）構造と $T^*$ 構造 | 106 |
| ——および関連構造 | 106 |
| ——の理想構造 | 106 |
| negative thermal expansion | 225 |
| Ni-YSZ | 141 |
| NTE | 225 |

## 【O】～【R】

| | |
|---|---|
| OTO ブロック | 55 |
| p 型伝導 | 137 |
| p 型半導体 | 138 |

| | |
|---|---|
| $Pb(B_1B_2)O_3$ | 160 |
| $PbTiO_3$ | 26 |
| ——の熱膨張 | 226 |
| $PbZrO_3$ | 157, 158 |
| —— -$PbTiO_3$（PZT） | 167 |
| $Pb_2MnWO_6$ | 159, 219 |
| PLZT | 233, 239 |
| Pourbaix 図 | 139 |
| $PrBaCo_2O_5$ | 58 |
| $Pr_3Ti_2TaO_{11}$ 相 | 112 |
| PZT | 168 |
| R 配列 | 49 |
| Ramsdell 表記法 | 77 |
| $RbCa_2Nb_3O_{10}$ | 123 |
| $RbCa_2Ta_3O_{10}$ | 107, 108 |
| $RbLaNb_2O_7$ | 124 |
| RCP | 231 |
| relative cooling power | 231 |
| $ReO_3$, $WO_3$, および関連構造 | 43, 44 |
| RKKY 相互作用 | 188 |
| Ruddlesden-Popper 型 | 201 |
| Ruddlesden-Popper 系の理想構造 | 105 |
| Ruddlesden-Popper 構造 | 131 |
| Ruddlesden-Popper 相 | 101～105, |
| | 109, 111, 118, 120, 124, |
| | 135, 136, 149, 166, 205 |

## 【S】

| | |
|---|---|
| $SbNBa_3$ の 2H-$BaNiO_3$ 型構造 | 28 |
| $SbNSr_{3-x}Ba_x$ | 29 |
| SOFC | 138, 140, 223, 226 |
| solid oxide fuel cell：SOFC | 131, 223 |
| $Sr_{0.775}La_{0.225}Fe_3O_{9.2}$ | 121 |
| $SrCrO_3$ | 66 |
| $SrCu_3Fe_4O_{12}$ | 39, 41, 227 |
| $SrFe_{0.5}Ta_{0.5}O_3$ | 145 |
| $SrFeO_{2.5+\delta}$ | 57 |
| $SrFeO_{2.5}$ と関連相 | 57, 58 |
| $SrFeO_2F$ | 43 |
| $SrLaAlO_4$ | 224 |
| $SrMnO_3$ の構造 | 31 |
| $SrO_3$ 層 | 65 |
| $SrSnO_3$ | 10 |
| $SrTiO_3$ | 4～6, 10, 15, 65, |
| | 76, 134, 165, 194, 200 |
| ——（型）構造 | 76 |
| ——中の $SrO_3$（111）面 | 6 |
| $SrWO_{1.7}N_{1.3}$ | 42 |
| $SrZr_{1-x}Y_xO_{3-\delta}$ のプロトン | 139 |
| $Sr_{1.125}TiS_3$ | 75 |
| $Sr_{1.273}CoO_3$ | 74 |
| $Sr_2Co_2O_5$ | 50, 51 |
| $Sr_2FeMoO_6$ | 35 |
| $Sr_2FeO_3F$ | 102 |

## 252 ● 索 引

| | |
|---|---|
| $Sr_2La_2CuTi_3O_{12}$ | 36 |
| $Sr_2MnGaO_{5+\delta}$ | 53 |
| $Sr_2MnO_{3.5}$ | 120 |
| $Sr_2Mn_2O_5$ | 56 |
| $Sr_2TiO_4$ | 224 |
| $Sr_3CuRhO_6$ | 70, 76 |
| $Sr_3Fe_2O_{6+\delta}$ | 136 |
| $Sr_3Mn_2O_6$ | 120 |
| $Sr_3NiRhO_6$ | 76 |
| $Sr_4Fe_3O_{10}$ | 135 |
| $Sr_4Mn_3O_{10}$ | 97, 98 |
| $Sr_4NiMn_2O_9$ | 72 |
| $Sr_4ZnMn_2O_9$ | 72 |
| $Sr_5Mn_{3.6}Fe_{1.4}O_{14.95}$ 構造 | 84 |
| $Sr_5Mn_5O_{13}$ | 56 |
| $Sr_6Co_5O_{14.70}$ | 76 |
| $Sr_6Co_5O_{15}$ | 67 |
| ——相 | 76 |
| $Sr_7Mn_7O_{19}$ | 56 |
| $Sr_8Fe_8O_{23}$ ($SrFeO_{2.875}$) の構造 | 58 |
| $Sr_9Ni_7O_{21}$ | 73 |
| $Sr_9Ti_8S_{24}$ | 75 |
| $Sr_nCo_nO_{3n-1}$ | 58 |
| $Sr_nFe_nO_{3n-1}$ ホモロガス系列 | 57 |
| $Sr_{n+1}Ti_nO_{3n+1}$ | 104 |
| $Sr_{n+4}Mn_4^{3+}Mn_n^{4+}O_{10+3n}$ ホモロガス系列 | |
| | 56 |

### 【T】

| | |
|---|---|
| T′型構造 | 106 |
| $TaO_2F$ | 43 |
| $TbCoO_3$ | 191 |
| $TbMnO_3$ | 195, 196 |
| TCO | 240 |
| $ThTaN_3$ | 41 |
| $Ti^{4+}$の変位 | 11 |
| $TiO_6$ | 60 |
| $TiO_6$ 八面体 | 6 |
| ——の骨格 | 7 |
| ——のネットワーク | 5 |
| $TiOF_2$ | 43 |
| tp/o | 71, 74, 75 |
| transparent conducting oxide | 240 |
| trigonal prism：tp | 69 |

### 【V】~【Z】

| | |
|---|---|
| Vogel–Fulcher 則 | 160 |
| $WO_3$ | 233 |
| ——薄膜 | 234, 235 |
| $WO_6$ | 37 |
| Wohler | 44 |
| $YBa_2Cu_3O_{6+\delta}$ における酸素不定比性 | |
| | 211 |
| $YBa_2Cu_3O_7$ | 113~115, 120, 210 |

| | |
|---|---|
| YSZ | 140 |
| ——電解質 | 141 |
| zero thermal expansion | 227 |
| Zhdanov 表記法 | 78 |
| ZTE | 227 |

### 【あ】

| | |
|---|---|
| アクセプタードーピング | 209, 210 |
| 圧電性 | 153, 154 |
| ——ペロブスカイト | 147~155, 167 |
| 圧電体 | 143 |
| ——材料 | 154 |
| ——セラミックス | 155, 156 |
| ——デバイス | 168 |
| ——ペロブスカイト | 170 |
| アニオン欠陥 | 67, 130 |
| アニオン組成の変化 | 42 |
| アニオン置換型ペロブスカイト | 41~43 |
| アニオン六方最密充填層の積層による八面体間隙 | 70 |
| アリストタイプのペロブスカイト構造 | 4 |
| アレニウス式 | 127, 129 |
| アンダーボンド状態 | 38 |
| アンチペロブスカイト | 2, 27~29 |
| ——相 | 28 |
| イオン拡散 | 127 |
| ——経路 | 129 |
| イオン伝導 | 129~132 |
| ——性 | 135, 141 |
| ——度 | 127 |
| ——率 | 134 |
| イオンの輸率 | 136 |
| 異常高原子価 | 40, 65 |
| 異常な熱収縮 | 227 |
| イットリア安定化ジルコニア | 140 |
| イットリウムバリウム銅酸化物 | 210 |
| イルメナイト（$FeTiO_3$）構造 | 8 |
| 印加電場 | 147, 150, 157 |
| インターカレーション | 119, 122~125 |
| インターグロース | 28, 73, 115 |
| ——構造 | 27, 54, 76, 106, 109, 110 |
| インターコネクタ | 142 |
| 上向きスピン | 177, 186, 215, 216, 219 |
| 永久電気双極子 | 9 |
| エカトリアル酸素 | 148 |
| エチルアンモニウム | 124 |
| エピタキシャル成長 | 18, 192 |
| エピタキシャル薄膜 | 132, 194 |
| エルゴード状態 | 161, 164 |

| | |
|---|---|
| エルゴード的リラクサー | 160 |
| エルパソ石 | 38 |
| エレクトロクロミック素子 | 234 |
| エレクトロクロミックディスプレイ | |
| | 132 |
| エレクトロクロミック膜 | 233~235 |
| 応答 | 154 |
| オーバードープ | 209 |
| オーバーボンド | 35 |
| ——状態 | 38 |
| オフセンタリング | 147 |
| オン・オフスイッチ | 239 |
| 温度，圧力変化 | 98, 99 |
| 温度変化と無秩序化 | 51 |

### 【か】

| | |
|---|---|
| 外因性強誘電性 | 165 |
| 界面 | 166 |
| 化学的無秩序 | 219 |
| 拡散 | 127~129 |
| ——の活性化エネルギー | 127 |
| ——率 | 128 |
| カー（Kerr）効果 | 235, 239 |
| 過剰酸素量 | 116 |
| 固い強誘電体 | 151 |
| カチオン拡散の活性化エネルギー | 128 |
| カチオン欠損型の六方晶ペロブスカイト | 88 |
| カチオン欠損した $A_nB_{n-1}O_{3n}$ | 83 |
| カチオン欠損相 | 87 |
| カチオンの変位 | 10~13 |
| 活性化エネルギー | 129, 130 |
| 価電子バンド | 228 |
| カノニカルリラクサー | 161, 164 |
| ——状態 | 162 |
| 岩塩型 | 113 |
| ——構造 | 101, 105 |
| 岩塩層 | 117 |
| 岩塩（秩序）型 | 34 |
| ——ダブルペロブスカイト | 33~36 |
| 間接型強誘電体 | 165, 166 |
| 擬ギャップ | 212 |
| 擬三元系 | 168 |
| 軌道秩序 | 216, 217 |
| 逆圧電効果 | 154, 155 |
| 逆格子ベクトル | 61 |
| 逆サイト欠陥 | 35 |
| 逆磁化率 | 176 |
| ——の温度依存性 | 176, 180 |
| 逆帯磁率 | 176 |
| 逆ペロブスカイト | 2 |
| ——構造 | 27 |

| | |
|---|---|
| キャパシタ材料 | 167 |
| キュリー温度 | 152, 162, 167, 186, 188, |
| | 193, 194, 204, 216, 218, 231, 232 |
| キュリー則 | 173, 175 |
| キュリー点 | 152 |
| キュリー・ワイス則 | 152, 164, 173, 175 |
| キュリー・ワイス的な振舞い | 182 |
| 強磁性金属 | 193 |
| ——相 | 218 |
| 強磁性体的なスピン配列 | 187 |
| 強磁性ハーフメタル相 | 218 |
| 強磁性ペロブスカイト | 186〜188 |
| ——の二重交換機構 | 186 |
| 強誘電性 | 9, 12 |
| ——の超格子 | 165 |
| ——ペロブスカイト | 147〜155, 167 |
| 強誘電相 | 202 |
| 強誘電体 | 143 |
| ——/圧電体セラミックス | 155 |
| ——/圧電体ペロブスカイト | |
| | 149, 152, 153 |
| ——材料 | 147 |
| ——の温度依存性 | 152, 153 |
| ——の常誘電体状態 | 153 |
| ——-非強誘電体間の界面 | 166 |
| ——ペロブスカイト | 170 |
| ——履歴曲線 | 158 |
| ——$BiFeO_3$ の分域成長 | 151 |
| ——$Bi_4Ti_3O_{12}$ | 109 |
| 強誘電ドメインのスイッチング | |
| | 149〜151 |
| 強誘電配列 | 158 |
| 強誘電ペロブスカイト酸化物 | 167 |
| 強誘電履歴曲線 | 151, 152 |
| 極性双極子配列 | 160 |
| 極性ナノ領域 | 163 |
| 極性マイクロ領域 | 163 |
| 巨大磁気抵抗 | 199, 217 |
| 巨大誘電率物質 | 146, 147 |
| 許容因子 | 7, 8, 66 |
| 擬立方晶構造 | 10 |
| 擬立方晶軸 | 17 |
| 擬立方晶単位格子 | 12 |
| 擬立方ペロブスカイトの空間群 | 24 |
| 金属磁石 | 173 |
| 金属-絶縁体遷移 | 201〜206 |
| 金属-絶縁体転移 | 199, 203, 206 |
| ——温度 | 204 |
| 金属伝導体 | 43 |
| | |
| 空気極 | 140 |
| 屈折率 | 233, 236 |
| ——の変化 | 235, 236 |
| グッドイナフ・金森・ | |

| | |
|---|---|
| アンダーソン則 | 174 |
| クーパー対 | 207 |
| グラス形成 | 190 |
| クラスターグラス | 190 |
| クリンカー | 47 |
| クレーガー・ビンク(Kröger-Vink) | |
| 表記 | 246 |
| | |
| 傾角スピン構造 | 193 |
| 傾角反強磁性 | 191, 192 |
| ——構造 | 192 |
| 形式電荷 | 243 |
| ——のバランス | 33 |
| 欠陥クラスター | 51 |
| 欠陥と伝導性 | 213, 214 |
| 欠陥の数とゼーベック係数 | 229 |
| 結合価数 | 244, 245 |
| ——模型 | 243 |
| ——和(BVS) | |
| | 33, 35, 37, 111, 223, 224 |
| 結晶点群の対称性と誘電性の関係 | |
| | 144 |
| 結晶の対称性 | 153, 154 |
| 結晶場相互作用 | 173 |
| 欠損濃度 | 133 |
| 元素置換 | 52, 53, 113, 129, 132, 144 |
| | |
| 高温超伝導 | 199 |
| 格子エネルギー | 33 |
| 格子欠陥 | 136 |
| ——の化学 | 127 |
| 格子ひずみの勾配 | 171 |
| 高スピン | 173 |
| 構造と許容因子および八面体因子 | |
| との相関 | 30 |
| 固体酸化物形燃料電池 | 131, 140〜142, |
| | 223, 226 |
| コバルト酸化物と関連相 | 58, 59 |
| コヒーレント | 51, 59 |
| 孤立した四面体位置 | 92 |
| ゴールドシュミットの許容因子 | 6〜9 |
| 混合原子価状態 | 136 |
| 混合原子価マンガン酸化物 | 217 |
| 混合伝導体 | 135 |
| 混合プロトン伝導体 | 139 |
| | |
| **【さ】** | |
| 三角プリズム間隙 | 70 |
| 三角プリズム(tp)と八面体(o)の | |
| 一次元柱からなる構造 | 71 |
| 三角プリズム配位 | 109 |
| 三角プリズムを含む$BaNiO_3$関連相 | |
| | 67〜76 |
| 酸化物イオン | 139 |

| | |
|---|---|
| 酸化物ペロブスカイト | 42 |
| 酸化物 4H-$BaMnO_{2.65}$ | 77 |
| 三次元秩序 | 183 |
| 三斜晶 | 3 |
| 酸素イオン混合伝導体 | 135〜137 |
| 酸素イオン伝導 | 130, 131, 138 |
| ——性電解質 | 141 |
| ——体 | 140 |
| ——度 | 136 |
| 酸素欠陥 | 170, 209 |
| 酸素欠損 | 43, 45, 57, 67, 84, 116, 118, |
| | 129, 134, 136, 138, 202 |
| ——系 $BaMnO_{2.65}$ | 77 |
| ——サイト | 132 |
| ——相 | 132 |
| ——体 | 45, 135 |
| ——による八面体から | |
| 四角錐へ変換 | 55 |
| 酸素分圧依存性 | 134, 135 |
| 酸窒化物ペロブスカイト | 42 |
| 酸ハライドペロブスカイト | 42 |
| 酸フッ化物 | 43 |
| 三方晶 | 3 |
| ——系 | 18〜20 |
| ——ニオブ酸リチウム結晶 | 128 |
| ——$LaAlO_3$構造をとる相 | 20 |
| 残留分極 | 151 |
| | |
| 磁化曲線 | 186 |
| 四角錐配位(ピラミッド配位) | 121 |
| 磁化率 | 173 |
| ——の温度依存性 | 173 |
| 磁気エントロピー変化 | 231 |
| 磁気構造 | 192 |
| 磁気相互作用 | 190 |
| 色素増感太陽電池 | 240 |
| 磁気秩序 | 191, 192 |
| 磁気抵抗 | 217〜219 |
| ——比 | 217 |
| 磁気転移 | 183 |
| 磁気熱量効果 | 230, 231 |
| 磁気無秩序状態 | 194 |
| 磁気モーメント | 173, 175, 179, 181, 184, |
| | 185, 189, 190, 191, 194, 231 |
| 刺激 | 154 |
| 磁性 | 173〜196 |
| ——イオン | 180 |
| ——カチオン | 175, 177 |
| 下向きスピン | 147〜149, 177, 179, 186, |
| | 215, 216 |
| 自発分極とドメイン | 147〜149 |
| シフト(型) | 88, 92 |
| シフトを加えた構造 | 89 |
| 四面体鎖の配列 | 48 |

四面体を含むアニオン欠損体　46〜55
周期性のある変調構造　50
周期的な変調　60
自由電子模型　173
周波数　147
　——の温度変化　153
常磁性磁化率　175
常磁性体　173
常磁性ペロブスカイト　175〜177
掌性　49
焦電効果　153, 232
焦電性　9, 153, 154
焦電体　143, 196
常誘電　147
　——状態　152, 164
ジルコン酸鉛　157
ジルコン酸チタン酸鉛　168
侵入型点欠陥　119

水蒸気圧プロット　133
水素センサー　132
水和テトラ($n$-ブチル)アンモニウム
　水酸化物　123
水和等温線　133
水和反応過程　133
スズ酸インジウム　234
ストロンチウムチタン硫化物　76
スピン間相互作用　173
スピングラス　194
　——状態　190
　——的振舞い　190, 191
スピンクラスターグラス　190
スピンの向き　192
スピン分極(偏極)　204, 214〜216
スピンモーメント　191
スマートウインドウ　233
スレーター転移　206

正極材料　131, 141, 142, 226
正弦波　116
整合構造　61, 67〜73
整合変調構造　74
生成エネルギー　30
正方晶　3, 13
　——$BaTiO_3$　148
積層欠陥　213
積層秩序様式　91
積層方法　49
積層様式$(ch)_2$　81
積層様式$(chcch)_3$　85
積層様式$(chchh)_2$　85
積層様式$(ch'chh)_2$　96
積層様式$(chh)_3$　81
積層様式$(chhh)_2$　81

積層様式$(chhhh)_3$　81
積層様式$(ch_q)$　81
積層様式$(c_ph)$　83
積層様式$(chhhhh)_2$　81
積層様式$(chhhhhh)_3$　81
積層様式$(cchh)_3$　89
積層様式$(cc\cdots chh)$　86, 88, 91
積層様式$(ccch)_2$　82
積層様式$(ccchh)$　89
積層様式$(ccchh)_2$　88
積層様式$(cc'chh)$　94
積層様式$(ccc\cdots ch)$　81
積層様式$(cccch)_2$　84
積層様式$(ccccch)$　89
積層様式$(cc'c'chh)_3$ の
　$18R\text{-}Ba_6Co_5BrO_{14}$　97
積層様式$(cc'c'chhh)_2$ の
　$14H\text{-}Ba_7Co_6BrO_{17}$　97
積層様式$(ccc'cchhh)_2$　95
積層様式$(hchc)$　195
絶縁体　202, 215
　——セラミックス　211
　——ペロブスカイト　143
ゼーベック係数　228
　——の温度依存性　230
セラミックス　119
　——強誘電体　151
　——材料　154, 162, 225, 239
　——の比誘電率　145
セラミックス試料　146
　——の圧電係数　156
セラミックペロブスカイト　232, 233
セラミック変調器　239, 240
ゼロ熱膨張　228
　——材料　227, 228
線形または非線形強度変調器　239
染料　240

双晶　84, 88
　——型　92
　——構造　62
層状銅酸化物の関連構造　116〜118
層状ブラウンミレライト
　$Ca_4Fe_2Mn_{0.5}Ti_{0.5}O_9$ の平均構造　55
層状ペロブスカイト構造　115, 116
層状有機無機ペロブスカイト　124
相対的冷却指数　231
組成の多様性　118〜122

【た】
対称性の関係　23〜25
多形　76
　——相境界　167
多結晶セラミックス　144

ダブルペロブスカイト　33〜41, 190
　——型化合物　159
　——強磁性体　188
　——構造　177
単位格子中の $A'O_4$ 平面四配位
　の配置　39
短距離秩序　42
タングステンブロンズ　44, 233
単斜晶　3
タンタル酸化物　45, 46
断熱冷却　231

チタン酸化物　45, 203
　——と関連相　201〜203
チタン酸鉛　26, 170
チタン酸バリウム　2, 147
　——試料　170
窒化物と酸窒化物　41, 42
窒化物ペロブスカイト　41
秩序化したペロブスカイト
　$NaLaMgWO_6$　37
秩序型構造　33〜41
秩序型ブラウンミレライト相　51
秩序型ペロブスカイト　36〜38
秩序-無秩序転移　27
中間スピン　173
中間多面体　75
中心核・外殻構造　194
超イオン伝導体　45, 60, 60
超巨大磁気抵抗　39, 217〜219
超空間　75
超交換　173
　——相互作用　181, 186, 194, 203
超構造体　38
超周期構造　74
超常磁性　194
頂点共有の四面体　96
頂点共有のネットワーク　66
頂点共有の八面体　16
超伝導　106, 210
　——化　208
　——状態　209
　——性　113
　——層　115, 211
　——相領域　209
　——転移温度　113, 114, 118, 119, 209
超伝導体　2, 36, 38, 119, 211
　——のホモロガス相　115
直接圧電効果　154
直方晶　3, 13
　——系　20
　——$GdFeO_3$ 構造をとる相　22

通常の熱膨張　223〜225

| | | | | | |
|---|---|---|---|---|---|
| 抵抗率 | 202, 213, 219 | ——のホモロガス系列 | 117 | 配位子場相互作用 | 173 |
| 低磁場の磁気抵抗 | 219 | 導波管 | 127 | ハイブリッド間接型強誘電性 | 166 |
| 低スピン | 173 | 透明材料 | 239 | パイロクロア構造 | 30 |
| 電解質材料 | 140 | 透明セラミックス | 233 | パウリ常磁性金属 | 173, 203 |
| 電荷移動 | 40, 41 | 透明伝導酸化物 | 240 | パウリ常磁性的な金属 | 186 |
| 電荷状態 | 40 | 透明伝導性電極 | 234 | パウリ常磁性的振舞い | 176, 177 |
| 電荷秩序 | 187, 216, 217 | 透明薄膜 | 234 | 薄膜 | 142, 169～171, 192～194, 221 |
| 電荷調節層 | 115 | ドナードーピング | 210 | ——の分域構造 | 149 |
| 電荷貯蔵層 | 212 | ドーパント | 144 | 剥離 | 122～125 |
| 電荷不均化 | 41 | ドーピング | 102, 127, 207 | 波数ベクトル | 61 |
| 電荷補償 | 41, 43, 45, 54, 102, 104, 119, | ——と特性制御 | 166～169 | 八面体回転 | 15～23, 35, 134 |
| | 121, 132, 138, 202, 209 | ドープ | 113 | 八面体回転様式 | 38, 60 |
| 電荷保存則 | 102 | トムソン係数 | 228 | ——における格子定数と | |
| 電気化学セル | 135 | トリプルペロブスカイト | 33 | 構造変数の関係 | 19 |
| 電気光学強度変調器 | 238, 239 | トレランス因子 | 7 | 八面体構造 | 38 |
| 電気光学結晶 | 238 | トンネリング | 219 | 八面体サイトに対する三角プリズム | |
| 電気光学材料 | 240 | | | サイトの比率（tp/o） | 70 |
| 電気光学的特性 | 235～240 | 【な】 | | 八面体の回転軸 | 16 |
| 電気光学デバイス | 235 | 内因性の欠陥 | 229 | 八面体の回転やひずみ | |
| 電気光学変調器 | 236～238 | ナトリウムタングステンブロンズ | 44 | | 14, 105, 109, 132 |
| 電気双極子 | 149, 171 | ナノ構造 | 142 | 八面体のヤーン・テラーひずみ（効果） | |
| 電気抵抗 | 202, 204, 205 | ナノサイズ極性領域 | 60 | | 13～15 |
| 電気伝導率 | 134 | ナノシート | 123 | 八面体配位 | 14 |
| 電気熱量効果 | 232 | ナノチューブ | 142 | ハーフメタル | 186, 190, 199, 214～216 |
| 電気分極 | 143 | ナノドメイン | 163 | ——強磁性相 | 216 |
| 点欠陥 | 59～62, 118, 127, 132, 144 | ナノ粒子 | 35, 169～171, 194, 195 | バルク強磁性 | 194 |
| ——に用いる Kroger-Vink の | | ニオブ酸化物 | 45, 46 | 反強磁性スピン秩序様式 | 179 |
| 表記法 | 40 | ニオブ酸カリウム | 156 | 反強磁性絶縁体 | 201, 206, 208, 210 |
| ——平衡 | 135 | ニオブ酸ナトリウム | 156 | ——相 | 218 |
| 電子ガス | 199 | ニオブ酸リチウム | 127, 128 | 反強磁性ダブルペロブスカイト | 191 |
| 電子構造 | 30 | 二次元電子ガス | 221 | 反強磁性秩序 | 182, 185, 193 |
| 電子スピン | 173 | 二重交換機構の模式図 | 187 | 反強磁性的ペロブスカイト | 179 |
| 電子相関 | 215 | 二重交換相互作用 | 218 | 反強磁性配列 | 184 |
| 電子伝導 | 129, 136, 199～221, 201, 205, | | | 反強磁性ペロブスカイト | 177～186 |
| | 206, 216～218, 221 | ネオジム銅酸化物 | 209 | 反強誘電性 | 9 |
| ——性 | 135, 141, 200, 201 | 熱活性化エネルギー | 219 | ——ペロブスカイト型酸化物 | 158 |
| ——度 | 134, 135 | 熱・光学特性 | 223～241 | 反強誘電体 | 157～159 |
| 電子ドーピング | 209 | 熱収縮 | 225～227 | ——の振舞い | 158 |
| 電子ドープ | 188 | 熱電係数 | 228 | ——ペロブスカイト型 | |
| ——型超伝導体 | 210 | 熱電特性 | 228～230 | セラミックス | 159 |
| 電子の遍歴性 | 200 | 熱膨張 | 223～228 | 半金属 | 2 |
| 電池 | 140 | ——曲線 | 225 | 反磁性絶縁体 | 204 |
| 伝導度曲線 | 137 | ——係数 | 226, 227 | バーンズ温度 | 161, 164 |
| 伝導プロトン濃度 | 133 | ——指数 | 224 | バンドギャップ | 200, 219 |
| 電場依存性 | 233 | ——の異常 | 225 | 反平行双極子 | 158 |
| 電歪 | 157 | ——率 | 225 | | |
| | | ネール温度 | 179, 182, 190, 191 | 非エルゴード状態 | 161, 164 |
| 等温磁気エントロピー変化 | 231 | 燃料極 | 140 | 光起電力太陽電池 | 240 |
| 透過度 | 232, 233 | 燃料電池 | 123, 132, 140, 141 | 光触媒材料 | 123 |
| 銅酸化物高温超伝導体 | 101, 207～214 | ——への応用 | 131 | 光増幅器 | 127 |
| 銅酸化物超伝導相 | 114 | | | 光損傷 | 127 |
| 銅酸化物超伝導体 | 106, 113, 115, 116, | 【は】 | | 微細構造 | 162～165 |
| | 209 | | | 菱面晶 | 13 |
| ——と関連相 | 112～118 | 配位酸素ホール | 40 | 菱面体晶格子 | 12 |

菱面体ブラベー格子 89
ひずみ勾配 171
ひずみ-電場曲線 154, 155
ひずみ-電場ループ曲線 154, 162
左手型 48
左手(L)四面体配置 55
非フェルミ液体 213
比誘電率 39, 144, 146, 147, 161, 167
比誘電率-温度曲線の振舞い 161
標準セッティング 39
氷晶石 38
表面伝導 221
ピラミッド配位 70
　——を含むアニオン欠損相 55〜59

フェライト 47
フェリ磁性 182
　——相 186
　——秩序 188, 189
フェリ誘電性ダブルペロブス
　カイト型 $Pb_2MnWO_6$ 160
フェリ誘電体 159, 160
フェルミ液体 213
フェルミエネルギー 228
フェルミ準位 199, 212, 215
副格子 129
不整合構造 61, 62, 112, 159
不整合変調構造 75, 109
不定比相 76
不定比の $AX_{3-\delta}$ 77
負の熱膨張 225
ブラウンミレライト 46〜50
　——関連化合物 120
　——関連構造 53〜55
ブラウンミレライト構造 43, 48, 49,
　50, 52, 58, 132, 137, 181
　——の酸化物 47
ブラウンミレライト相 46, 52
　——への A サイト置換 53
　——への B サイト置換 51, 52
フラットバンド 200
ブリッジマナイト 1
ブリッジング酸素 136
ブルッカイト型 125
フレクソエレクトリック圧電体
　ペロブスカイト分域 171
フレクソエレクトリック効果 171
プロトン混合伝導体 138, 139
プロトン伝導 132〜134, 139
プロトン伝導性 133
　——電解質 141
　——電極 235
　——をもつペロブスカイト酸化物
　132

プロトン伝導体 138, 140
分極処理 155
分極-電場曲線パターン 159
分子動力学シミュレーション 130
フント則 215

平均熱膨張係数 226
ペルティエ係数 228
ペロブスカイト 1〜4
　——化合物の磁性 173
　——化合物の性質 127
　——化合物の比誘電率 145
　——型強誘電体 149
　——型セラミック材料の誘電性 146
　——型タングステンブロンズ相 233
　——型マンガン化合物 217
　——型誘電材料 144
　——関連銅酸化物超伝導体 213
　——強磁性体と関連相 188
　——金属相 199〜201
　——構造 30, 48
　——・シリコン太陽電池 241
　——増感太陽電池の効率 240
　——タングステンブロンズ 44, 45
　——超伝導体 206, 207
　——とマルチフェロイックス
　195, 196
　——の半導体的特性 219〜221
　——のバンド構造 199〜201
　——の分極反転 150
　——の役割 141
　——反強磁性体と関連相 178
　——フェリ磁性体 188〜190
　——誘電体 143〜147
　——$LiNbO_3$ 236
ペロブスカイト酸化物 136
　——薄膜 194
ペロブスカイト太陽電池 240, 241
　——の模式図 241
変位 147
変調器 236, 237
変調構造 59〜62, 73〜76
　——の模式図 61
変調ベクトル 62

保持力 151
蛍石型 113
　——構造 106
蛍石層 117
ポッケルス(Pockels)係数 236, 237
ポッケルス効果 235
ホッピング 135
ポテンシャルエネルギー 150
ホモロガス系列 101

　——$A_nB_nO_{3n-1}$ 53
ポーラロン 220
ポリタイプ 76
ポーリング 155
　——プロセス 156
ホール伝導 136, 139, 228
ホールドーピング 209
ポルトランドセメント 46
ボンドバレンス 243

【ま】
マイクロエレクトロニクス材料 228
マイクロドメイン 51, 59〜62, 163
　——構造 4
マッハ・ツェンダー
　(Mach-Zehnder)干渉計 238
マトリックス組織 148
マルチフェロイック特性 166
マルチフェロイックな性質 124, 195
マルチフェロイック物質 195, 196
マンガン酸化物 56, 57
　——の電荷・軌道秩序 217

右手型 48
右手(R)四面体配置 55
密度汎関数理論 199

無秩序 180
　——構造 135

メチルアンモニウム 124
面共有八面体 $BX_6$ の一次元柱 65
面欠陥 118

模式的構造 77
模式的なカチオン欠損構造 90
モジュラー構造 2
モジュラーペロブスカイト 101
モジュール系 118
モジュール構造 101〜125, 124
モジュール相 122
モット絶縁体 201, 205
モットの可変領域ホッピング則 220
モット・ハバードギャップ 201
モット・ハバードクーロン相互作用
　205

【や】
柔らかい強誘電体 151
ヤーン・テラーイオン 203, 216
ヤーン・テラー効果(ひずみ) 9, 13,
　14, 25, 38, 56, 113, 187, 201,
　203, 204, 208, 217, 221, 226

| | | | | |
|---|---|---|---|---|
| 有機無機ハイブリッド | 26 | ランタン銅酸化物 | 208 | 履歴（ヒステリシス）曲線　151, 154, |

有機無機ハイブリッド　　　26
　──化合物　　　2
　──（型）ペロブスカイト
　　　　25〜27, 228, 240
有機無機ペロブスカイト　　192
有効磁気モーメント　　　176
誘電性　　　143〜171
誘電体　　　143
誘電的な性質　　　144
誘電特性　　　11
輸率　　　129, 138
　──の変化　　　139

## 【ら】

ラッセル・サンダース項記号　173
ランタノイド含有コバルト酸化物
　　　204, 205
ランタノイド含有マンガン酸化物
　　　203, 204
ランタノイド系チタン酸化物 LnTiO₃
　の磁気相図　　　183
ランタノイド銅酸化物　　　106
ランタノイドニッケル酸化物
　（LnNiO₃）　　　18

ランタン銅酸化物　　　208
リガンドホール　　　40
立方最密充填層　　　65
立方晶　　　3, 13
　──および関連構造　　　27, 28
　── -正方晶転移温度　　　11
　──ダブルペロブスカイト　　　35
　──AA′₃B₄O₁₂ 構造の化合物　　　39
　──ReO₃ 構造　　　44
　──SrTiO₃ のバンド構造　　　200
　──SrTiO₃ ペロブスカイト構造　　　7
立方晶ペロブスカイト　　　34, 52
　──関連構造　　　177〜183
　──構造　　　4〜6, 146
　──酸化物　　　38
立方体アンチプリズム　　　22
立方八面体のケージサイト　　　5
量子力学計算　　　30
リラクサー強誘電体 60, 157, 160〜165,
　　　167, 232, 240
　──の電場-温度相図　　　164
　──の微細構造　　　163
　──のマクロな性質　　　160〜162

履歴（ヒステリシス）曲線　151, 154,
　　　159, 170, 186, 233
理論計算　　　30
臨界温度　　　179

レーザー　　　127

六方最密充填層　　　65
六方晶　　　3
　──BaNiO₃（型）構造　　　8, 66
六方晶ペロブスカイト　54, 183〜186
　──関連構造　　　65〜99
六方ブラベー格子　　　89
六方・立方混合ペロブスカイト
　　　78〜80
六方・立方充填の
　混合ペロブスカイト：命名法
　　　76〜78

## ◆ 訳者紹介

# 陰山 洋
### かげ やま ひろし

| | |
|---|---|
| 1969 年 | 島根県生まれ |
| 1998 年 | 京都大学大学院理学研究科博士課程修了 |
| 現　在 | 京都大学大学院工学研究科物質エネルギー化学専攻 教授 |
| | 京都大学物質–細胞統合システム拠点・連携 教授（併任）|
| 専　門 | 無機固体化学 |

博士（理学）

---

## ペロブスカイト物質の科学 ―― 万能材料の構造と機能

| | | |
|---|---|---|
| 第 1 版　第 1 刷　2018年 11月 20 日 | 訳　　者 | 陰　山　　洋 |
| 　　　　第 2 刷　2024年 10月　1 日 | 発 行 者 | 曽　根　良　介 |
| 検印廃止 | 発 行 所 | ㈱化 学 同 人 |

**JCOPY** 〈(社)出版者著作権管理機構委託出版物〉

本書の無断複写は著作権法上での例外を除き禁じられています．複写される場合は，そのつど事前に，(社)出版者著作権管理機構（電話 03-3513-6969，FAX 03-3513-6979，e-mail: info@jcopy.or.jp）の許諾を得てください．

本書のコピー，スキャン，デジタル化などの無断複製は著作権法上での例外を除き禁じられています．本書を代行業者などの第三者に依頼してスキャンやデジタル化することは，たとえ個人や家庭内の利用でも著作権法違反です．

乱丁・落丁本は送料小社負担にてお取りかえします．

〒600-8074　京都市下京区仏光寺通柳馬場西入ル
　　編集部　Tel 075-352-3711　Fax 075-352-0371
企画販売部　Tel 075-352-3373　Fax 075-351-8301
　　　　　　　振替　01010-7-5702
E-mail webmaster@kagakudojin.co.jp
URL https://www.kagakudojin.co.jp

印刷・製本　大村紙業株式会社

Printed in Japan © H. Kageyama　2018
無断転載・複製を禁ず

ISBN978-4-7598-1974-8